高职高专“十二五”规划教材

数控铣床与加工中心编程及加工

于志德　主编
李兴凯　马永青　副主编

化学工业出版社
·北京·

本书分七个项目17个任务，讲述了FANUC 0i系统立式数控铣床和加工中心的编程与加工，包括了数控铣床与加工中心的基本操作、平面图形加工、平面轮廓的加工、孔加工、槽加工、空间曲面零件加工、复杂零件加工。

本书的正文提供了内容丰富的编程实例和综合加工习题，附录不仅提供了详尽的铣削用编程G代码表与M代码表、切削用量参照表及公差数值表，还有宏编程常用数据资料等，能基本满足目前生产需要，可供数控铣削加工从业人员查阅。因此，本书不仅可作为高等职业院校机电类专业的教材、企业员工的数控培训教材，还可作为数控从业人员及数控爱好者的自学用书。

图书在版编目（CIP）数据

数控铣床与加工中心编程及加工/于志德主编．—北京：化学工业出版社，2014.2（2017.7重印）
高职高专“十二五”规划教材
ISBN 978-7-122-19246-2

Ⅰ.①数… Ⅱ.①于… Ⅲ.①数控机床-铣床-程序设计-高等职业教育-教材②数控机床加工中心-程序设计-高等职业教育-教材③数控机床-铣床-加工工艺-高等职业教育-教材④数控机床加工中心-加工工艺-高等职业教育-教材 Ⅳ.①TG547②TG659

中国版本图书馆CIP数据核字（2013）第295070号

责任编辑：李　娜　　　　装帧设计：史利平
责任校对：边　涛

出版发行：化学工业出版社（北京市东城区青年湖南街13号　邮政编码100011）
印　　装：三河市延风印装有限公司
787mm×1092mm　1/16　印张17¼　字数438千字　　2017年7月北京第1版第3次印刷

购书咨询：010-64518888（传真：010-64519686）　售后服务：010-64518899
网　　址：http://www.cip.com.cn
凡购买本书，如有缺损质量问题，本社销售中心负责调换。

定　　价：35.00元

前言

Preface

本书遵循职业教育“理实一体”的新教学理念，采用任务驱动的行动导向教学方法编写，注重工作过程（学习过程）考核，分七个项目共17个任务讲述FANUC 0i系统立式数控铣床与加工中心的编程与加工，其内容基本涵盖了三轴联动的立式数控铣床与加工中心的所有工艺类型。每一个任务的实施都遵循完整的工作过程和步骤，任务的设置由简单到复杂，由单一到综合，符合认知规律，便于教学实施及数控从业人员及数控技术爱好者学习。本书配有详细的目录，便于学习者查阅相关知识点。

本书正文不仅较为全面地介绍了数控铣床与加工中心编程的基本知识，而且还提供了内容丰富且较为详尽的编程实例、大量的思考与练习题及多个综合加工习题。附录内容不仅提供了较为详尽的铣削用编程G代码表与M代码表、切削用量参照表及公差数值表，还有宏编程常用数据资料等，能基本满足生产需要，可供数控铣削加工从业人员查阅。各任务的评价注重学习（工作）过程考核。因此，本书不仅适合用作高等或中等职业教育院校机电类专业的教材、企业员工的数控培训教材，还可作为数控从业人员及数控爱好者的自学用书。

本书仅讲述手工编程。所谓手工编程就是编程人员利用数控系统提供（允许）的编程指令直接按照产品图样编写零件的加工程序。因此它又称直接编程。直接编程可以充分发挥数控系统的功能和编程人员的工艺智慧和加工经验，而不必借助其它编程设备和CAM软件。

与手工编程相对的另一种编程方法是计算机辅助编程，又称CAM软件编程，其应用日趋广泛。但是，一个人只有了解了编程过程和程序指令的含义，才能对CAM软件输出的程序进行准确评估与修改。唯有如此，才能成为优秀的CNC程序员。

因此，由最具活力的人为主体的直接编程不仅不会被计算机所取代，而且还有广阔的应用前景，这是本书的意义所在。

本书集合了编者们多年的教学改革与生产实践经验，项目一至项目四的任务1为入门篇，之后的任务与项目为提升篇。通过系统学习本书的理论知识并按照各任务的实施步骤独立完成各任务零件的编程与加工并合格者，就能具备成为优秀的CNC工艺员、程序员和操作员的基本职业素养和能力。

本书由于志德任主编，李兴凯、马永青任副主编。具体编写分工如下：郑会玲与于志德编写项目一的任务1，窦省委编写项目一的任务2，付桂兴编写项目一的任务3，董玉杰编写项目一的任务4，于志德编写项目一的任务5、项目三、项目六、全部附录和各任务的任务总结与任务评价，董征莲编写项目二的任务1，李东卫编写项目二的任务2，黄永华编写项目四的任务1，张崇春编写项目四的任务2，刘会发编写项目四的任务3，马永青编写项目五的任务1，路士超与聂兰启编写项目五的任务2，李兴凯编写项目七。

限于编者的水平和经验，书中难免有欠妥之处，恳请读者批评指正。

编者

2013年8月

目录

Contents

◎ 项目一　数控铣床与加工中心的基本操作　1

任务 1　认识数控铣床和加工中心 …… 2

【学习目标】 …… 2

【任务描述】 …… 2

【任务分析】 …… 2

【知识准备】 …… 2

一、数控相关术语 …… 2

二、数控铣床和加工中心的简介——二者的区别及其与普通铣床的区别 …… 3

三、数控铣床（加工中心）的组成 …… 4

四、数控铣床（加工中心）的分类 …… 5

五、数控铣床的型号 …… 8

六、数控机床的特点 …… 10

七、数控铣床（加工中心）的加工对象 …… 11

八、不适合数控铣床（加工中心）加工的对象 …… 12

九、数控铣床、加工中心的安全操作规程 …… 13

十、数控铣床、加工中心的日常维护及保养 …… 13

十一、数控系统日常维护及保养 …… 14

十二、操作者的安全注意事项 …… 14

【任务实施】 …… 15

【任务总结】 …… 15

【任务评价】 …… 15

【思考与练习】 …… 16

任务 2　认识数控铣床面板的功能 …… 16

【学习目标】 …… 16

【任务描述】 …… 17

【任务分析】 …… 17

【知识准备】 …… 17

一、FANUC（法那克）0i-MD 系统数控铣床（加工中心）面板功能介绍 …… 17

二、数控铣床与加工中心的开机、关机步骤 …… 21

三、开机后的手动回原点操作 …… 22

四、数控铣床（加工中心）的机床坐标系 …… 23
【任务实施】 …… 24
【任务总结】 …… 24
【任务评价】 …… 25
【思考与练习】 …… 25
任务 3　数控铣床手动试切削 …… 25
【学习目标】 …… 25
【任务描述】 …… 26
【任务分析】 …… 26
【知识准备】 …… 26
一、铣刀种类、用途与刀具材料及性能 …… 26
二、数控刀柄、平口钳、卸刀座等工艺装备 …… 27
三、数控铣削用量 …… 29
四、数控铣削用量的选择方法 …… 30
五、数控编程时，如何计算n与v_f …… 30
【任务实施】 …… 30
一、手动（JOG）操作与试切削 …… 30
二、切削用量的确定 …… 31
三、切削加工 …… 31
四、加工结束 …… 32
【任务总结】 …… 32
【任务评价】 …… 33
【思考与练习】 …… 33
任务 4　数控铣床程序的输入与编辑 …… 33
【学习目标】 …… 33
【任务描述】 …… 34
【任务分析】 …… 34
【知识准备】 …… 34
一、数控程序结构 …… 34
二、程序段组成 …… 35
三、G代码简介 …… 35
四、字地址可变程序段格式 …… 36
五、辅助功能简介 …… 36
六、刀具功能 …… 37
七、法那克系统新数控程序的输入 …… 37
八、程序的查找与打开 …… 38
九、程序的复制步骤 …… 39
十、程序的删除步骤 …… 39
十一、字或字符的查找 …… 39
十二、字的插入步骤 …… 40
十三、程序字的替换步骤 …… 40
十四、字的删除步骤 …… 40

十五、程序编辑操作注意事项 …… 40
【任务实施】 …… 40
【任务总结】 …… 40
【任务评价】 …… 41
【思考与练习】 …… 41
任务 5　数控铣床的 MDI 操作 …… 41
【学习目标】 …… 41
【任务描述】 …… 42
【任务分析】 …… 42
【知识准备】 …… 42
一、G90、G91 指令（模态指令，03 组 G 代码） …… 42
二、G20、G21（06 组 G 代码） …… 43
三、快速定位指令 G00（模态指令，01 组） …… 43
四、直线插补指令 G01（模态指令，01 组） …… 44
五、进给速度功能指令 …… 45
六、主轴转速功能指令 …… 45
七、主轴正、反转、停转指令 …… 45
【任务实施】 …… 46
【任务总结】 …… 46
【任务评价】 …… 47
【思考与练习】 …… 47

◎ 项目二　平面图形加工　48

任务 1　直线图形加工 …… 48
【学习目标】 …… 48
【任务描述】 …… 49
【任务分析】 …… 49
【知识准备】 …… 50
一、工件坐标系 …… 50
二、参考点（机床原点、工件原点、刀位点） …… 51
三、对刀的基本知识 …… 52
四、对刀实质与 G54～G59、G53 …… 53
五、试切对刀法的操作步骤 …… 54
六、对刀正确性的 MDI 验证方法 …… 55
七、数控程序编制的步骤和工作内容概述 …… 56
【任务实施】 …… 58
【任务总结】 …… 61
【任务评价】 …… 62
【思考与练习】 …… 62
任务 2　圆弧图形加工 …… 63
【学习目标】 …… 63

【任务描述】 …… 63
【任务分析】 …… 63
【知识准备】 …… 64
一、圆弧插补指令 G02、G03 与平面选择指令 G17、G18、G19 …… 64
二、圆弧方向的判定方法 …… 66
三、G02、G03 使用注意事项 …… 66
【任务实施】 …… 67
【任务总结】 …… 70
【任务评价】 …… 70
【思考与练习】 …… 71

◎ 项目三　平面轮廓的加工 72

任务 1　铣削水平的平面 …… 73
【学习目标】 …… 73
【任务描述】 …… 73
【任务分析】 …… 73
【知识准备】 …… 73
一、平面加工方案的确定 …… 73
二、铣刀的选用 …… 74
三、铣削方式的选择 …… 75
四、平面铣削路径 …… 75
五、子程序的结构及调用 …… 75
【任务实施】 …… 77
【任务总结】 …… 83
【任务评价】 …… 84
【思考与练习】 …… 84
任务 2　铣削平面轮廓零件 …… 85
【学习目标】 …… 85
【任务描述】 …… 85
【任务分析】 …… 86
【知识准备】 …… 86
一、工艺性分析 …… 86
二、工艺方案 …… 87
三、数控加工工艺文件 …… 88
四、刀具半径补偿指令——G41、G42、G40 …… 88
五、刀具长度补偿指令——G43、G44、G49 …… 91
六、多把刀具的对刀方法（使用刀具长度偏置编程） …… 93
七、换刀点位置的确定 …… 95
八、刀具的磨损 …… 96
【任务实施】 …… 96
【任务总结】 …… 100

【任务评价】…………………………………………………………………… 100
【思考与练习】………………………………………………………………… 101
任务 3 铣削内外相似轮廓 ……………………………………………………… 102
【学习目标】…………………………………………………………………… 102
【任务描述】…………………………………………………………………… 103
【任务分析】…………………………………………………………………… 103
【知识准备】…………………………………………………………………… 103
一、X 轴、Y 轴使用刚性靠棒或寻边器、Z 轴使用量块或Z 轴设定器的对刀方法……… 103
二、上海宇龙数控加工仿真软件中数控铣床的对刀方法 ………………………… 106
三、刀具半径偏置（补偿）指令的使用说明……………………………………… 109
四、进给路线 ……………………………………………………………………… 112
五、在刀具偏置状态下，圆弧插补进给速率调整………………………………… 112
六、加工中心换刀指令 …………………………………………………………… 113
七、如何将数控铣床加工程序转化为加工中心程序 ……………………………… 114
【任务实施】……………………………………………………………………… 114
【任务总结】……………………………………………………………………… 123
【任务评价】……………………………………………………………………… 124
【思考与练习】…………………………………………………………………… 125

◎ 项目四 孔加工

127
任务 1 利用定尺寸刀具加工孔 ………………………………………………… 128
【学习目标】……………………………………………………………………… 128
【任务描述】……………………………………………………………………… 128
【任务分析】……………………………………………………………………… 128
【知识准备】……………………………………………………………………… 128
一、FANUC 0i 数控系统的孔加工固定循环指令 ………………………………… 128
二、孔的加工方法与工艺方案的选择 …………………………………………… 135
三、常见定尺寸刀具……………………………………………………………… 136
四、标准麻花钻的钻尖高度h ……………………………………………………… 138
五、孔加工Z向编程尺寸的确定 …………………………………………………… 138
【任务实施】……………………………………………………………………… 139
【任务总结】……………………………………………………………………… 146
【任务考评】……………………………………………………………………… 146
【思考与练习】…………………………………………………………………… 147
任务 2 铣孔 ……………………………………………………………………… 148
【学习目标】……………………………………………………………………… 148
【任务描述】……………………………………………………………………… 148
【任务分析】……………………………………………………………………… 148
【知识准备】……………………………………………………………………… 149
一、铣孔与镗孔的区别…………………………………………………………… 149
二、铣孔的走刀路线与编程 ……………………………………………………… 149
三、局部坐标系概念……………………………………………………………… 150

四、坐标系（可编程的）偏移指令 G52 …… 150
五、利用夹具上的固定点对刀方法 1（方法 2 见本项目的任务 3） …… 151
【任务实施】 …… 152
【任务总结】 …… 156
【任务考评】 …… 156
【思考与练习】 …… 157
任务 3　铣削普通螺纹 …… 157
【学习目标】 …… 157
【任务描述】 …… 158
【任务分析】 …… 158
【知识准备】 …… 158
一、螺纹的切削加工（镗削） …… 158
二、螺纹的铣削加工 …… 159
三、螺纹铣刀 …… 160
四、普通螺纹铣削编程前的尺寸确定（或计算）与加工前的尺寸检查 …… 161
五、利用夹具上的固定点对刀方法 2（方法 1 见本项目的任务 2） …… 161
【任务实施】 …… 161
【任务总结】 …… 164
【任务考评】 …… 165
【思考与练习】 …… 165
◎ 项目五　槽加工 167
任务 1　铣削窄槽 …… 168
【学习目标】 …… 168
【任务描述】 …… 168
【任务分析】 …… 169
【知识准备】 …… 169
一、比例缩放功能 G51、G50 …… 169
二、坐标系旋转指令 G68、G69 …… 170
三、键槽铣削的铣削路径 …… 172
四、直通槽与圆弧槽的铣削路径 …… 173
【任务实施】 …… 174
【任务总结】 …… 180
【任务评价】 …… 180
【思考与练习】 …… 181
任务 2　铣削型腔 …… 181
【学习目标】 …… 181
【任务描述】 …… 182
【任务分析】 …… 182
【知识准备】 …… 182
一、型腔的铣削方法 …… 182

二、槽底余料的去除 …… 183
三、试切程序段的编写 …… 184
【任务实施】 …… 184
【任务总结】 …… 190
【任务评价】 …… 191
【思考与练习】 …… 192

◎ 项目六 空间曲面零件加工 193

任务 倒圆角 …… 194
【学习目标】 …… 194
【任务描述】 …… 194
【任务分析】 …… 194
【知识准备】 …… 194
一、用户宏程序功能概述 …… 194
二、用户宏程序功能 A …… 195
三、用户宏程序功能 B …… 196
四、数学模型的建立与宏程序 B 示例 …… 202
【任务实施】 …… 204
【任务总结】 …… 213
【任务考评】 …… 213
【思考与练习】 …… 214

◎ 项目七 复杂零件加工 216

任务 复杂零件的翻转加工 …… 217
【学习目标】 …… 217
【任务描述】 …… 217
【任务分析】 …… 217
【知识准备】 …… 218
一、翻转加工 …… 218
二、锥形铣刀的种类 …… 218
三、平底锥铣刀的有效切削直径计算 …… 218
四、加工误差产生的来源及减少加工误差的措施 …… 219
五、立铣刀和可转位铣刀的常见问题及对策 …… 220
【任务实施】 …… 222
【任务总结】 …… 230
【任务评价】 …… 230
【思考与练习】 …… 231
【综合训练题】 …… 231

◎ 附录 238

附录 1 FANUC 铣削 G 代码一览表（用于数控铣床和加工中心） …… 238

附录 2　FANUC 铣削 M 代码 …… 241
附录 3　数控铣床、加工中心切削用量参考资料 …… 243
附录 4　公差数值表 …… 249
附录 5　模态数据 …… 252
附录 6　“偏置存储类型——铣削”与程序中的刀具偏置设定 …… 255

◎ 参考文献 261

项目一 数控铣床与加工中心的基本操作

【项目需求】

（1）对于数控铣床编程与加工的初学者而言，编程是学习重点和学习难点。但数控铣床（加工中心）的操作与编程学习密不可分。现实企业中没有不懂机床操作的编程员。编程员往往需要利用仿真软件或数控机床进行程序的校验，因此程序员必须懂得数控机床的操作。

（2）机床操作是数控加工的基本技能之一。对于利用数控铣床进行中批以上产品加工的企业，往往需要很多的数控铣床操作工人。机床操作工人应当不仅能手动完成对刀等辅助操作，而且也要掌握编程的基本知识，以便能够利用MDI进行快速操作或进行机床维修后的检验。甚至还需要能读懂所使用的复杂程序，以便更好、更安全地操作数控机床完成产品加工。

【项目工作场景】

一体化教室：配有FANUC0i MD系统的立式数控铣床、立式加工中心至少各一台及机床说明书，刀柄、刀具、量具、精密平口钳、垫铁一套等工具，及工具橱、数控仿真室、多媒体教学设备。

【方案设计】

首先认识数控铣床和加工中心的机床结构、型号、特点等，再认识数控铣床面板的功能、开机、关机步骤与机床坐标系。第三，熟悉数控铣床手动试切削，进一步熟悉机床坐标系。第四，学习数控程序的结构、输入与编辑方法。最后，利用数控加工仿真软件和数控机床，在MDI模式下编写简单的程序指令使机床完成规定动作（或借助试切完成简单的铣削加工），达到掌握数控机床坐标系与相关程序指令的应用，获得能正确操作数控铣床与加工中心的MDI面板和机床操作面板的基本知识与技能。

懂得机床坐标系各坐标轴的名称及其正方向，会回原点操作，并能利用手动模式和MDI模式（含G90、G91、G00、G01及M、S、F指令）正确操控机床运动是本项目的学习重点。

【相关知识和技能】

了解数控相关术语；

懂得数控机床的组成、分类与编号、特点与应用场合；

懂得数控铣床与加工中心的区别及其与普铣床的区别；

懂得数控铣床、加工中心的安全操作规程、保养、维护常识、操作者安全注意事项；
了解数控铣床（加工中心）的加工对象；
能正确进行数控铣床与加工中心的开机操作和回原点操作；
懂得数控机床的坐标系及各坐标轴的正方向；
会手动与手轮操作；
会数控程序的格式与相关编辑操作；
会数控程序的导入操作；
会运用几个指令（G90、G91、G01、M03与S指令）进行MDI操作方式。

任务1 认识数控铣床和加工中心

【学习目标】

技能目标

① 能区分数控铣床与加工中心，并懂得正确开机操作、回原点操作及关机操作的步骤；

② 会数控铣床的手动操作（手动与手轮），懂得机床坐标系各坐标轴的名称及其正方向。

知识目标

① 懂得数控相关术语；

② 懂得数控机床的组成、分类与编号、特点与应用场合，会选用合适的数控机床；

③ 了解数控铣床与加工中心的区别及其与普通铣床的区别；

④ 懂得数控铣床（加工中心）的加工对象及不适合加工零件；

⑤ 懂得数控铣床与加工中心的保养、维护常识及操作者安全注意事项。

【任务描述】

懂得数控相关术语，知道数控铣床（加工中心）组成、分类、特点与应用场合，清楚其与普通铣床的区别，掌握数控铣床与加工中心的保养、维护常识等。会开关机操作，学习手动操作，能说出 X、Y、Z 轴的方向。

【任务分析】

工欲善其事，必先利其器。要想充分发挥数控铣床（加工中心）的功能，需要了解其组成、分类、特点与应用场合，了解其与普通铣床的区别，必须掌握数控铣床与加工中心的保养、维护常识等，并掌握开、关机操作步骤，初步认识数控机床坐标系。

【知识准备】

一、数控相关术语

（1）数字控制（简称数控）技术是通过机床控制系统用特定的编程代码控制机床进行操作的一种方法。有以下两种版本。

NC（Numerical Control）：代表旧版的、最初的数控技术。

CNC（Computer Numerical Control）：计算机数控技术——新版，数控的首选缩写形式。

NC可能是CNC，但CNC绝不是指老的数控技术。

（2）程序：加工一个零件必须得按照一定逻辑顺序和规定编写所有指令，这个指令的集合，又称为NC程序、CNC程序或零件程序。

（3）数控系统：数控系统是数字控制系统的简称，英文名称为Numerical Control System。

早期是由硬件电路构成的称为硬件数控（Hard NC）。

二十世纪七十年代以后，硬件电路元件逐步由专用的计算机代替，称为计算机数控系统。

计算机数控（Computerized Numerical Control，简称CNC）系统是用计算机控制加工功能，实现数值控制的系统。CNC系统根据计算机存储器中存储的控制程序，执行部分或全部数值控制功能，并配有接口电路和伺服驱动装置的专用计算机系统。通过利用数字、文字和符号组成的数字指令来实现一台或多台机械设备动作控制，它所控制的通常是位置、角度、速度等机械量和开关量。

目前世界上的数控系统种类繁多，形式各异，组成结构上都有各自的特点。这些结构特点来源于系统初始设计的基本要求和工程设计的思路。例如对点位控制系统和连续轨迹控制系统就有截然不同的要求。对于T系统（车削）和M系统（铣削），同样也有很大的区别，前者适用于回转体零件加工，后者适合于异形非回转体的零件加工。

（4）CNC软件：分为应用软件和系统软件。CNC系统软件是为实现CNC系统各项功能所编制的专用软件，也叫控制软件，存放在数控机床的计算机EPROM内存中。CNC应用软件为CAM软件，用于数控程序的编制。常见的CNC应用软件主要有UG（现更名为NX）、Pro-e（现更名为CREO2.0）、Cimatron、CAXA制造工程师、CATIA等。

（5）数控机床：装备了数控系统的机床称为数控机床。

二、数控铣床和加工中心的简介——二者的区别及其与普通铣床的区别

数控铣床是用计算机数字化信号控制的镗铣床。加工中心是带有刀库和自动换刀装置的数控镗铣床。因此数控铣床需要手动换刀；而加工中心可以自动换刀，节约大量的辅助时间并降低工人的劳动强度。分别见图1-1-1和图1-1-2。

图1-1-1　立式数控铣床外形（无刀库）

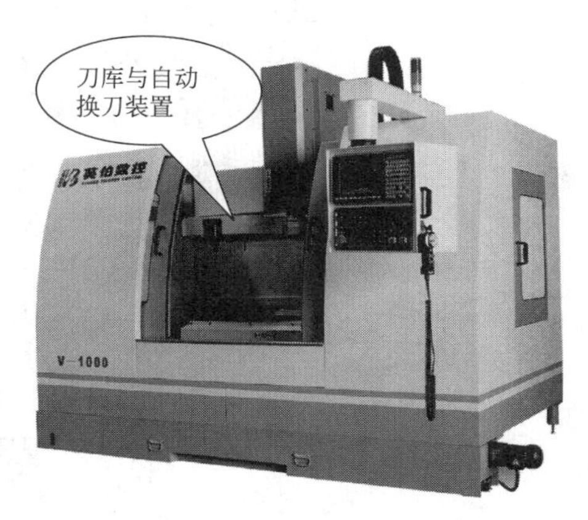

图1-1-2　立式加工中心外形（有刀库）

从外观看，数控铣床（加工中心）与普通铣床的最大（本质）区别是带有数控系统。数控机床加工零件就是由其数控系统安装数控程序发出控制信号操纵数控机床加工零件的。因此控制系统就是数控机床的大脑。数控机床的机械部分也因此提高了质量标准化，所以同规格的数控铣床（加工中心）要比普通铣床的价格高很多。

外观上，现在的数控机床大多带有防护罩（亦称机舱），操作者安装刀具、夹具、工件

及测量时，需要先打开防护门。这是由于数控机床可以进行高速切削，为增加操作的安全性和防止切屑及切削液污染环境而做出这种设计，但这不是本质区别。

数控铣床（加工中心）与普通铣床外观上的第二个本质区别是使用标准化的刀具系统和高品质的刀具，以实现快速换刀，节省辅助时间，并提高加工效率，充分发挥数控机床的效能。

数控铣床（加工中心）与普通铣床的第三个本质区别还在于其驱动系统。数控机床的进给与主轴的旋转运动各自独立，均由数控系统控制，二者之间没有进给箱。其主轴多采用伺服电机驱动，而其进给系统多由步进电机驱动。当然，进给系统也可以由伺服电机驱动。

三、数控铣床（加工中心）的组成

数控铣床（加工中心）一般由数控系统和机床本体两大部分组成。

1. 数控系统

又称控制部分，主要由数控装置（包括内置 PLC，见图 1-1-3）、驱动部分进给伺服系统、主轴伺服系统等部分组成。进给伺服系统又由进给驱动单元、进给电机和位置检测装置组成。主轴伺服系统又由主轴驱动单元和主轴电机组成。

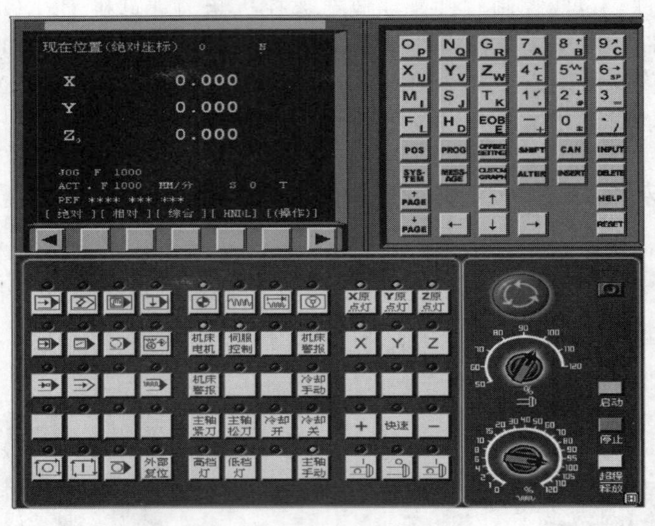

图 1-1-3 数控装置

2. 机床本体

由机床机械部件、强电、液压、气动、润滑系统组成。对于加工中心还有刀库及自动换刀装置。刀库的形式有圆盘式、卧式和斗笠卧式等形式，见图 1-1-4。

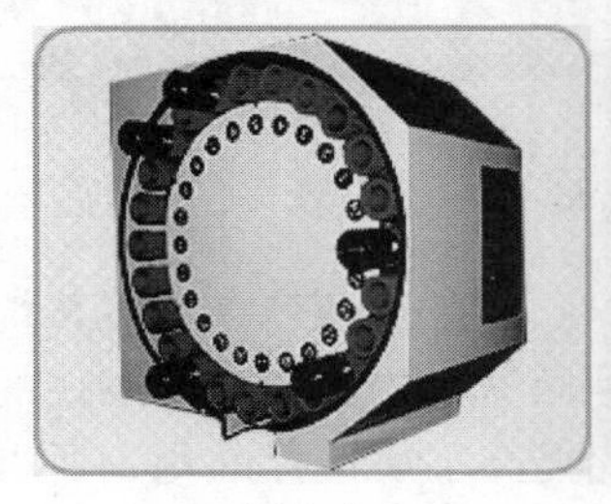
(a) 圆盘式

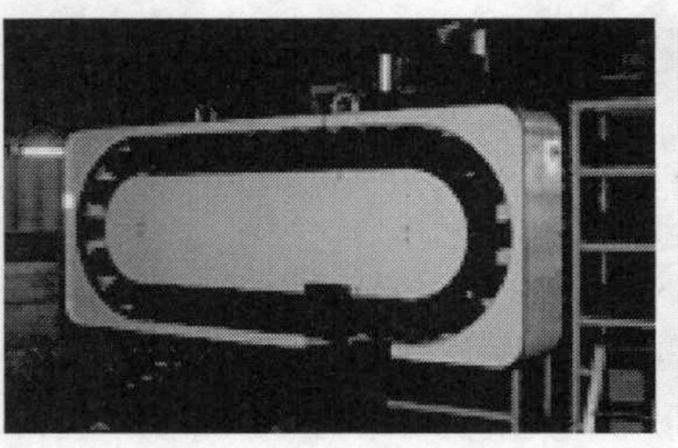
(b) 卧式

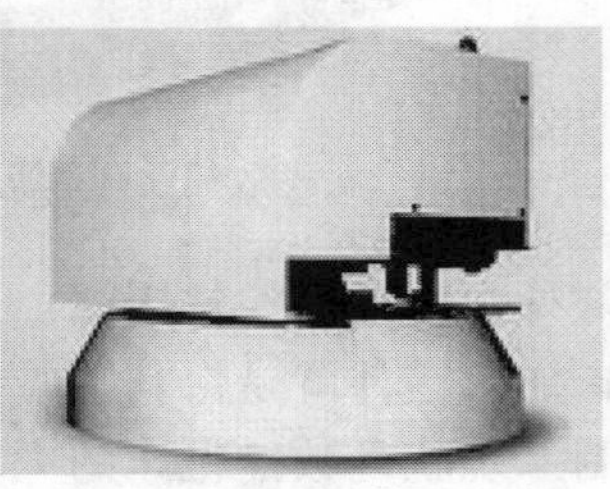
(c) 斗笠卧式

图 1-1-4 加工中心的刀库形式

自动换刀装置是将加工中心主轴上的刀具与刀库中的刀具交换的机构，服从数控装置发出的换刀命令（参见项目三任务3）完成换刀，分为无机械手自动换刀装置和机械手换刀装置，分别如图1-1-5和图1-1-6所示。

图1-1-5　无机械手的自动换刀装置

图1-1-6　机械手换刀装置

四、数控铣床（加工中心）的分类

1. 按机床形态分类

数控铣床（加工中心）按形态分为立式、卧式和龙门式三种。

主轴处于垂直位置则称为立式（见图1-1-1、图1-1-2），主轴处于水平位置则称为卧式（见图1-1-7）。龙门式数控铣床如图1-1-8所示。

图1-1-7　卧式铣床（加工中心）

图1-1-8　龙门式数控铣床

2. 按数控系统分类

目前工厂常用数控系统有 FANUC（法那克）数控系统、SIEMENS（西门子）数控系统、华中数控系统、广州数控系统、三菱数控系统、大森数控系统等。每一种数控系统又有多种型号，如 FANUC（法那克）数控系统从 0i 到 23i；SIEMENS（西门子）系统从 SINUMERIK 802S、802C 到 802D、810D、840D 等。各种数控系统指令不尽相同。即使同一系统不同型号，其数控指令也略有差异，使用时应以数控机床附带的数控系统说明书为准。

3. 按控制方式分类

（1）开环控制数控机床　这类控制的数控机床是其控制系统没有位置检测元件，伺服驱动部件通常为反应式步进电动机或混合式伺服步进电动机。数控系统每发出一个进给指令，经驱动电路功率放大后，驱动步进电机旋转一个角度，再经过齿轮减速装置带动丝杠旋转，通过丝杠螺母机构转换为移动部件的直线位移。移动部件的移动速度与位移量是由输入脉冲的频率与脉冲数所决定的。此类数控机床的信息流是单向的，即进给脉冲发出去后，实际移动值不再反馈回来，所以称为开环控制数控机床，如图 1-1-9 所示。

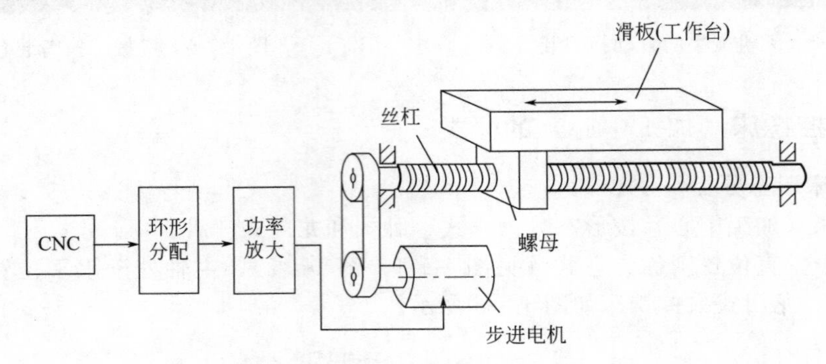

图 1-1-9　开环伺服系统

开环控制系统的数控机床结构简单，价格较低。但是，系统对移动部件的实际位移量不进行监测，也不能进行误差校正。因此，步进电动机的失步、步距角误差、齿轮与丝杠等传动误差都将影响被加工零件的精度。开环控制系统仅适用于加工精度要求不很高的中小型数控机床，特别是简易经济型数控机床。

（2）闭环控制数控机床　闭环控制数控机床是在机床移动部件上直接安装直线位移检测装置，直接对工作台的实际位移进行检测，将测量的实际位移值反馈到数控装置中，与输入的指令位移值进行比较，用差值对机床进行控制，使移动部件按照实际需要的位移量运动，最终实现移动部件的精确运动和定位，如图 1-1-10 所示。

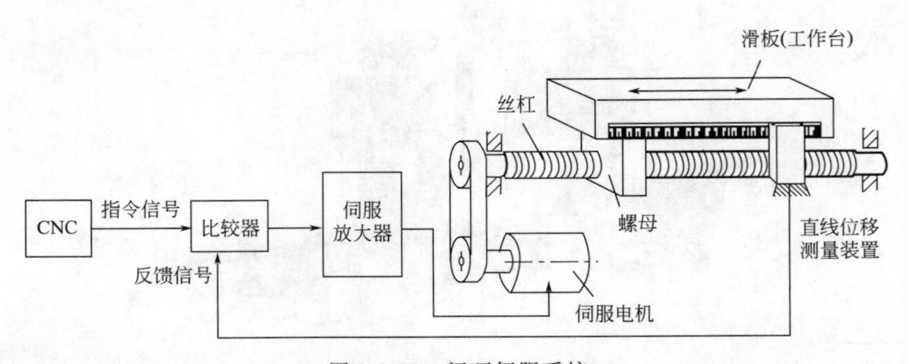

图 1-1-10　闭环伺服系统

从理论上讲，闭环系统的运动精度主要取决于检测装置的检测精度，也与传动链的误差无关，因此其控制精度高。这类控制的数控机床，因把机床工作台纳入了控制环节，故称为闭环控制数控机床。闭环控制数控机床的定位精度高，但调试和维修都较困难，系统复杂，成本高。

（3）半闭环控制数控机床　半闭环控制数控机床是在伺服电动机的轴或数控机床的传动丝杠上装有角位移电流检测装置（如光电编码器等），通过检测丝杠的转角间接地检测移动部件的实际位移，然后反馈到数控装置中去，并对误差进行修正。由于工作台没有包括在控制回路中，因而称为半闭环控制数控机床。

半闭环控制数控系统的调试比较方便，并且具有很好的稳定性。目前大多将角度检测装置和伺服电动机设计成一体，这样，使结构更加紧凑，如图 1-1-11 所示。

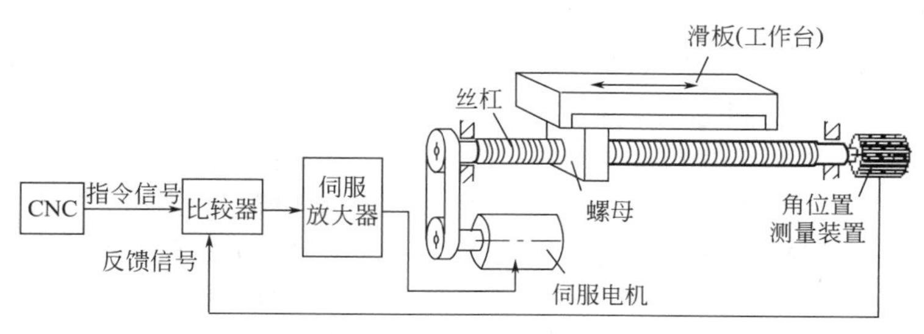

图 1-1-11　半闭环伺服系统

（4）混合控制数控机床　将以上三类数控机床的特点结合起来，就形成了混合控制数控机床。混合控制数控机床特别适用于大型或重型数控机床，因为大型或重型数控机床需要较高的进给速度与相当高的精度，其传动链惯量与力矩大，如果只采用全闭环控制，机床传动链和工作台全部置于控制闭环中，闭环调试比较复杂。混合控制系统又分为以下两种形式。

开环补偿型。它的基本控制选用步进电动机的开环伺服机构，另外附加一个校正电路。用装在工作台的直线位移测量元件的反馈信号校正机械系统的误差。

半闭环补偿型。它是用半闭环控制方式取得高精度控制，再用装在工作台上的直线位移测量元件实现全闭环修正，以获得高速度与高精度的统一。

4. 按控制运动轨迹分类（见图 1-1-12）

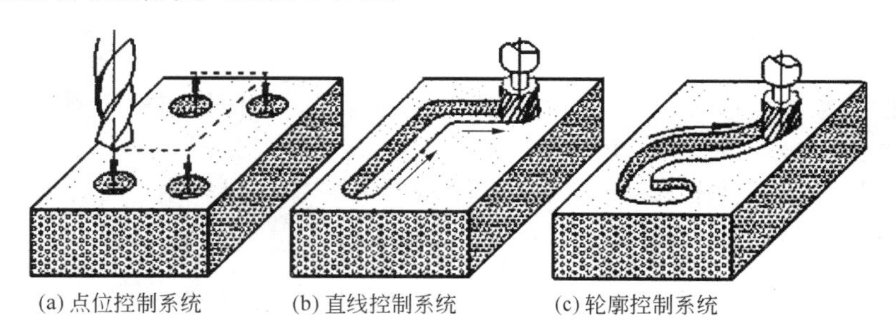

图 1-1-12　按控制运动轨迹分类

（1）点位控制数控机床　点位控制数控机床的特点是机床移动部件只能实现由一个位置到另一个位置的精确定位，在刀具快速移动和定位过程中不进行任何加工。机床数控系统只控制行程终点的坐标值，不控制点与点之间的运动轨迹，因此几个坐标轴之间的运动无任何联系。定位过程中几个坐标可以同时向目标点运动，也可以各个坐标单独依次运动。

这类数控机床主要有数控镗床、数控钻床、数控冲床、数控点焊机等。点位控制数控机床的数控装置称为点位数控装置。

（2）直线控制数控机床　直线控制数控机床可控制刀具或工作台以适当的进给速度，沿着平行于坐标轴的方向进行直线移动和切削加工，进给速度根据切削条件可在一定范围内变化。

直线控制的简易数控车床，可移动的坐标轴只有两个，可加工阶梯轴。直线控制的数控铣床，有三个可移动的坐标轴，可用于平面的铣削加工。现代组合机床采用数控进给伺服系统，驱动动力头带有多轴箱的轴向进给进行钻镗加工，它也可算是一种直线控制数控机床。

数控镗铣床、加工中心等机床，它的各个坐标方向的进给运动的速度能在一定范围内进行调整，兼有点位和直线控制加工的功能，这类机床应该称为点位/直线控制的数控机床。

（3）轮廓控制数控机床　轮廓控制数控机床能够对两个或两个以上运动的位移及速度进行连续相关的控制，使合成的平面或空间的运动轨迹能满足零件轮廓的要求。它不仅能控制机床移动部件的起点与终点坐标，而且能控制整个加工轮廓每一点的速度和位移，将工件加工成要求的轮廓形状。

常用的数控车床、数控铣床、数控磨床就是典型的轮廓控制数控机床。数控火焰切割机、电火花加工机床以及数控绘图机等也采用了轮廓控制系统。轮廓控制系统的结构要比点位/直线控制系统更为复杂，在加工过程中需要不断进行插补运算，然后进行相应的速度与位移控制。

现在计算机数控装置的控制功能均由软件实现，增加轮廓控制功能不会带来成本的增加。因此，除少数专用控制系统外，现代计算机数控装置都具有轮廓控制功能。

对于现代数控机床，按其能联动的轴数分为单轴（即直线控制）、2.5 轴（又称两轴半）、3 轴、4 轴、5 轴数控铣床或加工中心。2.5 轴及以上数控机床均为轮廓控制。

5. 按数控系统功能水平分类

（1）经济型数控系统　又称简易数控系统，通常仅能满足一般精度要求的加工，能加工形状较简单的直线、斜线、圆弧及带螺纹类的零件，采用的微机系统为单板机或单片机系统，如：经济型数控线切割机床、数控钻床、数控车床、数控铣床及数控磨床等。

（2）普及型数控系统　通常称之为全功能数控系统，这类数控系统功能较多，但不追求过多，以实用为准。

（3）高档型数控系统　指加工复杂形状工件的多轴控制数控系统，且其工序集中、自动化程度高、功能强、具有高度柔性。用于具有 5 轴以上的数控铣床，大、中型数控机床，五面加工中心，车削中心和柔性加工单元等。

五、数控铣床的型号

选用或购买数控机床时，需要懂得机床型号的含义，进而提出机床型号。目前，数控铣床或加工中心的型号可以按照 GB/T 15375—1994《金属切削机床型号编制方法》进行编制，但由于这只是一个推荐性国家标准，各数控机床生产厂家可以采用这一标准，也可自行制定自己的型号标准，因此数控机床的型号可分为两类。

（一）符合 GB/T 15375—1994《金属切削机床型号编制方法》的型号

数控铣床型号是 XK××××，镗铣加工中心是 XH×××××，镗加工中心是 TH××××。

1. 型号 XKA5032A：数控铣床

X——类代号，铣床类；

K——通用特性代号，数控；

A——结构特性代号，它只在同类机床中起区分机床结构、性能不同的作用；

5——组代号，立式升降台铣床，每类机床划分为十个组，每个组又划分为十个系（系列），分别用一位阿拉伯数字表示，位于类代号或特性代号之后；

0——系代号，系代号位于组代号之后，0系；

32——主参数代号（工作台宽度的1/10，mm），工作台面宽度320mm；

A——重大改进序号，第一次重大改进。按改进的先后顺序选用A、B、C等汉语拼音字母（但“I、O”两个字母不得选用），加在型号基本部分的尾部，以区别原机床型号。

2. 型号XH7132C：镗铣加工中心

X——类代号，铣床类；

H——通用特性代号，加工中心（换刀）；

7——组代号，床身铣床；

1——系代号，1系；

32——主参数代号，工作台宽度的1/10，mm，工作台面宽度320mm；

C——重大改进序号，第三次重大改进。

3. 沈阳机床厂TH6540×40A：镗加工中心

T——类代号，镗床类；

H——通用特性代号，加工中心（自动换刀）；

6——组代号，卧式铣镗床；

5——系代号，卧式铣镗床5系；

40——主参数代号，工作台宽度的1/10，mm，工作台面宽度400mm；

×40——第二主参数代号，工作台长度的1/10，mm，工作台面长度400mm；

A——重大改进序号，第一次重大改进。

（二）不符合GB/T 15375—1994《金属切削机床型号编制方法》的型号

不同国家、不同厂家对机床型号命名方式不同，同一厂家的不同类型的机床型号参数含义也有很大不同，最好通过这个厂家的产品样本资料上去查询某型号的含义。

1. 沈阳机床厂：VMC650E

V——Vertical，立式；

MC——Machining center，加工中心；

650——主参数代号，工作台最大行程（*X*轴）650mm；

E——第重大改进序号，五次重大改进。

2. 沈阳机床厂：HMC160

H——Horizontal，卧式；

MC——加工中心；

160——主参数代号，主轴直径160mm。

3. 东莞诺金精密机械：VMC1060

V——立式；

MC——加工中心；

10——主参数代号，工作台*X*轴最大行程（mm，1/100）1000mm；

60——第二主参数代号，工作台*Y*轴最大行程（mm，1/10）600mm。

4. 日本森精机NV5060

N——系列代号；

V——立式加工中心；

5060——分别表示*Y*轴和*X*轴最大行程500mm和600mm。

5. 台湾丽驰 LITZ：CV-600
C——加工中心；
V——立式；
600——主参数代号，工作台 X 轴最大行程 600mm。
6. Mazatrol（马扎克）加工中心型号 VCN 510C
V——立式；
C——加工中心；
N——系列代号；
510——主参数代号，工作台 Y 轴最大行程（滑鞍前后）510mm；
C——重大改进序号，第三次重大改进。
7. DMG（德马吉）公司加工中心型号 DMC 635 V
D——DMG 的第一个字母；
MC——加工中心；
635——主参数代号，工作台 X 轴最大行程 635mm；
V——立式。
8. DMG（德马吉）公司万能铣削中心型号 DMU 50
M——铣削中心；
U——Universal，指多轴，一般为五轴；
50——X 轴最大行程 500mm。

六、数控机床的特点

在大批量生产条件下，采用机械加工自动化可以取得较好的经济效益。大批量生产中加工自动化的基础是工艺过程的严格性，从而可以建立自动流水线。对于小批量的产品生产，由于生产过程中产品品种的变换频繁，批量小，加工方法的区别大，因此实现加工自动化存在相当的难度，不能采用大批量生产的刚性自动化方式。因此，大力发展柔性制造技术成为机械加工自动化必然出路。

柔性制造技术实际上是计算机控制的自动化制造技术，它包含计算机数控的单台加工设备和各种规模的自动化制造系统。所以数控机床是实现柔性自动化的最重要设备，与其它加工设备相比，数控机床具有如下特点。

1. 适应性强，适合加工单件或小批量的复杂工件及新产品研制与试制

数控机床加工工件时，只需要简单的夹具，不需要制作特别的工装夹具，所以改变加工工件后，只需要重新编制新工件的加工程序，就能实现新工件加工，更不需要重新调整机床。因此，数控机床特别适合单件、小批量及试制新产品的工件加工。

然而，市场经济下，产品日趋多变。而随着数控技术的发展与推广，数控机床应用日益普及，现代企业中数控机床越来越趋向于用数控机床代替组合机床形成流水生产线，用于大批大量生产中，以缩短供货时间，提供多品种产品的要求，并降低设备的重复投资。用数控机床组成的流水生产线称作柔性线，与此相对的是刚性线——由组合机床组成的流水生产线。

2. 加工精度高，产品质量稳定

数控机床的脉冲当量普遍可达 0.001mm/脉冲或 0.0001in/脉冲，传动系统和机床结构都具有很高的刚度和热稳定性，工件加工精度高，进给系统采用消除间隙措施，并对反向间隙与丝杆螺距误差等由数控系统实现自动补偿，所以加工精度高。特别是因为数控机床加工

完全是自动进行的，这就消除了操作者人为产生的误差，使同一批工件的尺寸一致性好，加工质量十分稳定。

3．生产效率高

工件加工所需时间（即作业时间，见《JB/T 9169.6—1998 工艺定额编制》）包括基本时间和辅助时间。数控机床能有效地减少这两部分时间。数控机床主轴转速和进给量的调速范围都比普通机床的范围大，机床刚性好，快速移动和停止采用了加速、减速措施，因而既能提高空行程运动速度，又能保证定位精度，有效地降低了作业时间。

数控机床更换工件时，不需要调整机床，同一批工件加工质量稳定，无需停机检验并有效地简化了检验工作，故辅助时间大大缩短。特别是使用自动换刀装置的数控加工中心机床，可以在一台机床上实现多工序连续加工，生产效率的提高更加明显。

4．减轻劳动强度、改善劳动条件

数控机床加工是自动进行的，工件加工过程不需要人的干预，加工完毕后自动停车。某些数控机床使用液压、气动装置来夹紧工件和刀具，甚至使用机器人装卸工件。这就使工人的劳动条件大为改善。

5．良好的经济效益

虽然数控机床价格昂贵，分摊到每个工件上的设备费用较大，但是使用数控机床可节省许多其它费用。例如，工件加工前不用划线工序，工件安装、调整、加工和检验所花费的时间少，特别是不用设计制造专用工装夹具，加工精度稳定，废品率低，减少了调度环节等，所以总体成本下降，可获得良好经济效益。

6．有利于生产管理的现代化

数控机床使用数字信息与标准代码处理、传递信息，特别是在数控机床上使用计算机控制，为计算机辅助设计、制造以及实现生产过程的计算机管理与控制奠定了基础。用数控机床加工零件，能准确地计算零件的加工工时，并有效地简化了检验和工夹具、半成品的管理工作。

七、数控铣床（加工中心）的加工对象

（1）平面轮廓类零件，如图 1-1-13 所示。

图（a）中的平面 P 和展开后可以成为平面的平面轮廓 M；

图（b）中的斜平面 P（与水平面成一定夹角）；

图（c）中的斜平面 P 和圆台侧面 N（展开后可以成为平面）。

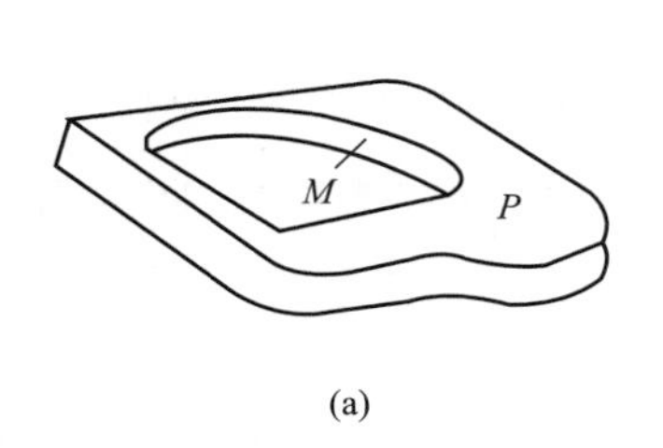

(a)

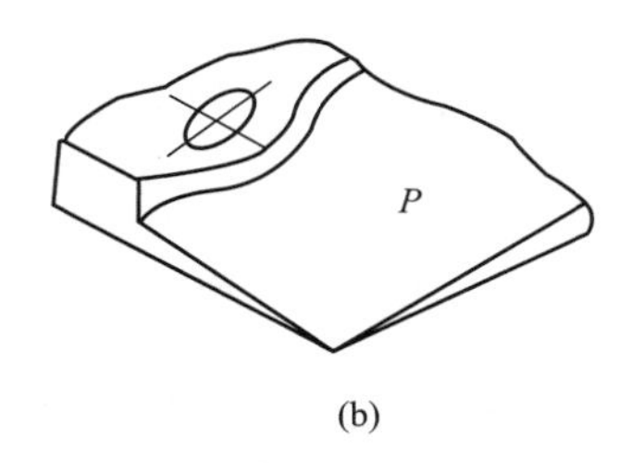

(b)

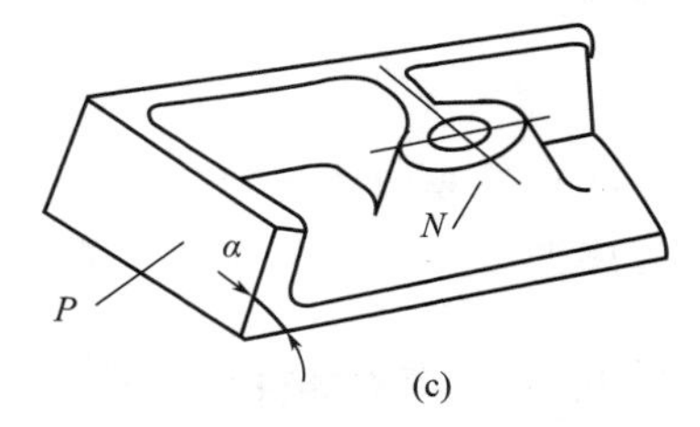

(c)

图 1-1-13　平面轮廓类零件

（2）变斜角类零件。加工面与水平面的夹角呈连续变化的零件称为变斜角类零件（见图 1-1-14）。

其特点是加工面不能展开为平面，但在加工中，铣刀圆周与加工面接触的瞬间为一条直线。如飞机上的一种变斜角梁椽条。加工变斜角类零件最好采用四坐标或五坐标数控铣床摆

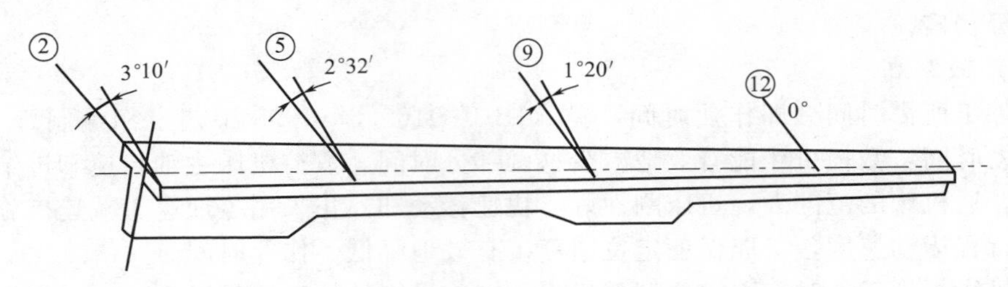

图 1-1-14 飞机上的一种变斜角梁椽条

角加工，在没有上述机床的情况下，也可采用三坐标数控铣床，通过两轴半联动用鼓形铣刀分层近似加工，但精度稍差。

(3) 空间曲面轮廓（含已给出数学模型的空间曲面，如球面等）如图 1-1-15 涡轮的叶片。

(4) 孔与孔系的加工。如箱体类零件的孔加工（钻孔、扩孔、铰孔及镗孔等)。

(5) 螺纹加工（攻螺纹、镗削螺纹、铣螺纹)。

(6) 采用数控铣削后能成倍提高生产率，大大减轻体力劳动强度的一般加工内容。

(7) 价值昂贵，不允许报废的关键零件。

(8) 结构比较复杂的零件。

图 1-1-16 为三类机床的被加工零件复杂程度与零件批量大小的关系。通常数控机床适宜加工结构比较复杂，在非数控机床上无法加工及加工时需要有昂贵的工艺装备（工具、夹具和模具）的零件。

图 1-1-15 涡轮叶片

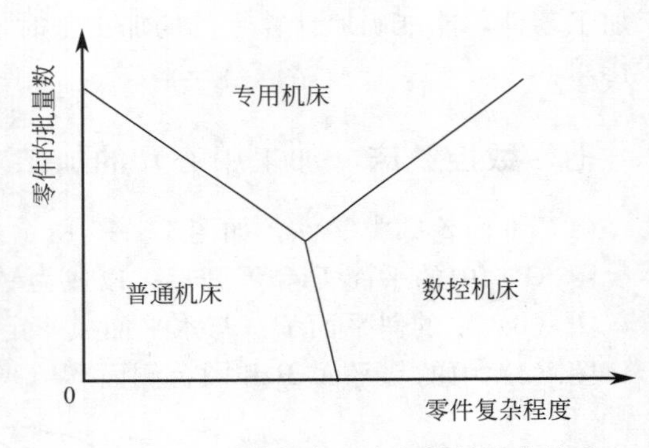

图 1-1-16 零件复杂程度与批量数的关系

(9) 需要频繁改型的零件。当生产的产品不断更新，使用数控机床只需更改相应数控加工程序即可，从而节省大量的工艺装备，使综合费用降低。

八、不适合数控铣床（加工中心）加工的对象

① 简单的粗加工；
② 需长时间占机人工调整的加工；
③ 毛坯上余量不太充分或不太稳定的部位；
④ 必须采用细长刀具加工的零件；
⑤ 一次安装完成零星部位加工。

九、数控铣床、加工中心的安全操作规程

为了正确合理地使用数控铣床（加工中心），保证机床正常运转，必须制定比较完善的数控铣床（加工中心）操作规程，通常包括以下内容。

① 机床通电后，检查各开关、按钮、按键是否正常、灵活，机床有无异常现象。

② 检查电压、气压、油压是否正常（有手动润滑的部位先要进行手动润滑）。

③ 检查各坐标轴是否回参考点，限位开关是否可靠；若某轴在回参考点前已在参考点位置，应先将该轴沿负方向移动一段距离后，再手动回参考点。

④ 机床开机后应空运转 5min 以上，使机床达到热平衡状态。

⑤ 装夹工件时应定位可靠，夹紧牢固，检查所用螺钉、压板是否妨碍刀具运动，以及零件毛坯尺寸是否有误。

⑥ 数控刀具选择正确，夹紧牢固，加工中心刀具应根据程序要求，依次装入刀库。

⑦ 首件加工应采用单段程序切削，并随时注意调节进给倍率控制进给速度。

⑧ 试切削和加工过程中，刃磨刀具、更换刀具后，一定要重新对刀。

⑨ 加工结束后应清扫机床并加防锈油。

⑩ 停机时应将各坐标轴停在中间位置。

十、数控铣床、加工中心的日常维护及保养

1. 数控铣床、加工中心的日常维护

（1）机床工作开始工作前要有预热，认真检查润滑系统工作是否正常，如机床长时间未开动，可先采用手动方式向各部分供油润滑。

（2）保持良好的润滑状态，定期检查、清洗自动润滑系统，增加或更换油脂、油液，使丝杆、导轨等各运动部位始终保持良好的润滑状态，以降低机械磨损。

（3）进行机械精度的检查调整，以减少各运动部件之间的形状和位置误差。

（4）经常清扫，保持清洁。周围环境对数控机床影响较大，如粉尘会被电路板上静电吸引，而产生短路现象；油、气、水过滤器、过滤网太脏，会发生压力不够、流量不够、散热不好，造成机、电、液部分的故障等。

2. 数控铣床、加工中心的日常保养（见表 1-2-3）

表 1-2-3　数控铣床（加工中心）日常维护内容

序号	检查周期	检查部位	检查要求
1	每天	导轨润滑油箱	检查油标、油量，检查润滑泵能否定时启动供油及停止
2	每天	X、Y、Z 轴向导轨面	清除切屑及脏物，导轨面有无划伤
3	每天	压缩空气气源压力	检查气动控制系统压力
4	每天	主轴润滑恒温油箱	工作正常，油量充足并能调节温度范围
5	每天	机床液压系统	油箱、液压泵无异常噪声，压力指示正常，管路及各接头无泄漏
6	每天	各种电气柜散热通风装置	各电气柜冷却风扇工作正常，风道过滤网无堵塞
7	每天	各种防护装置	导轨、机床防护罩等无松动、无漏水
8	每半年	滚珠丝杆	清洗丝杆上旧润滑脂，涂上新润滑脂
9	不定期	切削液箱	检查液面高度，经常清洗过滤器等
10	不定期	排屑器	经常清理切屑
11	不定期	清理废油池	及时取走滤油池中的废油，以免外溢
12	不定期	调整主轴驱动带松紧程度	按机床说明书调整
13	不定期	检查各轴导轨上镶条	按机床说明书调整

十一、数控系统日常维护及保养

数控系统使用一定时间以后，某些元器件或机械部件会老化、损坏。为延长元器件的寿命和零部件的磨损周期应在以下几方面注意维护。

（1）尽量少开数控柜和强电柜的门　车间空气中一般都含有油雾、潮气和灰尘。一旦它们落在数控装置内的线路板或电子元器件上，容易引起元器件间绝缘电阻下降，并导致元器件的损坏。

（2）定时清理数控装置的散热通风系统　散热通风口过滤网上灰尘积聚过多，会引起数控装置内温度过高（一般不允许超过55～60℃），致使数控系统工作不稳定，甚至发生过热报警。

（3）经常监视数控装置用电网电压　数控装置允许电网电压在额定值的±10%范围内波动，如果超过此范围就会造成数控系统不能正常工作，甚至引起数控系统内某些元器件损坏。为此，需要经常监视数控装置的电网电压。电网电压质量差时，应加装电源稳压器。

十二、操作者的安全注意事项

（1）工作时请穿好工作服、安全鞋，戴好工作帽及防护镜，注意：不允许戴手套操作机床。

（2）注意不要移动或损坏安装在机床上的警告标牌。

（3）注意不要在机床周围放置障碍物，工作空间应足够大。

（4）某一项工作如需要两人或多人共同完成时，应注意相互间的协调一致，一个时刻只允许一人操作机床。

（5）不允许采用压缩空气清理机床的电气柜及NC单元。

（6）使用的刀具应与机床允许的规格相符，有破损的刀具要及时更换。

（7）调整刀具所用工具不要遗忘在机床内，用完后要放在规定的位置。

（8）检查夹具的安装及工件的夹紧是否稳定可靠。

（9）对与工作台行程接近的大尺寸零件，应检查其安装位置是否合适。

（10）机床开动前，必须关好机床防护门；在加工过程中，不允许打开机床防护门。

（11）刀具安装好后应进行一、二次试切削。

（12）禁止用手接触刀刃和铁屑，铁屑必须要用铁钩子或毛刷等工具清理。

（13）禁止用手或其它任何方式接触正在旋转的主轴、工件或其它运动部位。

（14）禁止测量正在加工中的工件，更不能用棉丝擦拭。

（15）机床运转中，操作者不得离开岗位，发现机床发出异常声音、震动及火花等异常现象应立即停车。

（16）严格遵守岗位责任制，机床由专人使用，他人使用须经本人同意。

（17）禁止进行尝试性（不明确的）操作，必须确保机床和人身安全。

（18）编完程序或将程序输入机床后，须先锁住机床进行图形模拟，准确无误后再进行机床试运行，并且刀具应离开毛坯上表面100mm以上。

（19）程序运行前的注意事项

① 对刀应准确无误，刀具补偿号应与程序调用刀具号符合。

② 检查机床各功能按键的选择是否正确。

③ 光标要放在主程序号上。

④ 确保冷却液足够，在加工中连续使用，不能断流。

⑤ 站立位置应合适，启动程序时，右手做按停止按钮准备，程序在运行当中手不能离开停止按钮，如有紧急情况立即按下停止按钮。

(20) 加工过程中认真观察切削及冷却状况，确保机床、刀具的正常运行及工件的质量。并关闭防护门以免铁屑、切削液飞出。

(21) 在程序中设置暂停指令以测量工件尺寸时，要待机床完全停止、主轴停转后方可进行测量，以免发生人身事故。

(22) 未经许可禁止打开电器箱。

(23) 修改程序的钥匙在程序调整完后要立即拿掉，不得插在机床上，以免无意改动程序。

(24) 切削液要定期更换，一般在1～2个月之间。

(25) 完工后的注意事项

① 清除切屑、擦拭机床，使机床与环境保持清洁状态。

② 检查润滑油、冷却液的状态，及时添加或更换。

③ 按照关机步骤关掉电源。

【任务实施】

(1) 对照数控铣床和加工中心，查看其主要区别。

(2) 阅读并记忆数控铣床（加工中心）安全操作规程与注意事项及日常维护保养知识。

(3) 开机操作、关机操作的步骤。

(4) 会数控铣床的手动操作（手动、点动与手轮操作方式），懂得机床坐标系各坐标轴的名称及其正方向。

【任务总结】

数控机床要在一个确定的坐标系下运行，这个坐标系叫机床坐标系。这是数控机床运行的唯一基准。

小贴士

目前加工中心定义已有所拓展，不仅指带刀库和自动换刀装置的数控镗铣床，而且泛指带刀库和自动换刀装置的各类数控机床。比如钻削加工中心、车削加工中心、复合加工中心等。本书主要是指立式镗铣加工中心。

【任务评价】

评分标准

序号	考核项目	考核内容	配分	检测标准(分值)	小计
1	识别数控铣床与加工中心	1. 数控铣床与加工中心的区别	5	说出:加工中心是带有刀库和自动换刀装置的数控镗铣床(5分)	
		2. 二者与普通铣床的区别	10	说出:本质区别是带有数控系统(3分) 使用标准化的刀具系统和高品质的刀具(3分) 驱动系统不同(3分) 数控机床外观上大多带有防护装置(1分)	
2	安全操作及维护保养知识	阅读、记忆安全操作规程及维护保养常识	20	说出安全操作规程10条(10分) 说出维护保养知识10项(10分)	
3	机床操作	正确完成开、关机，懂得手动操作	15	正确完成开机操作(5分) 正确完成关机操作(5分) 通过手动操作,能说出X、Y、Z轴的方向(2.5分) 会手轮操作(2.5分)	

续表

序号	考核项目	考核内容	配分	检测标准(分值)	小计
4	数控铣床(加工中心)的组成	数控系统 机床本体 辅助部分	20	说出:数控系统(3分)、机床机械部件(3分)、驱动部件(1分)、润滑系统(3分)、气动装置(3分)、刀库及自动换刀装置(3分)、冷却系统(2分)、液压装置(1分)、自动清屑器(1分)	
5	数控术语与常识	数控 数控系统	20	正确说出数字控制的概念(5分) 正确说出数控系统的概念(5分) 说出世界上第一台数控机床的诞生时间(5分) 说出中国第一台数控机床的诞生时间(5分)	
6	数控铣床的特点	适合与不适合数控铣削加工的对象	10	说出适合数控铣削加工对象不少于5种(5分) 说出不适合数控铣床加工的对象5种(5分)	
合计			100	得分合计	

【思考与练习】

1. 数控铣床、加工中心由哪几个部分组成?
2. 目前企业中常用数控系统有哪些?
3. 数控铣床、加工中心的加工特点有哪些?
4. 数控铣床、加工中心用于什么场合?
5. 试述数控铣床、加工中心的安全操作规程。
6. 数控铣床(加工中心)日常维护保养的内容有哪些?
7. 怎样做好数控系统的日常维护?
8. 操作者的安全注意事项有哪些?
9. 试说明沈阳机床厂机床型号 TH6550×50 中各字符的含义。
10. 试说明加工中心型号 VM-850 的含义。
11. 试说明大连机床厂机床型号 XD-30A 中各字符的含义。

任务2 认识数控铣床面板的功能

【学习目标】

技能目标:

① 会数控铣床(加工中心)的开、关机操作;

② 懂得数控机床的模式选择与回原点操作;

③ 懂得数控铣床(加工中心)的机床坐标系各坐标轴的正方向,能手动准确操控数控机床。

知识目标:

① 懂得 FANUC(法那克)0i-MB 系统数控铣床(加工中心)面板组成及功能;

② 进一步熟悉数控铣床(加工中心)安全操作规程;

③ 懂得机床坐标系确定原则与各轴的确定方法、各轴正方向的确定方法。

【任务描述】

进一步熟练数控机床的开、关机操作，正确完成手动回原点操作；懂得机床运行模式，会手动操作，懂得机床各坐标轴名称及其正方向，以便理解、记忆机床坐标系，熟悉机床操作面板与 MDI 面板各键、旋钮的功能。

【任务分析】

数控机床的 MDI 面板一般由数控系统生产厂家提供，形式与布局变化不大。而其机床操作面板则由机床生产厂家制作，按键、开关和旋钮的布局与形式会有不同，但机床操作面板所能实现的功能大同小异。熟悉面板的功用是正确操控数控机床的关键。通过学习正确操控数控机床的开、关机操作、回原点操作与手动试操作，了解面板上各旋钮、键（或开关）的功能。

【知识准备】

一、FANUC（法那克）0i-MD 系统数控铣床（加工中心）面板功能介绍

FANUC0i MD 数控系统面板分为三个大区域：监视器、MDI（手动数据录入）键盘和机床操作面板。

1. 监视器

监视器是数控机床实现人机对话的窗口，用于显示机床的运行模式、机床的坐标位置、加工程序、系统参数、报警信息等，如图 1-2-1 所示。

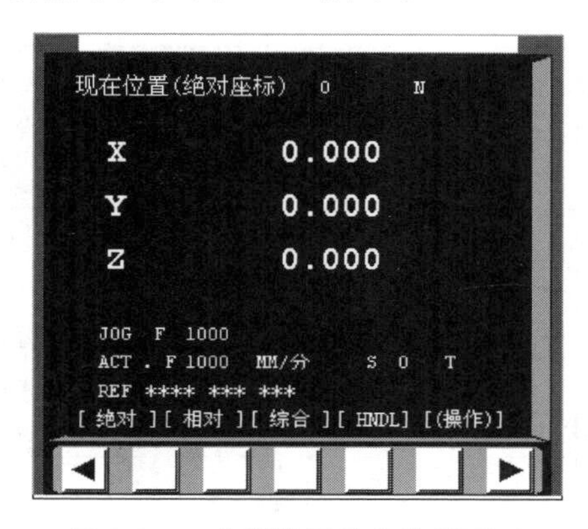

图 1-2-1　监视器显示的位置页面

监视器下方有一排软键，数控机床开机后在监视器最下面会有与中间五个软键对应的名称，在不同的模式和页面下，五个软键会对应不同的功能含义。最左侧的软键◀是返回键，用于返回上一级操作菜单，最右方的软键▶称作扩展键，用于显示同级其余菜单功能。如在位置显示页面下屏幕显示如图 1-2-1 所示。

中间五个软键对应的功能分别是绝对、相对、综合、HNDL、操作。屏幕上方的“现在位置（绝对）”表明当前显示的是绝对坐标。要想显示相对坐标，就需要按下与相对对应的软键（返回键◀右侧第二个软键）。

2. MDI 键盘（又称 MDI 面板或数控系统操作面板）

FANUC0i MD 系统的 MDI 键盘一般在监视器的右方（见图 1-2-2），用于程序编辑、系统参数输入（如对刀数据）等功能。MDI 键盘上键的分类与功能如表 1-2-1 所示。

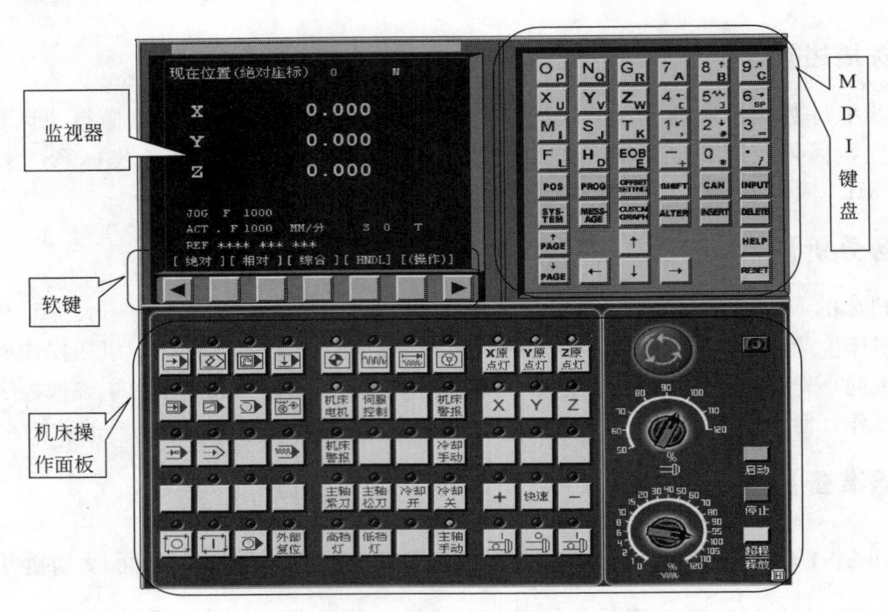

图 1-2-2 FANUC0i MD 数控系统面板

表 1-2-1 FANUC0i MD 数控系统操作面板说明

分类	MDI 键	功 能
翻页键	PAGE↑ PAGE↓	键PAGE↑实现左侧监视器中显示内容的向上翻页；键PAGE↓实现左侧监视器显示内容的向下翻页
光标移动键	↑ ← ↓ →	移动监视器中的光标位置。键↑实现光标的向上移动；键↓实现光标的向下移动；以上两键在编辑模式下，可以查找字或字符。键←实现光标的向左移动；键→实现光标的向右移动
字母键	O_P N_Q G_R X_U Y_V Z_W M_I S_J T_K F_L H_D EOB_E	实现字符的输入，点击SHIFT键后再点击字符键，将输入右下角的字符。例如：点击O_P将在监视器的光标所处位置输入“O”字符，点击键SHIFT后再点击O_P将在光标所处位置处输入P字符；按其中的“EOB”将输入“;”号表示换行结束
数字键	7 8 9 4 5 6 1 2 3 — 0 .	实现字符的输入，例如：点击键5将在光标所在位置输入“5”字符，点击键SHIFT后再点击5将在光标所在位置处输入“]”
页面转换键	POS Position	在监视器中显示坐标值
	PROG Program	监视器将进入程序编辑和显示界面
	OFFSET SETTING Offset Setting	监视器将进入参数补偿显示界面
	SYSTEM System	监视器切换至系统参数页面
	MESSAGE Message	切换至报警信息页面
	CUSTOM GRAPH Custom Graph	在自动运行状态下将数控显示切换至轨迹模式
	HELP Help	本软件不支持

续表

分类	MDI 键	功　　能
编辑键	Shift	上档键：输入字符切换键
	Cancel	删除单个字符
	Alter	字符替换
	Insert	将输入域中的内容输入到指定区域
	Delete	删除一段字符
	End of Block	不按上档键而直接按其将输入“;”号表示换行结束
输入键	Input	将数据域中的数据输入到指定的区域
复位键	Reset	在自动运行模式下，按压此键，作用同急停按钮； 在编辑模式下，按压此键，光标会回到程序号上； 在手动模式下，按压此键，主轴会停止转动； 机床出现报警后一般应按此键后再操作

3．数控机床操作面板按钮说明

机床操作面板的布局和形式因机床生产厂家不同而不同。图 1-2-3 所示数控铣床操作面板在外观上与图 1-2-2 有很大不同，但功能基本相同。数控机床操作面板一般由旋钮、照亮式按钮开关（按下指示灯亮，开；弹起指示灯灭，关，见图 1-2-2）或扳钮式切换开关（向上扳，开；向下扳，关，见图 1-2-3）等组成。

图 1-2-3　不同布局形式的数控铣床操作面板

FANUC0i MB 系统的数控铣床（加工中心）机床操作面板使用说明见表 1-2-2。

表 1-2-2　数控铣床操作面板说明

分类	按钮	名称	功能说明
机床操作模式选择按键		自动运行 (AUTO)	此按钮被按下后，系统进入自动加工模式，又称存储器(Memory)运行方式
		编辑 (EDIT)	此按钮被按下后，系统进入程序编辑状态
		MDI (手动数据录入)	此按钮被按下后，系统进入 MDI 模式，手动输入并执行指令，Manual Data Input
		远程执行 (DNC 模式)	此按钮被按下后，系统进入远程执行模式(DNC 模式)，输入输出资料

续表

分类	按钮	名称	功能说明
机床操作模式选择按键		回原点(REF、回零或 ZRN)	点击该按钮系统处于回原点模式，某些机床用 REF、HOME、回零或 ZRN 表示
		手动(JOG)	机床处于手动模式，连续移动
		增量进给(STEP)	机床处于手动，点动移动
		手摇脉冲 HANDLE	机床处于手轮控制模式
自动运行模式控制选择按键		单节 Single Block	此按钮被按下后，运行程序时每次执行一条数控指令
		单节忽略 Opt Skip	此按钮被按下后，数控程序中的跳过符号“/”有效，段前含有该符号的程序段被忽略
		选择性停止 Opt stop	按下该按钮，“M01”代码有效，Optional stop
		机械锁定 Machine lock	锁定机床，刀具或工作台不能移动
		空运行 Dry run	又称试运行，程序中的 F 值被忽略，均以 G00 的速度运行程序，可节约程序的检查时间
		进给保持 Feed hold	程序运行暂停，在程序运行过程中，按下此按钮运行暂停，按“循环启动”恢复运行
		循环启动	程序运行开始；系统处于自动运行或“MDI”位置时按下有效，其余模式下使用无效
		循环停止	程序运行停止，在数控程序运行中，按下此按钮停止程序运行
	外部复位	外部复位	在程序运行中点击该按钮将使程序运行停止。在机床运行超程时若“超程释放”按钮不起作用可使用该按钮使系统释放
	20 30 40 50 60 15 70 10 80 8 90 6 95 4 100 2 105 1 110 0 % 120	进给倍率	调节运行时的进给速度倍率。调节范围从 0～120% 当旋转至 0 时，快速定位运动停止。但当不在 0 时，不能控制快速定位运动速度
		急停按钮	它在机床操作面板上是一个红色按钮，如发生紧急情况，用手掌按下急停按钮，机床立即停止操作(机床的全部动作停止)，且该按钮自锁；故障排除后，顺时针旋转按钮即可复位
	80 90 100 70 110 60 120 50 %	主轴倍率选择旋钮	将光标移至此旋钮上后，通过点击鼠标的左键或右键来调节主轴旋转倍率。速度调节范围从 50%～120%
		程序编辑开关	在编辑模式时置于“ON”位置，可编辑程序
	超程释放	超程释放	系统超程释放

续表

分类	按钮	名称	功能说明
手动模式操作键	X1 X10 X100 X1000	手动增量步长选择按钮	手动时，通过点击按钮来调节手动步长，X1、X10、X100分别代表移动量为0.001mm、0.01mm、0.1mm 自动运行时能调节快速定位运动的速度
	主轴手动	主轴手动	点击该按钮将允许手动控制主轴
		主轴控制按钮	从左至右分别为：正转、停止、反转
	+X	X正方向	在手动时控制主轴向X正方向移动
	+Y	Y正方向	在手动时控制主轴向Y正方向移动
	+Z	Z正方向	在手动时控制主轴向Z正方向移动
	-X	X负方向	在手动时控制主轴向X负方向移动
	-Y	Y负方向	在手动时控制主轴向Y负方向移动
	-Z	Z负方向	在手动时控制主轴向Z负方向移动
手轮模式操作旋钮		手轮面板	点击H按钮将显示手轮面板，再点击手轮面板上右下角的H按钮，又可将手轮隐藏
		手轮轴选择旋钮	在手轮状态下，将光标移至此旋钮上后，通过点击鼠标的左键或右键来选择进给轴
		手轮进给倍率选择旋钮	X1、X10、X100分别代表移动量为0.001mm、0.01mm、0.1mm。在宇龙数控仿真加工软件中，在手轮状态下，将光标移至此旋钮上后，通过点击鼠标的左键或右键来调节点动/手轮步长
		手轮HANDLE	将光标移至此旋钮上后，通过点击鼠标的左键或右键来转动手轮
	H	手轮显示按钮（仿真软件）	仿真加工软件中特有键，按下此按钮，则可以显示出手轮
电源键	(绿色)	启动	启动控制系统
	(红色)	关闭	关闭控制系统

二、数控铣床与加工中心的开机、关机步骤

1. 开机步骤

（1）开总电源开关（一般在机床附近墙壁上的开关盒上）。

（2）开稳压器、气源等各辅助设备的电源开关并启动，打开气阀。

（3）开机床（铣床、加工中心等）控制柜总电源。

(4) 按下NC控制电源开按钮，直至显示器出现“NOT READY”为止，不要按MDI键盘上的任何键。

(5) 松开机床急停按钮（一般为红色，蘑菇状）。

(6) 此时蜂鸣器鸣叫，指示灯闪烁，按下RESET键（或机床操作面板上的蜂鸣器解除按钮），停止鸣叫或闪烁。

(7) 选择ZRN模式，进行机床返回参考点操作（建立机械坐标系）：先回Z轴，直至Z轴原点灯亮，再分别回X、Y轴原点，并直至原点灯亮。

2. 关机步骤

(1) 按下NC控制电源关按钮（此前最好移动数控机床各坐标轴，确保各轴离开机械原点适当距离100mm以上，以便于下次开机后回参考点）；

(2) 按下急停按钮；

(3) 关机床控制柜总电源；

(4) 关稳压器、气源等各辅助设备的电源开关并关气阀；

(5) 关总电源开关。

关机原则：先开后关。

三、开机后的手动回原点操作

手动回原点操作是数控机床开机后必须做的第一项工作（带有刚性编码器的机床除外，这类机床关机后能记忆机床位置），不可遗漏，目的是让机床找到机械原点的位置，即建立机床坐标系。

数控铣床、加工中心手动回原点的顺序为：首先回Z轴原点（将刀具远离工件和夹具，确保安全），再依次分别回Y轴和X轴原点。

具体操作步骤如下：

(1) 将功能键按下使该键的指示灯亮（或将旋钮置于ZRN模式或REF模式或回零模式）；

(2) 适当调整快速进给倍率（速度不要太高，有些机床，快速倍率必须放在25%，否则容易发生超程）；

(3) 必须先将Z轴回零，然后X和Y轴回零（有些机床只能在Z轴回到零位后才能操作X和Y轴回零，否则不能进行X和Y轴回零操作，这样可以更好地避免发生撞击事故）。

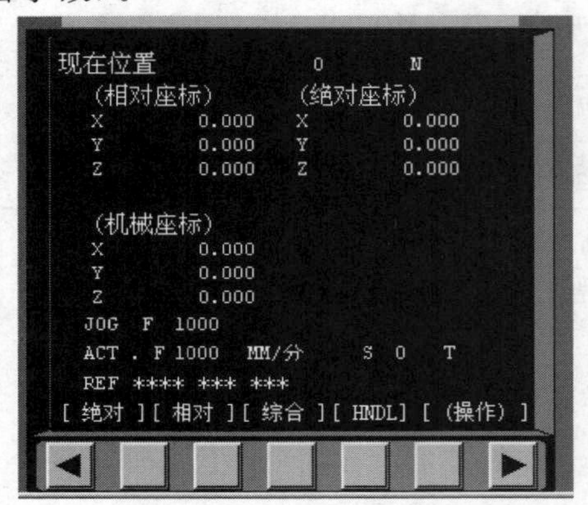

图1-2-4 回原点后的机械坐标

(4) 当坐标零点提示灯亮时X原点灯 Y原点灯 Z原点灯，回零操作成功，按一下屏幕下方的“综合”软键，机械坐标显示均为零，见图1-2-4。

通过回原点操作，可以看到数控铣床与加工中心均有三个直线坐标轴。机床运动部件的位置在屏幕上由X、Y、Z三个坐标值显示。其中的“机械坐标”就是机床坐标系坐标。

手动原点回归前，应将机床各轴位置距离机械原点25mm以上，以避免潜在的问题——因速度过快而超程。为了便于开机后回机床原点，在关机前千万不要将机床任何轴置于原点位置，应手动操作各轴离开机械原点 25mm 以上，如 100mm 左右。

四、数控铣床（加工中心）的机床坐标系

数控机床上，为确定机床运动的方向和距离，必须要有一个坐标系才能实现，把这种机床固有的坐标系称为机床坐标系，该坐标系的建立必须依据一定的原则。

（1）假定刀具相对于静止的工件而运动的原则。这个原则规定不论数控铣床（加工中心）是刀具运动还是工件运动，均以刀具的运动为准，工件看成静止不动；这样可按零件图样直接确定数控铣床（加工中心）刀具的加工运动轨迹，方便编程。

（2）采用右手笛卡尔直角坐标系原则。如图 1-2-5 所示，张开食指、中指与拇指且三者相互垂直，中指指向$+Z$坐标，拇指指向$+X$，食指指向$+Y$坐标。坐标轴的正方向规定为增大工件与刀具之间距离的方向。旋转坐标轴 A、B、C 的正方向根据右手螺旋法则确定。工件固定，刀具运动时采用上面规定的法则；如果工件移动，刀具固定时，正方向反向，并增加上标“′”表示。

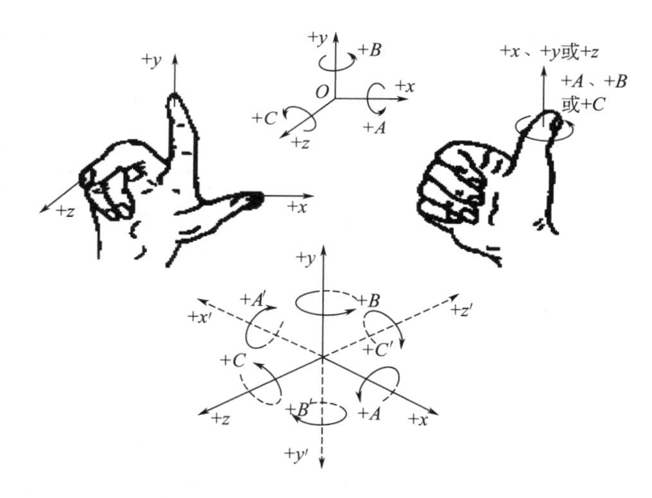

图 1-2-5　右手笛卡尔直角坐标系

其中：

① Z 轴：是由传递切削力的主轴决定的。对于铣床、钻床、镗床等，主轴带动刀具旋转，与主轴平行的坐标轴即为 Z 轴，刀具进入工件的方向为负方向。而刀具退出的方向为正方向。

② X 轴：一般是水平的，与工件装夹基面平行。对于刀具旋转的机床，如铣床、钻床、镗床等，若 Z 轴是垂直的（立式，见图 1-2-6），当站在工作台前，面朝刀具主轴向立柱看时，X 轴的正方向指向右方；如 Z 轴是水平的（卧式，见图 1-2-7），从主轴向工件方向看时，X 轴的正方向指向右方。

③ Y 轴：根据 X 和 Z 轴的正向，按右手直角笛卡尔坐标系判断。

④ 回转运动 A、B、C 轴：表示其轴线相应地平行于 X、Y、Z 坐标轴的回转运动。

附加坐标轴：如果在 X、Y、Z 主要坐标轴外，还有平行于它们的直线运动坐标轴，可分别指定为 U、V、W。如果还有第三组运动，则分别指定为 P、Q、R。

⑤ 回转坐标轴：绕 X 轴、Y 轴和 Z 轴的旋转轴分别定义为 A、B、C。

⑥ 主轴旋转运动方向：主轴的顺时针旋转方向（正转）是按照右旋螺纹旋入工件的方向。

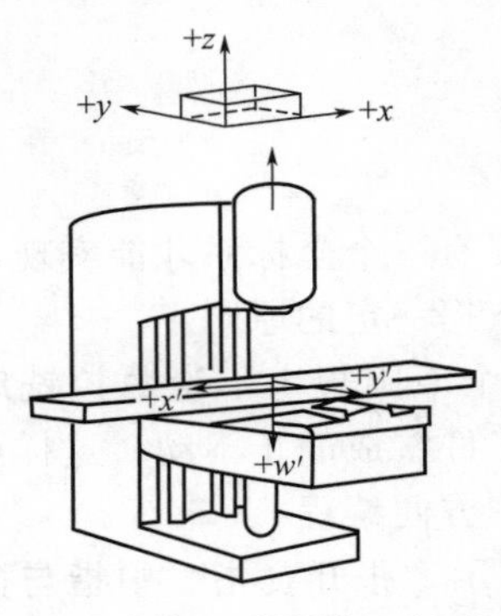

图 1-2-6 立式铣床坐标系

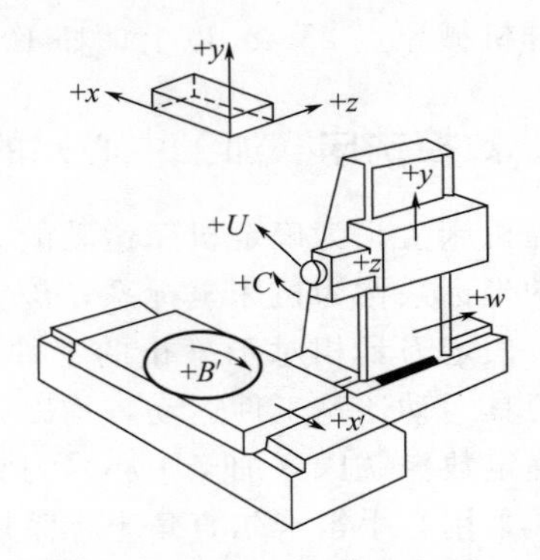

图 1-2-7 卧式铣床坐标系

对任何一台数控机床，其运动部件到达某一确定位置时，其机床坐标 *XYZ* 是唯一的，因此，机床坐标系是数控机床运行的唯一基准。

机床坐标系又称作机械坐标系，其原点称为机械原点，是由机床制造商预先确定好了的一个固定坐标原点。如果数控系统采用相对位置检测元件（非刚性编码器）时，数控机床开机后，必须首先通过回参考点操作，使数控机床的运动部件回到这一参考点，建立机床坐标系。之后数控系统便会明确并记忆这一参考点的位置。否则，数控系统会将开机时的位置误作机床原点。

一般情况下，数控机床开机后回一次参考点就可以了，但有些数控机床必须在每次加工前都要再回参考点，特别是在锁住机床进行程序模拟（模拟时，数控系统会记忆程序结束时的坐标，并作为当前锁定位置的坐标）后，在正式运行程序进行正式加工之前一定要再回一次参考点，除非在锁住之前，机床正好处于程序结束时机床应处在的位置；某些机床即使这样也不行，必须重新返回参考点。对于某些机床，即使回到了参考点之后还要向 *X*、*Y*、*Z* 负方向移离原点一定距离，否则会出现坐标错误。

【任务实施】

（1）数控机床的开、关机操作，正确完成手动回原点操作；

（2）小倍率、缓慢进行手动、点动手轮操作，认清机床各轴运动及正方向，同时理解、记忆机床坐标系；

（3）对照课本，全面认识 FANUC（法那克）0i-MB 系统数控铣床（加工中心）面板功能。

（4）开机后手动回原点操作，并手动操控机床，认识机床坐标系各轴及正方向。

【任务总结】

1. 数控机床长期不用时也应定期进行维护保养，至少每周通电空运行一次，每次不少于一个小时，特别是在环境温度较高的雨季更应如此，利用电子元器件本身的发热来驱散数控装置内的潮湿气，保证电子部件性能的稳定可靠。如果数控机床闲置半年以上不用应将直流伺服电机的电刷取出来，以免化学腐蚀作用，使换向器表面腐蚀，换向性能变坏，甚至损坏整台电机。机床长期不用还会出现后备电池失效，使机床初始参数丢失或部分参数改变，因此应注意及时更换后备电池。

2. 数控铣床（加工中心）回机床参考点动作一般由系统及生产厂家设置确定，常有以下三种情况：①在回机床参考点（REF ）模式下一直按住 +X +Y +Z 键或 +Z -X -Y 键直至回到机床参考点为止；②在回机床参考点（REF ）模式下，点动 +X +Y +Z 键或 +Z -X -Y 即可实现机床回参考点；③开机后机床自动完成回参考点动作。本教材以第一种回参考点方式为准。

3. 三轴数控铣床或加工中心使用三根轴来控制运动，三根轴分别定义为 X 轴、Y 轴和 Z 轴。通常，X 轴平行于工作台的最长尺寸，Y 轴平行于工作台的最短尺寸，Z 轴是主轴的运动方向。在立式数控铣床或加工中心上，X 轴是工作台的纵向方向，Y 轴是工作台的横向方向，Z 轴是主轴方向。而对于卧式加工中心，则 X 轴是工作台的纵向方向，Y 轴是立柱方向，Z 轴是主轴方向。卧式机床如果在空间上绕 X 轴旋转 90°，就可以看成是立式机床。不过，卧式加工中心的附加特征就是分度轴 B，参见图 1-2-7。

【任务评价】

评分标准

序号	考核项目	考核内容	配分	检测标准(分值)	小计
1	开、关机操作	开关机操作方法	5	开机操作步骤正确、熟练(3 分) 关机操作步骤正确、熟练(2 分)	
2	回参考点	回零操作步骤	15	能正确完成回零操作(10 分) 能说出回零的目的(5 分)	
3	数控铣床的手动操作	手动、点动与手轮操作方式准确移动三坐标轴	40	能切换至位置页面，并能使相对坐标显示为零(10 分) 能根据要求用手动方式正确移动各轴(10 分) 能根据要求用手轮方式准确移动各轴(15 分) 能根据要求用点动方式准确移动各轴(5 分)	
4	机床坐标系	各坐标轴的名称及其正方向	15	准确说出 X 轴及其正方向(3 分) 准确说出 Y 轴及其正方向(3 分) 准确说出 Z 轴及其正方向(3 分) 准确说出数控机床各坐标轴确定的方法(6 分)	
5	机床操作面板	机床运行模式	10	能根据要求选择相应的机床操作模式(10 分)	
6	MDI 面板	页面切换键名称	15	说出其余五个页面切换键的名称(5 分) 在每种模式下切换出不同的显示页面(10 分)	
合计			100	得分合计	

【思考与练习】

1. 试述数控机床各种操作模式及功能。
2. MDI 面板上各键的作用是什么？可分为哪几大类？
3. 试简述机床坐标系的确定原则和机床坐标轴确定的方法。
4. 试说明立式数控铣床或加工中心的各坐标轴及其正方向。
5. 机床坐标系原点的设置可以有哪几个位置？哪些是合理的？是否所有的数控机床回原点时，机械坐标均为零？

任务 3 数控铣床手动试切削

【学习目标】

技能目标：

① 能正确完成数控铣床的回原点操作；

② 会准确进行数控铣床的手动（JOG）操作；
③ 能正确安装平口钳并装夹工件、装拆数控刀具；
④ 能适当选用并计算切削用量；
⑤ 掌握数控铣床（加工中心）试切削加工方法。

知识目标：

① 了解常用数控铣刀的种类和用途；
② 了解数控刀柄、平口钳等工艺装备知识；
③ 掌握数控铣床与加工中心机床坐标系的各坐标轴的名称及方向；
④ 懂得键槽铣刀与立铣刀的区别。

【任务描述】

在数控铣床上利用手动方式加工如图 1-3-1 所示的零件。已知毛坯六个平面已经加工完成并合格，毛坯为长方体，尺寸为 100mm×100mm×45mm，工件材料为硬铝。

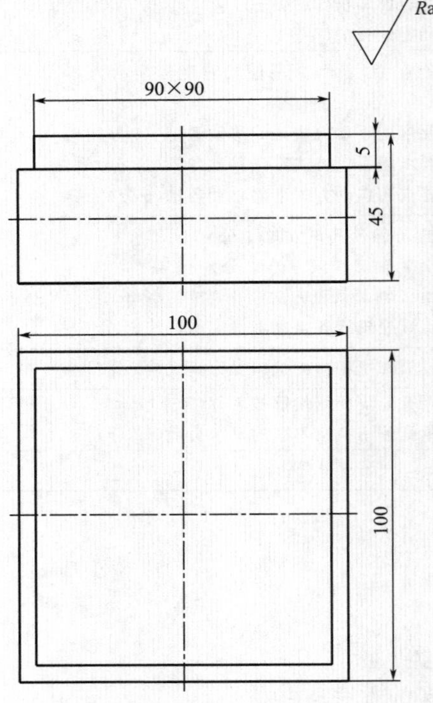

图 1-3-1 手动试切零件

【任务分析】

本项目通过手动操作利用立铣刀或键槽铣刀铣削出一个简单的方形阶梯轮廓，掌握 FANUC 0i Mate-MD 系统数控铣床的手动操作方法及工件装夹、刀具选用与装夹，进一步熟悉机床坐标系，并准确地操控铣床与加工中心。

【知识准备】

一、铣刀种类、用途与刀具材料及性能

（1）常见铣刀种类按形状分为（见表 1-3-1）以下几种。

① 键槽铣刀：一般是两刃的，且端面切削刃到中心，因此可以直接沿刀具轴线下刀。又称中心端铣刀、槽钻头（最初是为铣削标准槽而设计的）。

② 立铣刀：一般三刃以上，有两种，一种端面有中心孔（不能沿其轴线下刀）；另一种没有中心孔（虽然有部分端面切削刃到中心，但也最好不要沿其轴线下刀，因容屑槽太小，容易伤刀）。均可采用斜下刀或螺旋下刀，下刀角度最好在 2～5°之间。

③ 球头铣刀：端部切削刃分布在球面上，球面的中心在铣刀轴线上。

④ 锥形铣刀：有锥形立铣刀和锥形球头铣刀两种。

⑤ 面铣刀：外形见表 1-3-1。数控铣床多采用可转位面铣刀铣削较大平面。

⑥ 成形铣刀：如 T 形槽铣刀、燕尾槽铣刀、螺纹铣刀、齿轮铣刀等，见图 1-3-2。

（2）按材料分。刀具的材质不同，则刀具的价格和性能便不同，见表 1-3-2。

表 1-3-1　常见铣刀的形状及用途

铣刀种类	用　　途	图　　示
二齿键槽铣刀	粗铣轮廓、凹槽等表面，可沿铣刀轴线方向进给加工（垂直下刀）	
立铣刀（3～5 齿）	粗、精铣轮廓、凹槽等表面，一般不能沿垂直铣刀轴线方向进给加工，而采用斜下刀或螺旋下刀	
球头刀	半精加工、精加工曲面，如倒圆角等	
锥形铣刀	加工复杂曲面，如模具加工常用	
面铣刀	主要用于加工较大的平面	
成形铣刀	加工各种成形表面，效率高	见图 1-3-2

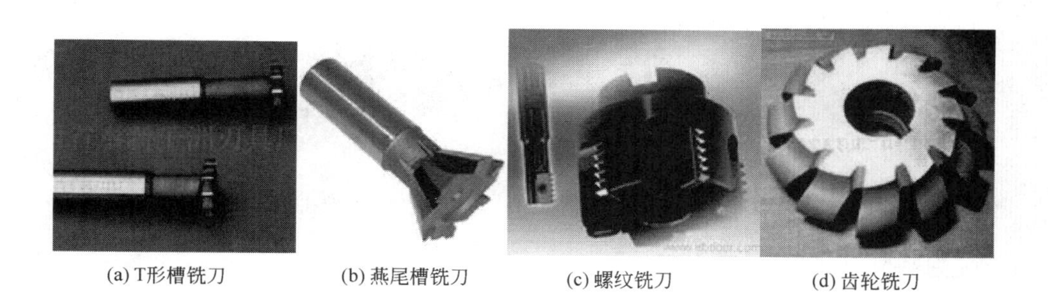

(a) T形槽铣刀　(b) 燕尾槽铣刀　(c) 螺纹铣刀　(d) 齿轮铣刀

图 1-3-2　成形铣刀

表 1-3-2　铣刀的材质、价格及性能

按刀具材料	价格	性　　能
普通高速钢铣刀	价格低	切削速度低，刀具耐用度低
特种性能高速钢（钴高速钢）铣刀	价格较高	切削速度较高，刀具耐用度较高
硬质合金铣刀	价格高	切削速度高，刀具耐用度高
硬质合金涂层铣刀	价格更高	切削速度更高，刀具耐用度更高

（3）按结构不同又有整体式铣刀和可转位式铣刀，见表 1-3-1 与图 1-3-2。其中，表 1-3-1 中的面铣刀是可转位式，图 1-3-2（c）为可换刀片但不可转位，其余的都是整体式的。当然立铣刀、球头刀等很多铣刀都有可转位式的。

二、数控刀柄、平口钳、卸刀座等工艺装备

1. 数控铣刀刀柄

（1）弹簧夹头刀柄　如图 1-3-3 所示。

刀柄与机床主轴相连接的锥柄的锥度为 7∶24，不具有自锁性，便于快速换刀。刀柄通过拉钉紧固在机床主轴中。工厂中应用最广的刀柄是 BT40 和 BT50 系列刀柄。

弹簧夹头刀柄上安装刀具的方法是：根据刀柄直径选用合适的卡簧，并先将卡簧装入到夹头（螺母）中（见图 1-3-4），然后将夹头旋到刀柄上（不要拧紧）后，再将刀具的刀柄装入到卡簧孔中，最后在卸刀座上用扳手拧紧夹头。

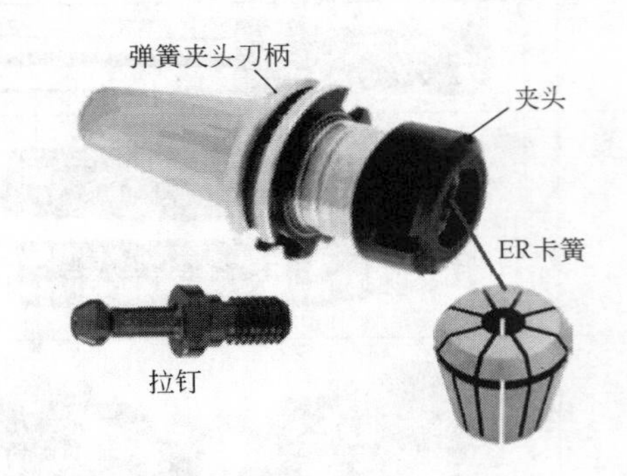

图 1-3-3　弹簧夹头刀柄、卡簧及拉钉

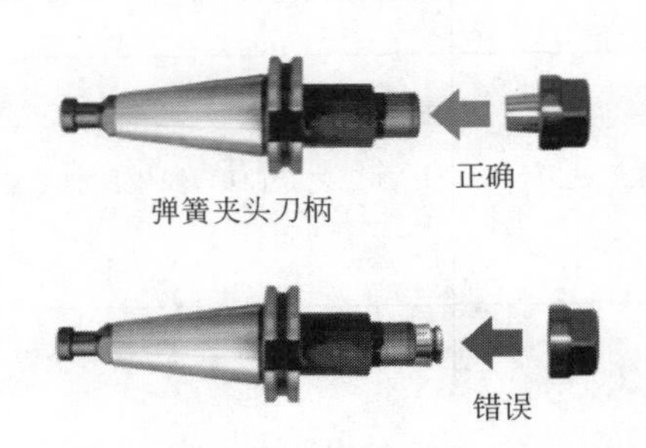

图 1-3-4　卡簧的安装方法

（2）莫氏锥度刀柄　如图 1-3-5 所示。

莫氏锥度刀柄有莫氏 2 号、3 号、4 号等，可装夹相应的莫氏锥钻夹头、立铣刀、攻螺纹夹头等。

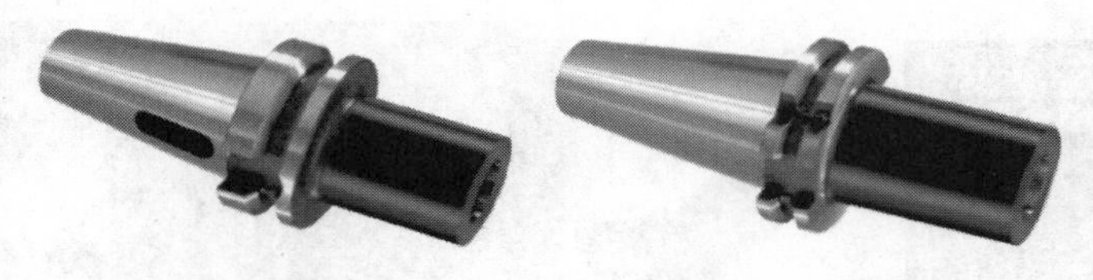

(a) 有扁尾莫氏圆锥孔刀柄　(b) 无扁尾莫氏锥孔刀柄

图 1-3-5　莫氏锥内孔

2. 卸刀座（见图 1-3-6）

是用于在刀柄上装卸铣刀及拆卸拉钉的装置。

3. 扳手（见图 1-3-7）

是用于在卸刀座上紧固或松开弹簧夹头刀柄的夹头（螺母），从而夹紧或松开铣刀的工具。

4. 平口钳（见图 1-3-8）

平口钳用于装夹工件，并用螺钉固定在铣床工作台上。是数控铣床最常用的通用夹具。

图 1-3-6　卸刀座

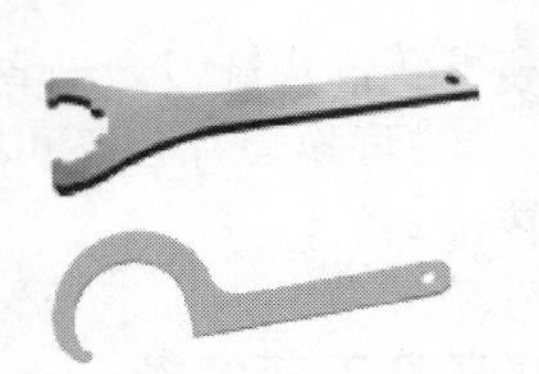

图 1-3-7　扳手

图 1-3-8　平口钳

安装平口钳时，应使其固定钳口夹持工件的平面平行或垂直于数控机床的 X 轴。一般需要利用百分表（或千分表）及磁力表座通过手动操作找正。

三、数控铣削用量

切削用量，又称铣削要素，包括下列四个要素：铣削速度、进给量、背吃刀量和侧吃刀量，见图 1-3-9。

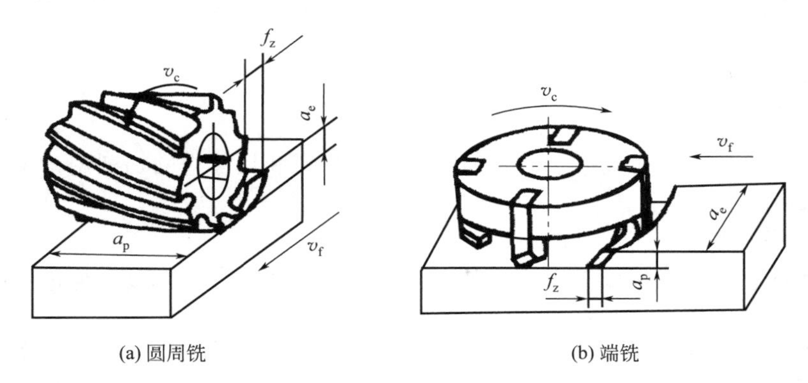

图 1-3-9　铣削用量

1. 铣削速度 v_c（m/min）

铣削速度是指铣刀旋转时的线速度，公制单位计算公式见式（1-1）。

$$v_c=\pi dn/1000 \tag{1-1}$$

式中　d——铣刀直径，mm；

n——主轴转速，r/min。

英制单位时，v_c的单位为 ft/min（英尺/分钟），公式为

$$v_c=\pi dn/12 \tag{1-2}$$

式中　d——铣刀直径，in；

n——主轴转速，r/min。

2. 进给量

铣削时的进给量有三种表示方法。

(1) 每转进给量 f(mm/r)　它是指铣刀每转一转时，工件相对于铣刀沿进给方向移动的距离。

(2) 每齿进给量 f_z(mm/z)　它是指铣刀每转过一个齿的角度时，工件相对于铣刀沿进给方向移动的距离。

(3) 进给速度 v_f(mm/min)　它是指每分钟工件相对于铣刀沿进给方向移动的距离，也就是铣床工作台的进给速度。

三种进给量之间的关系见式（1-3）。

$$v_f=nf=nZf_z \tag{1-3}$$

每齿进给量根据刀齿的强度、切削层厚度、容屑槽情况等因素进行选择。每转进给量与已加工表面粗糙度关系密切，精铣和半精铣时按每转进给量进行选择。由于数控铣床主运动和进给运动是由两个伺服电机分别传动，它们之间没有内部联系。无论按每齿进给量 f_z，还是按每转进给量 f 选择，最后均应进一步计算出进给速度 v_f 进行编程。

3. 背吃刀量 a_p（mm）

如图 1-3-8 所示，它是沿平行于铣刀轴线方向度量的切削层尺寸。端铣时，a_p 为切削层

深度；而圆周铣削时，a_p 为被加工表面的宽度。

4. 侧吃刀量 a_e（mm）

它是沿垂直于铣刀轴线方向和进给方向度量的切削层尺寸。端铣时，a_e 为被加工表面宽度；而圆周铣削时，a_e 为切削层的深度。

特别需要注意的是，上述定义方法所确定的背吃刀量 a_p 和侧吃刀量 a_e，对于面铣刀、立铣刀铣削水平面时，是与人们的一般概念一致的；但对于圆柱铣刀或立铣刀加工垂直平面、轮廓面时，则与一般概念相反。这样规定的目的是为了统一切削力等计算公式的形式和符号。

四、数控铣削用量的选择方法

1. 总方法

应根据加工性质、加工要求、工件材料及刀具材料和尺寸查阅切削用量手册（参阅附录3），并结合实践经验确定。

2. 遵循以下原则

（1）指导性原则：在保证加工质量和刀具耐用度的前提下，充分发挥机床的性能和刀具的切削性能，使切削效率最高，加工成本最低。

（2）粗加工时切削用量的选择原则：首先选取尽可能大的背吃刀量，其次要根据机床动力和刚性等限制条件，选取尽可能大的进给量，最后根据刀具耐用度确定最佳的切削速度。

（3）精加工时切削用量的选择原则：首先根据粗加工后的余量确定背吃刀量；其次根据表面的粗糙度要求，选取较小的进给量；最后在保证刀具耐用度的前提下，尽可能选取较高的切削速度。

3. 还应考虑以下因素

刀具差异，机床特性——遵守《机床说明书》的规定，数控机床生产率。

五、数控编程时，如何计算 n 与 v_f

工艺文件，需要填写编程所应采用的切削用量。查阅切削用量手册（如查阅附录3数控铣床加工中心切削用量参考值的表格）得到的是 v_c(m/min) 和 f（钻、扩、铰、镗孔时）或 f_z（铣刀铣削时）。

而数控铣削编程时，一般使用主轴转速 n(r/min) 和每分钟进给量 v_f（即进给速度，单位 mm/min），如何计算 n 与 v_f？

由式（1-1）和式（1-2）分别得到式（1-4）和式（1-5）。

公制：
$$n=1000v_c/(\pi d)=318.3v_c/d\approx 320v_c/d \tag{1-4}$$

英制：
$$n=12v_c/(\pi d)=3.82v_c/d\approx 4v_c/d \tag{1-5}$$

利用式（1-4）或式（1-5）可以求得主轴转速 n。

再依据式（1-3）求解 v_f。

因此须首先根据工件材料选定适当的刀具材料，从而确定 v_c。再通过 v_c 与刀具最大切削直径 d，由式（1-4）或式（1-5）计算出主轴转速 n，再根据 n、f 或 f_z 与铣刀刀齿的齿数 Z 由式（1-3）计算出 v_f。

注意在同一程序中绝对不能混合使用公制单位和英制单位。

【任务实施】

一、手动（JOG）操作与试切削

1. 手动（JOG）操作

（1）坐标轴控制

① 按下 JOG 键，选择手动工作模式，按住方向键 +X +Y +Z 或 -X -Y -Z（或先按坐标轴 X、Y、Z 键，再按＋、－方向键）可以移动各坐标轴，移动速度由进给旋钮控制。

② 如果同时按下快速移动键和相应的坐标轴键，则坐标轴以快进速度运行。

③ 按下手轮模式键，可实现用手持操作器控制各坐标轴增量移动，增量值大小由手持操作器中倍率旋钮 X1、X10、X100 控制。

④ 坐标轴以步进增量方式运行，增量值大小由键 ×1 ×10 ×100 ×1000 确定。

（2）主轴控制　按动 JOG 键或按下手轮模式键，按动键，主轴正转，按键，主轴停，按键，主轴反转。

2. 夹具安装、工件装夹、刀具装夹训练

（1）工件装夹训练

① 平口钳的安装：将 0～150mm 平口钳放置在铣床（加工中心）工作台上，并用 T 形螺钉将其固定在工作台上，找正平口钳，操作步骤如下：

松开平口钳旋转部位螺钉，百分表座固定在机床主轴上，百分表测量头接触平口钳固定钳口，手动沿 X 方向往复移动工作台，观察百分表指针，找正固定钳口与 X 轴方向平行度，百分表指针变化范围不超过 3 丝（0.03mm），拧紧旋转部位螺钉。

② 工件的安装：将工件装夹在平口钳上，下用垫铁支撑，使工件高于钳口 15mm 左右，工件放置平稳并夹紧。

（2）刀具装夹训练　选 $\phi10$ 高速钢键槽铣刀（或立铣刀），8～10mm 弹簧夹头，把刀柄放置在卸刀座上，通过弹簧夹头把键槽铣刀（或立铣刀）装夹到铣刀刀柄中并夹紧，再把刀柄装夹到机床主轴中。

二、切削用量的确定

（1）吃刀量：因工件材料为硬铝，属易加工材料，表面粗糙度要求不高，加工时可一次铣成，因此 $a_p = a_e = 5\text{mm}$。

（2）查阅附表 3-1 高速钢铣刀铣削硬铝时，切削速度 v_c 可达 180～300m/min，为了保证手动加工的安全取小一些，如 $v_c = 80\text{m/min}$，据式（1-4）得

公制：
$$n \approx 320 \times v_c / d = 320 \times 80/10 = 2560(\text{r/min})$$

（3）查阅附表 3-2 高速钢立铣刀（4 个齿的）的每齿走刀量 f_z，切深 6.5mm 时，$f_z =$ 0.075mm/齿。

$$v_f = nf = nZf_z = 2560 \times 4 \times 0.075 = 760(\text{mm/min})$$

切削用量没有最好，只有更好与是否适当。以上确定的切削用量是否适当，还要经过实践检验。不合适时则需要依据金属切削原理来调整，使之间协调一致，确保加工要求。并在实践中不断学习、探索与积累，形成适合本机床、本企业产品的切削用量理想匹配值，以显著提高加工质量与加工效率。

三、切削加工

铣削的难点是保持台阶关于中心对称（尺寸 90×90 是对称标注）。切削的方法有多种（均以 $\phi10$ 铣刀为例）。

方法一：先使用手轮操纵机床沿 X 轴试切一侧面（如前侧面）一小段（Y 轴方向和 Z

轴方向的切削厚度均小于 5mm)，再沿 X 轴退出工件后，停止主轴转动，测量已经切出的台阶在 Y 向和 Z 向的尺寸。为便于移动刀具，先将相对坐标均设为零，再沿 Y 轴和 Z 轴负向移动使刀具到达理想位置，再次将相对坐标设为零。启动主轴，沿 X 轴切出前侧面。再保持 X 轴和 Z 轴不动，向 Y 轴正向移动机床 100（90＋刀具直径 10）mm 后，沿 X 轴切出后侧面。

保持 Z 轴不动，调整 X 坐标，采用同样的方法完成左右侧面铣削。

方法二：先利用刀具试切工件，以找出工件上表面中心的位置，并将刀具移动到该位置后，将相对坐标设为零，然后移动刀具到达理想位置连续切削各侧面及台阶，具体方法如下。

（1）移动 $\phi10$ 刀具靠近毛坯的一边，如右侧面中间位置，再调节手轮进给倍率至×10，再继续缓慢移动刀具，微见切屑时，将相对坐标 X 设为零。然后提刀至工件上表面上方，向左移动 X 轴，至 $X-55.000$ 时，刀具中心到达毛坯左右对称面上，再将 X 轴相对坐标设为零。

（2）同样的方法，将刀具移动到工件前后对称面上，并将 Y 轴相对坐标设为零。

（3）然后将刀具移动到工件的某一角的上方，再沿 Z 轴负向移动刀具，微见切屑时，将相对坐标 Z 设为零。

（4）将刀具移动至相对坐标 $X60.000\ Y-50.000\ Z-5.000$ 的位置，沿 X 轴切削前侧面至 $X-50.000\ Y-50.000\ Z-5.000$，再沿 Y 轴正向切削左侧面至 $X-50.000\ Y50.000\ Z-5.000$，再沿 X 轴正向切削后侧面至 $X50.000\ Y50.000\ Z-5.000$，再沿 Y 轴负向切削右侧面，直至切出工件（Y 坐标小于-55.000）。此时完成工件加工。

四、加工结束

把刀柄从铣床（加工中心）主轴上卸下，再放到卸刀座上，拆下铣刀及弹簧夹头，清理干净，放回工具柜或交还管理人员。

说明：

（1）设定机床主轴转速需要使用 MDI 方式，参见本项目任务 5。也可由老师代为设定。

（2）有些机床生产厂家限定了手动操作时的主轴转速（很低），使手动操作仅可用于对刀。这便保证了数控机床不能被当做普通机床使用。这时可在数控加工仿真软件中练习。同样可以达到熟悉机床坐标轴及机床操作的效果。但应注意，在仿真软件中只要主轴旋转，进给速度大也不会撞刀——仿真再好也不能代替真实的机床操作加工。仿真操作非常熟练者，在实践操作中也要小心、规范地操控数控机床。

【任务总结】

铣刀精铣 90×90 轮廓时需要将刀具偏离一个刀具半径，精加工前要试切。借助相对坐标设定可简化计算，快速移动刀具，从而提高操作效率。

在此操作中将数控铣床当做坐标铣床来使用，这是不足取的——效率不高。但为便于后面的对刀操作是必要的训练。

在实际加工时，应当杜绝将数控机床当做普通机床使用。数控机床加工工件有三种运行模式：自动运行、MDI 和手动操作（含手动、点动、和手轮）。自动运行模式效率最高，是最常采用的，MDI 模式次之，手动模式加工效率最低。因此手动操作通常仅用于对刀操作。

本任务的完成可结合 MDI 方式提高加工效率和质量。MDI 方式参见项目一任务 5。

【任务评价】

评分标准

序号	考核项目	考核内容	配分	检测标准(分值)	小计
1	基础操作	开、关机、回参考点操作	3	开、关机、回参考点操作正确、熟练(3分)	
2	工件装夹与定位	夹具的安装 工件定位与夹紧	14	夹具的安装、找正操作正确(7分) 选用适当的垫铁,定位准确、夹紧适当(7分)	
3	安装刀具	铣刀的安装操作方法 刀柄的安装	20	卡簧的选择适当(5分) 将铣刀正确安装到刀柄中(10分) 准确将刀柄安装到机床主轴中(5分)	
4	数控铣床的安全操作	手动、点动与手轮操作方式正确移动三坐标轴	40	主轴转速的计算及设定正确(5分) 进给倍率选择适当(5分) 手动操作方式准确(10分) 试切得当(10分) 手轮操作方式准确(10分)	
5	加工质量检验与分析	1. 加工精度 2. 表面粗糙度 3. 加工质量分析	17	1. 零件加工尺寸合格(3×3=9分) 2. 零件表面粗糙度合格(2分) 3. 正确分析影响加工质量的因素及其调整方法(6分)	
6	机床维护与保养	完工后的操作事项	6	1. 面规整工具并交还,无遗漏(3分) 2. 机床清理干净,并适当保养(3分)	
合计			100	得分合计	

【思考与练习】

1. 利用网络查询尽可能多的刀具图片以认识更多种类的铣刀。
2. 数控铣床常用的夹具有哪些？常用刀具有哪些种类？
3. 如何计算编程时的主轴转速和刀具进给速度？

任务4　数控铣床程序的输入与编辑

【学习目标】

能力目标：

① 能将数控程序正确输入到数控系统中；

② 会使用MDI面板上各编辑键，对程序内容进行编辑处理；

③ 会对数控程序进行复制、命名、删除、替换、检索等编辑操作。

知识目标：

① 掌握数控铣床（加工中心）程序结构与组成；

② 掌握数控铣床（加工中心）程序的命名规则；

③ 了解数控铣床（加工中心）程序段的组成、程序字含义；

④ 懂得G代码的分类，初步认识各G代码、M代码的功能（参见附录1、附录2）；

⑤ 了解数控程序的输入、查找与打开、复制、删除的方法，字或字符的查找与编辑方法。

【任务描述】

将下面的程序输入到数控铣床（加工中心）的数控系统中，并对数控程序进行复制、重命名、检索、删除、替换等编辑操作。

```
O0100(TUSK 1-4)；———————程序号（程序名）
N10  G54 G90 G00 X200.0 Y20.0 T01；  ┐
N20  S650 M03；                       │
N30  G00 X20.0 Z6.0；                 │
N40  G01 Z−5.0 F50；                  │
N50  X50.0；                          │
N60  X60.0 Y−70.0；                   ├程序主体，又称程序内容
N70  X90.0；                          │
N80  G00 Z150.0；                     │
N85  X0 Y0；                          │
N90  M05；                            ┘
N100  M30；———————————程序结束指令
```

【任务分析】

程序输入到数控系统中有两种方法：一是在编辑模式或MDI模式下利用MDI面板手动输入，二是通过通讯功能利用传输软件将PC（个人电脑）中用记事本编写好的程序（文件类型为.txt）传入数控系统。

用电脑的记事本软件编写数控程序时，所有符号建议采用“大写半角”形式输入。即编写程序前选择输入法为“大写半角”形式。以免机床运行程序时产生报警。

本任务要求进一步熟悉机床面板，因此采用在编辑模式下利用MDI面板将程序手动输入到数控系统中。

【知识准备】

一、数控程序结构

由给定的任务可以看出，数控程序都是由程序名、程序内容和程序结束三部分组成。

1. 程序号与程序名

程序号用于区分程序。在FANUC系统中，程序号由字母O和四位整数表示，如O0001～O9999；有些控制器允许使用5位数字的程序号。O0001可以简写为O1，同样O0100可以简写为O100，即四位数字前面有“0”可以省略。

这样的程序号很难区分程序。在FANUC系统中，可以在程序号后增加“（程序名)”，以便于识别程序。括号“（　)”为大写半角字符，其内的文字为注释。数控系统运行程序时，对括号“（　)”内的内容均予以忽略，即不运行。

2. 程序内容

程序内容，又称程序主体，是数控程序的主要内容，由若干个程序段组成。每一程序段规定数控机床执行某一具体动作或设定某种功能，前一程序段规定的动作完成后才开始运行下一程序段的内容。

程序段由若干程序字组成，法那克系统中通过MDI面板输入时，程序段以“EOB（;)”

结束；通过计算机用记事本编程时，可以用回车键结束（即可以省略分段符）。

程序段也可以像程序号一样，有自己的注释或说明，放在本程序段的后面的括号中，以便于程序的检查与阅读。注释也可以作为单独程序段，如在程序的开始对程序作必要的说明。

3．程序结束

每一个数控加工程序都要有程序结束指令，法那克系统可用 M02 或 M30 指令结束程序。M02 程序结束，光标停在程序结尾处；M30 程序结束，光标自动返回程序开头，而且有自动计数功能。

注意：不同的数控系统有不同的编程规则。如常见的 FNAUC（法那克）系统和 SIEMENS（西门子）系统的编程规则有很多不同之处，如西门子系统的程序名由 2～8 位字母和数字组成，开始两位必须是字母，其后可为字母、数字、下划线，如：MN、FLY123、BO-1-4 等。

二、程序段组成

程序段由程序字组成，每个程序字又是由字母（地址）和数字（及符号“±”，＋号可以省略）组成；即程序字组成程序段，程序段组成数控程序。

一个程序段由若干个功能指令字（一般有七大类功能字）组成，用来指定一个加工步骤，其推荐格式及各功能字的含义见图 1-4-1。

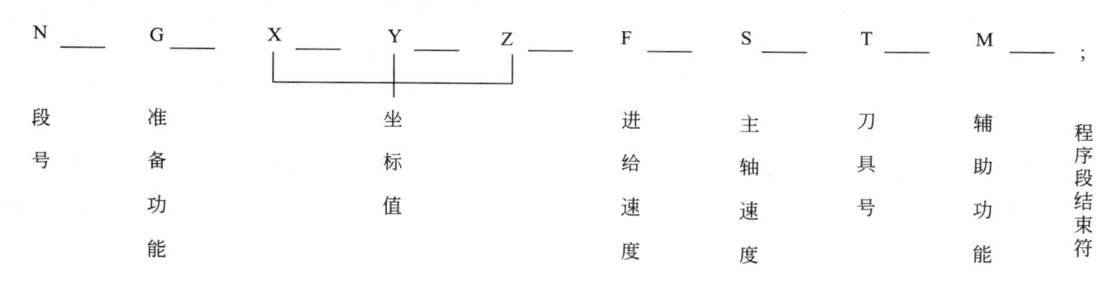

图 1-4-1　FANUC 系统程序段的推荐格式——字地址可变程序段格式

依次称为段号字（N）、准备功能字（G）、尺寸字（X、Y、Z）、进给功能字（F）、主轴转速功能字（S）、刀具功能字（T）、辅助功能字（M）和程序段结束符（;）。

其中，段号字的数字范围为 N1～N9999 或 N99999，由系统决定。其数字大小的顺序不表示加工或控制顺序，只是程序段的识别标记。在编程时，数字大小可以不连续（一般习惯按顺序并以 5 或 10 的倍数编程，以备插入新的程序段），也可以颠倒，也可以部分或全部省略。但当使用段号时，N 地址必须作为程序段的第一个字母。

为便于区分主程序与子程序，二者最好不要使用相同的程序段号，以免引起混淆。

准备功能字（G）和辅助功能字（M）较多，分别见附录 1 和附录 2。

三、G 代码简介

1．G 代码分组

G 代码很多，为便于记忆和使用，对其进行了分组。组别为 00～25，参见附录 1。

2．G 代码分类

分类方法有以下三种。

（1）据 G 代码是否续效分为两大类：模态、非模态。

00 组 G 代码仅仅在所处的程序段有效，称为非模态指令或非续效字。典型的非模态 G 代码有 G04、G09 和 G27～G30，同属 00 组。因此又称为单触发命令。

而非 00 组 G 代码一经指定，便一直有效，除非用同组的另一个命令改变或取消（同组 G 代码可以相互替代，即同组 G 代码冲突）。因此称为模态指令、模态 G 代码或续效字。

通常一个程序段只有一个同组 G 代码，但可有多个不同组的 G 代码。若某个程序段有多个同组 G 代码，系统也不会报警，最后一个同组 G 代码有效。

不同组 G 代码有时发生冲突。如铣削系统的 10 组与 01 组。

模态指令仅需编程一次，然后保持所选模式有效，直到用同组的另一个指令改变或取消。大多数 G 代码都是模态的（非 00 组）。

（2）按 G 代码功能不同可分为三类。

① 加工方式 G 代码。执行时机床有相应动作。如 01 组的指令（G00 G01 G02 G03 等）。格式：G __ X __ Z __ （R __…）

② 功能选择 G 代码。相当于功能开与关的选择，编程时不用指定地址符 XYZ 等。如 03 组 G90 绝对值输入和 G91 增量值输入；05 组 G94 每分钟进给，G95 每转进给；06 组 G20 英制，G21 公制等。

③ 参数设定或调用 G 代码。如 G92 坐标系设定（刀具位置寄存器），G54 只调用系统参数。运行这类 G 指令时机床不会动作。

（3）缺省设置与非缺省设置：准备命令的含义是把控制系统准备（或预置）成某种操作模式。当数控系统电源打开时，任何程序都不能影响控制系统的内部设置，意味着内部设置、缺省设置生效。这种设置可由卖主和用户通过修改系统参数而永久改变。开机后默认的 G 指令称作缺省准备命令。对每种控制器进行详尽了解其缺省设置是非常重要的事项。

3. G 代码的编程格式

任何来自不同组的 G 代码（参见附录 1），只要不发生冲突，就可以编程到一个独立的程序段中。如果相互冲突的 G 代码出现在同一个程序段中，那么最后指定的 G 代码将有效——FANUC 系统将不会产生任何报警。

四、字地址可变程序段格式

FANUC 系统程序段的推荐格式为字地址可变程序段格式（图 1-4-1）。其含义是：

（1）每个字长不固定（如坐标字）；

（2）各个程序段的长度和功能字的个数都是可以变化的。

因此，编程时，在上一程序段中写明的、在本程序段里又不变化的那些续效字，可以不再重写。这就简化了编程的工作量，并便于阅读，避免了不必要的输入和书写错误。

五、辅助功能简介

CNC 程序中的 M 代码称为辅助功能。大多数 M 代码控制机床的硬件功能。例如 M08 打开冷却液电机，M09 关闭冷却液电机。M 代码也控制程序流，如 M01 是可选择的程序暂停，M30 或 M02 是程序结束等。许多 M 代码可由机床制造商设置，并且仅对那台机床有效。它们是非标准的，可在机床手册中找到。

（1）编程格式　通常任何程序段中仅可使用一个 M 代码，假如不相互冲突的话，某些控制器（FANUC 16/18/21）现在允许在一个程序段中最多有 3 个 M 代码。如果有冲突，则机床报警。

（2）联合运动的M代码　如果M代码和轴运动指令一起编程，那么了解M代码何时生效是很重要的。如M03将和运动同时生效，M05将在运动完成后生效。参阅附录2，为准确了解，请查看机床手册。

（3）定制M代码　M代码是两台数控机床或控制器之间标准最少的。要了解所工作的每台机床的专用M代码。

当本书给出的附录1与附录2表格内容与机床手册之间存在差异时，则必须以机床制造商列出的代码为准。

六、刀具功能

格式：T××（T与两位数字构成）

功能：在数控铣床的加工程序中用于提示操作人员更换为后面的程序所使用的刀具。在任意位置换刀的加工中心的程序中，在换刀指令M06前的刀具指令用于确认刀库中所将要安装到主轴上的刀具移动到了换刀位置，以避免换刀错误；而在换刀指令M06后的刀具指令用于下次换刀所要安装到主轴上的刀具准备，使其在刀库中移动到换刀位置。因此，“T×× M06”与“M06　T××”往往具有不同的含义。而在固定位置换刀的加工中心的加工程序中，则刀具指令必须与换刀指令M06在同一程序段中，“T×× M06”与“M06　T××”则通常具有相同的意思。

七、法那克系统新数控程序的输入

1. 在编辑模式下输入新程序——非背景编辑或非后台编辑

（1）首先确认不是在自动加工过程中。

（2）按 EDIT键，选择编辑工作模式。

（3）按 PROG 程序键，显示程序画面或程序目录画面，见图1-4-2。

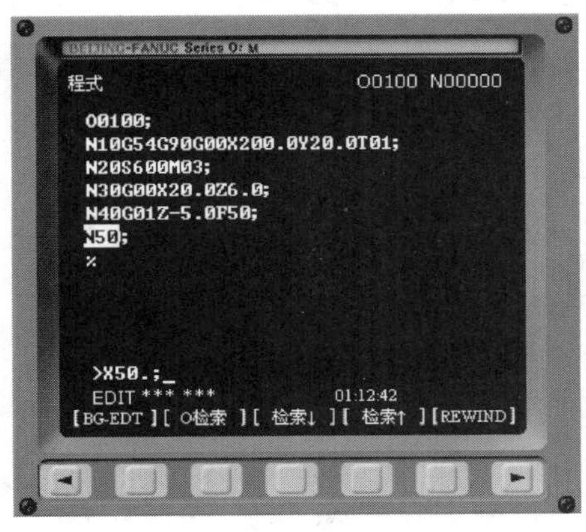

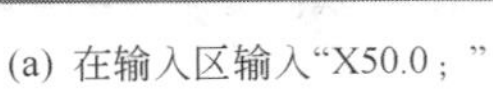
(a) 在输入区输入“X50.0；”　　(b) 按插入键，“X50.0；”输入到系统中

图1-4-2　编辑模式下的程序页面

（4）输入新程序名如“O0100”后按 INSERT 插入键。

（5）按 EOB 键，再按 INSERT 键。

注意：程序号与“；”须分别插入。

（6）之后开始输入程序，见图1-4-2（a）。

(7) 未按插入键 INSERT 前，程序字会显示在输入区 [如图 1-4-2 (a) 中的“>”后“X50.0;”所在区域]，输入错误时可按 CAN 可依次删除输入区中的最后一个字符。

(8) 按插入键 INSERT，输入区中的内容会输入到系统中。各程序段结束符“;”可以和程序字一起插入 [见图 1-4-2 (b)]。

2. 在自动运行模式下编辑新程序——背景编辑或后台编辑

这种编辑程序的方式称作后台编辑或背景编辑，在机床运行程序加工工件的同时编辑新程序而不影响自动加工过程，可大大节约时间。可以编辑一个新程序或存储器里的一个老程序，但这一个被编辑的程序绝不能是当前运行的加工程序。

(1) 在自动运行模式下，依次按“PROG”键进入程序管理界面，再按“操作”软键。

(2) 按“BG-EDT”软键，软键变成“BG-END”，这样就进入了背景编辑状态 [屏幕左上角显示“程序 (BG-EDT)”]。

(3) 确认机床上的编辑保护锁置于“ON”位置，输入新程序号 O×××× (不能与已经有的程序名重名)，按 INSERT 键输入。按 EOB E 键，再按 INSERT 键。

(4) 在编辑区继续输入所有程序段 (同“在编辑模式下输入新程序”)。

图 1-4-3 存储器已有程序列表

(5) 编辑完程序后按“BG-END”软键，退出背景编辑状态，回到显示自动运行的程序页面。

注意：以上两种方式下所编辑的程序没有本质区别，都会由系统立即保存在控制器的存储器里，即使突然断电，已做的编辑工作也不会丢失。按“DIR”(列表) 软键可显示数控系统中已有程序目录，见图 1-4-3，可以看到存储器已有程序，按翻页键可查看更多。

八、程序的查找与打开

要查找与打开的程序必须是存储器中已经存在的程序。

1. 利用 MDI 键盘的光标移动键 ↓ 打开

(1) 按编辑键或自动工作模式键，使机床处于编辑或自动工作模式下。

(2) 按 PROG 程序键，显示程序画面 (如果不是，可以再按一次即可)。

(3) 输入要打开的程序如“O0200”。

(4) 按 ↓ 光标向下移动键即可打开该程序。

2. 利用屏幕下方的软键打开

(1) 按编辑键或自动工作模式键，使机床处于编辑或自动工作模式下。

(2) 按 PROG 程序键，显示程序画面。

(3) 按“程序”软键，按“操作”软键，出现“O 检索”，如图 1-4-3 所示。

(4) 输入程序名如“O0123”，按“O 检索”软键即可打开该程序。

3. 在后台编辑中打开 (为了检查、修改)

与“在自动运行模式下编辑新程序——背景编辑或后台编辑”仅仅第三步和第四步有所不同。

(1) 在自动运行模式下，依次按“PROG”键进入程序管理界面，再按“操作”软键。

(2) 按“BG-EDT”软键，软键变成“BG-END”，进入了背景编辑状态 [屏幕左上角显示“程序（BG-EDT)”]。

（3）确认机床上的编辑保护锁置于“ON”位置，输入已有程序号O××××，按光标移动键↓。

（4）移动光标检查，并可对该程序进行编辑操作。

（5）操作完毕后，按“BG-END”软键，退出背景编辑状态，回到显示自动运行的程序页面。

九、程序的复制步骤

（1）按编辑键，使机床处于编辑工作模式下。

（2）按PROG程序键，显示程序画面。

（3）按“操作”软键。

（4）按扩展键▶。

（5）按软键“EX-EDT”。

（6）并按软键“COPY”。

（7）按软键“ALL”，检查复制的程序是否已经选择。

（8）输入新建的程序号（注意：只输入数字，不输入地址字“O”），并按INPUT键。

（9）按软件“EXEC”即可。

十、程序的删除步骤

（1）按编辑键，使机床处于编辑工作模式下。

（2）按PROG程序键，显示程序画面。

（3）输入要删除的程序名。

（4）按DELETE删除键，即可把该程序删除掉。

❗删除所有程序方法：输入“0－9999”，再按删除键，便可删除系统内全部程序。应当谨慎进行此操作。

十一、字或字符的查找

1. 逐字、逐页移动光标查找法

（1）按编辑键，使机床处于编辑工作模式下，并按PROG程序键，显示程序画面。

（2）按光标键→，光标向后一个字一个字地移动，光标显示在所选取的字上。

（3）按光标键←，光标向前一个字一个字地移动，光标显示在所选取的字上。

（4）按光标键↑，光标检索上一程序段的第一个字。

（5）按光标键↓，光标检索下一程序段的第一个字。

（6）按翻页键↑PAGE，显示前一页，并检索该页中第一个字。

（7）按翻页键↓PAGE，显示下一页，并检索该页中第一个字。

2. 快速查找方法

（1）按编辑键，使机床处于编辑工作模式下，并按PROG程序键，显示程序画面。

（2）输入要查找的字，如“M03”。

(3) 按软键“检索↓”或光标移动键↓向下查找，光标停留在“M03”上。

(4) 按软键“检索↑”或光标移动键↑向上查找，光标停留在“M03”上。

十二、字的插入步骤

(1) 使机床处于编辑工作模式下，并打开需要修改的程序。

(2) 使光标移动至要插入的位置的前一个程序字上（利用字或字符的查找法）。

(3) 输入要插入的字（处在输入区）。

(4) 按 INSERT 键即可在光标所在字符后插入输入区中的字符。

十三、程序字的替换步骤

(1) 使机床处于编辑工作模式下，打开程序。

(2) 使光标移动至要被替换的字上（光标停留在该字上）。

(3) 输入该字符要替换成的字（可以是多个，且可以含有分段符）。

(4) 按 ALTER 键即可完成替换。

十四、字的删除步骤

(1) 使机床处于编辑工作模式下，打开程序。

(2) 使光标移动至将要删除的字或分段符“;”上。

(3) 按 DELETE 删除键即可删除光标所在字符。

十五、程序编辑操作注意事项

(1) 在机床加工工件时，切勿切换至 EDIT 编辑模式。

(2) 程序命名时不能取相同的程序名。

(3) 不可随意删除程序，尤其是机床内部固定程序。

(4) 慎重进行全部程序删除操作。

(5) 未经允许，禁止修改机床参数值。

(6) 进入不熟悉的控制界面，在不明按键作用的前提下，不可进行乱操作。

【任务实施】

在数控铣床或加工中心上，将规定程序输入到数控系统中，并对数控程序进行复制、重命名、检索、删除、替换等编辑操作。

【任务总结】

(1) 要懂得 G 代码的分类与分组，M 代码的功用。

(2) 要熟悉 MDI 键盘上各编辑键的功用，以便又快又好地进行程序的手动输入及程序的修改。

(3) 要懂得非背景编辑、背景编辑（或后台编辑）的区别及操作方法。

(4) 理解字地址可变程序段格式的含义。

小贴士

数控机床控制编码规则：构成数控程序字的最小单元是字符，如 26 个英文字母、数字和小数点、正负号等。目前国际上普遍采用的两种编码规则，一种是 ISO 代码（国际标准化代码），一种是 EIA 代码（美国电子工业信息码）。

如今运行数控系统的专用计算机与普通计算机日益接近，数控机床通信功能也日益强大，可以用数控机床与计算机用数据线相连接，完成数据传输或在线加工，而且大多数机床上两种代码都可以使用。

数控系统具有预读功能，执行某一程序段时，一般会预读其后两个程序段，以实现精确控制和对程序错误提前报警。注意预读和执行是两个不同的概念。

【任务评价】

评分标准

序号	考核项目	考核内容	配分	检测标准(分值)	小计
1	基本操作	开、关机、回参考点操作	5	开、关机、回参考点操作正确、熟练(5 分)	
2	程序输入	利用 MDI 面板输入数控程序	35	在编辑模式下利用 MDI 面板的数字、字母键及 INSERT 键、CAN 键和光标移动键等输入程序(35 分)	
3	程序的检查与编辑	利用编辑键编辑程序中的错误程序字	15	1. 利用 MDI 面板的 ALTER 键、DELETE 键及 INSERT 键等修改数控程序(10 分) 2. 对部分程序段复制、截取、粘贴、重命名等操作(5 分)	
4	将已有的程序设为当前并复制程序	查看已有的程序，并查看指定程序的内容，并进行程序复制、粘贴等操作	20	1. 在编辑模式下，切换页面显示(列表键)，查看数控系统中的已有程序，并利用光标键调出该程序(10 分) 2. 进行程序复制，粘贴等操作(10 分)	
5	字符的快速查找	字符的快速查找	10	能按要求完成字符的快速查找(定位)操作(10 分)	
6	基本知识	1. 数控程序的结构 2. 程序段的组成	15	能说出数控程序的结构(5 分) 能说出程序段的格式名称(2 分) 能说出程序段的组成(8 分)	
合计			100	得分合计	

【思考与练习】

1. 数控机床程序由哪些部分组成？程序段的格式又是怎样的？
2. 程序字有哪几类？功能如何？程序字又是由什么组成？
3. 简述法那克系统新程序输入步骤。
4. 从项目二中找一个完整的数控加工程序在数控系统中进行编辑。

任务 5　数控铣床的 MDI 操作

【学习目标】

技能目标：

① 会进行 MDI 方式的操作，懂得 MDI 面板各键的功能；

② 进一步熟悉机床坐标系各轴的名称与正方向；

③ 进一步熟悉数控铣床的回原点操作及手动操作。

知识目标：

① 会坐标字的编程模式设定指令 G90、G91 及指令 G00、G01 F。

② 掌握续效字 G20、G21 指令的含义与使用；

③ 懂得主轴正转 M03、反转 M04、主轴转速 S 指令。

【任务描述】

首先采用手动方式使机床回原点，然后运用 MDI（Manual Data Input 手动数据输入）方式使刀具从当前位置分别沿三个坐标轴的负方向快速移动，各轴的相对移动的距离为：*X* 轴 200.0mm、*Y* 轴 180.0mm、*Z* 轴 110.0mm；再启动主轴正转，转速 1000r/min。然后使刀具同时向三个轴的正方向以 50mm/min 的速度做直线移动，各轴的相对移动距离分别为 *X* 轴 100.0mm、*Y* 轴 80.0mm、*Z* 轴 60.0mm，然后从该点快速定位到之前的位置。最后使主轴停止转动。

【任务分析】

开机后首先使机床回原点，然后运用 MDI 操作模式完成上述要求的操作。这需要学习几个编程指令及 MDI 操作的方法。

【知识准备】

一、G90、G91 指令（模态指令，03 组 G 代码）

CNC 程序中，在给定时刻跟刀具位置相关的地址称为坐标字，也称为尺寸字。典型的坐标字有 X、Y、Z，I、J、K，A、B、C，R 等。它们是 CNC 程序中所有尺寸的基础。为了精确加工一个零件，可能需要计算几十个、几百个甚至几千个数值。以任意单位（公制 mm 或英制 in）输入的尺寸必须有一指定的参考点。编程中有两种参考：

（1）以一个公共点（坐标系原点）作为参考，称为绝对输入的原点；

（2）以当前点（刀具当前所在位置，如图 1-5-1 中的 *A* 点）作为参考，称为增量输入的上一刀具位置。

【边学边练 1】

在图 1-5-1 中

① *A* 点的绝对坐标是 X __ Y __；② *B* 点的绝对坐标是 X __ Y __；

③ *A* 点相对于 *B* 点的坐标是 X __ Y __；④ *B* 点相对于 *A* 点的坐标是 X __ Y __。

【答案】 ①（G90）X20.0 Y20.0；②（G90）X100.0 Y60.0；

③（G91）X－80.0 Y－40.0；④（G91）X80.0 Y40.0。

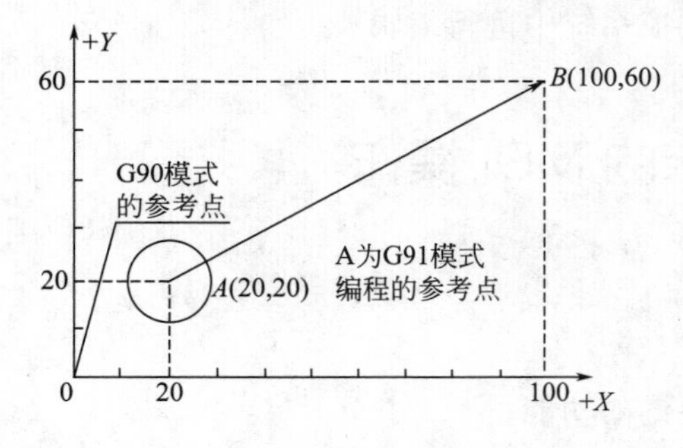

图 1-5-1 绝对坐标与相对坐标（G90 绝对输入，G91 相对输入）

在数控铣削程序中规定，图 1-5-1 中 *B* 点的坐标可以有两种表示形式：

G90 X100 Y60（绝对坐标——相对于坐标系原点 *O* 点）

G91 X80 Y40（增量坐标——相对于 *A* 点，又称相对坐标）

G91 为缺省模式——开机默认 G91。

G90、G91 是 03 组 G 代码，因此 G90 或 G91 一经指定，便一直有效，但二者属同组 G 代码，可以相互替代。

但应注意：程序的开始一般为 G90 模式，编程时要慎用、巧用 G91。本项目任务 3 数控铣床手动试切削工件，可以结合 MDI 模式提高加工效率和质量，不妨试一试。

二、G20、G21（06 组 G 代码）

G20、G21 用于选择单位模式。G20 设定英制单位输入（in），G21 设定公制单位输入（mm），二者相互替代。模态值，且关机后仍保持。一般编写在程序的第一个程序段。

坐标值近似计算时，建议公制编程保留至小数点后第四位，英制则保留至小数点后第五位。

三、快速定位指令 G00（模态指令，01 组）

1. 指令格式

G90/G91 G00　X __ Y __ Z __；（三根轴同时开始运动）

G90/G91 G00　X __ Y __；（两根轴同时开始运动）

G90/G91 G00　X __ Z __；（两根轴同时开始运动）

G90/G91 G00　Y __ Z __；（两根轴同时开始运动）

G90/G91 G00　X __；（单根轴运动）

G90/G91 G00　Y __；（单根轴运动）

G90/G91 G00　Z __；（单根轴运动）

2. 指令功能

刀具从当前位置（控制器运行该指令前刀具刀位点所在的位置）以系统设定的速度移动到 G00 指令后的尺寸字 X __ Y __ Z __指定的坐标位置（称为目标点或目标位置），即实现刀具的快速定位。其中的“当前位置”是指执行 G00　X __ Y __ Z __指令前刀具所在的位置。该过程中刀具并不切削，也绝对不能遇到有任何障碍。

3. 说明

快速移动又称快速定位，是指 CNC 机床在切削加工前后，刀具相对于工件以很快的速度从一个位置移动到另一个位置的运动，目的是缩短辅助时间（如刀具接近或退离工件，快速返回原点或参考点，对刀、换刀、分度运动等为完成加工所必须的动作所消耗的时间）。定位运动是必须的但不是生产性的，我们不能完全消除它，但可以有效控制它。为此，CNC 机床提供了快速运动功能。快速运动通常包括以下四种类型：

（1）从换刀点（换刀位置）到靠近工件的运动；

（2）从工件到换刀点的运动；

（3）绕过障碍物的运动；

（4）在工件上不同位置间的运动。

4. 快速定位的运动速度

小型机床可达 1500in/min（38100mm/min）甚至更高；大型机床多为 450 in/min（11430mm/min）。机床生产厂家确定了每根轴的快速定位速度，每根轴的移动速度可以相同，也可不同。通常当 X 轴和 Y 轴具有相同的快进速度时，Z 轴的速度会不一样。

5. 快速定位运动的形式

快速定位运动可以是单轴运动，也可以是多轴联动。可以用绝对坐标编程，也可以用相对坐标编程。在程序执行过程中，操作人员可以通过机床控制面板上的“进给保持”按钮暂时控制快速运动，甚至可以将“进给倍率”旋钮设为 0 来暂时停止快速运动。另一个控制快速移动的方法是通过在调试中的按下“空运行”键来实现——将所有移动转换为快速运动，以节省调试时间。操作人员还可以通过调整“快进速率旋钮”来减小快进速率。

CNC 程序中需要准备功能 G00 来启动快速运动模式。G00 并不需要指定进给速率功能 F，如果编写 F 功能，G00 也将忽略它。但该 F 值会被存储到寄存器中，并且在任何切削运动（G01、G02、G03 等）第一次出现时生效，除非切削运动又重新编写（指定）了一个新的进给速率。

6. 快速定位的运动路径

如图 1-5-2 所示，刀具当前在 A 点，要使刀具快速定位到 B 点，编程指令为 G00 G90 X100.0 Y60.0 或 G00 G91 X80.0 Y40.0，数控系统运行该指令时，刀具的运动轨迹是直线段 AB 吗？

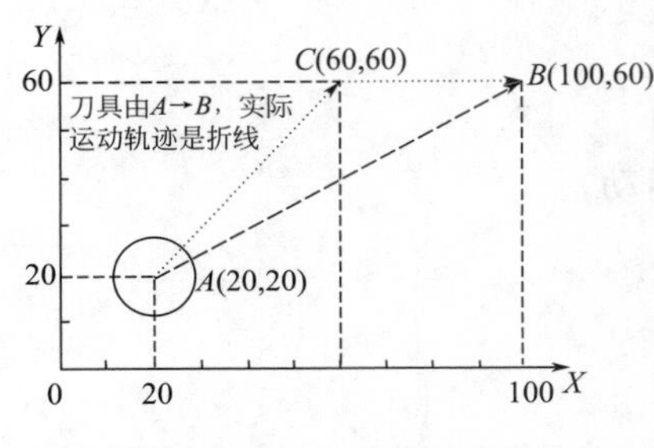

图 1-5-2 G00 刀具运动轨迹

答案是否定的。因为使用 G00 指令时，刀具的实际运动路线并不一定是直线，而常常是一条折线。假定系统中设定了 X、Y 两轴的快速移动速度相同，则刀具先运动到 C 点，再从 C 点做单轴移动到目标点 B。快速定位运动的唯一目的是使刀具从一个位置快速到达另一个位置，实现快速定位，但刀具的运动轨迹并不一定是直线，多为折线。

因此，始终注意 G00 运动中的障碍，确保不会撞刀。数控铣床或加工中心上的常见障碍有：平口钳（虎钳）、卡盘、其他夹具（如压板与螺栓等）、旋转或分度工作台、机床工作台、工件等。另外，特殊的安装、机床设计及刀具安装方法等也可能成为运动中的障碍。

7. G00 指令使用注意事项

由于快速运动中的刀具路径要比切削运动中的难以预测，编程时要注意以下几点。

（1）能确保没有障碍时，多轴联动，以缩短辅助时间。如数控铣床及加工中心换刀（一般在远离工件的位置）后，可以使用 G00 X __ Y __ 实现快速定位，再做 Z 轴方向运动 G43 Z 2.0～5.0 H __（牢记毛坯上表面是否有余量及其最大余量）。

（2）没有把握时，则只编写一根轴，进行单轴移动，可以很好地避开障碍。

（3）任何快速运动，必须根据刀具趋近工件以及返回换刀位置来考虑。这也是遵照安全第一的原则并形成自己或企业编程风格的系统化方法。编程者应从孔加工的固定循环指令（参见项目四的任务 1 利用定尺寸刀具加工孔）的学习中深刻感受此要点对编程的实用性、安全性和必要性。

四、直线插补指令 G01（模态指令，01 组）

“直线插补”表示控制系统可以计算切削起点和终点间的数以千计的中间坐标点，这一计算结果就是两点间的最短路径——直线段。所有计算都是自动的——控制系统不断为所有轴赋予并调整进给倍率，通常是两根轴或三根轴联动，也可以单根轴移动。

1. 指令格式

G90/G91 G01　X __ Y __ Z __ F __；（三根轴联动）

G90/G91 G01　X __ Y __ F __；（两根轴联动）

G90/G91 G01　X __ Z __ F __；（两根轴联动）

G90/G91 G01　Y __ Z __ F __；（两根轴联动）

G90/G91 G01　X __ F __；（单根轴移动）

G90/G91 G01　Y __ F __；（单根轴移动）

G90/G91 G01　Z __ F __；（单根轴移动）

2. 指令功能

刀具从当前位置以 F 指令设定的进给速度直线移动到 G01 后尺寸字 X __ Y __ Z __所指定的坐标位置。移动过程中切削工件，如平面铣削、轮廓加工、型腔加工及其它直线切削运动。刀具运动的轨迹是直线段。

G01（直线插补）模式中，进给速度功能 F 必须有效。开始直线插补的第一个程序段必须指定有效的进给速度指令 F __，否则程序运行时数控系统会出现报警。

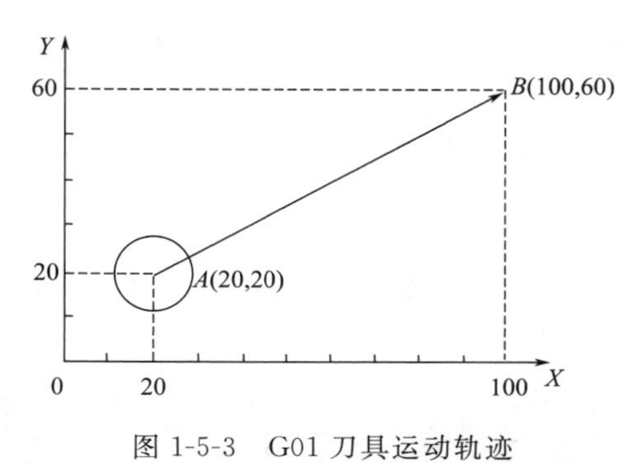

图 1-5-3　G01 刀具运动轨迹

【边学边练 2】

如图 1-5-3 所示，刀具从当前点 A 点以 1000mm/min 的速度直线运动到 B 点，编程指令如下：

____

或______________________________

【答案】

G90 G01 X100.0　Y60.0　G94　F1000；或 G91 G01 X80.0　Y40.0　G94　F1000；

五、进给速度功能指令

（1）格式：F __；

（2）说明：在法那克铣削系统中，可有两种形式，每分钟进给速度（单位：mm/min 或 in/min）和每转进给速度（单位：mm/r 或 in/r），分别由 05 组 G 代码 G94、G95 设定。一般数控编程常用 G94。

同坐标字的单位一样，英制单位输入（in）或公制单位输入（mm），分别由 06 组 G 代码 G20、G21 设定。

【边学边练 3】

边学边练 2 的程序段中若使用 G95，则 F 值应如何计算？

【答案】

方法一：利用公式 $v_f = nf$ 求出 f，程序段中已经明确 $v_f = 1000$mm/min，因此还需要先确定主轴转速 n 的值。

方法二：$v_f = nf = nzf_z$，进给速度 v_f 的确定用到了每齿吃刀量 f_z，据式 $f = Zf_z$，和铣刀的齿数 z，便可确定每转进给量 f。

六、主轴转速功能指令

（1）格式：S __

（2）功能：表示主轴的转速，单位：r/min。如：S1500 表示主轴转速为 1500r/min。

七、主轴正、反转、停转指令

M03：表示主轴正转。

M04：表示主轴反转。

M05：表示主轴停转。

M03、M04 指令一般与 S 指令结合在一起使用，如：M03 S500；主轴正转，转速 500r/min。而 M05 一般用于加工中心换刀指令之前。程序结束指令 M02 或 M30 也有使主轴停转的功能。

【任务实施】

法那克系统手动数据输入方式的操作步骤如下。

① 按下 键，使机床运行于 MDI（手动数据输入）工作模式。

② 按下 PROG 程序键，屏幕显示如图 1-5-4 所示。

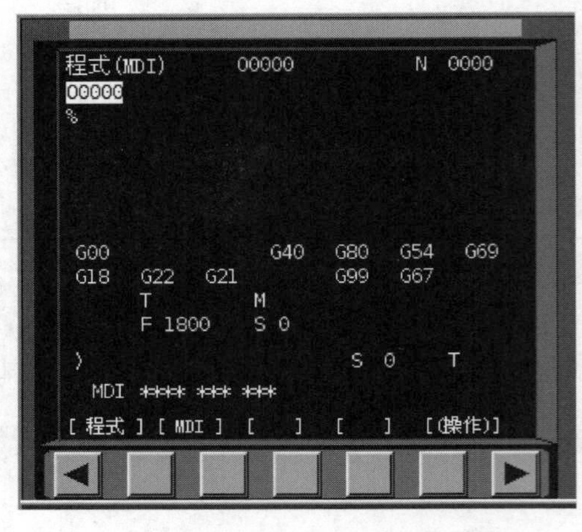

图 1-5-4　程式（MDI）页面

③ 按“MDI”软键，自动出现加工程序名“O0000”。

④ 输入“；”并按 Insert 插入键。

⑤ 输入程序，依次输入如下程序段：

G21；

G00 G91 X－200.0；

Y－180.0；

Z－110.0；

M03 S1000；

G01 X100.0　Y80.0　Z60.0 F50；

G00 X－100.0　Y－80.0　Z－60.0；

M05；

每一程序段均使用 Insert 插入键输入到系统中。

⑥按单步运行键。

⑦ 按 数控启动键，运行程序第一段，仔细观察刀具的移动和机械坐标的变化。

⑧ 继续按 数控启动键，运行下一程序段，直至主轴停转。

程序运行前，应先使机床返回原点。程序运行中，如果遇到 M02 或 M30 指令停止运行或按 RESET 复位键结束运行。

【任务总结】

(1) 在数控铣床及加工中心编程中，坐标字的形式有两种：G91 与 G90；在自动运行方式下，程序一般以 G90 模式开始。

(2) 数值单位模式有两种：G20（英制 in）或 G21（公制 mm），写在程序的第一个程序段。

(3) MDI 方式下，最多输入 10 个程序段，且运行完毕，程序消失，即程序不能被保存。

(4) MDI 的程序号只能是 O0000。

(5) 数控机床操作中如发生意外事故可采取以下几种办法解决。

① 把进给倍率调到 0%，停止刀具快速定位与进给运动。

② 按下进给保持键，停止刀具快速定位与进给运动。

③ 按下紧急停止按钮，停止机床动作。

④ 按复位键，停止机床动作。

⑤ 关闭电源开关。

【任务评价】

评分标准

序号	考核项目	考核内容	配分	检测标准(分值)	小计
1	基本操作	开、关机、回参考点操作	5	开、关机、回参考点操作正确、熟练(5分)	
2	程序输入	MDI模式下程序输入	45	1. 会选择MDI模式(5分) 2. 能根据动作要求正确编写并输入程序(40分)	
3	程序的检查与编辑	MDI模式下编辑程序	10	能在MDI模式下编辑程序(10分)	
4	程序运行	MDI模式下单段运行程序	15	1. 会打开单段运行开关键(5分) 2. 会在MDI模式下运行程序,使数控机床完成规定动作(10分)	
5	基本知识	MDI程序的特点及相关编程指令的含义	25	1. 能说出MDI模式下的程序号始终为O0000,最多可有10个程序段,且运行后不保存(10分) 2. 能说出编程指令G90、G91、G20、G21、G00、G01、M03、M04、M05及F指令的含义(15分)	
合计			100	得分合计	

【思考与练习】

1. 简述面板的主要功能键的含义。
2. 简述数控铣床的操作面板中主要按钮和旋钮的作用。
3. 简述输入程序的操作步骤。
4. 试述数控机床各种加工模式及功能。
5. 常用键槽铣刀和立铣刀有何区别？各用于哪些场合？
6. 机床坐标系建立的原则有哪些？
7. 数控铣床（加工中心）在什么情况下需回参考点？
8. 数控铣床（加工中心）机床原点一般处于什么位置？
9. 本任务学习了哪些编程指令？其含义或作用分别是什么？

项目二
平面图形加工

【项目需求】

常见企业商标、组织徽标、某些印章等的图案通常由字符、线条等平面图形组成。用数控铣床或加工中心刻字，刀具只需沿字符中心运动即可，类似雕刻机加工单线字体。因此又称单线加工。

【项目工作场景】

一体化教室：配有FANUC0i MD系统的立式数控铣床、立式加工中心至少各一台及机床说明书，刀柄、刀具、量具、精密平口钳、垫铁一套等工具及工具橱、数控仿真室、多媒体教学设备。

【方案设计】

刻字时，刀具只需沿字符中心运动即可，因此编程相对简单，便于初学者入门，并感受到编程轨迹与刀位点的关系。通过刻字练习，懂得数控程序的结构，会简单的数控铣床程序的编制、工件的装夹、刀具的选择与装夹、对刀方法与MDI验证、程序的检查（含仿真加工）、运行及控制、工件的检验，熟悉数控铣床编程与加工的工作步骤。

【相关知识和技能】

懂得工件坐标系与机床坐标系的关系，并能正确设定工件坐标系，并会计算点坐标。

掌握工件坐标系偏置设定指令G54～G59与机床坐标系选择指令G53。

懂得并正确使用圆弧插补指令G02、G03的编程格式与平面选择指令G17～G19。

懂得数控程序的结构，并综合运用编程指令G20、G21、G90、G91、G00、G01、F指令、M、S等基本编程指令。

会工艺方案的确定、刀具的选择、走刀路线的确定、切削用量的确定，并形成（编制出）工艺文件。

懂得数控铣削编程与操作步骤。

会一把刀加工时的编程方法与对刀操作方法，并能用MDI验证对刀正确性。

任务1 直线图形加工

【学习目标】

技能目标：

① 会确定零件数控加工工艺方案；

② 能合理设定工件坐标系原点及各轴的方向；
③ 能利用试切法正确完成一把铣刀的对刀，并能正确进行 MDI 验证；
④ 会计算基点的坐标；
⑤ 会确定适当的走刀路线，并能运用程序指令编制出正确的程序；
⑥ 能严格按照数控铣削编程与操作步骤，完成给定的加工任务。

知识目标：

① 懂得工件坐标系建立原则及 G54～G59 指令的使用；
② 懂得参考点、对刀点的概念及工件坐标系与机床坐标系的关系，明确对刀的实质；
③ 懂得一把刀的试切对刀法（步骤）及 MDI 验证方法；
④ 懂得工艺文件的种类及编制方法；
⑤ 懂得数控铣削编程步骤与加工操作步骤和工作内容；
⑥ 懂得程序的结构与编程指令的含义。

【任务描述】

加工如图 2-1-1 所示的字符，字符的笔画宽度为 4mm，下凹平底，深度均为 1mm，未注圆角由刀具决定，所有加工面的粗糙度为 $Ra12.5\mu m$。已知毛坯六个平面已经加工完成并合格，毛坯为长方体，尺寸为 80mm×40mm×20mm，材料为硬铝。试在数控铣床上完成字符的加工。

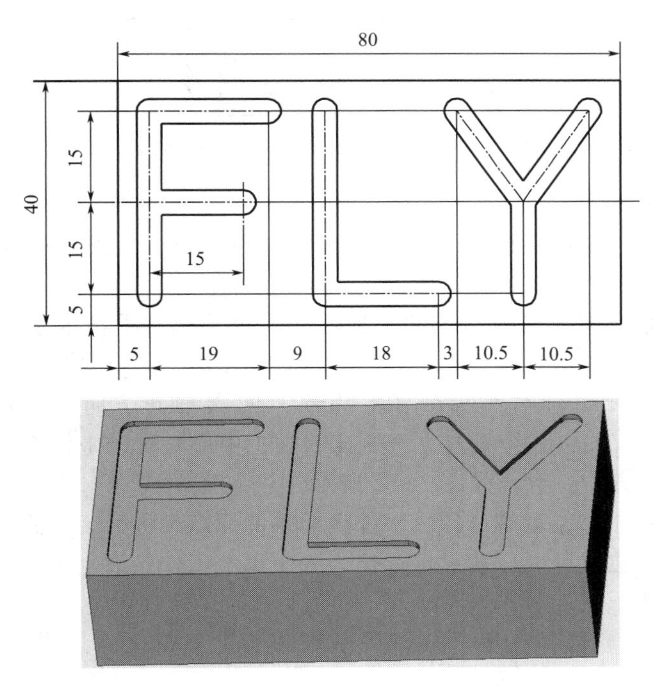

图 2-1-1　字符 FLY 图样与三维效果图

【任务分析】

本加工任务相对简单，只要选择 $\phi4$ 的中心端铣刀并选择好适当的切削用量便可以很容易地完成字符的加工。对初学者而言，任务的重点是要懂得工件及刀具的正确装夹方法、对刀与编程，难点在于懂得数控编程的步骤和方法，理解对刀的实质和机床坐标系是机床运行的唯一基准。

【知识准备】

一、工件坐标系

1. 工件坐标系定义

又称编程坐标系，是编程人员为方便编写数控程序（如取数方便等）而人为建立的坐标系，一般建立在工件上或零件图纸上，如图 2-1-2 中坐标系 $X_1Y_1Z_1$。

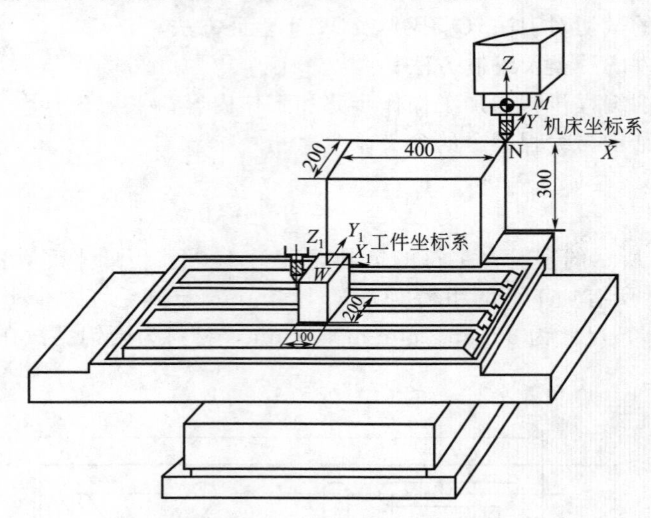

图 2-1-2 工件坐标系与机床坐标系的关系

2. 工件坐标系的建立原则

为编程方便，工件坐标系的建立应有一定的准则，否则无法或不容易编写数控加工程序，具体有以下几方面。

（1）工件坐标系方向的选择　工件坐标系必须也采用右手笛卡尔直角坐标系，唯有如此，它才能与数控机床坐标系保持一致，否则数控加工时就会出现错误。如在立式数控铣床（加工中心）上加工工件，工件坐标系（$X_1Y_1Z_1$）的 X 轴正方向水平向右，Y 轴正方向向前，Z 轴正方向应垂直向上，分别与立式铣床（加工中心）机床坐标系（XYZ）的 X 轴、Y 轴、Z 轴一一对应且方向一致，如图 2-1-2 所示。

（2）工件坐标系原点位置的选择　工件坐标系的原点又称为工件零点或编程零点，从理论上讲，编程原点的位置可以任意设定，但为方便求解工件轮廓上基点坐标进行编程，一般按以下要求进行设置。

① 工件零点应尽量选择在零件的设计基准或工艺基准上。这样可以消除基准不重合误差。

② 工件零点尽量选择在精度较高的工件表面上，以提高加工零件的加工精度。

③ 对于对称标注的零件，工件零点应选择在对称中心上。这样取数、编程较为方便。

④ 对于一般零件，工件零点可选择在工件外轮廓的某一角上。

⑤ Z 坐标零点，一般设置在工件上表面（而非毛坯表面）。

【例 2-1】 如图 2-1-3 所示钻六个孔，确定图（a）、（b）工件坐标系原点的设置位置。

解：工件坐标系 Z 坐标零点都设置在工件上表面（非毛坯上表面）。

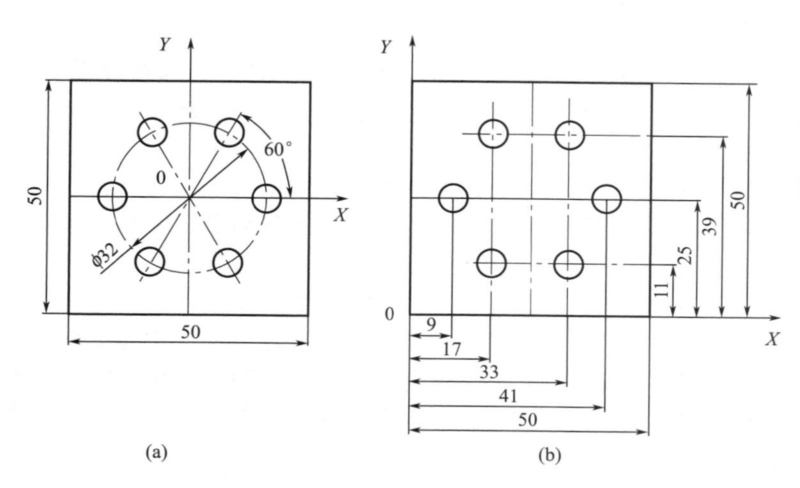

图 2-1-3　工件坐标系选择

X、Y 坐标零点因工件标注方式不同，设计基准不一样。

(a) 图设计基准为工件几何中心，故工件坐标系零点设置在工件上表面几何中心上，各个孔的坐标很容易求解。

(b) 图中六个孔的设计基准为工件的左边和下边，故工件坐标系零点设置在工件上表面左下角，六个孔的坐标一目了然。

这样工件零点选择在零件的设计基准上，以消除基准不重合误差。

二、参考点（机床原点、工件原点、刀位点）

参考点是一个固定或任意选择的位置，它可能在机床上，也可能在刀具或工件上。因此它分为两类：一些是固定参考点，是机床生产或调试过程中设定的沿两根或更多轴的精确位置，另一些参考点是程序员在编程中确定的，是可以移动的。

编程中有三个主要环节，如表 2-1-1 所示。

表 2-1-1　编程的三个环节

环节	关系组成	参考点	参考点性质
机床	机床＋控制系统(CNC 单元)	机床原点(G53)	固定
工件	工件＋图纸＋材料	工件坐标系原点(G54～G59)	可移动
工装	夹具＋切削刀具	刀位点	可移动

CNC 程序员要使三个环节协同工作，对三个环节的公共因素——参考点的理解就非常重要。

三个环节需要三个参考点——每组一个参考点。

(1) 机床参考点：即机床零点或原点，通常称为机床原点、原点或机床参考位置，是机床坐标系（参见图 2-1-2）的原点，是在数控机床上设置的一个固定点，一般位于每根轴的行程范围的正半轴的末端。它在机床装配、调试时就已设置好，一般情况下不允许用户进行更改。

某些 CNC 机床上可能拥有一个以上的机床原点，这由它的设计决定。如许多拥有托盘交换装置的加工中心（多为卧式）都有第二（次要的，副的，非“第二个”）机床参考点。为了到达第一原点位置，可在程序中使用 G28；为了到达第二原点位置，可在程序中使用 G30。

机床原点是 CNC 机床上可以通过控制面板、手动数据输入或运行程序代码来重复到达的一个固定点。

固定的机床原点意味着所有其他参考点将取决于这一位置。

因此，机床坐标系是数控机床运行的唯一基准。

（2）工件参考点：即程序原点或工件原点，是一个移动点，从理论上讲，程序员可以选定在任何地方，但由于实际机床操作中的限制，只能考虑最有利于加工的可能方案。加工精度、调试和操作的便利性与工作状况的安全性是三个决定如何选择工件参考点的因素。

（3）刀具参考点：即刀位点。所谓刀位点，是指确定刀具位置的基准点，用于确定刀具在机床坐标系中的位置而选定的刀具上的特定点，也是编程轨迹所要控制的刀具上的特征点——指令点。车刀的刀位点为刀尖，而在铣削和相关操作中，刀具参考点通常都是刀具回转中心线和切削刃（边）最低位置的交点，如图 2-1-4 所示。

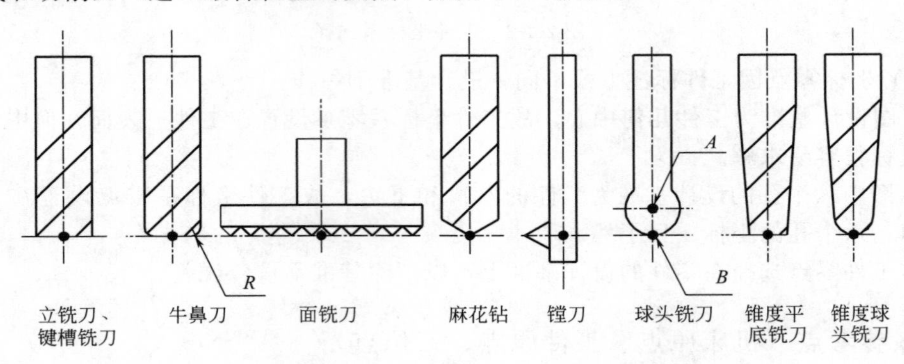

图 2-1-4　数控铣床与加工中心用刀具的刀位点

说明：

① 通常，球头铣刀的刀位点 A 常用于直接编程，刀位点 B 常用于自动编程；

② 锥度平底铣刀与锥度球头铣刀编程时，须计算有效直径——最大切削直径；

③ 镗刀与车刀的切削刃参数基本相同。

所有三种参考组别相互关联，一个设置中的错误将会对另一个设置产生影响。参考点知识对理解寄存器指令、偏置和机床几何尺寸是非常重要的。

三、对刀的基本知识

1. 对刀与对刀点

对刀的准确程度将直接影响零件加工的精度，因此，对刀是数控加工中的重要操作。结合机床操作说明，掌握有关对刀方法和技巧，具有十分重要的意义。

在加工时，工件在机床加工尺寸范围（行程）内的安装位置是任意的或不确定的。要正确执行加工程序，必须在加工程序执行前，调整每把刀的刀位点，使其尽量重合于某一理想基准点（这一基准点可能是工件坐标系原点，也可能是工件坐标系中有确定位置的点、线或面），从而确定工件（确切地说，应当是工件坐标系原点）在机床坐标系中的位置，这一过程称为对刀。这一基准点称为对刀点。

因此，对刀点是工件在数控机床上定位夹紧后，设置在工件坐标系中，用于确定工件坐标系（原点）与机床坐标系空间位置关系的参考点。

也可以说，对刀点是数控机床加工时刀具相对于工件运动的起点——加工之前必须先对好刀。

2. 对刀点的设置原则

（1）总原则：操作简单，且对刀误差小。

（2）可以设置在工件上，也可以设置在夹具上（参见项目四任务 3 和项目七），但都必须在工件坐标系中有确定的位置。

（3）为保证加工精度，应尽可能选在零件的设计基准或工艺基准上。如孔的中心点或两条相互垂直的轮廓边的交点作为对刀点较为合适。

（4）若零件上没有合适的部位，也可以加工出工艺孔用来对刀。

四、对刀实质与 G54～G59、G53

1. 对刀的实质

就是用刀具或（与）工具（如塞尺和对刀棒、寻边器等）找出工件坐标系原点在机床坐标系中的位置（坐标值——称为偏置值，下同），并输入到 G54 或 G55～G59 中。

2. 工件坐标系 G54～G59

在数控铣床上，对于某一选定刀具，工件坐标系原点的偏置值有三个，应分别输入到工件坐标系（又称工作区偏置）G54～G59（G54 为缺省选择）之一中，即存储于寄存器中，以便在程序中利用指令 G54 等调用。调用的含义即调用工件坐标系偏置值而建立工件坐标系。

3. 机床坐标系 G53

与 G54～G59 相对的指令是 G53，其功能是选择机床坐标系，或者说取消工件坐标系选择。G54～G59 是模态值，而 G53 是非模态值。

4. 对刀方法简介

对于已经编程并装夹在机床上的工件，无论刀具的类型或直径如何变化，工件坐标系原点的 X 偏置值和 Y 偏置值是不变的，但由于刀具长度不同，工件坐标系原点的 Z 偏置值则随着刀具夹持长度的变化而变化，见图 2-1-2。

（1）工件坐标系原点的 X 偏置值和 Y 偏置值的确定　需要在机床上找正，常用的对刀方法有以下几种。

① 仅使用刀具确定；

② 使用对刀棒（又称圆柱销或基准工具）与塞尺或量块确定；

③ 用寻边器确定；

④ 借助夹具上的特定点确定。

（2）工件坐标系原点的 Z 偏置值的确定　在中小型企业中大多采用以下三种方法找正。

① 在机床上直接用刀具试切工件上表面确定；

② 使用刀具和量块确定；

③ 使用刀具与 Z 轴设定器（有机械式或电子感应式两种）而直接找正。其中的“刀具”包含基准刀具和基准工具（例如圆棒）。

此外，有实力的大型企业可安排专门人员在机床外利用刀具预调装置——专用的测量装置（如光学对刀仪），预先测量刀具长度和直径，并可通过程序传输至数控系统。参见项目三“多刀对刀方法”。

以上方法中，采用刀具对工件试切削而确定工件坐标系原点偏置值的对刀方法又称试切对刀法。

根据 Z 轴偏置值的设置不同，多把刀具对刀的具体操作方法通常有三种，将在项目三任务 2 中讲述。在此，只讲一把刀的试切对刀法。

五、试切对刀法的操作步骤

用刀具试切工件进行对刀的方法称为试切对刀法，可以得到较为准确和可靠的结果。一般使用手轮方式，刀具靠近工件后选择手轮×10 倍率进行试切。在进行对刀操作前需要明确的是工件坐标系原点在工件上表面左下角。操作步骤如下。

(1) 机床回原点后，选择手动方式将刀具（键槽铣刀，直径 $\phi4$）装入数控铣床主轴。再在 MDI 模式下输入“M3 S500；”指令，按 循环启动键，使主轴转动，或手动方式下按 主轴正转按钮，使主轴转动。

(2) X 轴对刀　手轮（HANDLE）模式下移动刀具让刀具刚好接触工件左侧面（微见切屑），Z 方向提起刀具并保持 X 轴不动，进行如下操作：

① 按 参数键（OFFSET）出现如图 2-1-5 画面。

② 按软键“坐标系”，出现画面如图 2-1-6 所示。

BEIJING-FANUC Series 0i M

刀具补正　O0000 N00000

番号	(形状) H	(磨耗) H	(形状) D	(磨耗) D
001	120.000	0.000	0.000	0.000
002	120.000	0.000	0.000	0.000
003	10.000	0.000	0.000	0.000
004	0.000	0.000	0.000	0.000
005	0.000	0.000	0.000	0.000
006	0.000	0.000	0.000	0.000
007	0.000	0.000	0.000	0.000
008	0.000	0.000	0.000	0.000

现在位置 (相对位置)

X -0.000 Y 0.000

Z -0.000

06:59:17

[补正][SETING][坐标系][ ][操作]

图 2-1-5　刀具补正页面

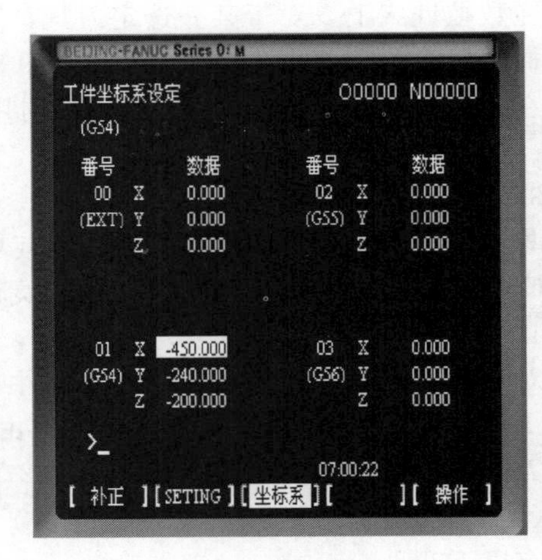

图 2-1-6　工件坐标系页面

③ 光标移至 G54 的 X 轴数据（程序中使用 G54）。

④ 输入刀具的刀位点在工件坐标系的 X 坐标值，此处为 X－2.0，（按软键“操作”——FUNAC0i 系统可省略此操作），再按软键“测量”，完成 X 轴对刀（或通过刀位点在机床坐标系中的 X 坐标值——机械坐标，计算出工件坐标系原点的 X 偏置值，利用 MDI 键盘输入数值后，按软键“输入”或 MDI 键盘上的 INPUT 键输入到 G54 的 X 寄存器中，完成 X 轴对刀。两种方法得到相同的 X 偏置值）。

(3) Y 轴对刀　手轮（HANDLE）模式下移动刀具让刀具刚好接触工件前侧面（微见切屑），Z 方向提起刀具并保持 Y 轴不动，进行如下操作：

① 按 参数键（OFFSET）出现如图 2-1-5 画面。

② 按软键“坐标系”，出现画面如图 2-1-6。

③ 光标移至 G54 的 Y 轴数据。

④ 输入刀具在工件坐标系中的 Y 坐标值，此处为 Y－2.0，按软键“操作”，再按软键“测量”，完成 Y 轴对刀（或通过刀位点在机床坐标系中的 Y 坐标值计算出工件坐标系原点的 Y 偏置值，直接输入到 G54 的 Y 寄存器中，完成 Y 轴对刀。两种方法得到相同的 Y 偏置值）。

（4）Z 向对刀　手轮（HANDLE）模式下移动刀具让刀具刚好接触工件上表面并保持 Z 轴不动，进行如下操作：

① 按 OFFSET SETTING 参数键（OFFSET）出现如图 2-1-5 画面。

② 按软键“坐标系”，出现如图 2-1-6 画面。

③ 光标移至 G54 的 Z 轴数据。

④ 输入 Z0，按软键“操作”，再按软键“测量”（或通过刀位点在机床坐标系中的 Z 坐标值计算出工件坐标系原点的 Z 偏置值，并输入到 G54 的 Z 寄存器中，完成 Z 轴对刀。两种方法得到相同的 Z 偏置值）。

⑤ Z 方向提起刀具，完成对刀。

六、对刀正确性的 MDI 验证方法

通过上述对刀操作后，刀具位于工件正上方，下面分别对三个坐标轴验证。

法那克系统手动输入操作步骤如下：

1．Z 轴验证

① 按下 键，使机床运行于 MDI（手动输入）工作模式。

② 按下 PROG 程序键，屏幕显示“程式 MDI”，如图 2-1-7 所示。

若没出现“程式 MDI”，则按“MDI”软键或再按一次 PROG 程序键，“程式 MDI”下为加工程序号“O0000”。

③ 输入程序，如下：

G01 G90 G54 Z10.0 F500 M03 S500；

④ 将进给倍率开关调至 0；

⑤ 按 循环启动键，运行该程序段，但刀具不移动。

⑥ 调整倍率开关在 5%以下，控制刀具移动速度，确保安全。

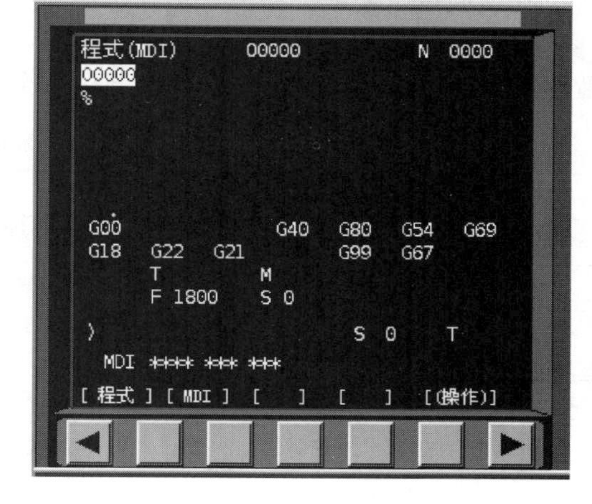

图 2-1-7　程式（MDI）页面

⑦ 刀具停止移动后，使主轴停止旋转。先目测刀具与工件上表面的距离，再用 10mm 的量块或 ϕ10mm 的立铣刀刀柄检查 Z 轴对刀的准确性（检验时，量块或刀柄通过时不松也不紧）。

2．X 轴验证

① 输入程序，如下：

G00 G90 G54 X－2.0 M03 S500；

② 按 循环启动键，运行该程序段，刀具快速定位。

③ 按 键转换为手轮模式，选择 Z 轴及手轮倍率×10，使正在旋转的刀具缓慢下降。

④ 目测刀具圆周切削刃与工件左侧表面的距离应当为零（若明显不对则不能继续下降，而应重新将 X 对刀），当刀具下降到工件上表面以下时，刀具刚好与该侧面相切，从而证明 X 轴对刀的准确性。

3．Y 轴验证（原理同 X 轴验证，须先抬起刀具）

① 利用手轮使刀具升至工件上表面以上。

② 按下 [键] 键，使机床运行于 MDI 模式并输入程序：

G00 G90 G54 Y－2.0 M03 S500；

③ 按 [键] 循环启动键，运行程该序段，刀具快速定位。

④ 转换为手轮模式，选择 Z 轴及手轮倍率×10，使刀具缓慢下降。

⑤ 先目测刀具圆周切削刃与工件下侧表面的距离（应当为零，若明显不对则不能继续下降，而应重新将 X 对刀），当刀具下降到工件上表面以下时，刀具刚好与该侧面相切，从而证明 Y 轴对刀的准确性。

还可以采用其他操作方法验证对刀的正确性，如先在 MDI 模式下运行程序 G01 G54 G90 X0 Y0 Z10.0 F500 M03 S500，使刀具快速移动到 X0 Y0 Z10.0 位置后，将三个轴的相对坐标均设为零，再利用手轮操作分别沿 X、Y、Z 移动－2.0、－2.0、－10.0，则刀具分别到达各轴的对刀点，从而验证各轴对刀的正确性。

七、数控程序编制的步骤和工作内容概述

数控编程与操作密切联系，不可分割。编程中含有操作，操作离不开编程。没有编程的操作，数控机床的加工效率是非常低级的，加工质量也是不稳定的；同样，没有操作的编程，那就脱离了实践，是没有实际意义的。

但数控编程与操作的学习重点在编程，其普适性的工作步骤共有六步，但对于编制数控程序而言，又有更具体的工作内容与这六个步骤相对应，见表 2-1-2。

表 2-1-2 数控编程的具体步骤

序号	通用工作步骤	数控编程的工作内容
1	资讯：明确任务，获取信息	零件的工艺性分析
2	决策：做出决定	制定数控加工工艺方案（即正确的走刀路线）
3	计划：制定计划	编制工艺文件，如工艺过程卡片和刀具明细表，必要时绘制走刀路线图；并建立工件坐标系进行数学处理，形成坐标卡片
4	实施：实施计划	编写零件加工程序
5	检查：检查控制	程序检验
6	评估：评定反馈	首件试切（在数控机床加工工件），进一步优化并保存程序

（1）资讯：工艺性分析（详见项目三任务 2）。

（2）决策：制定数控加工工艺方案（详见项目三任务 2）。

（3）计划：编制数控加工工艺文件，如工艺过程卡片（或工序卡片）和刀具明细表，并建立工件坐标系进行数学处理，并形成基点坐标卡片。必要时绘制走刀路线图（详见项目三任务 2）和调试单。

坐标卡片要按照走刀路线图依据刀具运动经过的顺序列明各点坐标，以便于编程。一般仅列明 X、Y 坐标即可。每个点仅编号一次，刀具运动重复经过的点，仅写出点序号而不写坐标，以防止修改时漏改。列表法，清晰明了，最大程度地减少了漏项的可能性。由于数控铣床（加工中心）加工的零件形状较为复杂，三维空间的刀具运动路线更为复杂，编程点较多，强烈推荐采用列表法编制坐标卡片。

（4）实施：编写零件加工程序。

程序的编写要既要符合公司的标准，又要保持个人风格，即遵循一致性原则，确保自己所编写的程序易于自己检查和他人阅读并执行。

可以使用电脑和文本编辑器（文件类型为 .txt）书写 CNC 程序，然后通过数据传输装置传入数控系统，也可以手写。

手写，通常使用铅笔，程序段中每个程序字之间应该有空格隔开（使用电脑和文本编辑器书写 CNC 程序时也应如此），并在每个程序段下面空出 2～3 行，以便于检查和修改。

下面列出了一些易于混淆的字符的推荐写法：

数字 0 ———————— 0 或 θ
字母 O ———————— $\overline{O}$
数字 1 ———————— 1
数字 2 ———————— 2
字母 Z ———————— Z

（5）检查：程序检验。

程序检查会浪费大量的时间，并需要 CNC 操作人员必须格外小心，确保程序完整性。

程序完整性检查：任何新编的和未经检验的程序都会存在一些潜在的问题。手动编程中出现的错误多于 CAD/CAM 程序（自动编程）。在运行新程序前，经验丰富的 CNC 编程员和 CNC 操作人员检查程序的最主要的方法是浏览程序，观察编程方法的一致性，如刀具的趋近工件的安全间隙是否跟平常一样，若不一样，问明原因；程序的编程风格是否保持不变。

优秀的操作人员会先审核两遍：第一次在打印稿上，第二次在程序装载到控制系统时。在屏幕上能看到纸上看不到的问题，反之亦然。

当程序输入或传入数控系统后，在数控机床上还有另外三种方法做进一步检查：第一，机床空运转方式；第二，图形模拟（数控系统须具有图形选项，可能有两种方法：刀具路径仿真或刀具路径动画），这是最可靠的方法；第三，必要时，采用易切材料试切（试件，材质为木材、石蜡等，操作方法见首件试切）。

程序错误是导致 CNC 机床不能按计划工作或根本不能工作的程序数据。它分为两大类：语法错误和逻辑错误。

① 语法错误是程序中一个或几个位置错误或多余的字符，包括不符合控制系统编程格式的程序输入。系统会显示错误信息及代码，并中断程序运行，因此语法错误没有多大害处，极少导致工件报废。

② 逻辑错误则定义为导致机床背离程序员的目的运动的错误，一般它比语法错误严重得多——它不仅可能导致废品，而且可能损坏机床甚至伤到操作人员。如冷却液功能、程序停止、丢失负号或小数点、坐标数值计算错误、切削用量及换刀点等选择不当。

（6）评估：首件试切（在数控机床加工工件），进一步优化并保存程序。

利用程序进行首件试切，是必须进行的程序精度测试，以便进一步优化程序。这也会浪费大量的时间，并需要 CNC 操作人员必须格外小心，确保调试完整性和程序完整性。

调试完整性简介：机床调试是促使 CNC 生产能够进行的所有工作的总称，整个过程包括刀具调试、工件调试、控制器设置核对及机床的冷却、润滑检查等重要事项，确保刀具及工件的安装安全、可靠，机床处于良好加工状态，控制器设置完全正确。

首件试切标准调试操作步骤如下。

① 安装刀具：按照刀具卡片，将刀具安装到相应的刀位上，并将所有刀号寄存到控制器中。务必确保刀具锋利并正确安装到刀架上。

② 安装夹具：需要时根据调试单做适当调整（如平直），尤其对于复杂安装；还常常需要使用夹具图样。

③ 安装工件：确保安全安装，检查安装中可能存在的干涉和障碍物。当使用平口钳装

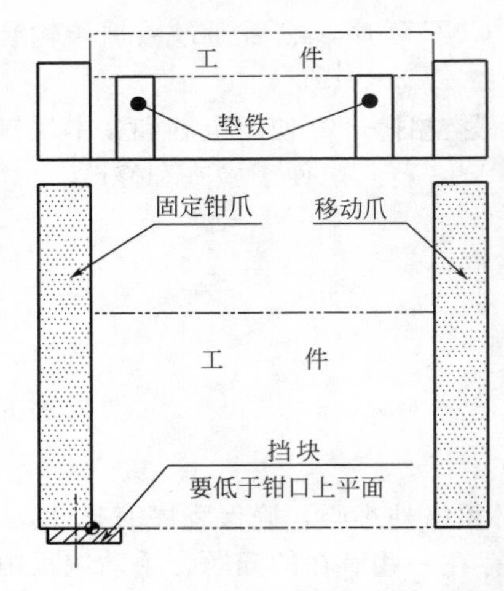

图 2-1-8　平口钳固定钳爪与定位块

夹时，可以使工件定位于固定钳口的某一角上（通过一事先安装在固定钳口上的一定位块），如图 2-1-8 所示。

④ 设置刀具偏置：设置车床刀具几何尺寸和磨损偏置以及铣床刀具长度偏置和刀具半径偏置。其中，最重要的部分是设置工件坐标系（G54～G59）或刀具位置寄存（G92 或 G50），但两者不能同时进行。工件偏置（G54～G59）设置是现代 CNC 铣床（加工中心）中最好的和最便利的选择。

⑤ 检查程序：是对程序的初步评价。工件临时从夹具上卸下，精确检查程序。如需要，可以使用控制面板上的程序倍率开关。应全面注意刀具运动并特别注意刀具索引。当对编程刀具路径的任何方面有不能绝对确定的情况时，可重复执行该步骤。

⑥ 重新安装工件：前面的所有步骤成功完成后，才能重新安装工件（借助定位孔，见图 2-1-8），并继续对第一个工件进行校核。此时为了稳妥起见再次检查刀具，同时检查油压或气体压力、夹具、偏置、开关设置以及卡盘等。

⑦ 试切：目的是确保切削用量是否合理及各种偏置设置是否正确。试切是设计用来识别偏置设置中的较小偏离（通常只修改磨耗偏置），并允许改变它们的临时或偶然切削，一定要留出足够的材料进行最终加工。试切还有助于建立保证尺寸公差的刀具偏置。

⑧ 调整安装：确定所有必要的调整，应在正式生产前微调程序。该步骤包括最终的偏置调整（通常是磨损偏置），如有必要，此时也是调整主轴转速和进给速度的极佳时刻。

⑨ 开始批量生产：这时可以开始批量生产。同样，快速检查两遍也是值得的。

⑩ 保存程序。

【任务实施】

1. 资讯——工艺性分析

图样标注完整，所有尺寸均为未注公差尺寸，且标注到字的笔画中心线，结构简单，在数控机床上加工很容易保证精度要求。

2. 决策——制定工艺方案

只需要选用直径 4mm 的键槽铣刀（又称中心端铣刀）垂直下刀，刀具中心按字符笔画中心线运动即可完成各个字符的加工。

3. 计划——编制工艺文件

① 编制工艺过程卡片（见表 2-1-3）和刀具明细表等（见表 2-1-4）。

表 2-1-3　数控加工工艺过程卡片

单位	（企业名称）		产品代号	零件名称		材料
工序号	程序编号	夹具名称	夹具号	使用设备		硬铝
10	O2100			FANUC 0i-MD		
工步号	工步内容	刀具		切削用量		
		T 码	类型规格	主轴转速/(r/mm)	进给速度/(mm/min)	切削厚度/mm
1	铣削字符“FLY”	T01	ϕ4mm 键槽铣刀	800	垂直下刀 50 横向铣削 70	1mm

表 2-1-4　数控加工刀具卡片

<table>
<tr><td>产品型号</td><td></td><td>零件号</td><td></td><td>程序编号</td><td></td><td>制表</td></tr>
<tr><td rowspan="2">工步号</td><td colspan="5">刀具</td><td></td></tr>
<tr><td>T码</td><td colspan="2">刀具类型</td><td>直径/mm</td><td>长度</td><td>补偿地址</td></tr>
<tr><td>1</td><td>T01</td><td colspan="2">ϕ4 键槽铣刀</td><td>ϕ4</td><td>实测</td><td>H01=0</td></tr>
<tr><td></td><td></td><td colspan="2"></td><td></td><td></td><td></td></tr>
<tr><td></td><td></td><td colspan="2"></td><td></td><td></td><td></td></tr>
</table>

工艺文件是正确、高效编程的基础和重要保障。

② 建立工件坐标系。为便于编程，原点设置在工件上表面左下角顶点，如图 2-1-9 所示。

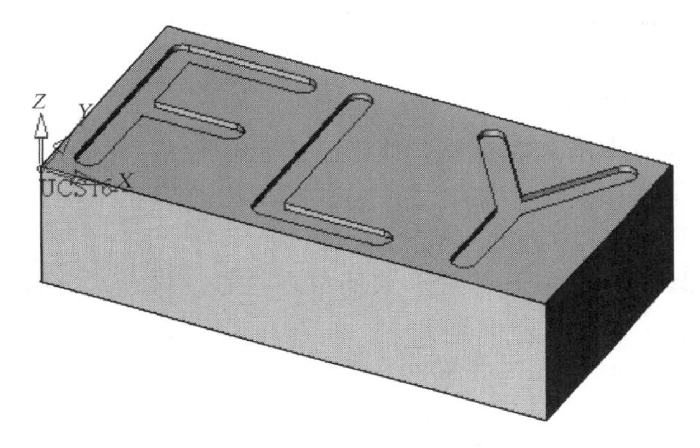

图 2-1-9　工件坐标系设置

③ 确定走刀路线。见图 2-1-10，为保证走刀路线最短，加工时走刀路线为：快速定位到 1 点正上方 5mm 处→垂直下刀（至深度 1mm，简称下刀，下同，开始加工 F）→2→抬刀（至工件上表面 5mm 处，下同）→快速定位至 3（正上方，下同）→下刀→4→5→抬刀（F 加工完毕）→快速定位到 6 点→下刀（开始加工 L）→7→8→抬刀（L 加工完成）→快速移动到 9 点→下刀（开始加工 Y）→10→11→抬刀→10→下刀→12→抬刀（Y 加工完毕）至工件上方 200mm 处（便于测量与拆卸工件），并完成加工。

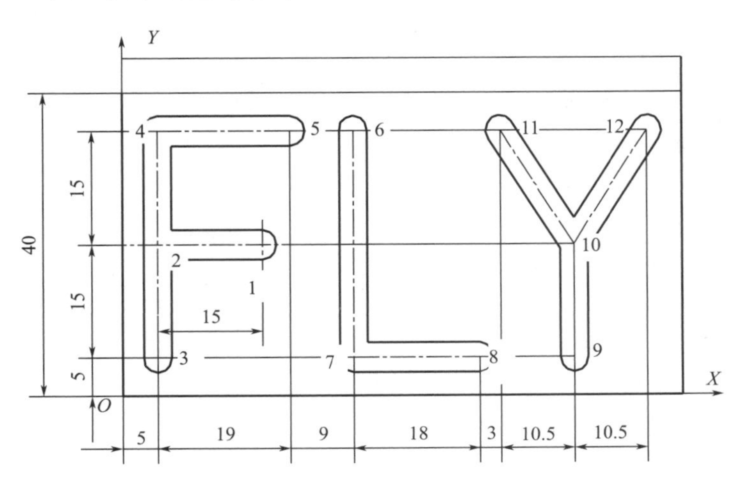

图 2-1-10　走刀路线与基点编号

④ 进行数学处理（建立工件坐标系等），形成坐标卡片，见表 2-1-5。

表 2-1-5 坐标卡片

基点	坐标(x,y)	基点	坐标(x,y)
1	(20,20)	8	(51,5)
2	(5,20)	9	(64.5,5)
3	(5,5)	10	(64.5,20)
4	(5,35)	11	(54,35)
5	(24,35)	10	
6	(33,35)	12	(75,35)
7	(33,5)		

注：表中基点 10 重复写一次，但可不写坐标值，以免修改时漏改。

4. 实施——编写零件加工程序

应遵循一致性原则，具有编程风格，便于阅读和交流。

O2100（FLY）；（程序名及其加工零件名称或功用的简要注释，便于在 CNC 系统内识别程序）

（ϕ4 键槽铣刀，H01=0）（程序注释和说明放在括号“（ ）”内，其中内容数控系统不运行）

N10 G17 G21 G40 G49 G50 G69 G80；（机床工作状态设定）

N20 G90 G54 G00 X20.0 Y20.0 M03 S800.；（绝对坐标编程——程序的开始均采用 G90 模式，调用 G54 建立工件坐标系，在换刀位置水平面上快速定位到 1 点（X20 Y20），移动的同时启动主轴正转，转速 800r/min）

N30 Z100.0；（Z 向安全检查位置，建议 Z50～Z100，用于目测检验偏置设置的正确性。最好改为 G01 Z100. F2000 或 G01 G43 Z100. H01 F2000；以便于使用进给倍率按钮。G43 H01 见项目 3）

N40 Z5.0；（安全平面，加工进给的开始点，一般设置在毛坯表面上方 2～5mm）

N50 G01 Z－1. F50；（下刀，开始加工字符“F”，首次使用 G01 设定进给速度 50mm/min）

N60 X5. F70；（到达 2 点）

N70 G00 Z5.0；（转换为 G00 模式抬刀，节约时间）

N80 Y5.0；（定位到 3 点）

N90 G01 Z－1.0 F50；（下刀）

N100 Y35.0 F70；（加工到 4 点）

N110 X24.0；（加工到 5 点，字符 F 加工完毕）

N120 G0 Z5.0；（抬刀）

N130 X33.0；（定位到 6 点）

N140 G01Z－1.0 F50；（下刀，开始加工字符 L）

N150 Y5.0 F70；（加工到 7 点）

N160 X51.0；（加工到 8 点，字符 L 加工完毕）

N170 G00 Z5.0；（ 抬刀）

N180 X64.5；（定位到 9 点）

N190 G1 Z－1. F50；（下刀，开始加工字符 Y）

N200 Y20.0 F70；（加工到 10 点）

N210 X54.0 Y35.0；（加工到 11 点）

N220 G0 Z5.0；（抬刀）

N230 X64.5 Y20.0；（定位到 10 点）

N240 G1 Z－1. F50；（下刀）

N250 X75.0 Y35.0 F70；（加工到 12 点，字符 L 加工完毕）

N260 G00 Z200.0；（抬刀到工件上方 200mm 处，便于检验与拆卸）

N270 M30；（程序结束）

5. 检查控制——程序检验

6. 评估：评定反馈

建议按照本书推荐的 10 个标准调试操作步骤进行操作：

① 安装刀具；

② 安装夹具；

③ 安装工件；

④ 设置刀具偏置；

⑤ 检查程序；

⑥ 重新安装工件；

⑦ 试切：建议采用单段运行的方式；

⑧ 调整安装；

⑨ 开始正式（批量）生产；

⑩ 保存程序。

【任务总结】

（1）编程轨迹为刀位点的运动轨迹（无刀具半径补偿）。

（2）进一步认识铣刀的选用及安装方法。

（3）懂得工件坐标系的选择原则与基本方法；掌握对刀点的选择原则，并会试切对刀法。

（4）要深入理解参考点这一重要概念。

（5）懂得并能陈述数控编程的步骤和工作内容。

（6）数控加工仿真软件就是一个促进学业飞速进步、寓教于乐、寓学于乐的高级游戏软件。

（7）一个程序段中若使用一个以上同组的代码则最后一个有效。

（8）图 2-1-6“坐标系页面”中有一特殊偏置：番号 00（EXT）。“00”表明它不是可编程偏置，“EXT”表示它是外部偏置。在老式控制器为番号 00（COM），COM 表示普通偏置。这一特殊偏置通常在 G54 的前面。它的所有轴的设置通常为零。其任何轴的非零设置将影响 G54～G59 这六个标准的工作区（与相应偏置值叠加），因此这一特殊偏置通常称为外部工作区偏置或普通工作区偏置。它有特殊的用途，要慎用。用完要立即恢复为零。以免对他人造成影响。

通常在完成对刀后，运行程序前要认真检查，确保外部工作区编程的各轴偏置值为零，否则将可能产生严重的后果。

【任务评价】

评分标准

序号	考核项目	考核内容	配分	评分标准(分值)	小计
1	资讯	工艺性分析的透彻性	5	据工艺方案得分判定，计算公式如下： 得分＝0.5×工艺方案得分	
2	决策	数控加工工艺方案制定的合理性	10	据工艺文件内容判定 1. 工步顺序正确(5分) 2. 刀具材质选择正确(3分) 3. 工件坐标系原点设置适当(2分)	
3	计划	数控加工工艺文件编制的完整性、正确性、统一性	20	1. 工艺文件齐全，填写完整、统一(4分) 2. 工艺过程卡片中切削用量适当(6分) 3. 刀具卡片中刀具代号、规格正确(2分) 4. 走刀路线的制定适当(3分) 5. 坐标卡片填写正确(5分)	
4	实施 编程	编制零件加工程序及程序检验	20	1. 各成员编制的加工程序具有一致性(5分) 2. 加工程序无语法错误(10分) 3. 加工程序无逻辑错误(5分)	
5	加工 操作	1. 加工操作正确性 2. 安全生产	30	1. 刀具安装方法正确(2分) 2. 选用合适的量具(2分) 3. 测量毛坯实际尺寸，并正确安装工件(3分) 4. 能正确进行工件偏置设置，并能根据刀具卡片进行刀具偏置设置，操作正确(5分) 5. 输入程序后进行程序检查(2分) 6. 正确进行试切(10分) 7. 试切后能正确调整相应偏置数值(2分) 8. 加工操作过程未发生撞刀等安全事故(4分)	
6	质量分析 与评价	1. 工件检验 2. 团队合作 3. 运用基本理论知识进行分析	15	1. 正确选用量、检具进行加工尺寸检查(分别在机床和检验工作台上进行)并合格(9分) 2. 加工表面粗糙度合格(1分) 3. 能团队合作(3分) 4. 正确运用理论知识进行加工质量分析，并修正、保存程序(2分)	
合计			100	得分合计	

【思考与练习】

1. 对刀的目的（对刀的实质）是什么？什么是试切对刀法？

2. 什么是工件坐标系？其选择原则有哪些？

3. 什么是参考点？分为哪几大类，哪几种？它们之间是怎样联系起来的？

4. 对刀点的选择原则有哪些？

5. 程序错误有哪几种？哪一种的性质非常严重？

6. 详述数控编程的步骤和工作内容。

7. M03 和 M04（主轴旋转指令）当和刀具运动指令一起出现时，将同时有效吗？

8. 加工图 2-1-11 所示的字符，字符下凹平底，深度均为 1mm。已知毛坯，尺寸为 80mm×40mm×30mm，六个平面已经加工完成并合格，毛坯材料为硬铝，字的笔画宽度均为 3mm。试编写其加工程序。

9. 什么是直接编程？什么是自动编程？

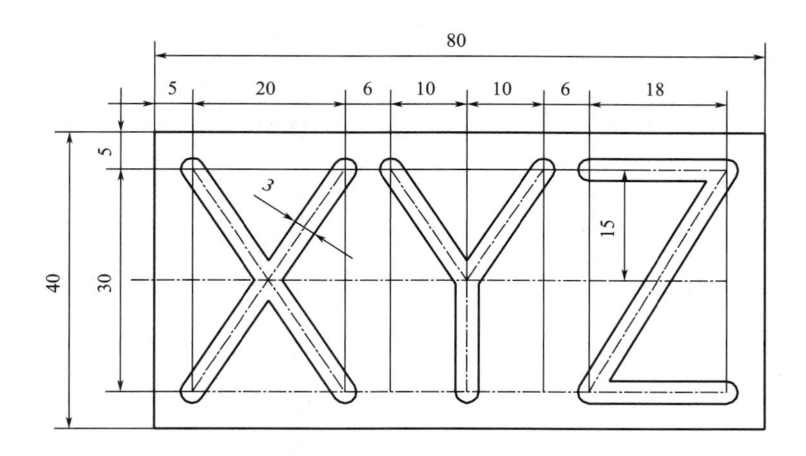

图 2-1-11　字符 XYZ 图样

任务 2　圆弧图形加工

【学习目标】

技能目标：

① 会确定零件加工工艺并能正确编制工艺文件；

② 能适当建立工件坐标系；

③ 能正确对刀并设置相关参数；

④ 会计算基点的坐标；

⑤ 能运用编程指令编写正确的加工程序；

⑥ 严格按照数控铣削编程与操作步骤，完成给定的加工任务

知识目标：

① 会 G02 与 G03 指令的格式、判断方法及应用；

② 懂得指令 G17、G18、G19 的含义；

③ 会机床坐标系、工件坐标系及参考点、对刀点的知识；

④ 懂得铣床刀具、夹具、刀柄的相关知识；

⑤ 懂得编制工艺文件的方法；

⑥ 懂得数控铣削编程与操作步骤。

【任务描述】

加工如图 2-2-1 所示阴文印章的字符（BOS），字符的笔画宽度为 3mm，下凹平底，深度均为 1mm，$Ra12.5\mu m$，未注圆角由刀具决定。已知毛坯六个平面已经加工完成并合格，毛坯为长方体，尺寸为 80mm×40mm×30mm，材料为硬铝。试在数控铣床上完成字符的加工。

【任务分析】

BOS 字符中含有直线（7 段）、半圆弧（4 段）、整圆（一个）、四分之一圆弧（2 段），重点学习圆弧及整圆的编程。根据标注的方式不同，练习工件坐标系建立原则的运用。

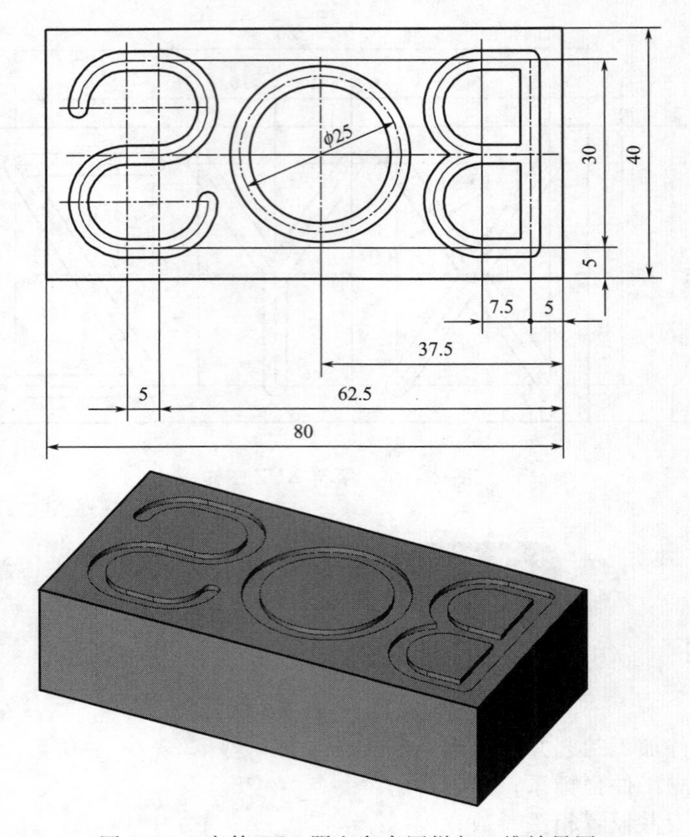

图 2-2-1　字符 BOS 阴文印章图样与三维效果图

【知识准备】

一、圆弧插补指令 G02、G03 与平面选择指令 G17、G18、G19

G02 为顺时针（CW：clockwise）圆弧插补，G03 为逆时针（CCW：counter-clockwise）圆弧插补。与 G00、G01 一样也是模态指令，同属 01 组 G 代码。

1. 编程格式

G17　G02/G03　X_Y_R_F_;

G18　G02/G03　X_Z_R_F_;

G19　G02/G03　Y_Z_R_F_;

或 G17　G02/G03　X_Y_I_J_F_;

G18　G02/G03　X_Z_I_K_F_;

G19　G02/G03　Y_Z_J_K_F_;

2. 指令功能

G02 使刀具在指定平面内作顺时针圆弧插补运动，从当前点到达编程点。

G03 使刀具在指定平面内作逆时针圆弧插补运动，从当前点到达编程点。

3. 指令说明

(1) G17、G18、G19 为圆弧加工的指定平面，分别指定为 *XY* 平面、*ZX* 平面、*YZ* 平面，如图 2-2-2 所示。原因是：现在的数控机床，目前只能在这三个标准平面中的一个平面内进行圆弧插补，而不能在其它的任意平面内进行。因此需要为圆弧插补指定一个平面为 G17 或 G18 或 G19。数控铣床或加工中心开机默认 G17。

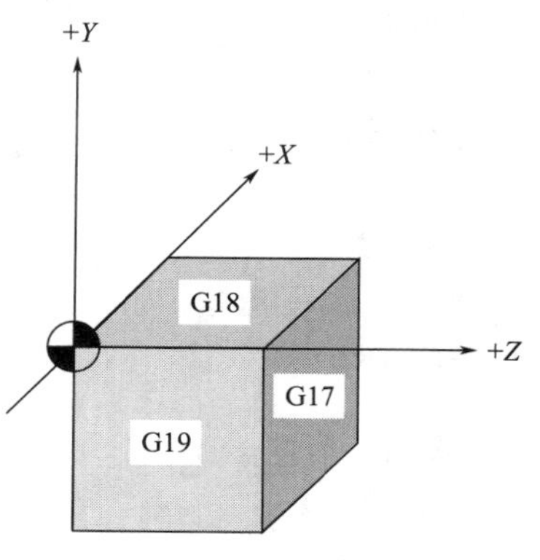

图 2-2-2　G17、G18、G19

（2）X __、Y __、Z __为圆弧终点（又称目标点）坐标，相对编程时是圆弧终点相对于圆弧起点（即当前位置——说明见 G00）的坐标；

（3）I __、J __、K __ 分别为圆心在 X、Y、Z 轴上相对于圆弧起点的坐标（代数值），即

$$\left.\begin{aligned} I &= X_O - X_S \\ J &= Y_O - Y_S \\ K &= Z_O - Z_S \end{aligned}\right\}$$

式中　X_O，Y_O，Z_O——圆心在工件坐标系中的绝对坐标值；

X_S、Y_S、Z_S——圆弧起点在工件坐标系中的绝对坐标值。

I __、J __、K __又分别称为圆弧起点到圆心的向量在 X、Y、Z 轴上的分量（投影）。

（4）R __为圆弧半径。如果 R __与 I __、J __、K __在同一程序段出现，那么不管顺序如何，R 值的优先级较高，即 I __、J __、K __无效。

（5）F __表示进给量。

（6）在现代 CNC 系统中，既可采用 R 编程，也可采用 I、J、K 指令编程；而大多数老式控制器不能直接指定半径地址 R，而必须使用圆心向量 I、J、K。

用 R 指令时须按圆弧的圆心角来确定其指定半径的正负号：

当圆心角 $\theta \leqslant 180°$ 时，R 值为正；当圆心角 $\theta > 180°$ 时，R 值为负。

例：图 2-2-3 中从 A 到 B 半径为 $R25$ 的逆时针圆弧有两条，其圆心角的和为 360°。假定刀具当前位置在 A 点，试分别编写刀具分别沿这两条圆弧加工到 B 点的加工程序。

大圆弧编程指令：

G17　G90　G03　X30.0　Y10.0　R－25.0　F __；

或 G17　G90　G03　X30.0　Y10.0　I－25.0　J0　F __；（J0 可省略，但最好写出）

或 G17　G91　G03　X－40.0　Y－20.0　R－25.0　F __；

或 G17　G91　G03　X－40.0　Y－20.0　I－25.0　J0　F __；

小圆弧编程指令：

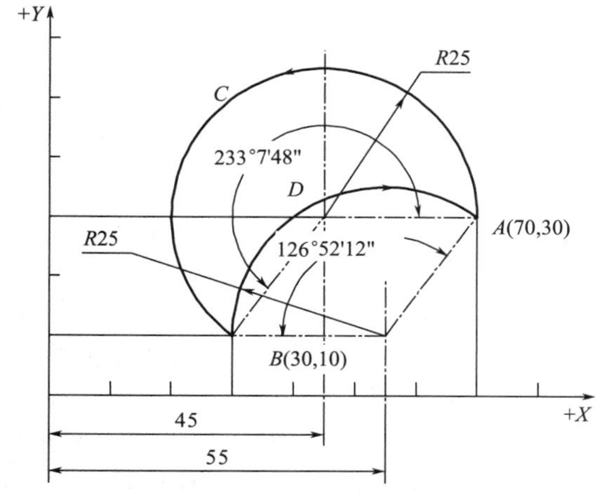

图 2-2-3　圆弧编程图

G17　G90　G03　X30.0　Y10.0　R25.0　F __；

或 G17　G90　G03　X30.0　Y10.0　I－15.0　J－20.0　F __；（J0 可省略，但最好写出）

或 G17　G91　G03　X－40.0　Y－20.0　R25.0　F __；

或 G17　G91　G03　X－40.0　Y－20.0　I－15.0　J－20.0　F __；

【边学边练】

试对图 2-2-3 编写刀具从 B 到 A 加工这两段圆弧的程序段（假定刀具当前位置在 B 点，忽略图中的箭头）。

大圆弧：________________或________________

或________________或________________

小圆弧：________________或________________

或________________或________________

【答案】

大圆弧编程指令：

G17 G90 G02 X70.0 Y30.0 R−25.0 F__；

或 G17 G90 G02 X70.0 Y30.0 I15.0 J20.0 F__；（J0 可省略，但最好写出）

或 G17 G91 G02 X40.0 Y20.0 R−25.0 F__；

或 G17 G91 G02 X40.0 Y20.0 I15.0 J20.0 F__；

小圆弧编程指令：

G17 G90 G02 X70.0 Y30.0 R25.0 F__；

或 G17 G90 G02 X70.0 Y30.0 I25.0 J0 F__；（J0 可省略，但最好写出）

或 G17 G91 G02 X40.0 Y20.0 R25.0 F__；

或 G17 G91 G02 X40.0 Y20.0 I25.0 J0 F__；

如何编写整圆的加工指令？

I、J、K 是通用的编程格式。通常，圆心角 $\theta \leqslant 180°$ 的圆弧用 R 指令，其余的圆弧（含整圆）用 I、J、K 指令。整圆加工的编程只能使用 I、J、K 的形式，而不能采用 R 编程。因为在一点可以画出无数个半径为 R 的顺时针或逆时针圆。如果编写了 G02 R__或 G03 R__（整圆加工时起点与终点相同，XY 可省略）这样的程序段，控制器会忽略，即不执行也不报警。

二、圆弧方向的判定方法

1. 确定圆弧所在平面的第三坐标轴的正方向

（1）平面 G17、G18、G19 的第一坐标轴与第二坐标轴分别为 X 轴与 Y 轴、Z 轴与 X 轴、Y 轴与 Z 轴，其第三坐标轴分别为 Z 轴、Y 轴、X 轴。XY 平面、ZX 平面、YZ 平面的第一个字符是第一坐标轴（分别是 X、Z、Y，用Ⅰ表示），第二个字符是第二坐标轴（分别是 Y、X、Z，用Ⅱ表示），因此坐标轴顺序，不能颠倒。

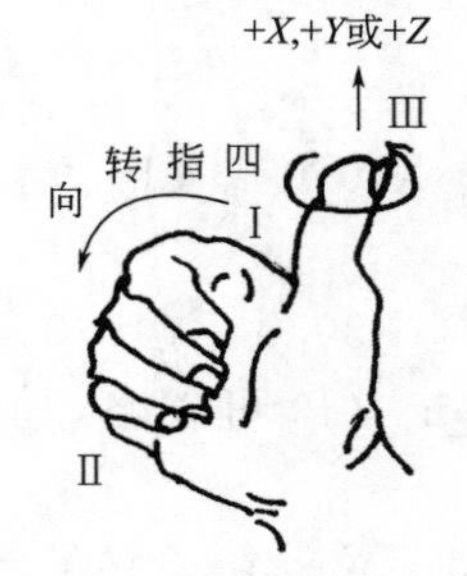

图 2-2-4 第三坐标轴判断方法

（2）采用右手笛卡尔直角坐标系原则确定第三坐标轴的方向：右手四指从第一坐标轴以握拳的方向转到第二坐标轴，则右手拇指的指向就是第三坐标轴的正方向（见图 2-2-4）。

2. 圆弧的加工方向判断方法

从圆弧所在平面的第三坐标轴的正方向往负方向看，顺时针为 G02，逆时针为 G03，见图 2-2-5。

三、G02、G03 使用注意事项

（1）目前直接编程时，圆弧插补指令必须在 G17、G18、G19 所分别指定的三个标准平面中的一个平面内使用，即不能在任意非标准平面内进行圆弧插补。这或许是暂时的，随着数控技术的发展，或许将来会实现在空间任意平面内进行圆弧插补。

（2）通常，圆弧角 $\theta \leqslant 180°$ 的圆弧用 R 指令，其余的圆弧（含整圆）用 I、J、K 指令。如果经常加工大于 180°的圆弧，也可以建立一个为负数的 R 地址的特殊编程风格。但要深思熟虑，避免意外的损失。

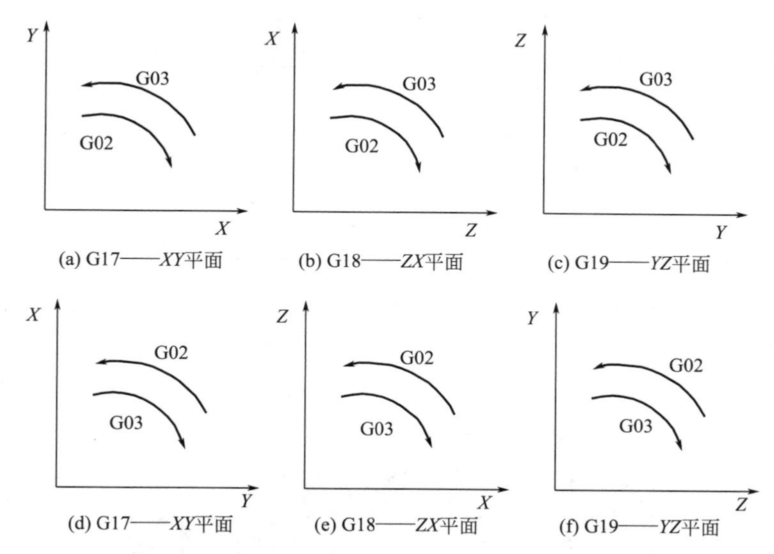

图 2-2-5　三个平面内的圆弧加工方向——轴的定位基于数学平面（而不是机床平面）

（3）大多数老式的控制器不能直接指定半径地址 R，而必须使用圆心向量 I、J 和 K。支持 R 地址的控制器一定支持 I、J、K 向量，反之则不成立。

（4）如果控制器只支持 I、J、K 向量，那么执行包含 R 地址的圆弧插补程序段时则会返回错误的信息（未知地址）。

（5）关于 G17、G18、G19 与指定平面（*XY* 平面、*ZX* 平面、*YZ* 平面）的记忆诀窍：将 *XYZ* 写两遍得到 *XYZXYZ* 共 6 个字符，依次每两个字母组成一个平面，则得到三个平面：*XY*、*ZX*、*YZ*，在程序中分别用 G17、G18、G19 代表或指定。

【任务实施】

1. 资讯——工艺性分析

图样标注完整，均为字尺寸，均为未注公差尺寸，且标注到字的笔画中心线，结构简单，在数控机床上加工很容易保证精度要求。

2. 决策——制定工艺方案

只需要选用直径 3mm 的键槽铣刀（端面切削刃到中心，又称中心端铣刀）垂直下刀，刀具中心按字符笔画中心线运动即可完成各个字符的加工。

3. 计划——编制工艺文件

① 编制工艺过程卡片（见表 2-2-1）和刀具明细表（见表 2-2-2）。

表 2-2-1　数控加工工艺过程卡片

单位	（企业名称）		产品代号	零件名称		材料
工序号	程序编号	夹具名称	夹具号	使用设备		硬铝
10	O2200			FANUC 0i-MD		
工步号	工步内容	刀具		切削用量		
		T 码	类型规格	主轴转速 /(r/mm)	进给速度 /(mm/min)	切削厚度 /mm
1	铣削字符 “BOS”	T01	ϕ3mm 键槽铣刀	800	垂直下刀 50 横向铣削 70	1mm

表 2-2-2 数控加工刀具卡片

产品型号		零件号		程序编号		制表
工步号	刀具					
	T码	刀具类型		直径/mm	长度	补偿地址
1	T01	$\phi3$ 键槽铣刀		$\phi3$	实测	H01=0

② 建立工件坐标系。为在编程时能直接取数，工件坐标系原点设在工件上表面右下角顶点，如图 2-2-6 所示。

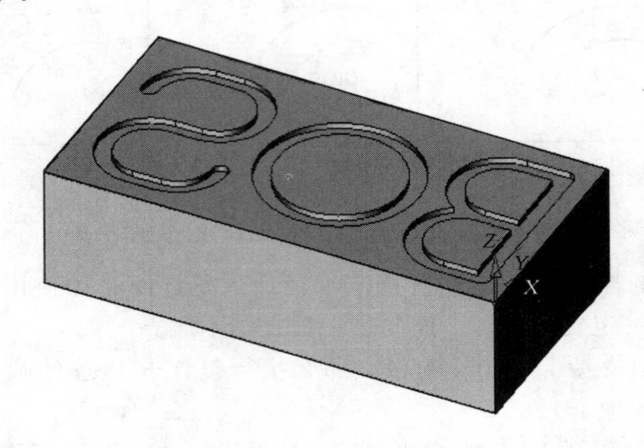

图 2-2-6 工件坐标系设置

③ 确定走刀路线，如图 2-2-7 所示。

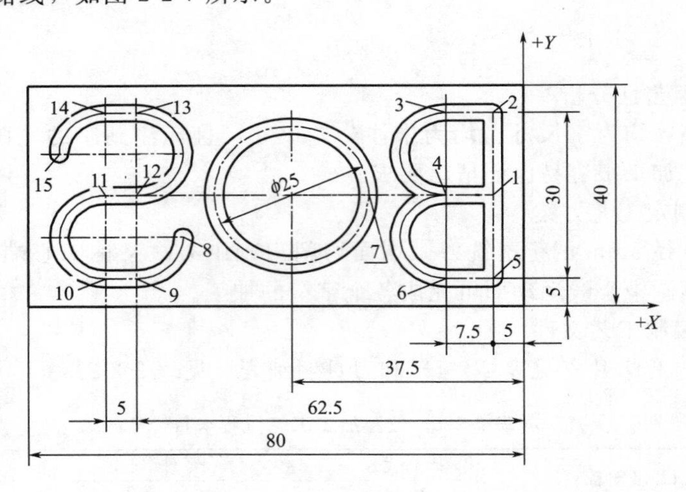

图 2-2-7 走刀路线与基点编号

为保证走刀路线最短，加工时走刀路线为：1 点正上方（而不是 2 点或 5 点）5mm 处下刀→1→2→3→4→1→5→6→4→抬刀→快速移动到 7 点正上方再下刀→加工整圆→抬刀→快速移动到 8 点正上方再下刀→8→9→10→11→12→13→14→15→抬刀并完成加工。

④ 进行数学处理，形成坐标卡片，如表 2-2-3 所示。

表 2-2-3　坐标卡片

基点	坐标(x,y)	基点	坐标(x,y)
1	(−5,20)	8	(−55,12.5)
2	(−5,35)	9	(−62.5,5)
3	(−12.5,35)	10	(−67.5,5)
4	(−12.5,20)	11	(−67.5,20)
1		12	(−62.5,20)
5	(−5,5)	13	(−62.5,35)
6	(−5,12.5)	14	(−67.5,35)
4		15	(−75,27.5)
7	(−22.5,20)		

4. 实施——编写零件加工程序

应遵循一致性原则，要具有编程风格。

O2200（BOS）；（程序名及其加工零件名称或功用的简要注释，便于在 CNC 系统内识别程序）

（关于程序使用的注释和说明，略）

N10 G17 G40 G49 G50 G69 G80；（机床工作状态设定）

N20 G90 G54 G00 X−5. Y20. M3 S800.；（绝对坐标编程，程序的开始均采用 G90 模式。调用工件坐标系 G54，在换刀位置水平面上快速定位到工件坐标系点 1（X−5 Y20），启动主轴正转，转速 800r/min）

N30 Z100.；（Z 向安全检查位置，建议 Z50～Z100，用于检验偏置设置的正确性。最好改为 G01 G43 Z100. H01 F3000；以便于使用进给倍率按钮。G43 H01 详见项目 3）

N40 Z5.；（安全平面，加工进给的开始点，一般设置在毛坯表面上方 2～5mm，也可更大一些，如 Z10.0）

N50 G01 Z−1. F50；（下刀，开始加工字符 B）

N60 Y35. F70；（点 2）

N70 X−12.5；（点 3）

N80 G03 Y20. I0 J−7.5；（点 4，加工完第一个半圆弧）

N90 G01 X−5.；（点 1）

N100 Y5.；（点 5）

N110 X−12.5；（点 6）

N120 G02 Y20. I0 J7.5；（点 4，加工完第二个半圆弧，完成 B 字的加工）

N130 G00 Z5.；（抬刀）

N140 X−25.；（快速定位到点 7）

N150 G01 Z−1. F50；（下刀，开始加工字符 O）

N160 G02 I−12.5 F70；（或 G03 I−12.5 F70，完成字符 O 的加工）

N170 G0 Z5.；（抬刀）

N180 X−55. Y12.5；（快速定位至点 8）

N190 G1 Z−1. F50；（开始加工字符 S）

N200 G2 X−62.5 Y5. I−7.5 F70；（点 9）

N210 G01 X−67.5 ；（点 10）

N220 G2 Y20. J7.5；（点 11）

N230 G01 X－62.5；(点 12)
N240 G3 Y35.J7.5；(点 13)
N250 G01 X－67.5；(点 14)
N260 G3 Y27.5 X－75.J－7.5；(点 15)
N270 G00 G53 Z0.；(抬刀，回到机床原点，固定的换刀点，可以形成编程风格)
N280 M30；(程序结束)

5. 检查控制——程序检验

6. 评估：评定反馈——建议按照本书推荐的 10 个标准调试操作步骤进行操作。

【任务总结】

(1) 懂得在没有刀具半径补偿的情况下，编程轨迹就是刀具刀位点的运动轨迹。

(2) 认识铣刀的种类、选用及安装原则。

(3) 真正理解建立工件坐标系的选择原则与基本方法；会对刀点的选择原则与试切对刀法。

(4) 进一步理解参考点这一重要概念。

(5) 进一步熟悉数控编程编制的内容和步骤。

(6) 数控加工仿真软件就是一个促进就业的、寓教于乐的、可以获取成就感的高级游戏软件。数控加工仿真软件是初学者快速掌握编程的最好助手和老师。

(7) 一个程序段中可以有多个不同组的 G 代码，若使用了一个以上同组的代码则最后一个有效——同组 G 代码相互替代。

【任务评价】

评分标准

序号	考核项目	考核内容	配分	评分标准(分值)	小计
1	资讯	工艺性分析的透彻性	5	据工艺方案得分判定,计算公式如下: 得分=0.5×工艺方案得分	
2	决策	数控加工工艺方案制定的合理性	10	据工艺文件内容判定 1. 工步顺序正确(5 分) 2. 刀具材质选择正确(3 分) 3. 工件坐标系原点设置适当(2 分)	
3	计划	数控加工工艺文件编制的完整性、正确性、统一性	20	1. 工艺文件齐全,填写完整、统一(4 分) 2. 工艺过程卡片中切削用量适当(6 分) 3. 刀具卡片中刀具代号、规格正确(2 分) 4. 走刀路线的制定适当(3 分) 5. 坐标卡片填写正确(5 分)	
4	实施编程	编制零件加工程序及程序检验	20	1. 各成员编制的加工程序具有一致性(5 分) 2. 加工程序无语法错误(10 分) 3. 加工程序无逻辑错误(5 分)	
5	加工操作	1. 加工操作正确性 2. 安全生产	30	1. 刀具安装方法正确(2 分) 2. 选用合适的量具(2 分) 3. 测量毛坯实际尺寸,并正确安装工件(3 分) 4. 能正确进行工件偏置设置,并能根据刀具卡片进行刀具偏置设置,操作正确(5 分) 5. 输入程序后进行程序检查(2 分) 6. 正确进行试切(10 分) 7. 试切后能正确调整相应偏置数值(2 分) 8. 加工操作过程未发生撞刀等安全事故(4 分)	

续表

序号	考核项目	考核内容	配分	评分标准(分值)	小计
6	质量分析与评价	1. 工件检验 2. 团队合作 3. 运用基本理论知识进行分析	15	1. 正确选用量、检具进行加工尺寸检查(分别在机床和检验工作台上进行)并合格(9 分) 2. 加工表面粗糙度合格(1 分) 3. 能团队合作(3 分) 4. 正确运用理论知识进行加工质量分析，并修正、保存程序(2 分)	
合计			100	得分合计	

【思考与练习】

1. G17、G18、G19 的含义是什么，如何记忆？

2. 如何判定圆弧的方向？

3. 整圆的编程格式是怎样的？试列出 G17、G18、G19 三个平面内的编程格式。

4. 利用数控机床加工零件时，可以利用手动、手轮、MDI、与自动运行四种模式，哪种模式的加工效率最高？这对我们有什么启示？

5. 试编写图 2-2-8 所示“CNCo 字符程序”。字宽 3mm，深 1mm，下凹平底，$Ra12.5\mu m$ 毛坯尺寸 80mm×40mm×30mm。要求：圆弧编程使用 I、J、K 与 R 两种形式。

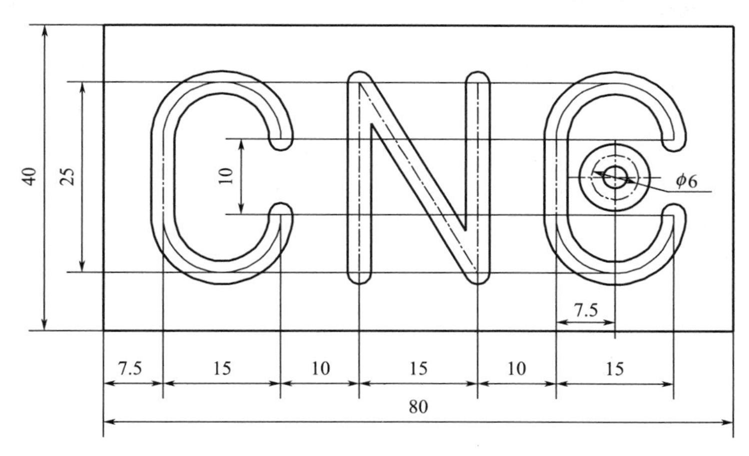

图 2-2-8　CNCo 字符

项目三

平面轮廓的加工

【项目需求】

在实际工作中经常遇到平面轮廓（平面及展开后可以成为平面的轮廓）的加工。加工较大的平面时，为提高效率，通常使用适当直径的面铣刀。而加工较小的平面时经常使用立铣刀或键槽铣刀。而加工形状较为复杂的平面轮廓通常使用立铣刀或键槽铣刀，并采用半径补偿的编程方法。而水平的单一平面的铣削一般不采用半径补偿的编程方法。

【项目工作场景】

一体化教室：配有 FANUC0i MD 系统的立式数控铣床、立式加工中心至少各一台及机床说明书，刀柄、刀具、量具、精密平口钳、垫铁一套等工具及工具橱、数控仿真室、多媒体教学设备。

【方案设计】

任务 1 练习分别使用面铣刀和立铣刀加工水平的单一平面，任务 2 练习较为复杂平面轮廓零件铣削，学习子程序、半径补偿的使用及零件各表面铣削，任务 3 练习内外相似轮廓铣削，学习使用半径补偿控制壁厚和精度。

【相关知识和技能】

技能目标：

① 能确定平面铣削加工工艺方案，并适当选择铣削方式；

② 能选用适当直径的平面铣刀及立铣刀，选择适当的走刀路线（铣削路径），进行编程与平面加工；

③ 会使用子程序编程（子程序的编写与调用）；

④ 培养良好的编程习惯，以形成自己的编程风格。

知识目标：

① 懂得工艺性分析的内容与确定工艺方案的方法。

② 了解平面加工的走刀路线与编程方法；

③ 懂得子程序的结构及其调用；

④ 懂得刀具半径补偿指令 G41、G42、G40 编程格式；

⑤ 懂得 G43、G44、G49 编程格式及多刀对刀方法。

任务1 铣削水平的平面

【学习目标】

技能目标：

① 会工艺性分析并能确定适当的工艺方案；

② 能选用适当直径的平面铣刀及立铣刀，能选择适当的走刀路线（铣削路径），分别选用 G54 与 G55 进行编程；

③ 会子程序的编制与调用，并使粗精加工调用同一子程序；

④ 能熟练装夹工件、刀具；

⑤ 养成良好的编程习惯，以形成自己的编程风格。

知识目标：

① 懂得平面的加工方法、工艺方案的确定与铣削方式的分类；

② 懂得平面铣削的走刀路线，掌握选用铣削参数的方法与进给速度单位设定指令（G94、G95）的使用方法；

③ 懂得子程序的结构与调用方法。

【任务描述】

加工如图 3-1-1 所示的零件。已知毛坯底面与四个侧面已经加工完成并合格，毛坯尺寸为 100mm×100mm×45mm，工件材料为 45 GB 699。现有刀具如下：两把直径分别为 ϕ110 、ϕ80 面铣刀和两把直径分别为 ϕ10、ϕ20 立铣刀。可采用不同的加工方案（不同直径的刀具：面铣刀或立铣刀）。试分别选用适当的面铣刀和立铣刀编写数控程序，并在数控铣床上完成上表面的加工。加工数量：每种刀具各加工一件。

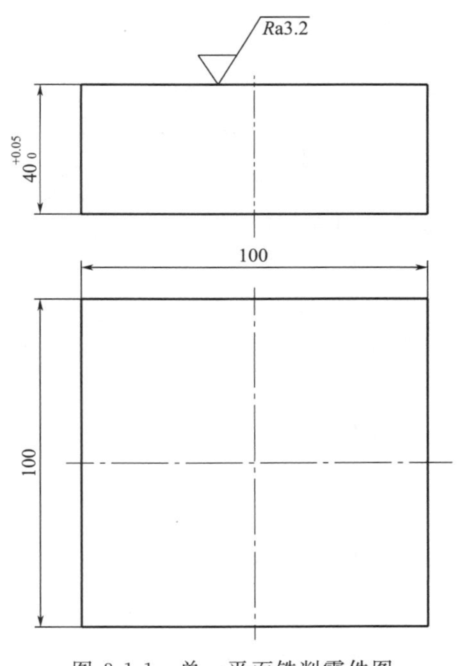

图 3-1-1　单一平面铣削零件图

【任务分析】

该零件仅加工上表面，但有一定的精度和粗糙度要求。需要懂得平面的加工方法，并掌握平面铣削（分别采用立铣刀和面铣刀）的编程方法——采用刀心编程。还需要选用合适的刀具完成本任务的加工。

【知识准备】

一、平面加工方案的确定

平面加工方案的确定可依据图 3-1-2（常见的平面加工方案）。平面的主要加工方法有铣削、刨削、车削、磨削和拉削等，精度要求高的平面还需要经研磨或刮削加工。图 3-1-2 中尺寸公差等级是指平行平面之间距离尺寸的公差等级。

1. 平面的加工方法

在数控铣床与加工中心上主要采用铣削的方法加工平面。加工方案有以下两种。

(1) 粗铣平面的加工方案：仅粗铣一次平面。经济精度 IT11～IT13，经济表面粗糙度值可达到 $Ra6.3\sim25\mu m$，对精度不高于以上要求的平面可采用该加工方案。

(2) 粗铣→(半) 精铣平面的加工方案：经济精度 IT8～IT10，经济表面粗糙度值可达到 $Ra1.6\sim6.3\mu m$。

2. 经济精度与经济粗糙度

图 3-1-2 中所列精度和粗糙度均为各种加工方法的经济精度与经济粗糙度。经济精度（图 3-1-3 中的 AB 段）是指在正常加工条件下（采用符合质量标准的设备和工艺装备，使用标准技术等级工人，不延长加工时间），一种加工方法所能保证的加工精度，相应的表面粗糙度称为经济粗糙度。

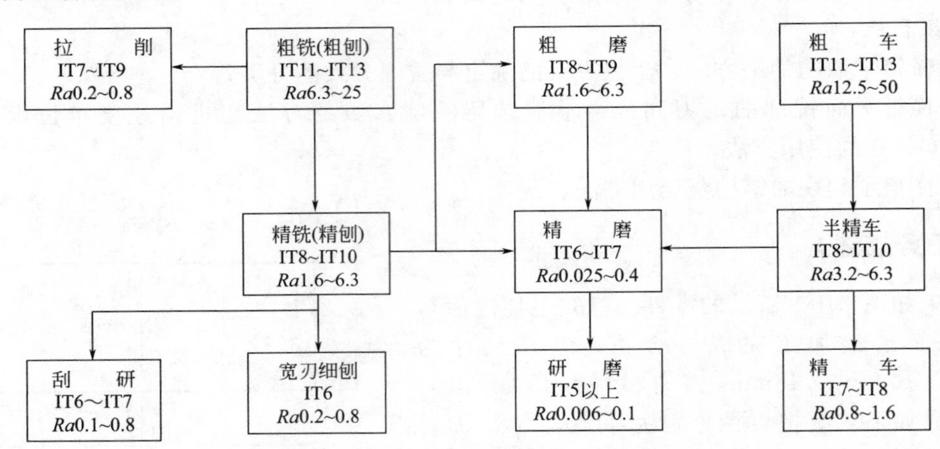

图 3-1-2　常见的平面加工方案

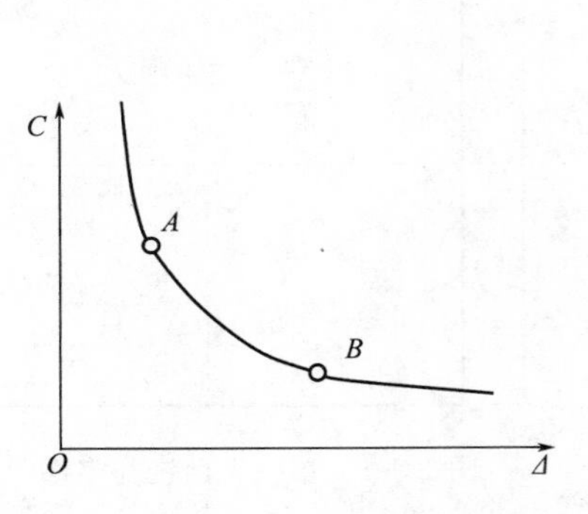

图 3-1-3　加工误差 Δ 与成本 C 关系

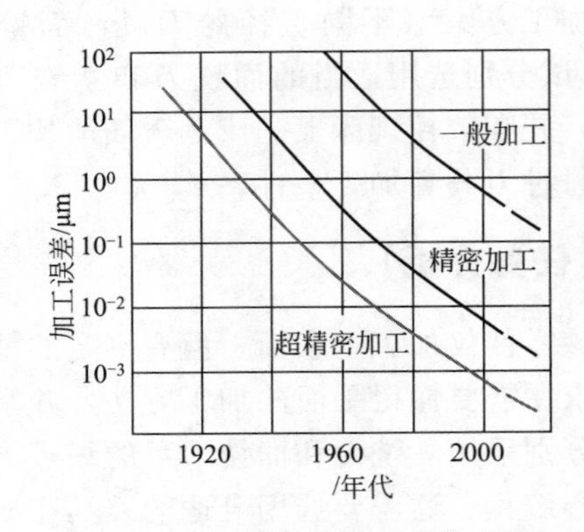

图 3-1-4　加工精度与年代的关系

经济精度随年代增长和技术进步而不断提高（图 3-1-4）。数控编程与加工的相关人员应详细了解本企业各数控设备的经济精度与经济粗糙度，并探究采用先进刀具与切削用量所能达到的最高精度及相应的粗糙度。

二、铣刀的选用

可参照表 1-3-1 常见铣刀的形状及用途并根据零件表面的结构特点合理选择使用适当直

径的面铣刀或立铣刀。

通常，平面的加工不使用球头刀。

三、铣削方式的选择

铣削方式分为圆周铣和端铣两大类。见图 1-3-9，圆周铣使用立铣刀等刀具的圆周切削刃，端铣使用铣刀的端面切削刃。面铣刀只能端铣。宽度较小的平面可以端铣也可以圆周铣，而较大的平面一般采用端铣的铣削方式（可多次走刀）。

圆周铣分为顺铣和逆铣两种（见图 3-1-5）

端铣削方式分为三种，见图 3-1-6。

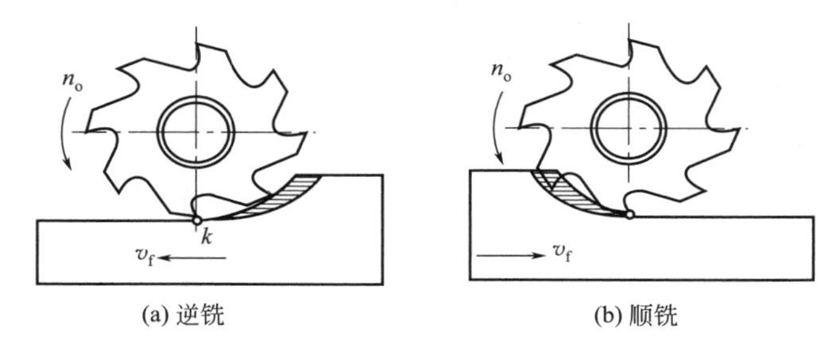

(a) 逆铣　(b) 顺铣

图 3-1-5　圆周铣分类

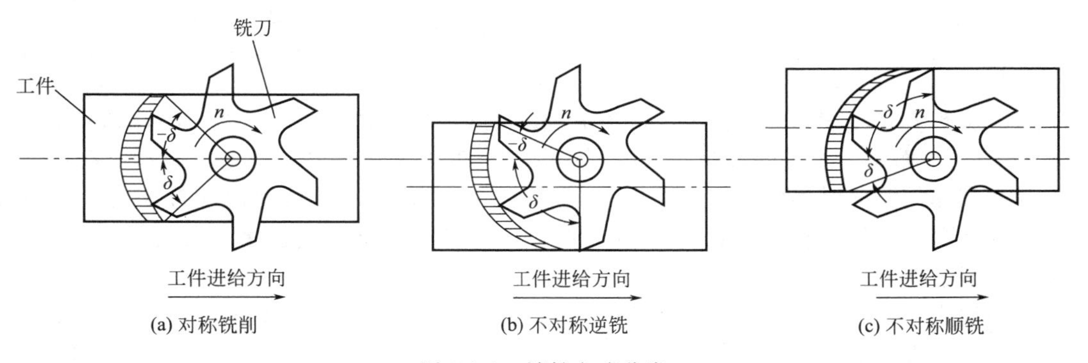

(a) 对称铣削　(b) 不对称逆铣　(c) 不对称顺铣

图 3-1-6　端铣方式分类

数控机床精度较高，丝杠间隙很小，几乎可以忽略不计，因而机床重复定位精度高。为了保持机床精度，一般不加工带硬皮的毛坯（硬皮毛坯的粗加工应采用逆铣，通常在普通机床上完成）。因此，在数控铣床上，圆周铣一般尽可能选用顺铣，端面铣削一般尽可能选用不对称顺铣；精加工时尤其应当这样，以减少刀具磨损，提高刀具耐用度，确保加工质量要求。

四、平面铣削路径

平面铣削路径有三种，见图 3-1-7～图 3-1-9。

以上三种方法，图 3-1-9 的顺铣方式综合了前两种方法，效率较高，加工质量较好，推荐精铣平面时采用该刀具路径编程。

五、子程序的结构及调用

1. 主程序和子程序

CNC 程序由一系列不同刀具和操作指令组成。如果该程序包含两个或多个重复指令段，

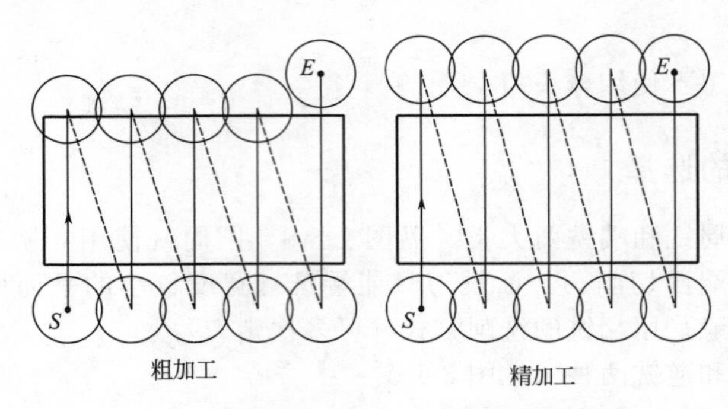

图 3-1-7 单向多次平面铣削

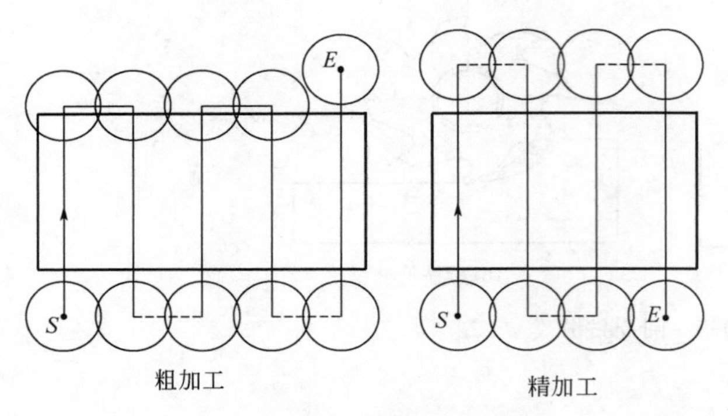

图 3-1-8 双向多次平面铣削

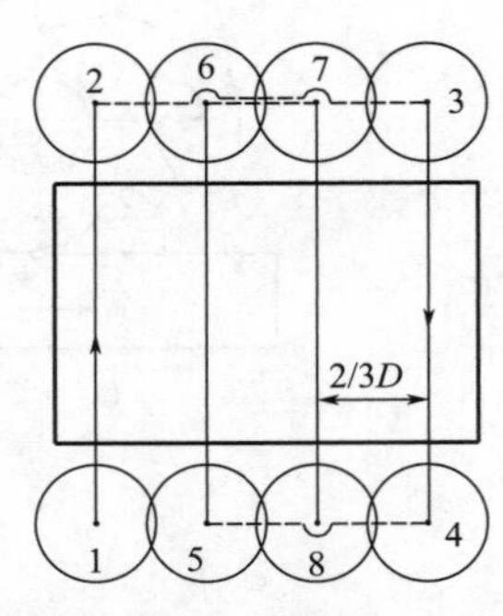

图 3-1-9 应用在平面铣削中的顺铣方式的刀具路径

其结构应从单一的长程序变为两个或多个独立的程序，其中一个为主程序，结束指令为M02或M30；而每个重复的指令段只编写一次，结束指令为M99（以便控制器识别），而成为子程序，在需要的时候由主程序调用（调用方法有多种，最常见的指令为M98），这就是子程序的概念。当然主程序中也可以M99结束，这种情况下，主程序就会永不停息的运行下去，直至按下复位键为止（如机床预热程序）。

同主程序一样，子程序必须有程序号，并且存储在控制器的存储器中。

调用其它程序的第一个程序称为主程序，所有被调用的程序称为子程序。主程序绝不能被其它程序调用，它位于所有程序的顶层。子程序之间可以相互调用，直至达到一定的嵌套数目。使用包含子程序的程序时，总是选择主程序。用控制器选择子程序的唯一目的是进行编辑子程序。在一些参考书中，有的用“子例程”或“宏”来表示，但术语“子程序”是最常用的，而且与宏有不同的含义。宏程序见项目六空间曲面零件加工。

2. 使用子程序的好处

① 大大减小程序长度，减小占用的存储器空间；

② 减少程序错误；

③ 易于检查、修改和优化，减少人为错误；

④ 缩短编程时间和工作量。

3. 子程序的应用场合

子程序常见的应用有：重复加工运动；与刀具相关的功能；孔的分布模式；凹槽加工和螺纹加工；机床预热程序；交换工作台；特殊功能及其它频繁出现的指令序列或不变的顺序程序段。

4. 子程序的结构

子程序的结构形式与主程序大致相同，但子程序与主程序最明显的区别是使用指令

M99 作为末尾程序段，并且 M99 通常作为独立的程序段来编程。

建议子程序的程序号大于 1000，最好采用系列编号进行组织，如 O1000、O2000、O3000 或 O1100、O1200、O1300 等，并在子程序中进行详细的说明。

5. 子程序的调用格式

在主程序中使用以下三种方式。

方式一：M98 P×××× L××，使用地址 L，对 6/10/11/12/15 控制器常见。

如 M98 P1201 L4（调用子程序 O1201 四次）

L 的范围：某些控制器限定重复的次数为 L0～L9999。

方式二：M98 P×××× K××，使用地址 K，对 0/16/18/20/21 控制器常见。

如 M98 P1201 K4（调用子程序 O1201 四次）

K 的范围：某些控制器限定重复的次数为 K0～K9999。

方式三：M98 P××××××××，使用组合结构，对 0i 控制器常见。P 后 8 位数字，前四位制定子程序的重复次数（最大 9999），后四位指定子程序的程序号。

如 M98 P00041201 或 M98 P41201（调用子程序 O1201 四次）

仅调用一次时，L1、K1 可以省略，P00011201 也可以写为 P1201，同样，P00010021 可写成 P21。

K0、L0 意味着不调用，如同在孔加工的固定循环指令（参见项目四任务 1）中一样。

一定要查看控制系统用户手册来找到控制单元所支持的方式，如果不指定重复次数，系统将调用子程序一次。

6. 子程序嵌套

子程序最常见的是仅调用一次，控制器仅处理一次。随后，源程序（通常是主程序）继续运行。这称为单级嵌套。

FANUC 控制器允许至多四级子程序嵌套（也称为四级重叠）。嵌套意味着一个子程序可以调用另一个子程序，后一个子程序再调用另一个子程序，直至四级深度。随着调用级数的增加，编程也变得更为复杂，并且可能更难开发。对超过两级深度的嵌套编程很不常见。在嵌套程序环境中，要遵循一个重要原则：子程序将总是返回到源程序中。

提示：法那克系统主程序与子程序取名规则相同；西门子系统的程序命名规则有很大不同，主程序名用后缀“.MPF”，子程序名用后缀“.SPF”来区分。

【任务实施】

1. 资讯——工艺性分析

零件结构简单，外形尺寸不大，材料为 45 号钢，是常见的加工材料。零件大部分表面已经加工完毕，仅剩上表面需要加工，粗糙度要求 $Ra3.2\mu m$。无需特殊刀具，使用面铣刀或立铣刀即可在数控机床上完成加工。

图样尺寸标注为对称注法，编程原点应选择在工件上表面中心。

尺寸精度不高，$40^{+0.05}_{0}$ 为 IT8，形位公差未注，在数控机床上易于实现加工。

2. 决策——制定工艺方案

加工方案如下：查附表 4-1 标准公差值，$\phi40^{+0.05}_{0}$ 公差等级是 IT9，$Ra3.2\mu m$，查图 3-1-2（常见的平面加工方案），确定采用粗铣、半精铣的加工方案（粗铣后留 0.5mm 半精加工余量）即可达到上述要求。零件其它各表面已经加工完毕，适宜采用顺序的方式。

若采用面铣刀铣削，则选用 $\phi80$ 面铣刀，采用不对称顺铣，两次走刀即可完成铣削上表面一次，而不选 $\phi110$ 面铣刀（一次铣削只能采用对称铣削，若采用不对称顺序，也需要两次，且精加工时间会更长）。

若采用立铣刀，则选用 ϕ20 立铣刀铣，工艺系统的刚性会更好。

由于表面粗糙度要求均为 $Ra3.2$，因此各表面均需粗精加工两次，并且粗精加工分阶段进行。

工件坐标系原点建立在工件上表面中心，与设计基准重合。

3. 计划——编制工艺文件

（1）编制工艺过程卡片（见表 3-1-1）和刀具明细表（见表 3-1-2）。

表 3-1-1 工艺过程卡片

单位	（企业名称）		产品代号	零件名称		材料
工序号	程序编号	夹具名称	夹具号	使用设备		45 钢
10	O3101 O3102			FANUC-0iM		
工步号	工步内容	刀具		切削用量		
		T 码	类型规格	主轴转速/(r/mm)	进给速度/(mm/min)	切削厚度/mm
1	粗铣上平面（方案一）	T01	ϕ80mm 硬质合金面铣刀	240	180	4
	（方案二）	T02	ϕ20mm 硬质合金立铣刀	960	576	4.5
2	半精铣上平面（方案一）	T01	ϕ80mm 硬质合金面铣刀	360	180	1
	（方案二）	T02	ϕ20mm 硬质合金立铣刀	1440	576	0.5

表 3-1-2 刀具明细表

产品型号		零件号		程序编号	制表
工步号	刀具				
	T 码	刀具类型	直径/mm	长度	补偿地址
1	T01	面铣刀	ϕ80	实测	H01=0
2	T02	立铣刀	ϕ20	实测	H02=0

切削用量的确定：查附表 3-13 硬质合金端面铣刀的铣削用量参考值，铣削深度＝2～4mm 时，$v_c=60\sim100\text{m/min}$，$f_z=0.2\sim0.4\text{mm/齿}$，确定粗铣 $v_c=60\ \text{m/min}$，$f_z=0.15\text{mm/齿}$，相应地，精铣取 $v_c=90\ \text{m/min}$，$f_z=0.10\text{mm/齿}$（为了确保安全，新手可取较小值）。

参考附表 3-1 铣削时的切削速度 v_c 参考值与附表 3-3 硬质合金铣刀的每齿走刀量 f_z 参考值，核对上述选择基本适当。初学者确定切削用量时要多查资料，以积累经验。

据式（1-4）：

面铣刀：
$$\text{粗铣：} n\approx320\times v_c/d=320\times60/80=240(\text{r/min})$$
$$\text{精铣：} n\approx320\times v_c/d=320\times90/80=360(\text{r/min})$$

立铣刀：
$$\text{粗铣：} n\approx320\times v_c/d=320\times60/20=960(\text{r/min})$$
$$\text{精铣：} n\approx320\times v_c/d=320\times90/20=1440(\text{r/min})$$

据式（1-3）：

面铣刀（5 齿）：
$$\text{粗铣：} v_f=nZf_z=240\times5\times0.15=180(\text{mm/min})$$
$$\text{精铣：} v_f=nZf_z=360\times5\times0.1=180(\text{mm/min})$$

立铣刀(4 齿)：粗铣：$v_f = nZf_z = 960 \times 4 \times 0.15 = 576(\text{mm/min})$
精铣：$v_f = nZf_z = 1440 \times 4 \times 0.1 = 576(\text{mm/min})$

以上计算的粗、精加工时的进给速度相同，纯属巧合。因为粗精加工选定的切削速度与每齿进给量不同。

(2) 绘制走刀路线。无论面铣刀还是立铣刀均采用图 3-1-9 的顺铣走刀路线（可手工绘制草图，但要适当标注）。ϕ80 面铣刀走刀路线如图 3-1-10 所示，ϕ20 立铣刀走刀路线如图 3-1-11 所示。两者基本相同，只是 ϕ20 立铣刀走刀次数多。

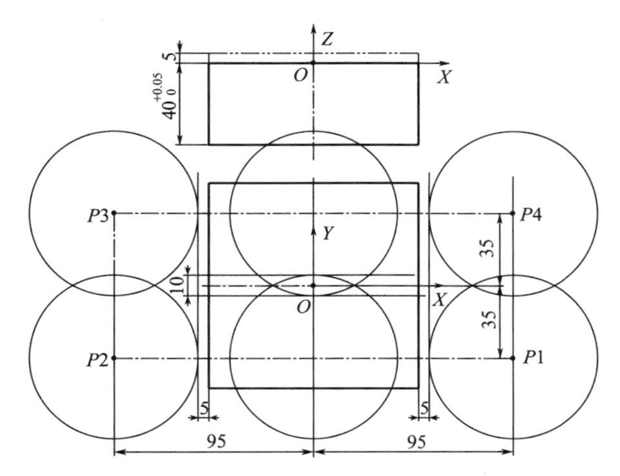

图 3-1-10　面铣刀走刀路线图（不对称顺铣）

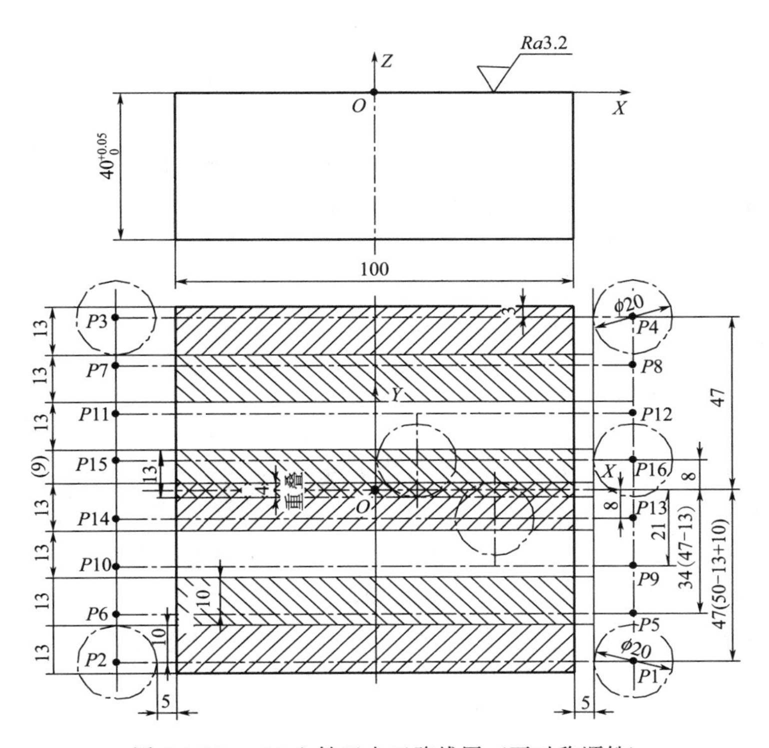

图 3-1-11　ϕ20 立铣刀走刀路线图（不对称顺铣）

说明：每次切除 20×2/3≈13mm，需要 100/13＝7.69≈8 次走刀＝4 次往返（或 3<50/13≤4）。

（3）进行数学处理，形成坐标卡片（表 3-1-3、表 3-1-4）。

表 3-1-3 坐标卡片（面铣刀）

基点	坐标(x,y)	基点	坐标(x,y)
P1	(95,−35)	P3	(−95,35)
P2	(−95,−35)	P4	(95,35)

表 3-1-4 坐标卡片（立铣刀）

基点	坐标(x,y)	基点	坐标(x,y)
P1	(65,−47)	P9	(65,−21)
P2	(−65,−47)	P10	(−65,−21)
P3	(−65,47)	P11	(−65,21)
P4	(65,47)	P12	(65,21)
P5	(65,−34)	P13	(65,−8)
P6	(−65,−34)	P14	(−65,−8)
P7	(−65,34)	P15	(−65,8)
P8	(65,34)	P16	(65,8)

4. 实施——编写零件加工程序

应遵循一致性原则，形成编程风格。

（1）面铣刀加工程序（单一程序——数控铣床）：

O3101；
N010（T1：ϕ80 面铣刀）
N020（G54 位于零件上表面中心）
N1（粗铣）；
N030 G17 G40 G49 G50 G69 G80 T1；（T1 用于提示操作者使用 1 号刀）
N040 G90 G54 G00 X95. Y−35. M03 S240；（P1）
N050 G01 G43 Z50. H01 F2000；
N060 Z1.；
N070 G01 X−95. F180；（P2）
N080 G00 Y35.；（P3）
N090 G1 X95.；（P4）
N100 G00 Z200.；
N110 M00；（换刀、测量并修正 G54 的 Z 偏置值）
N2（半精铣，此处也可称精铣）；
N120 G17 G40 G49 G50 G69 G80 T1；（T1 用于提示操作者使用 1 号刀）
N130 G90 G54 G00 X95. Y−35. M03 S360；
N140 G00 Z0.；
N150 G01 X−95. F180；
N160 G00 Y35.；
N170 G1 X95.0；
N180 G00 Z200.；

N190 M30；

可以看到，N070～N100 程序段与 N150～N180 程序段相同，但由于重复的程序段数目较少，似乎还可以接受。

（2）ϕ20 立铣刀加工程序（单一程序——数控铣床）：

```
O3102（顺铣的方式铣削平面）；
N010（T2：φ20 立铣刀）；
N020（G55 位于零件上表面中心）；
N030 G40 G94 G50 G69 G80；
N1（粗铣）；
N050 G00 G55 G90 X65.0 Y-47.0 M03 S960 T2；（T2 用于提示操作者使用 2 号刀）
N060 G01 Z50.0 F2000；（G01 G43 Z50.0 H02 F2000）
N070 G00 Z0.5；（P1）
N080 G01 X-65.0 F576.0；（P2）
N090 G00 Y47.0；（P3）
N100 G01 X65.0；（P4）
N110 G00 Y-34.0；（P5）
N120 G01 X-65.0；（P6）
N130 G00 Y34.0；（P7）
N140 G01 X65.0；（P8）
N150 G00 Y-21.0；（P9）
N160 G01 X-65.0；（P10）
N170 G00 Y21.0；（P11）
N180 G01 X65.0；（P12）
N190 G00 Y-8.0；（P13）
N200 G01 X-65.0；（P14）
N210 G00 Y8.0；（P15）
N220 G01 X65.0；（P16）
N230 G00 Z200.0；
N240 M00；（测量并修正 G55 的 Z 偏置值）
N2（半精铣，此处也可称精铣）；
N260 G00 G55 G90 X65.0 Y-47.0 M03 S1440 T2；（T2 用于提示操作者使用 2 号刀）
N270 G01 Z50.0 F2000；（G01 G43 Z50.0 H02 F2000）
N280 G00 Z0；
N290 G01 X-65.0 F576.0；
N300 G00 Y47.0；
N310 G01 X65.0；
N320 G00 Y-34.0；
N330 G01 X-65.0；
N340 G00 Y34.0；
N350 G01 X65.0；
N360 G00 Y-21.0；
N370 G01 X-65.0；
```

N380 G00 Y21. 0；

N390 G01 X65. 0；

N400 G00 Y－8. 0；

N410 G01 X－65. 0；

N420 G00 Y8. 0；

N430 G01 X65. 0；

N440 G00 Z200. 0；

N450 M30；

可以看到，N080～N230 程序段与 N290～N440 程序段相同，但由于段数太多，不便于阅读和修改，令人难以接受。

此时，我们应当使用子程序，使主程序变短，更容易阅读。

（3）ϕ20 立铣刀主程序（数控铣床）：

O3120（顺铣的方式铣削平面——主程序）；

N010（T2：ϕ20 立铣刀）

N020（G55 位于零件上表面中心）

N030 G40 G94 G50 G69 G80；

N040（粗铣）；

N050 G00 G55 G90 X65. 0 Y－47. 0 M03 S960 T2；（T2 用于提示操作者使用 2 号刀）

N060 G01 Z50. 0 F2000；（G01 G43 Z50. 0 H02 F2000）

N070 G00 Z0. 5；

N080 M98 P3121；

N090 G00 Z200. 0；（此段可以放在子程序中，但会使主程序不便于阅读，建议不要过于简化主程序）

N100 M00；（测量并修正 G55 的 Z 偏置值）

N110（半精铣）；

N120 G00 G55 G90 X65. 0 Y－47. 0 M03 S1440 T2；（T2 用于提示操作者使用 2 号刀）

N130 G01 Z50. 0 F2000；（G01 G43 Z50. 0 H02 F2000）

N140 G00 Z0；

N150 M98 P3121；

N160 G00 Z200. 0；（此段可以放在子程序中，但会使主程序不便于阅读，建议不要过于简化主程序）

N170 M30；

O3121（SON of O3120）；

N310 G01 X－65. 0 F576. 0；

N320 G00 Y47. 0；

N330 G01 X65. 0；

N340 G00 Y－34. 0；

N350 G01 X－65. 0；

N360 G00 Y34. 0；

N370 G01 X65. 0；

```
N380 G00 Y-21.0;
N390 G01 X-65.0;
N400 G00 Y21.0;
N410 G01 X65.0;
N420 G00 Y-8.0;
N430 G01 X-65.0;
N440 G00 Y8.0;
N450 G01 X65.0;
N460 M99;
```

注意：子程序 O3121 中含有 F 指令，这是因为粗、精加工时的 F 指令相同。若粗、精加工时的 F 指令不同，是否应当分别编写两个子程序呢？

答案是否定的。只需将 F 指令，与子程序调用指令写在一起即可。如：

F __ M98 P ____；

这样一来，子程序中就可以省略 F 指令，使粗、精加工共用一个子程序，而且主程序更便于阅读和修改。

5. 检查控制——程序检验（仿真软件等）

6. 评定反馈——在数控机床上试切并加工出工件

试切的目的是确保切削用量及各种偏置设置完全正确。试切是设计用来识别偏置设置中的较小偏离（通常只修改磨耗偏置），并允许改变它们的临时或偶然切削，一定要留出足够的材料进行实际加工。它还有助于建立保证尺寸公差的刀具偏置。

推荐采用的操作步骤参见项目二任务 1。

【任务总结】

（1）平面铣削的走刀路线有多种，应当仔细观察图 3-1-7～图 3-1-9，区分粗精加工走刀路线的不同。课后应当亲自使用不同的刀具和走刀路线编程，以期达到真正熟练掌握平面铣削编程与加工的目的。

（2）零件的表面加工往往需要粗、（半）精加工，因此常常需要使用子程序编程，使粗、精加工调用相同的子程序。

但这不是效率最高的。因为粗、精加工的目的不同。粗加工的目的是尽快切除多余的余料，其走刀路线不必与精加工相同。尤其在大批量加工时，为提高生产率，可以为粗加工选定更短的走刀路线而编写程序。参照图 3-1-7 和图 3-1-8。

（3）粗、精加工的切削用量要仔细查阅相关手册或附录 3 表格并根据实际情况确定，务必进行计算——计算是种技能，只有多练习才能在实际工作中快速得到准确的结果。

计算公式要记住，尤其是简化的主轴转速计算公式。对字符的含义及单位必须真正理解。记忆的最好办法是应用。因此，对于每次编程与加工，都要认真选定并仔细计算。

（4）编程中，面铣刀与立铣刀分别使用 G54、G55，*Z* 偏置值要单独确定（其 *XY* 偏置值相同）。工件偏置只有 6 个（G54～G59），加工一个复杂工件时可能需要更多的刀具，加工中心的刀库中刀具的数量也远远大于 6，应当采用什么办法来解决对刀的问题呢？请学习下一个任务，研究多刀对刀方法，掌握主刀法。

【任务评价】

评分标准

序号	考核项目	考核内容	配分	评分标准(分值)	小计
1	资讯	工艺性分析的透彻性	5	据工艺方案得分判定,计算公式如下: 得分=0.5×工艺方案得分	
2	决策	数控加工工艺方案制定的合理性	10	据工艺文件内容判定 1. 工步顺序正确(5分) 2. 刀具材质选择正确(3分) 3. 工件坐标系原点设置适当(2分)	
3	计划	数控加工工艺文件编制的完整性、正确性、统一性	20	1. 工艺文件齐全,填写完整、统一(4分) 2. 工艺过程卡片中切削用量适当(6分) 3. 刀具卡片中刀具代号、规格正确(2分) 4. 走刀路线的制定适当(3分) 5. 坐标卡片填写正确(5分)	
4	实施编程	编制零件加工程序及程序检验	20	1. 各成员编制的加工程序具有一致性(5分) 2. 加工程序无语法错误(10分) 3. 加工程序无逻辑错误(5分)	
5	加工操作	1. 加工操作正确性 2. 安全生产	30	1. 刀具安装方法正确(2分) 2. 选用合适的量具(2分) 3. 测量毛坯实际尺寸,并正确安装工件(3分) 4. 能正确进行工件偏置设置,并能根据刀具卡片进行刀具偏置设置,操作正确(5分) 5. 输入程序后进行程序检查(2分) 6. 正确进行试切(10分) 7. 试切后能正确调整相应偏置数值(2分) 8. 加工操作过程未发生撞刀等安全事故(4分)	
6	质量分析与评价	1. 工件检验 2. 团队合作 3. 运用基本理论知识进行分析	15	1. 正确选用量、检具进行加工尺寸检查(分别在机床和检验工作台上进行)并合格(9分) 2. 加工表面粗糙度合格(1分) 3. 能团队合作(3分) 4. 正确运用理论知识进行加工质量分析,并修正、保存程序(2分)	
合计			100	得分合计	

【思考与练习】

1. 使用子程序有哪些好处？试将程序 O3101 修改为主程序 O3110 与子程序 O3111 两个程序。

2. 平面加工的走刀路线有几种？哪一种最适合精加工？

3. 铣削一个方形六面体零件，若毛坯为铸件，各面均有加工余量，需要装夹几次？

4. 试采用图 3-1-7 单向多次铣削方式编写本任务的加工程序。使用刀具为 ϕ12mm 硬质合金立铣刀。

5. 试采用图 3-1-8 双向多次铣削方式编写本任务的加工程序。使用刀具为 ϕ16mm 硬质合金立铣刀。

任务2　铣削平面轮廓零件

【学习目标】

技能目标：

① 能正确安装、找正平口钳，熟练装夹工件、刀具；

② 会数控铣床多刀加工时的对刀方法的主刀法；

③ 会工艺性分析并确定适当工艺方案；

④ 能适当选用平面铣刀及立铣刀，并选择走刀路线（铣削路径）；

⑤ 会子程序的应用技巧，会使用刀具半径补偿编程；

⑥ 养成良好的编程习惯，以形成自己的编程风格。

知识目标：

① 进一步熟悉数控铣床的机床坐标系，并正确理解工件坐标系的设定原则；

② 懂得工艺性分析的内容与工艺方案设计原则和依据，了解数控工艺文件的种类与作用；

③ 懂得刀具半径补偿的概念与 G41、G42、G40 指令及其应用；

④ 会子程序的结构及应用；

⑤ 会 G43、G44、G49 指令及其应用，懂得数控铣床多刀加工时的对刀方法，并掌握主刀法。

【任务描述】

加工如图 3-2-1 所示的零件。已知毛坯底面侧面已经加工完成并合格，毛坯尺寸为 100mm×100mm×45mm，工件材料为 45 GB 699—1988。试在数控铣床上完成其余部分的加工。

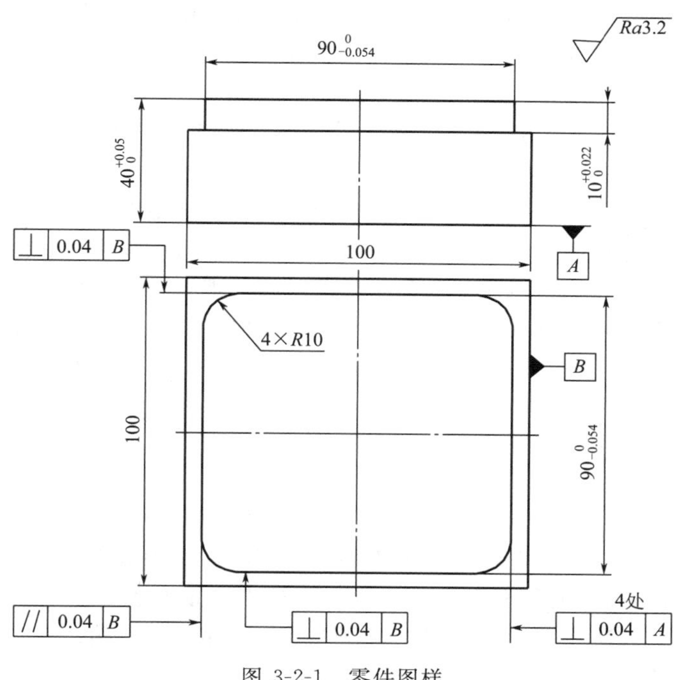

图 3-2-1　零件图样

【任务分析】

毛坯表面基本平整。需要做上表面和台阶平面及四周平面轮廓的加工，加工表面有一定的精度和粗糙度要求，均需做粗精加工。

需要掌握平面铣削和周边轮廓铣削（分别采用面铣刀和立铣刀）的编程方法——刀心编程和刀具半径补偿编程。

【知识准备】

一、工艺性分析

工艺性分析是正确制定合理工艺方案的前提。

1. 基本概念

产品结构工艺性：是指所设计的产品在能满足使用要求的前提下，制造、维修的可行性和经济性。它分为生产工艺性和使用工艺性。其定义如下。

产品结构的生产工艺性：是指其制造的难易程度与经济性。

产品结构的使用工艺性：是指其在使用过程中维护保养和修理的难易程度与经济性。

评定产品结构工艺性应考虑的主要因素：

① 产品的种类及复杂程度；

② 产品的产量或生产类型；

③ 现有的生产条件。

产品结构工艺性审查（见《JB/T 9169.3—1998 工艺管理导则　产品结构工艺性审查》）：是为了保证所设计的产品具有良好的结构工艺性，在产品设计的各个阶段进行的工艺性审查。

产品结构工艺性审查的任务：是使产品在满足使用功能的前提下符合一定的工艺性指标要求以便在现有生产条件下能用比较经济、合理的方法将其制造出来，并要便于使用和维修。通常在产品设计阶段由工艺员完成。因此，在通常情况下，CNC程序员拿到的需要数控加工的产品图样应当会具有良好的结构工艺性。

然而，在数控编程、加工前，CNC程序员仍然需要再次对产品图样的结构工艺性、准确性等进行审查，以便在现有生产条件下制定合理的工艺方案，编制合理的工艺规程，确保顺利完成加工任务。这一过程一般称为工艺性分析，以区别于产品结构工艺性审查，由于二者的阶段不同，因此也就有很多不同的工作内容。对任何机械加工（含数控加工）工艺性分析是必不可少的工作过程——因为各个企业或部门的“现有生产条件”是不同的，至少机床精度和刀具是不尽相同的。对具体的某一个加工企业而言，要进行某些精度较高或特殊的零件加工，有时还需要购置必要的工艺装备（如刀具、量具、夹具等）或设备，否则就难以完成加工任务。

2. 数控编程前进行零件的工艺性分析的主要内容

（1）结构工艺性分析

① 仔细阅读标题栏，注意零件的名称、材料、数量和修改标记。因为名称反映了零件的功用，因此如有可能，最好能审查一下零件的装配图，明确零件的装配位置和功能，便于零件加工精度的控制，以便适当降低加工成本；零件的加工数量不同，可能采用不同的方法；零件材料的工艺性决定着刀具材料的选用和零件的结构是否合理。

② 零件形状分析：零件的外形尺寸和大致结构。

③ 从制造观点分析零件结构的合理性及其在本企业数控加工的工艺性。

④ 分析结构的标准化与系列化程度，尤其是孔的尺寸。

⑤ 分析零件非数控加工工序在本企业或外协加工的可能性，保持协调一致。

⑥ 仔细阅读图样上其它非图形的技术要求。一般位于标题栏上方或左方，其内容包括表面处理和材料热处理的要求、未注尺寸公差、形位公差、表面粗糙度要求。这些会对加工有很大影响。

⑦ 尺寸标注方法分析。这影响甚至决定着工艺基准和编程原点及对刀点的选择。

(2) 精度分析：分析尺寸精度等级、各个表面粗糙度数值和形位公差等级及其它加工要求在本企业数控机床上加工的经济性与可行性。

(3) 图样完整性与正确性审查。如有任何疑问，务必彻底解决，确保图样标注正确、完整、规范。要特别留意图样的修改是否规范。

(4) 零件毛坯及其材料分析：毛坯的尺寸和工艺性影响着机床、刀具、夹具的选用、切削用量的选用及编程时的走刀路线。编程前必须对毛坯有清晰、准确、彻底的了解。

二、工艺方案

工艺方案是合理编制数控加工工艺文件，顺利完成数控编程与加工任务的根本保障。

工艺方案：是一种纲领性的工艺文件，是指导产品工艺准备工作的依据。唯有依据正确的工艺方案才能编制正确的工艺文件，并进一步顺利完成数控编程与加工。

1. 工艺方案的设计原则

① 除单件、小批生产的简单产品外，都应具有书面的工艺方案。

② 应在保证产品质量的同时，充分考虑生产周期、成本和环境保护。

③ 根据本企业能力，积极采用国内外先进工艺技术和装备，以不断提高企业工艺水平。

2. 设计工艺方案的依据

(1) 产品图样及有关技术文件；

(2) 产品生产纲领；

(3) 产品的生产性质和生产类型；

(4) 本企业现有生产条件；

(5) 国内外同类产品的工艺技术情报；

(6) 有关技术政策；

(7) 企业有关技术领导对该产品工艺工作的要求及有关科室和车间的意见。

3. 数控铣床加工的工艺方案内容

对简单的零件，未必需要形成书面文件。主要有以下工作内容。

(1) 选择适合数控加工的零件或加工内容。

(2) 对数控加工的各结构要素选择适当的加工方案，有以下两项内容：

① 合理安排加工顺序。一般遵循以下原则：基面先行；先粗后精；先主后次；先面后孔。

② 各个结构要素加工方法与粗精加工次数、定位及夹紧方式。如对数控铣床而言，不同精度和表面质量要求的平面铣削、空间曲面加工、钻孔、镗孔、铣孔分别采用不同的机床与刀具，并应采用相应的粗精加工次数。

(3) 加工阶段的划分：加工阶段可分为粗加工、半精加工、精加工和光整加工四个阶段，一般说来，要分开进行，以保证加工质量、合理使用设备并便于及时发现毛坯缺陷和安排热处理工序。

（4）工序的划分：数控机床一般采用工序集中的原则，合理安排工序和工步。特别要合理安排热处理工序及前后工序尺寸的衔接。

（5）数控加工工序与普通工序的前后衔接。

（6）工件坐标系原点的选择。

（7）数控铣床一般不进行铸锻件等带硬皮毛坯的粗加工，因此应尽可能考虑采用顺铣的方法。

（8）最终要形成正确的走刀路线，并确定合理的切削用量。

三、数控加工工艺文件

数控加工工艺文件现在还没有国家标准或行业标准，形式因人而异。在此推荐的文件类型主要有工艺过程卡片（主要用于编程）、刀具明细表（主要用于操作）和坐标卡片（主要用于编程），必要时绘制走刀路线图（主要用于编程）和调试单（主要用于操作）。

走刀路线图不仅包含工序内容，而且也反映出工步的顺序，是编写程序的重要依据。对复杂零件应当最好画一张工序简图，将工艺方案中已经拟定的走刀路线画上去（包括进、退刀路线），这可为编程带来不少方便。

调试单的主要目的是对工件在机床上的安装方式的所有细节进行明确的规定，以防止刀具与工件、夹具或其它刀具发生干涉。因此它必须说明工件夹持方法和参考点的关系、夹具的安装布局等附加装置的位置。虽然有些奢侈，但对于尺寸与机床行程接近的工件很有必要，以防止超出机床行程。

四、刀具半径补偿指令——G41、G42、G40

现代数控机床一般都具备刀具半径补偿功能，以适应圆头刀具（如铣刀、圆头车刀等）加工时的需要，简化程序的编制。

1. 刀具半径补偿的概念

刀具半径补偿也称为刀具半径偏置或铣刀半径偏置。其功能是指改变刀具中心运动轨迹的功能。由于铣削刀具具有半径，因此，通常相对于加工轮廓，刀具中心的路径处在仅偏离半径的位置。通过事先将刀具的半径录入到 CNC 中，针对加工形状，可以使刀具沿着仅偏离刀具半径的路径移动。CNC 的此项功能叫做刀具半径补偿功能。

如图 3-2-2 所示，若要用半径为 R 的铣刀加工外形轮廓为 AB 的工件，则刀具中心必须沿着与轮廓 AB 偏离 R 距离的轨迹 $A'B'$移动，即铣削时，刀具中心运动轨迹和工件的轮廓形状是不一致的。如果不考虑刀具半径，直接按照工件的廓形编程，加工时刀具中心则是按

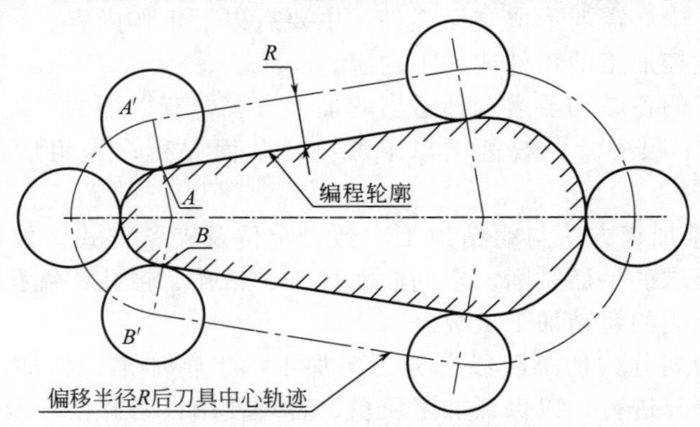

图 3-2-2 刀具半径补偿的概念

轮廓形状运动的，加工出来的零件比图样要求则缩小了，不符合要求。

由于早期的数控系统（NC）没有刀具半径补偿功能，编程时只能根据轮廓 AB 上各点的坐标参数和刀具半径 R 的值人工计算出刀具轨迹 $A'B'$ 上各点的坐标，再编制成程序进行加工。但这样做很不方便，因为这种计算是很繁琐的，有时是相当复杂的。而且只有当知道了刀具半径后才能编程。因此程序与刀具直径是一一对应的。当刀具磨损、重磨以及更换新刀导致刀具半径有微小变化时，又必须重新计算、编程并制作纸带。这就不仅不容易保证加工精度，而且工作非常繁琐。

随着计算机技术的发展，为了既能使编程方便，又能使刀具中心沿 $A'B'$ 轮廓运动，加工出高精度的零件来，现代数控系统（CNC）具有了刀具半径补偿功能。

刀具半径补偿功能的作用就是要求数控系统能根据工件轮廓 AB 和刀具半径 R 自动计算出刀具中心运动轨迹 $A'B'$。这样，在编程时，就可以直接按零件轮廓的坐标数据编制加工程序。而在加工时，数控系统就按照程序要求自动地控制刀具（中心）沿轮廓 $A'B'$ 移动，加工出合格零件。

2. 刀具半径补偿指令

（1）首先要明确的两个原则：

① CNC 编程中的运动方向都是刀具相对于工件的运动方向；

② 左或右（而非顺时针或逆时针）：即在工件轮廓铣削过程中，沿进给方向看，刀具在工件轮廓（编程轨迹）左侧或右侧，如图 3-2-3 所示。

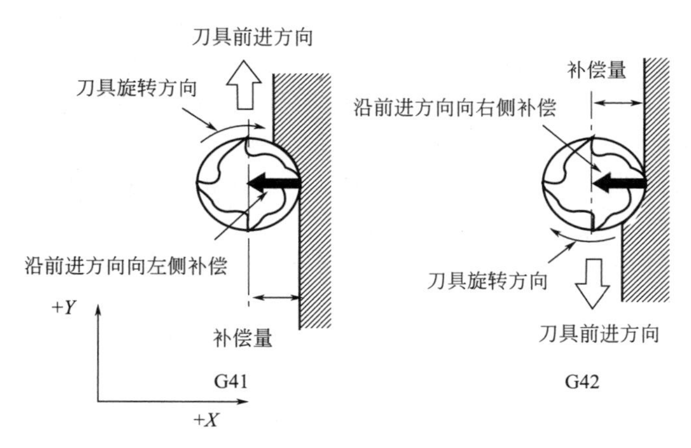

图 3-2-3　刀具半径补偿左偏置（G41）与右偏置（G42、G17）

刀具半径补偿功能是通过刀具半径自动补偿指令来实现的。刀具半径补偿指令又称为刀具偏置指令。分为左偏置和右偏置两种，以适应不同的加工需要。G41 表示刀具左偏，G42 表示刀具右偏。图 3-2-3 中当采用右旋铣刀，主轴正转时，G41 为顺铣，G42 为逆铣。

（2）左、右偏置的判断方法：首先观察者站立方向与补偿平面的第三坐标轴的正方向相同（即头指向第三坐标轴的正方向），再沿着刀具前进的方向观察，若刀具偏在编程轨迹（工件轮廓）的左边则为刀具左偏（G41）；若刀具偏在编程轨迹（工件轮廓）的右边，则为刀具右偏（G42）。图 3-2-3 为 G17 平面内的刀具偏置，图 3-2-4 为 G19 平面内

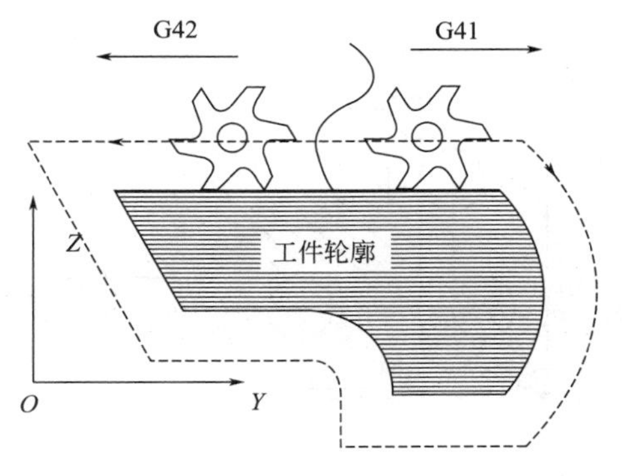

图 3-2-4　刀具的补偿方向（G19）

的刀具偏置。如将两坐标轴互换，则 G41 与 G42 也应互换。

而 G40 表示取消左右偏置指令，即取消刀补，使刀具中心与编程轨迹重合。G40 指令总是和 G41 或 G42 指令配合使用的。G41、G42 、G40 指令均为续效指令。

(3) 编程格式　G41、G42 和 G40 只能与 G00、G01 指令配合使用，其编程格式如下。

① 刀具偏置的建立：

G17　G 01/G 00　G 42/G 41　X _ Y _ D _；

或 G18　G 01/G 00　G 42/G 41　X _ Z _ D _；

或 G19　G 01/G 00　G 42/G 41　Y _ Z _ D _；

其中，D 功能字指定刀具半径补偿值寄存器的地址号。

② 取消：

(G17)　G 01/G 00　G 40　X _ Y _；

或 (G18)　G 01/G 00　G 40　X _ Z _；

或 (G19)　G 01/G 00　G 40　Y _ Z _；

(4) 使用说明

① 与圆弧插补一样，直接编程中也必须指定偏置所在平面。在数控铣削系统中，平面选择指令 G17、G18 和 G19 的作用是用来指定程序段中刀具的圆弧插补平面和刀具半径补偿平面。其中，G17 指定 *XY* 平面；G18 指定 *ZX* 平面；G19 指定 *YZ* 平面。数控铣床初始状态为 G17。

② 使用 G41、G42 指令时，用 D 功能字指定刀具半径补偿值寄存器的地址号。当刀具半径确定之后，可以在程序运行前，将刀具半径的实测值手动输入刀具半径补偿存储器，存储起来，加工时在程序中用 D 指令与 G00 或 G01 、G41 或 G42 指令进行调用。也可以在程序中使用 G10 指令预先设定偏置值（见附录 6 的“四、刀具偏置的程序入口”），然后以同样的方式在程序进行调用。刀具半径发生变化（如刀具磨损和更换）都应该重使用 D 指令，以便调用新指定偏置值。

运用刀具半径补偿功能不仅可以简化刀具运动轨迹的计算，而且还可以提高零件的加工精度。

(5) 例题　如图 3-2-5 所示，在 *XY* 平面内使用半径补偿（没有 *Z* 轴移动）进行轮廓铣削。应用刀具半径补偿功能，可直接按图中轮廓尺寸数据进行编程，使编程十分方便。CNC 装置便能自动计算刀心轨迹并按刀心轨迹运动。程序如下：

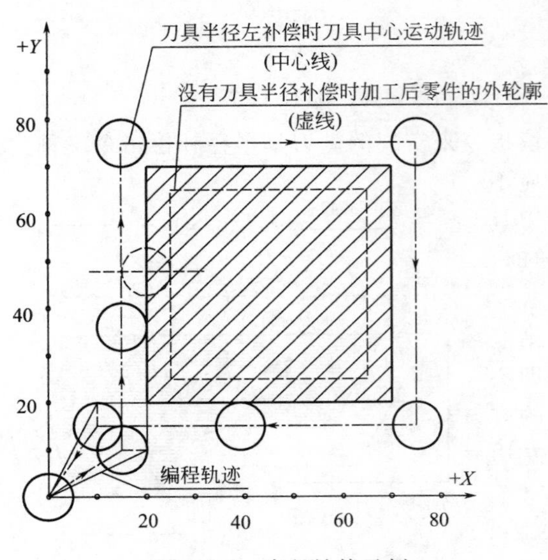

图 3-2-5　半径补偿示例

```
O3201;
N10 G90 G54 G00 G40 X0 Y0 S1000 M03;
N20 [G17 G41] X20.0 Y10.0 [D01] F100;
N30 G01 Y70.0 F300;
N40 X70.0;
N50 Y20.0;
N60 X10.0;
N70 G00 [G40] X0 Y0 M05;
N80 M30;
```

程序说明：

① 程序中有［ ］标记的地方是与没有刀具半径补偿的程序不同之处。若将其中的内容删除，则加工时刀具中心将沿工件轮廓移动，加工后工件的尺寸减小了 2 个刀具半径，如图 3-2-5 虚线所示。

② 刀具半径补偿必须在程序结束前取消，否则刀具中心将不能回到程序原点上。

③ D01 是刀具补偿号，其具体数值在加工或试运行前已设定在补偿存储器中。

④ D 代码是续效（模态）代码。在程序中的位置是：须与 G41 或 G42 在同一程序段或在 G41 或 G42 之前的程序段出现。

显然，使用刀具半径补偿功能能避免繁琐的计算。除此之外，也可以灵活运用刀具半径补偿功能做加工过程中的其它工作。如刀具磨损或重磨后半径变小，这时只需手工输入新的刀具半径值到程序的 D 功能字指定的存储器即可，而不需修改程序。再如可利用刀具半径补偿功能，采用同一加工程序实现一把刀具完成工件的粗、精加工。如图 3-2-6 所示，刀具半径为 R，现将工件外轮廓的加工分两次切削，第一次粗加工，加工后的余量为 B，第二次精加工，加工到图样尺寸。须先将偏置值（$R+B$）存入 D01 地址中，然后运行上述程序，即可进行粗加工，加工至图（a）中虚线的位置。粗加工结束后，将 D01 中的数值改成刀具实际半径值 R，再使用同一加工程序，即可完成精加工（可适当修改 S 与 F 指令）。

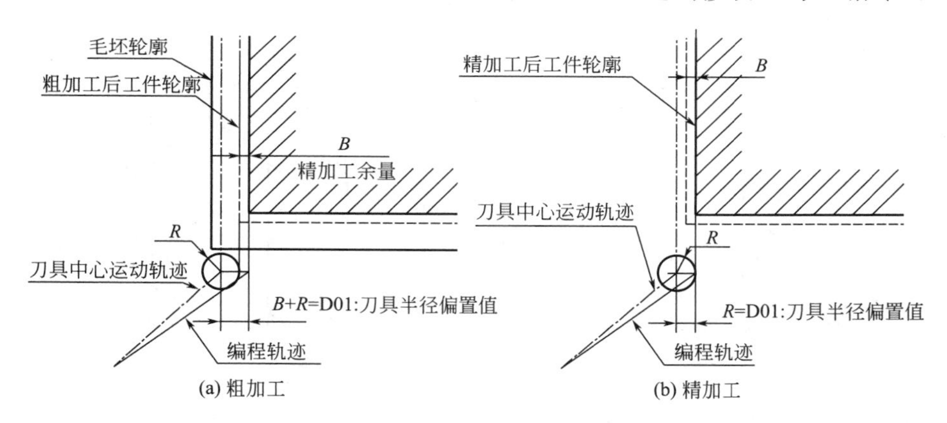

图 3-2-6 粗、精加工补偿值

关于刀具半径补偿指令的使用注意事项将在本项目任务 3 中做进一步详细说明。

五、刀具长度补偿指令——G43、G44、G49

1. 定义和作用

刀具长度补偿，又称作刀具长度偏置，是纠正刀具编程长度和刀具实际长度差异的过程。

使用它的最大好处就是确保编程人员可以设计一个完整的程序，他可以尽可能多地使用刀具，而不必知道任何刀具的实际长度。

刀具长度补偿指令用来补偿刀具长度方向（Z 轴）尺寸的变化，当实际刀具长度与编程长度不一致时，可以通过刀具长度补偿这一功能实现对刀具长度差额的补偿。通常把实际刀具长度与编程刀具长度之差称为偏置值（或称为补偿量）。这个偏置值设置在偏置存储器中，并用 H 代码（或其它指定代码）指令偏置号。

刀具长度补偿分为正向补偿（也称为正方向、正偏置、正的刀具长度偏置）和负向补偿（也称为负方向、负偏置、负的刀具长度偏置），G43 指令实现正向补偿，G44 指令实现负向补偿。G49 是刀具长度补偿（G43 和 G44）的取消指令。除用 G49 指令来取消刀具长度补偿之外，还可以用 H00 作为 G43 和 G44 的取消指令。刀具长度补偿指令 G43、G44 和 G49 均为模态指令。

2. 编程格式

建立刀具长度补偿指令编程格式为：

G91　G43（G44）Z____ H____；（G91 不常用）

或 G90　G43（G44）Z____ H____；（通常使用绝对模式 G90）

取消刀具长度补偿的编程指令为：G49 或 H00

H 是补偿号，与半径补偿类似，H 后边指定的地址中存放实际刀具长度和标准刀具长度的差值，即补偿值或偏置量。进行长度补偿时，刀具要有 Z 轴的移动。这个偏置号应与刀具号一一对应，以防止或减少差错。

执行上述程序段时，对应于偏置号（H ××）的偏置值（已经设置在偏置存储器中）将自动与 Z 轴的编程指令值相加（G43）或相减（G44）。

如图 3-2-7 所示，假定基准刀的长度放在 G54 的 Z 偏置中，其长度偏置 H01 为零。要使不同长度的三把刀到达零件上表面，图中列出了换刀后执行正确与错误指令。

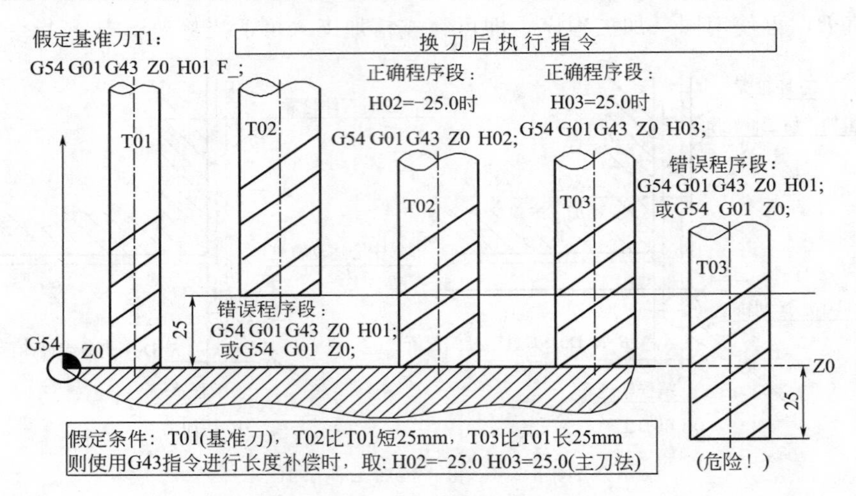

图 3-2-7　刀具长度补偿指令的使用

上例中，若使用 G44 指令进行长度补偿时，则取：H02＝25.0 H03＝－25.0，即

G43 Z10.0 H02………………H02＝－25.0

G44 Z10.0 H02………………H02＝25.0

具有相同的功效。对于 T02 而言，G43 与 G44 的区别只是改变了寄存器 H02 中的数值的正负号。编程人员通常只使用 G43，而从不使用 G44 或将二者混用。这就导致了 G44 指令成了一个“休眠”指令。

从这个例子还可以看出：

① 使用指令 G43 或 G44 H __时，必须使用 G54 或其它工作区偏置（G55～G59）；

② 在自动运行方式（又称存储器运行方式）下，可以通过修改刀具长度偏置寄存器中的值来达到控制切削深度的目的，而无需修改零件加工程序。

在同一程序段内如果既有运动指令，又有刀具长度补偿指令时，机床首先执行的是刀具长度补偿然后再执行运动指令，如执行语句 G01 G43 Z100.0 H01 F100；机床首先执行的是 G43 指令，把工件坐标系沿 Z 轴移动一个刀具长度补偿值（即平移一个 H01 中所寄存的代数值)。这相当于重新建立一个新的坐标系。然后再执行 G01 Z100.0　F100 时,刀具(机床)是在新建的坐标系中进行运动。

六、多把刀具的对刀方法(使用刀具长度偏置编程)

在数控铣床或加工中心上,不同直径的刀具,对同一工件坐标系原点的 *X* 偏置值和 *Y* 偏置值是相同的,但由于刀具长度不同,工件坐标系原点的 *Z* 偏置值是不同的,可参见图 2-1-2 工件坐标系与机床坐标系的关系。

根据工件坐标系 *Z* 轴偏置值与刀具长度偏置的设置不同,多把刀具的对刀的具体操作方法通常有两大类共三种,见表 3-2-1。

表 3-2-1　多把刀具的对刀方法

两大类	三种	优点	缺点	应用场合
机外刀具长度设置	预先设置刀具长度	① 减少辅助时间 ② 卧式加工中心程序原点常设在旋转或分度工作台中心,较为方便	① 需刀具预调装置,价格昂贵 ② 设置刀具的专业人士	① 卧式加工中心 ② 较大批量
机上刀具长度设置	用接触法测量刀具长度	最常见的方法,H 编号通常对应刀具编号	会占用一些机时(辅助时间)	小批量加工
	主刀法	最有效的方法,占用较少的对刀时间		小批量加工

虽然这些方法的应用和操作并不直接与编程有关,但每种方法都有它的优点,CNC 程序员要仔细考虑,斟酌选择其中一种方法,并在程序中做适当注释,以便于 CNC 操作员正确设置。

1. 刀具长度偏置的机外刀具长度设置——刀具长度预先设置法——最原始的方法

如图 3-2-8 所示,这种方法需要借助刀具预调装置——对刀仪(见图 3-2-9),是一种按非接触式设定基准重合原理而进行的对刀方法,其定位基准通常由光学显微镜(或投影放大镜)上的十字基准刻线交点来体现。这种对刀方法比接触法的对刀精度高,并且不会损坏刀尖,但由于对刀仪的购置成本高,并需要设置专人管理、使用,是一种难以在中小型企业中推广采用的方法。中小型企业通常采用接触法。

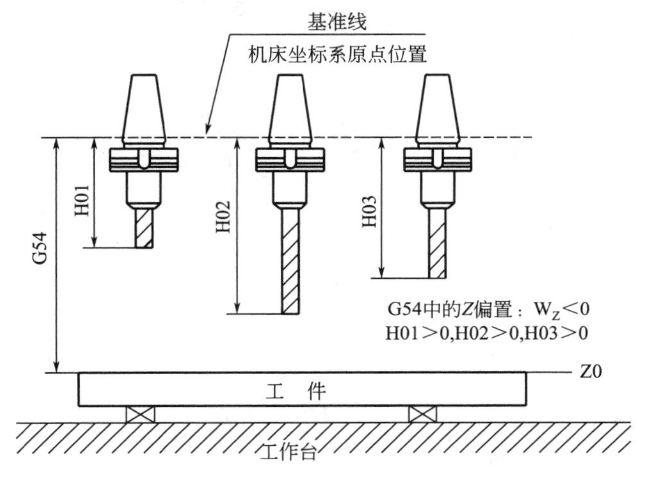

图 3-2-8　刀具长度预先设置法(必须使用工作区域偏置 G54～G59)

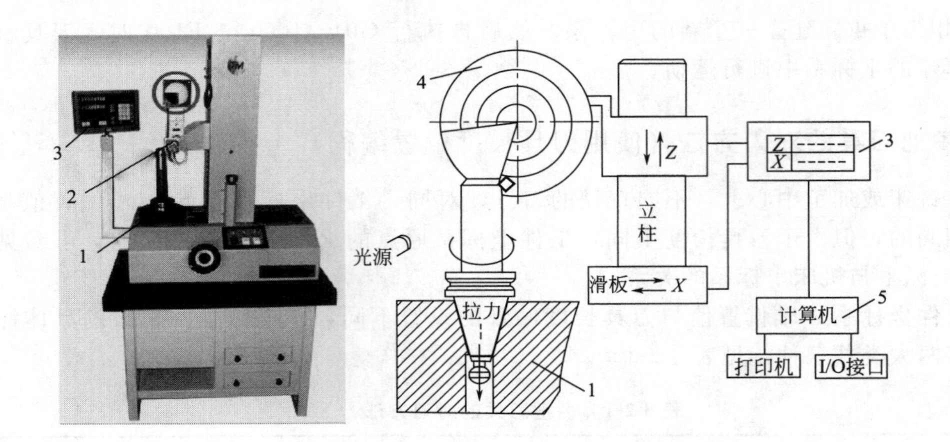

图 3-2-9 对刀仪外形及工作原理示意图

1—刀柄定位机构；2—测头；3—数显装置；4—光屏；5—测量数据处理装置

注意各刀具长度偏置值均为正值。CNC 操作员要使用适当的长度偏置号，将刀具放置到刀库中，并将各刀具长度（正数）输入到偏置寄存器中（也可在程序中用 G10 指令来完成，参见附录 6 的四、刀具偏置程序入口）。

对刀仪（见图 3-2-9）的使用方法与工作原理略。

2. 用接触法测量刀具长度——最常见的方法

如图 3-2-10 所示，每把刀具都指定一个长度偏置号——H 编号，一般与刀具编号对应。设置过程就是测量刀具从机床原点位置运动到程序原点位置（Z0）的距离。偏置值通常设为负值，并输入到相应的 H 偏置号（寄存器）中，同时，任何工作区偏置（G54～G59）和外部工作区偏置［00（COM）普通偏置或 00（EXT）外部偏置，一般位于 G54 上方］的 Z 轴通常设置为 Z0。

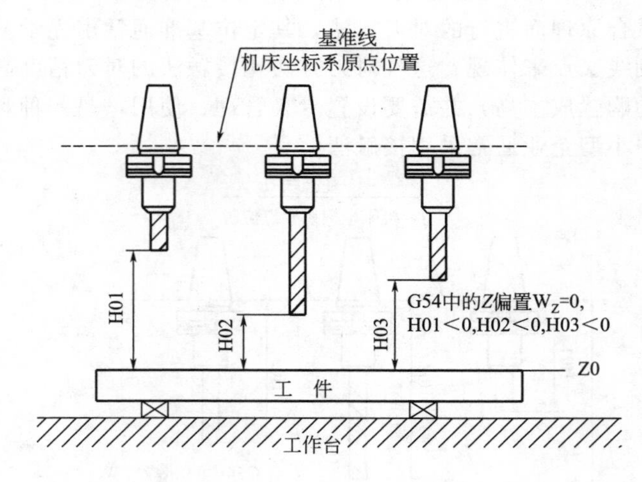

图 3-2-10 刀具长度偏置设置的接触测量法

对刀时，只要将各号刀的刀位点调整至对刀基准点（一般为工件上表面）重合即可。该方法简便易行，因而得到广泛的应用，但其对刀精度受到操作者技术熟练程度的影响，一般情况下其精度都不高，还须在加工或试切中修正。

3．刀具长度偏置的主刀法——最有效的方法

如图 3-2-11 所示，使用特殊的主刀法，可以显著加快使用接触测量法时的刀具测量速度。

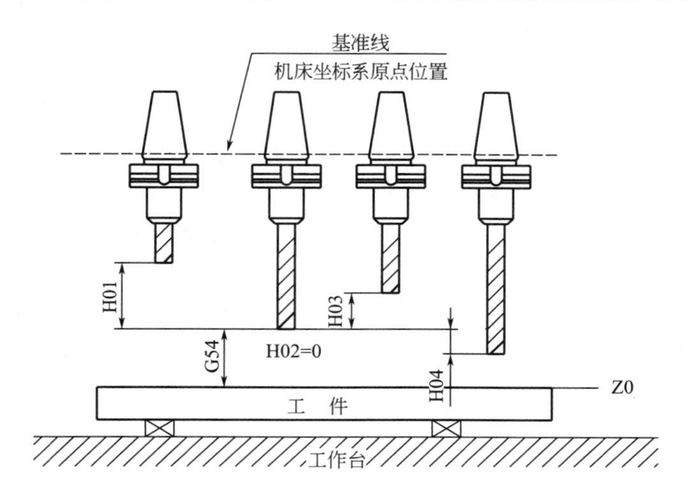

图 3-2-11　刀具长度偏置设置的主刀长度法

（T02 为主刀，其设置为 G54 中的 Z 偏置 $W_Z<0$，H02＝0，H01＜0；H03＜0；H04＞0）

主刀，通常是最长的刀，可以是长期安装在刀套上的实际刀具，也可能是带有圆弧刀尖的长杆。在 Z 轴行程范围内，这一“刀具”伸出量通常比任何可能使用的刀具要大。

刀具长度偏置的主刀法的操作步骤如下：

① 取出主刀将其安装到主轴上。

② Z 轴归零并确保屏幕显示的相对坐标设为 Z0.000 或 Z0.0000

③ 使用接触测量法，测量主刀长度。接触到工件表面后，让刀具停留在那一位置。

④ 将测量值输入到程序中使用的工作区偏置 G54～G59 中某一个的 Z 轴中。

注意：它是一个负值，不能输入到刀具长度偏置号中。如果主刀是实际刀具，那么还必须将其长度偏置值 H××设为 0。

⑤ 在此位置（主刀接触被测表面）时，将 Z 轴的相对坐标再次设为 0。

⑥ 用接触测量法测量其余刀具的相对长度（相对坐标读数），即：读数从主刀刀尖开始，而不是机床原点。

⑦ 将测量值（相对坐标读数）输入到相应的刀具长度偏置中，比主刀短的刀具，其测量值为负值。

注意：主刀并不一定是最长的刀。严格说来，最长刀的概念只是为了安全。它意味着其它所有刀具都比它短。

如果使用某些刀具来加工不同高度尺寸的工件，那么对于新的工件高度，只需要重新定义主刀长度（输入到程序所使用的工作区偏置 G54～G59 中某一个的 Z 轴中），其它刀具的长度偏置值可以保持不变——它们只与主刀有关。这就大大缩短了调试时间。

在前述几种手动对刀方法中，均因可能受到手动和目测等多种误差的影响，对刀精度十分有限，实际加工中往往通过对工件试切削来修正对刀，以得到更加准确和可靠的结果。

七、换刀点位置的确定

换刀点：是指在编制数控车、铣床、加工中心多刀加工的加工程序时，相对于机床固定原点而设置的一个自动换刀或换工作台的位置。换刀的具体位置应根据工序内容而定。为了

防止在换（转）刀时碰撞到被加工零件、夹具等而发生事故，除特殊情况外，其换刀点都设置在被加工零件的外面，并留有一定的安全区。

八、刀具的磨损

在加工过程中由于刀具的磨损，实际刀具尺寸与编程时规定的刀具尺寸不一致以及更换刀具等原因，都会直接影响最终加工尺寸，造成误差。为了最大限度地减少因刀具尺寸变化等原因造成的加工误差，数控系统通常都具备刀具误差补偿功能。通过刀具补偿功能指令，计算机可以根据输入补偿量或者实际的刀具尺寸，从而使数控机床能够自动加工出符合零件程序所要求的零件，参见附录 6。

对法那克 0i MD 系统（存储类型 C），刀具长度磨损补偿量输入到与刀具号对应的“磨耗（H）”中，刀具半径磨损补偿量输入到该刀具所使用的“磨耗（D）”中，参见图 2-1-5 补正页面。

【任务实施】

1. 资讯——工艺性分析

（1）结构工艺性分析

① 仔细阅读零件图样标题栏：零件材料为 45 号钢。

② 零件形状分析：零件外形简单，尺寸不大，易于装夹。

③ 从制造观点分析零件结构的合理性及其在本企业数控加工的工艺性：零件结构在数控机床上易于加工。

④ 分析结构的标准化与系列化程度：零件无孔，需加工平面与外轮廓，无需特殊刀具。

⑤ 分析零件非数控加工工序在本企业或外协加工的可能性：可以在数控铣床或加工中心上完成零件的全部加工。

⑥ 仔细阅读图样上其它非图形的技术要求：表面粗糙度要求均为 $Ra3.2$。

⑦ 尺寸标注方法分析：零件尺寸标注为对称注法，编程原点应选择在工件上表面中心。

（2）精度分析：尺寸精度不高，$40^{+0.05}_{0}$、$\phi90^{+0.1}_{0}$和 $10^{+0.022}_{0}$均应为 IT8，已注形位公差等级也均为 8 级，在数控铣床或加工中心上加工可行。

（3）图样完整性与正确性审查：图样标注正确、完整。

（4）零件毛坯及其材料分析：零件毛坯尺寸为 100×100×45，已经部分加工完毕，仅需再加工上平面与外轮廓；材料为优质碳素结构钢，无热处理要求，是常见的加工材料。

2. 决策——制定工艺方案

加工方案如下：$\phi40^{+0.05}_{0}$ 查附表 4-1 标准公差值，公差等级是 IT8；而 $10^{+0.022}_{0}$ 与 $90^{0}_{-0.054}$ 均是 IT8，粗糙度要求为 $Ra3.2\mu m$，查图 3-1-2，确定采用粗、（半）精加工两次的方案，即可达到上述要求。

零件其它各表面已经加工完毕，适宜采用顺序的方式。

采用 $\phi80$ 面铣刀及不对称顺铣方式加工上表面，两次走刀即可完成铣削上表面一次。

采用 $\phi20$ 立铣刀铣削四周轮廓与台阶。

由于表面粗糙度要求均为 $Ra3.2$，因此各表面均需粗精加工两次，并且划分粗、精加工两个阶段进行加工。

3. 计划——编制工艺文件

（1）编制工艺过程卡片（表 3-2-2）和刀具明细表（表 3-2-3）。

表 3-2-2　工艺过程卡片

单位	（企业名称）		产品代号	零件名称		材料
工序号	程序编号	夹具名称	夹具号	使用设备		45
10	O3200,O3210,O3220	平口钳		FANUC-0iM		
工步号	工步内容	刀具		切削用量		
		T码	类型规格	主轴转速/(r/mm)	进给速度/(mm/min)	切削厚度/mm
1	粗铣上平面	T01	ϕ80mm 硬质合金面铣刀	240	180	2 走刀 2 次
2	粗铣四周	T02	ϕ20mm 硬质合金立铣刀	960	576	5.5～5 走刀 2 次
3	(半)精铣上平面	T01	ϕ80mm 硬质合金面铣刀	360	180	1
4	(半)精铣四周	T02	ϕ20mm 硬质合金立铣刀	1440	576	0.5

表 3-2-3　刀具明细表

产品型号		零件号		程序编号	O3200,O3210,O3220	制表
工步号	刀具					
	T码	刀具类型		直径/mm	长度	补偿地址
1	T01	硬质合金面铣刀		ϕ80	实测	H01
2	T02	硬质合金立铣刀		ϕ20	实测	H02 D01＝10.5 D02＝10

（2）采用图 3-1-8 的顺铣走刀路线，绘制走刀路线（可手工绘制草图），见图 3-2-12。

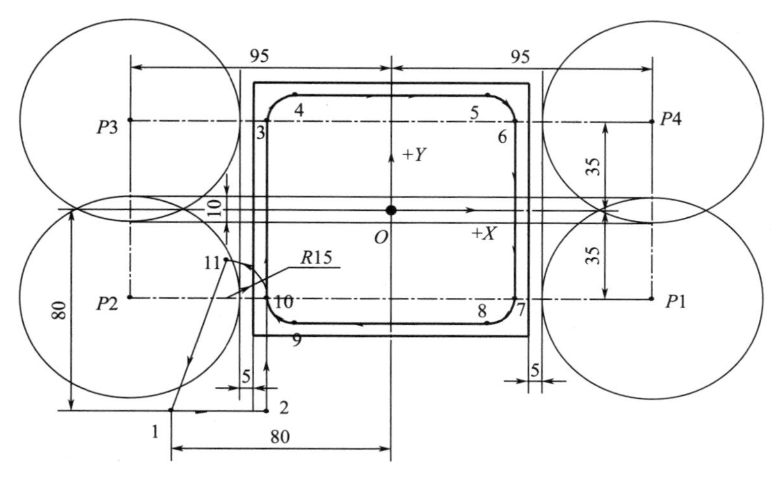

图 3-2-12　顺铣走刀路线图

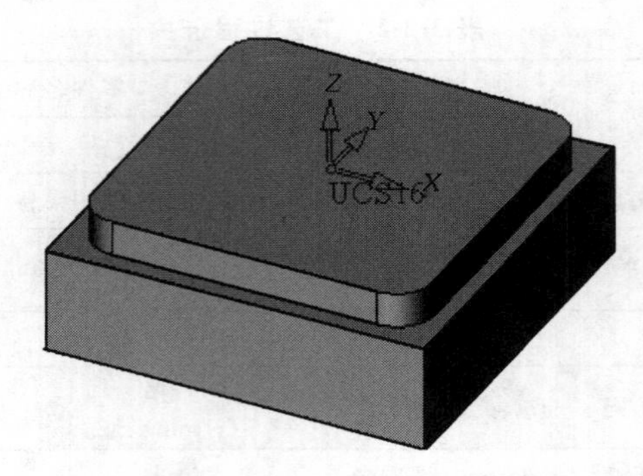

图 3-2-13 工件坐标系设定

(3) 建立工件坐标系（见图 3-2-13)，进行数学处理，形成坐标卡片（表 3-2-4)。由于图样尺寸采用对称标注，因此确定加工坐标原点在工件上表面中心。

表 3-2-4 坐标卡片

点	坐标(x,y)	点	坐标(x,y)
P1	(95,−35)	5	(35,45)
P2	(−95,−35)	6	(45,35)R10
P3	(−95,35)	7	(45,−35)
P4	(95,35)	8	(35,−45)R10
1	(−80,−80)	9	(−35,−45)
2	(−45,−80)	10	(−45,−35)R10
3	(−45,35)	11	(−60,−20)R15
4	(−35,45)R10	1	

4. 实施——编写零件加工程序

应遵循一致性原则，要具有编程风格。

为缩短程序的长度，便于阅读，使用两个子程序。

主程序：

```
O3200；
N010 (φ80 硬质合金面铣刀，H01)
N020 (T2：φ20 硬质合金立铣刀，H02)
N030 (D01=10.5，D02=10.0)
N040 (G54 位于零件上表面中心)
N050 G17 G40 G49 G50 G69 G80 T1；
N060 G90 G54 G00 X95. Y−35. M03 S240；
N070 G01 G43 Z50. H01 F2000；
N080 Z10.；
N090 Z3.；
N100 M08；
N110 F180 M98 P3210；
N120 Z1.；
N130 F180 M98 P3210；
```

N140 M09；
N150 G00 Z200.0；
N160 M00；（换刀、测量并修整 H01）
N170 G17 G40 G49 G50 G69 G80 T2；
N180 G90 G54 G00 X－80. Y－80. M03 S960
N190 G01 G43 Z50. H02 F2000；
N200 Z5.；
N210 Z－4.5；
N220 M08；
N230 D01 F576 M98 P3220；
N240 G00 Z－9.5；
N250 D01 F576 M98 P3220；
N260 M09；
N270 G00 Z200.0；
N280 M00；（换刀，测量并修整 H02、D02）
N290 G17 G40 G49 G50 G69 G80 T1；
N300 G90 G54 G00 X95. Y－35. M03 S360；
N310 G43 Z50. H01；
N320 Z0. M08；
N330 F180 M98 P3210；
N340 M09；
N350 G00 Z200.；
N360 M00；（换刀，测量）
N370 G17 G40 G49 G50 G69 G80 T2；
N380 G90 G54 G00 X－80. Y－80. M03 S1440；
N390 G01 G43 Z50. H02 F2000；
N400 Z－10. M08；
N410 D02 F576 M98 P3220；
N420 M09；
N430 G00 Z200.0；
N440 M30；（综合测量）
子程序 1：
O3210；（顺铣的方式铣削平面）
N510（ϕ80 面铣刀）
N520 G01 X－95.；
N530 G00 Y35.；
N540 G01 X95.；
N550 G00 Y－35.；
N560 M99；
%
子程序 2：
O3220；

```
N610 (φ20 立铣刀)
N620 G00 G41 X－45.;
N630 G01 Y35. F80;
N640 G02 X－35. Y45. R10.;
N650 G01 X35.;
N660 G02 X45. Y35. R10.;
N670 G01 Y－35.;
N680 G02 X35. Y－45. R10.;
N690 G01 X－35.;
N160 G02 X－45. Y－35. R10.;
N710 G03 X－60. Y－20. R15.;
N720 G00 G40 X－80. Y－80.;
N730 M99;
%
```

5. 检查控制——程序检验（仿真软件等）

6. 评定反馈——在数控机床上试切并加工出工件

推荐采用的操作步骤参见项目二任务1。

【任务总结】

(1) 要明确数控编程的工作步骤。工艺性分析是正确制定合理工艺方案的前提。工艺方案是正确编程的基础。

(2) 轮廓铣削要使用刀具半径补偿指令G41、G42、G40。要绝对明确何时、如何启动与取消刀具半径补偿。并在对刀时完成刀具半径补偿值的设定（偏置值D设定）。否则不能运行加工程序。

(3) 要深刻理解刀具长度补偿指令G43 Z__H__与多刀加工时各种对刀方法的刀具偏置值（正或负），并掌握数控铣床多刀加工时的对刀方法的主刀法。

【任务评价】

评分标准

序号	考核项目	考核内容	配分	评分标准(分值)	小计
1	资讯	工艺性分析的透彻性	5	据工艺方案得分判定,计算公式如下: 得分＝0.5×工艺方案得分	
2	决策	数控加工工艺方案制定的合理性	10	据工艺文件内容判定 1. 工步顺序正确(5分) 2. 刀具材质选择正确(3分) 3. 工件坐标系原点设置适当(2分)	
3	计划	数控加工工艺文件编制的完整性、正确性、统一性	20	1. 工艺文件齐全,填写完整、统一(4分) 2. 工艺过程卡片中切削用量适当(6分) 3. 刀具卡片中刀具代号、规格正确(2分) 4. 走刀路线的制定适当(3分) 5. 坐标卡片填写正确(5分)	
4	实施编程	编制零件加工程序及程序检验	20	1. 各成员编制的加工程序具有一致性(5分) 2. 加工程序无语法错误(10分) 3. 加工程序无逻辑错误(5分)	

续表

序号	考核项目	考核内容	配分	评分标准(分值)	小计
5	加工 操作	1. 加工操作正确性 2. 安全生产	30	1. 刀具安装方法正确(2分) 2. 选用合适的量具(2分) 3. 测量毛坯实际尺寸,并正确安装工件(3分) 4. 能正确进行工件偏置设置,并能根据刀具卡片进行刀具偏置设置,操作正确(5分) 5. 输入程序后进行程序检查(2分) 6. 正确进行试切(10分) 7. 试切后能正确调整相应偏置数值(2分) 8. 加工操作过程未发生撞刀等安全事故(4分)	
6	质量分析 与评价	1. 工件检验 2. 团队合作 3. 运用基本理论知识进行分析	15	1. 正确选用量、检具进行加工尺寸检查(分别在机床和检验工作台上进行)并合格(9分) 2. 加工表面粗糙度合格(1分) 3. 能团队合作(3分) 4. 正确运用理论知识进行加工质量分析,并修正、保存程序(2分)	
合计			100	得分合计	

【思考与练习】

1. 什么是刀具半径补偿？使用半径补偿有哪些优势？
2. 如何判断刀具半径补偿模式是 G41 还是 G42？
3. 什么是刀具的长度偏置？
4. 主刀法有哪些优点？怎样对刀？
5. 试编写如图 3-2-14 所示零件的铣削程序并加工。毛坯尺寸 50mm×50mm×20mm。

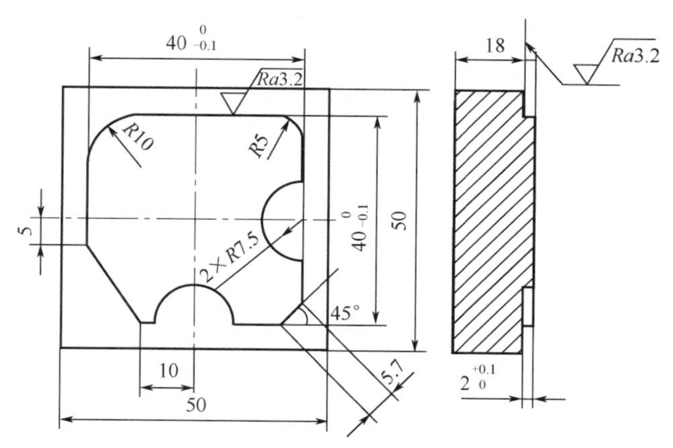

图 3-2-14　平面轮廓零件图样

6. 寄存器中的刀具半径补偿值并不总是与真实的刀具半径一致，对吗？
7. G44 刀具长度补偿指令是不是几乎不曾被使用而处于休眠状态？
8. 如图 3-2-15 所示，判断刀具半径左补偿与右补偿，并在__处填写 1 或 2。

注图 3-2-15 与图 2-2-5 相似，都用到了第三坐标轴。

9. 如图 3-2-16 所示，已知毛坯尺寸为 100×100×40 ，工件材料为硬铝，所有表面 *Ra*3.2。试编制加工程序并在加工中心上完成零件的加工。限定使用刀具为 ϕ16 立铣刀两把，分别用于粗、精加工。

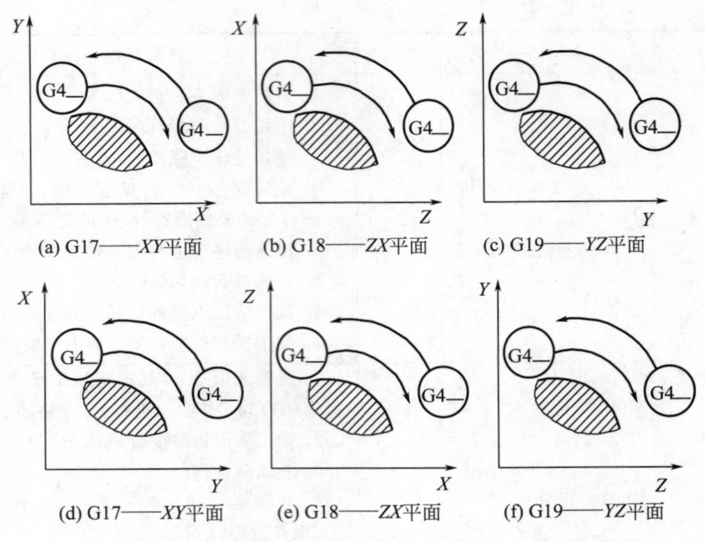

图 3-2-15 三个平面内的刀具左右偏置的判定——轴的定位基于数学平面（而不是机床平面）

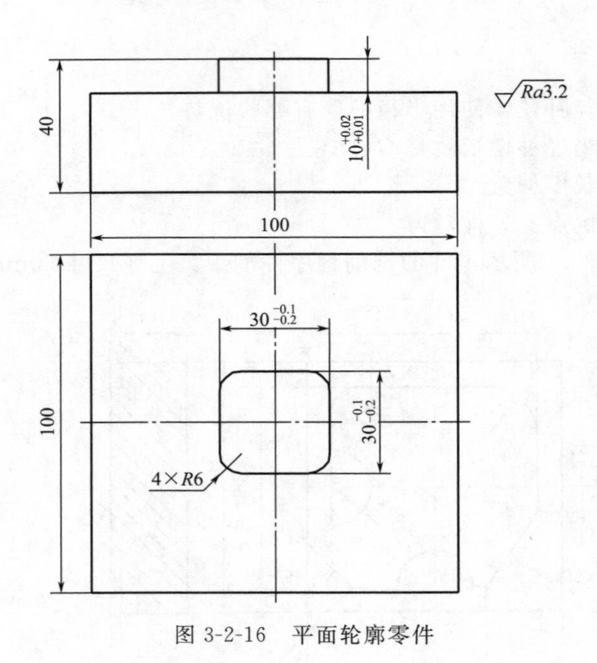

图 3-2-16 平面轮廓零件

任务3 铣削内外相似轮廓

【学习目标】

技能目标：

① 会能适当选用铣刀，并正确确定由直线、圆弧组成的复杂平面轮廓的走刀路线（铣削路径）；

② 会进行相同形状内、外轮廓的编程与加工技巧；

③ 会使用刀具半径补偿与长度补偿进行轮廓尺寸控制的方法；
④ 会余料的去除方法；
⑤ 会用 CAD 软件查询基点坐标；
⑥ 会利用主刀法进行多刀对刀，并会使用寻边器及 Z 轴设定器；
⑦ 养成良好的编程习惯，以形成自己的编程风格。

知识目标：

① X 轴、Y 轴使用刚性靠棒或寻边器，Z 轴使用量块或 Z 轴设定器的对刀方法；
② 会平面轮廓铣削及使用半径补偿值的确定、调整原则与注意事项，会轮廓综合加工工艺制定方法；
③ 会相似形状的内、外轮廓的编程方法；
④ 会 G28 指令及加工中心换刀指令。
⑤ 懂得上海宇龙数控加工仿真软件中数控铣床的对刀方法

【任务描述】

加工如图 3-3-1 所示的零件，材料为 45 GB 699—1988，毛坯尺寸 80mm×80mm×20mm，已加工至规定尺寸。所有表面粗糙度 $Ra3.2\mu m$。为了更专注于编程，编程基点坐标已经给出。试选用适当的铣刀编写加工中心用数控程序，并在加工中心上完成零件的加工。加工数量 1 件。

【任务分析】

该零件需要加工的三个轮廓均是由曲线 $ABCDEF$ 偏移形成的。先进行刀具半径补偿理论知识与寻边器及 Z 轴设定器对刀知识学习，再根据曲线 $ABCDEF$ 编写子程序，选择合适的走刀路线，采用不同的半径补偿值，分别加工这三个内外相似轮廓，并逐步掌握刀具半径补偿值的选定和平面轮廓加工精度的控制方法。

【知识准备】

一、X 轴、Y 轴使用刚性靠棒或寻边器、Z 轴使用量块或 Z 轴设定器的对刀方法

由于数控程序是按建立了工件坐标系的图样进行编制的，在数控机床上运行程序加工零件之前，必须首先完成对刀操作。对刀的过程就是建立工件坐标系与机床坐标系之间关系的过程。

一般在铣床及加工中心上加工的零件已经完成了部分表面的精加工——是一个半成品，不能再在已经加工完毕的表面上进行试切对刀。因此，需要借助其它一些对刀工具——刚性靠棒、寻边器、Z 轴设定器——来完成对刀。具体地说，在 X、Y 轴方向对刀常用的工具有刚性靠棒和寻边器两大类。无对刀仪（对刀仪见图 3-2-9）时，Z 轴对刀一般采用实际加工时所要使用的刀具，借助塞尺、量块或 Z 轴设定器等完成。

(1) 寻边器又称找正器或分中棒，如图 3-3-2 所示，主要用于确定工件坐标系原点在机床坐标系中的 X 偏置值和 Y 偏置值，也可以测量工件的简单尺寸。寻边器装夹在机床主轴上就可以用它来对刀、找正和测量工件。常见寻边器又分机械式与光电式两类。在图 3-3-2 中，中间一个为光电式寻边器，其余的为机械式。机械式寻边器为偏心式，使用时需要旋转，测量 X、Y，精度在 0.01mm；光电式寻边器使用时可以不旋转，但由于结构关系是测球通过弹簧联接，只能测量 X、Y 向，精度在 0.01mm。还有高级的 3D 表，如图 3-3-3 所示，也称 3D 寻边器、3D 探测器或光电式 3D 探测器，多用于三坐标测量数控机床。

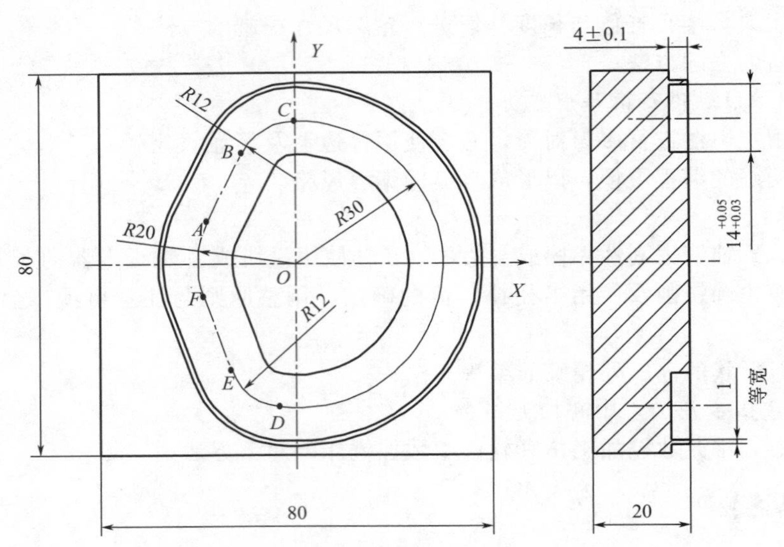

$A(-17.916\ \ 8.889),B(-10.750\ \ 23.333),C(0\ \ 30.000)$

$D(-3.288\ \ -29.819),E(-13.242\ \ -22.015),F(-18.782\ \ -6.872)$

坐标系原点在工件对称中心

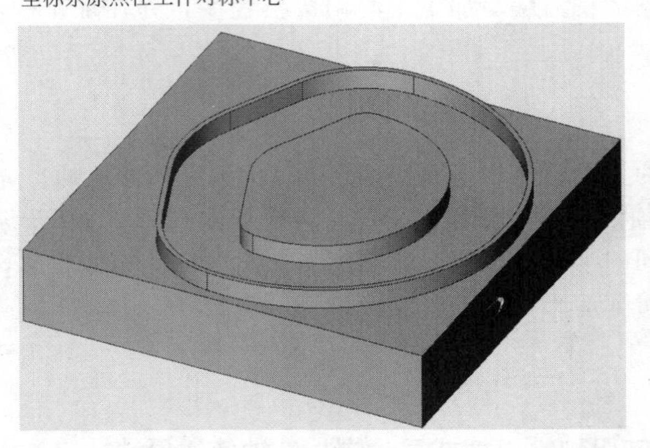

图 3-3-1　内外相似轮廓零件图样与三维效果图

图 3-3-2　寻边器

图 3-3-3　3D 表（3D 探测器）

光电式寻边器一般由柄部和触头（又称测头）组成，常应用于数控铣床、加工中心的对刀。触头和柄部之间有一个固定的电位差。柄部用于装夹，通过刀柄装在机床主轴上。测头一般为直径 10mm 的钢球，用弹簧拉紧在光电式寻边器的测杆上，碰到工件时可以退让，偏离测杆（又称探棒），从而保护寻边器测杆不弯曲，测头不破损。当触头与工件（须为导电材料，如金属）表

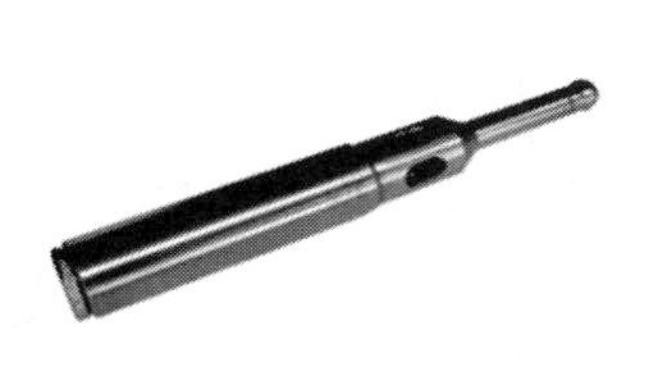

图 3-3-4　光电式寻边器

面接触时就形成回路电流，使指示灯发光或（和）蜂鸣器发出声音，如图 3-3-4 所示。

用高精度的寻边器找正或测量工件时，机床主轴不旋转，不仅安全性高而且也不会损伤工件表面；找正和测量的精度也高，对于保证二次装夹或返修工件的定位精度十分有效，而且方便、快捷。Z 轴设定器也有类似的优点。

（2）Z 轴设定器主要用于确定工件坐标系原点在机床坐标系的 Z 轴坐标，或者说是确定刀具的刀位点在工件坐标系中的高度，从而确定工件坐标系的 Z 偏置值。

Z 轴设定器也分为机械式和光电式两大类，图 3-3-5（a）两个均为机械式（又称指针式），图（b）为光电式。机械式 Z 轴设定器带有仪表，使用前需要先使用圆柱棒按压上表面，校准仪表。光电式工作原理同光电式寻边器，带有发光的指示灯。

(a) 指针式（又称机械式，最右边为校准用圆柱）

(b) 光电式

图 3-3-5　Z 轴设定器

Z 轴设定器外形多种多样，如图 3-3-6 所示，高度一般为 50mm 或 100mm。对刀精度一般可达 100.0±0.0025（mm），对刀器标定高度的重复精度一般为 0.001～0.002（mm）。对刀器带有磁性表座，可以牢固地附着在工件或夹具上。

图 3-3-6　Z 轴设定器的样式及使用

使用 Z 轴设定器对刀确定工件坐标系原点的 Z 偏置值时，通过仪表指针指示或指示灯发光指示判断刀具与对刀器是否接触。

在数控铣床及立式加工中心上使用光电寻边器及 Z 轴设定器对刀的方法的操作阐述见

本任务的实施部分。

二、上海宇龙数控加工仿真软件中数控铣床的对刀方法

假定工件坐标系原点设置在工件上表面中心点。数控铣床的对刀方法如下。

1. 用刚性靠棒完成 X、Y 轴对刀

与实践相同，刚性靠棒一般不能直接与工件接触，常常采用检查塞尺松紧的方式测量其与工件的间隙，具体过程如下［采用将零件放置在基准工具的左侧（正面视图）的方式］。

点击菜单“机床/基准工具”，弹出的基准工具对话框中，左边的是刚性靠棒基准工具，右边的是寻边器，如图 3-3-7。

（1）X 轴方向对刀：点击操作面板中的“手动”按钮，手动状态灯亮，进入“手动”方式。

点击 MDI 键盘上的 POS，使 CRT 界面上显示坐标值；借助右侧视图和前视图（尽量不要采用“视图”菜单中的动态旋转、动态放缩、动态平移），适当点击 X、Y、Z 按钮和 +、- 按钮，将机床移动到如图 3-3-8 所示的大致位置（最好借助右侧视图使基准工具处于工件前后侧面的中间位置，切勿使基准工具的轴线处于工件前后侧面的外侧）。

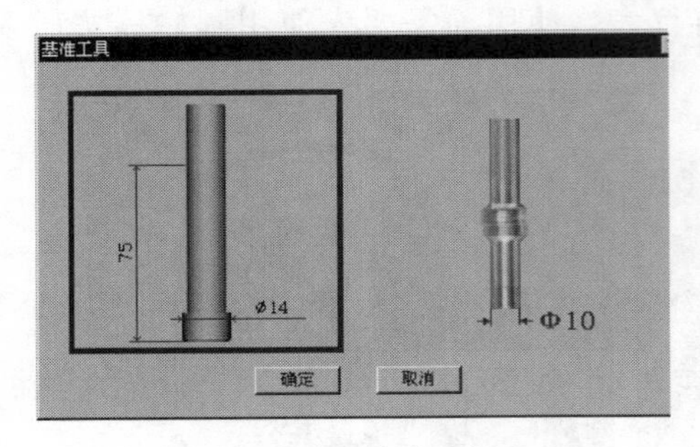

图 3-3-7 基准工具

图 3-3-8 基准工件靠近工件的大致位置

移动到大致位置后，可以采用手轮调节方式移动机床，点击菜单“塞尺检查/1mm”，基准工具和零件之间被插入塞尺。在机床下方显示如图 3-3-9 下方所示的局部放大图（紧贴零件的宽线条为塞尺）。

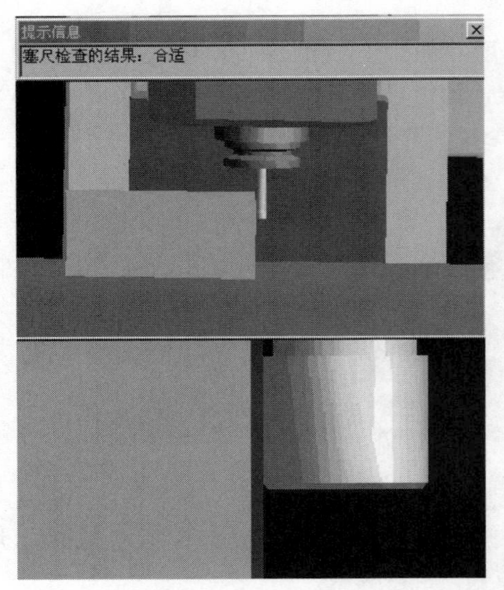

图 3-3-9 塞尺检查间隙，松紧合适时的页面

点击操作面板上的“手动脉冲”按钮或，使手动脉冲指示灯变亮，采用手动脉冲方式精确移动机床，点击H显示手轮，将手轮对应轴旋钮置于 X 档（选择 X 轴），调节手轮倍率旋钮至×100（以较快的进给速度移动靠棒，若不能得到图 3-3-9 所示的提示信息，则再将手轮倍率旋钮调至×10，同理再调至×1），在手轮上点击鼠标左键（可按住不松开，亦可点击）或右键，精确移动靠棒，使得提示信息对话框显示

"塞尺检查的结果：合适"，如图 3-3-9 上方所示。建议在调节手轮倍率旋钮至下一档前，点击鼠标右键一次，使提示信息"塞尺检查的结果："由"太紧"变为"太松"。

记下塞尺检查结果为"合适"时，按"综合"软键，CRT 界面中的机械坐标中 X 坐标值，即为基准工具中心的 X 坐标，记为 X_1；将定义毛坯数据时设定的零件的长度记为 X_2；将塞尺厚度记为 X_3；将基准工具直径记为 X_4（可在选择基准工具时读出 $\phi14$）。

则工件上表面中心的 X 的坐标为基准工具中心的 X 的坐标减去零件长度的一半减去塞尺厚度减去基准工具半径，记为 X_0。

即 $X_0 = X_1 - X_2/2 - X_3 - X_4/2$（若基准工具在工件左侧，则 $X_0 = X_1 + X_2/2 + X_3 + X_4/2$）

（2）Y 方向对刀采用同样的方法。得到工件中心的 Y 坐标，记为 Y_0。

（3）完成 X、Y 方向对刀后，点击菜单"塞尺检查/收回塞尺"将塞尺收回，点击"手动"按钮，手动灯亮，机床转入手动操作状态，点击 Z 和 + 按钮，将 Z 轴提起，再点击菜单"机床/拆除工具"拆除基准工具。

注：塞尺有各种不同尺寸，可以根据需要调用。本系统提供的塞尺尺寸有 0.05mm，0.1mm，0.2mm，1mm，2mm，3mm，100mm（量块）。

2. 机械寻边器 X、Y 轴对刀

寻边器由固定端和测量端两部分组成。固定端由刀具夹头夹持在机床主轴上，中心线与主轴轴线重合。在测量时，主轴以 400r/min 旋转（转速不能太高）。通过手动方式，使寻边器向工件基准面移动靠近，让测量端接触基准面。在测量端未接触工件时，固定端与测量端的中心线不重合，两者呈偏心状态。当测量端与工件接触后，偏心距减小，这时使用点动方式或手轮方式微调进给，寻边器继续向工件移动，偏心距逐渐减小。当测量端和固定端的中心线重合的瞬间，若手轮方式下微调再移动一个最小脉冲（鼠标点击一次，且手轮倍率为×1），则测量端会明显地偏出，出现明显的偏心状态。这时主轴中心位置距离工件基准面的距离等于测量端的半径。

（1）X 轴方向对刀

① 点击操作面板中的"手动"按钮，手动灯亮，系统进入"手动"方式。

点击 MDI 键盘上的 POS 使 CRT 界面显示坐标值；借助"视图"菜单中的动态旋转、动态缩放、动态平移等工具，适当点击操作面板上的 X 、 Y 、 Z 和 + 、 - 按钮，将机床移动到如图 3-3-8 所示的大致位置。

在手动状态下，点击操作面板上的（主轴正转）或（主轴反转）按钮，使主轴转动。未与工件接触时，寻边器测量端大幅度晃动。

移动到大致位置后，可采用手动脉冲方式移动机床，点击操作面板上的"手动脉冲"按钮或，使手动脉冲指示灯变亮，采用手动脉冲方式精确移动机床，点击 H 显示手轮控制面板，将手轮对应轴旋钮置于 X 档，调节手轮进给速度旋钮，在手轮上点击鼠标左键或右键精确移动寻边器。寻边器测量端晃动幅度逐渐减小，直至固定端与测量端的中心线重合，如图 3-3-10 所示，若此时用增量或手轮方式以最小脉冲当量进给，寻边器的测量端突然大幅度偏移，如图 3-3-11 所示。即认为此时寻边器与工件恰好吻合。

按"综合"软键，记下寻边器与工件恰好吻合时 CRT 界面中的"机械坐标"中的 X 坐标，此为基准工具中心的 X 坐标，记为 X_1；将定义毛坯数据时设定的零件的长度记为 X_2；将基准工件直径记为 X_3（可在选择基准工具时读出）。

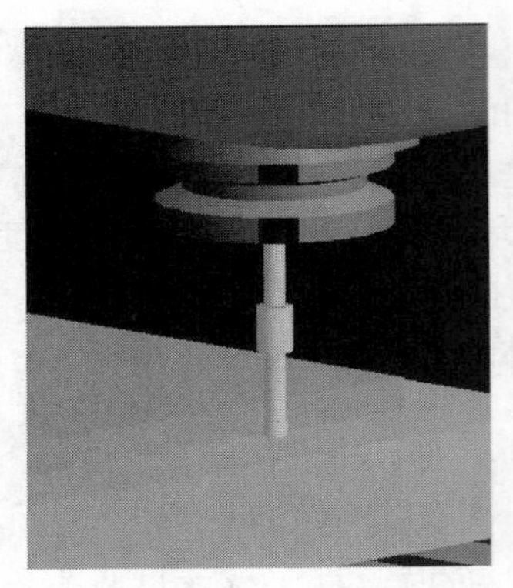

图 3-3-10　寻边器固定端与测量端的中心线重合

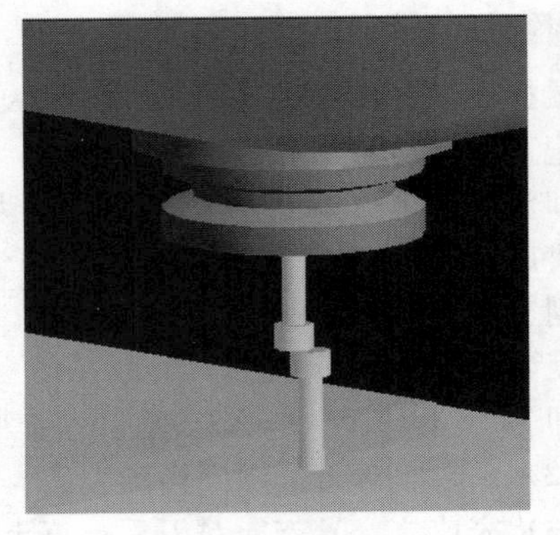

图 3-3-11　重合后再进给，则寻边器测量端突然大幅度偏移

则工件上表面中心的 X 的坐标为基准工具（寻边器）中心的 X 的坐标减去零件长度的一半减去基准工具半径，记为 X_0。

即
$$X_0=X_1-X_2/2-X_3/2$$

② 对于圆柱形工件，X_0 还可以有另外一种寻中心的方法：求得 X_1后，保持 Y 坐标不变，将寻边器移至工件另一侧，同样的方法求得基准工具中心的 X 坐标，记为 X_4，则工件上表面中心的 X 的坐标 $X_0=(X_1+X_4)/2$。应注意，寻边器与工件的接触点越接近圆的左右象限点，求得的 X_0 越精确。

（2）Y 方向对刀采用同样的方法。得到工件中心的 Y 坐标，记为 Y_0。

（3）完成 X、Y 方向对刀后，点击 Z 和 + 按钮，将 Z 轴提起，停止主轴转动，再点击菜单“机床/拆除工具”拆除基准工具。

3．塞尺（量块）法 Z 轴对刀

数控铣床 Z 轴对刀时采用实际加工时所要使用的刀具，且不能启动主轴旋转。

点击菜单“机床/选择刀具”或点击工具条上的小图标，选择所需刀具。

装好刀具后，点击操作面板中的“手动”按钮，手动状态指示灯亮，系统进入“手动”方式。

利用操作面板上的 X、Y、Z 和 +、- 按钮，将机床移到如图 3-3-12 所示的大致位置（刀具位于毛坯正上方）。

类似在 X、Y 方向对刀的方法进行塞尺检查（也可选用量块），得到“塞尺检查：合适”时 Z 的坐标值，记为 Z_1，如图 3-3-13 所示。则坐标值为 Z_1 减去塞尺厚度后数值为 Z 坐标原点，记为 Z_0。此时工件坐标系在工件上表面。

实践中多采用量块，因为量块有较高的硬度，比塞尺耐磨。没有量块时，可用圆柱形的铣刀刀柄代替量块，因此又称滚刀法。不过需要事先用千分尺等量具精确测量刀柄的实际直径值。为便于使用和安全操作，可将报废的铣刀磨掉其切削刃而成为专用的对刀工具。

4．试切法 Z 轴对刀

点击菜单“机床/选择刀具”或点击工具条上的小图标，选择所需刀具。

装好刀具后，利用操作面板上的 X、Y、Z 和 +、- 按钮，将机床移到如图 3-3-12 所示的大致位置。

打开菜单“视图/选项”中“声音开”和“铁屑开”选项。

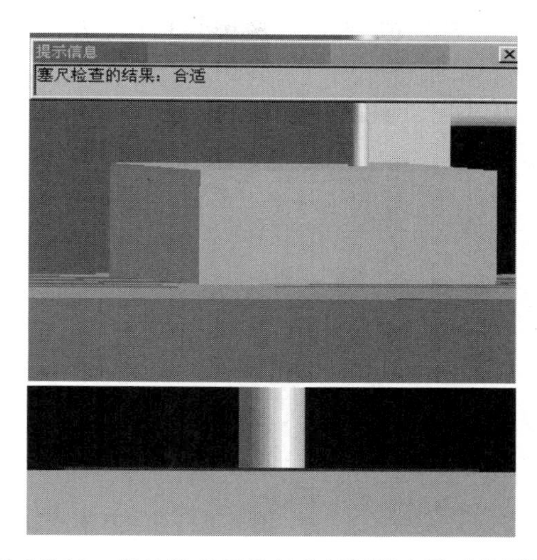

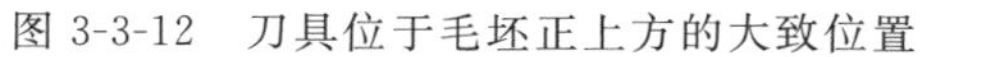

图 3-3-12　刀具位于毛坯正上方的大致位置　　　图 3-3-13　塞尺检查刀具与毛坯间隙合适时的页面

点击操作面板上（主轴正转）或（主轴反转）按钮使主轴转动；点击操作面板上的“手动脉冲”按钮或，使手动脉冲指示灯变亮，采用手动脉冲方式精确移动机床，点击显示手轮控制面板，将手轮对应轴旋钮置于 Z 档（选择 Z 轴），根据 Z 向加工精度调节手轮倍率旋钮至×10 或×1，在手轮上点击鼠标左键或右键精确移动切削零件，看见切屑（同时声音刚响起）时停止，使铣刀将零件切削掉小部分，记下此时“机械坐标”中 Z 的坐标值，记为 Z_0，此为工件表面一点处 Z 的坐标值，也是工件坐标系原点的 Z_0。

通过对刀得到的坐标值（X_0，Y_0，Z_0）即为工件坐标系原点在机床坐标系中的坐标值——偏置值。

三、刀具半径偏置（补偿）指令的使用说明

1. 能否成功使用刀具半径偏置功能取决于的四个关键因素

① 知道如何偏置开始；
② 知道如何改变偏置；
③ 知道如何结束偏置；
④ 知道在开始和结束偏置之间应注意什么。

（1）启动方法——偏置生效。

要比“G41 X __ D __”（或其他相似的）的使用复杂得多。要遵循两条主要原则。

第一条，启动位置：通常在工件轮廓的空隙中选择刀具起始位置。

第二条，一定要将刀具半径偏置与刀具直线运动同时使用。

选择启动位置时还要考虑以下几个问题：

① 预期的刀具直径是多大？
② 需要多大的间隙？
③ 刀具的加工方向如何？
④ 有没有发生碰撞的可能？

⑤ 需要时是否可以使用其它直径的刀具？

⑥ 毛坯的切除量是多少？

刀具半径偏置启动的起始位置和导入运动，见图 3-3-14。

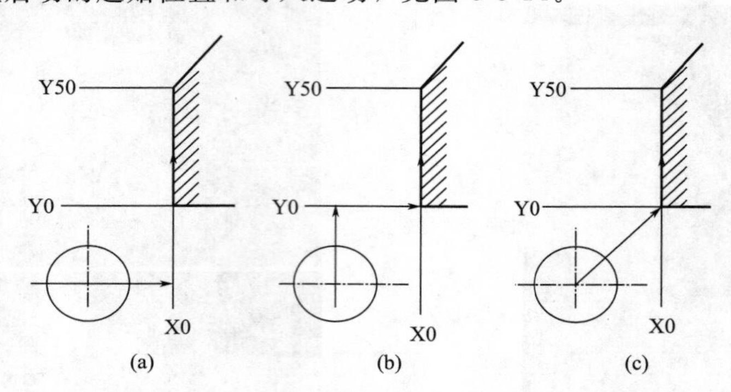

图 3-3-14 刀具半径偏置启动的起始位置和导入运动

相对而言，图（a）较好——由切向切入轮廓。

要选择合适的刀具位置，要遵循的一般原则是：所选择的间隙要比可能使用的最大刀具的半径（即最大刀具补偿半径）还要大。为 CNC 操作员选择刀具带来方便。

一旦偏置生效，就可以沿工件轮廓编写轮廓拐点（又称“基点”），控制器将始终保持正确的偏置。

（2）取消偏置　取消刀具半径偏置使用导出（切出）运动，其运动长度应该比使用的刀具的半径补偿值大，至少相等。

取消刀具半径偏置最安全的地方是远离刚加工完的轮廓，它通常是安全间隙的地方，开始位置也可以作为结束位置。

（3）改变刀具方向　在常规加工中很少需要改变刀具运动方向。如果确实需要，一般的做法是从一种模式转换到另一种模式，不需要使用 G40 指令。铣削中很少采用这种做法，因为 G41 变为 G42 的同时，顺铣也会变为逆铣。逆铣是大家不愿意使用的模式。但是这种做法在车削中很常见。

（4）偏置的选用与调整　CNC 系统根据刀具补偿半径而不是刀具直径来计算偏置值，即程序员使用 D 地址来表示刀具半径偏置。编程偏置 D01 应用于寄存在 1 号偏置中的半径，D02 应用于寄存在 2 号偏置中的半径，依此类推。

如果使用公称直径为 ϕ20 的立铣刀，精加工时程序中的偏置值 D01 应为 10。这在理论上是正确的。工件材料的不同及其不均匀性、对刀误差、刀具尺寸公差、刀具磨损后的实际尺寸等诸多因素都会影响最终的工件尺寸。因此，只有在理想情况下，D01 中的寄存值才可能是 10。

事实上，理想情况极其罕见。尺寸经常不在公差范围内，要么过大，要么过小。调整的一个主要原则是：

刀具半径偏置的正增量使刀具移离加工轮廓；

刀具半径偏置的负增量使刀具移近加工轮廓。

因此，使用较大的 D 偏置值会工件材料增多（外轮廓尺寸增大，内轮廓尺寸减小）；使用较小的 D 偏置值会工件材料减少（外轮廓尺寸减小，内轮廓尺寸增大）。

首件试切时，应留出足够的加工余量。试切所使用的刀具半径偏置值按下式计算：

刀具半径偏置值＝刀具实际半径＋所留加工余量

上式同样适用于粗加工和半精加工。

2. 使用刀具半径偏置时的注意事项

(1) 刀具半径补偿指令应指定所在的补偿平面（G17/G18/G19），系统开机默认 G17。

(2) 只有在直线移动命令（G01 或 G00）中才可以进行 G41/G42 选择，取消补偿时也只有在直线移动命令中才能取消补偿运行（见本项目任务 2“G41、G42 和 G40 编程格式”）。

(3) D 功能字（指定刀具半径补偿值寄存器的地址号）必须与 G41/G42 在同一程序段中指定或在 G41/G42 之前的程序段指定；

(4) 启动刀具半径偏置时，尽可能采用单轴移动，务必保证安全，并避免过切。

(5) 建立刀具半径补偿 G41/G42 程序段之后通常应紧接着是工件轮廓加工的第一个程序段，即在指定平面内做连续的轴移动，直到取消刀具半径补偿。尽量在二者之间消除单独的 M 指令程序段或其它在补偿平面内没有位移的程序段（若有，则最多有一个）。因为执行 G41/G42 程序段后，刀具到达的位置由之后的补偿平面内的编程轨迹与刀具半径补偿值决定，始终保持与下一程序段相切，直至取消。当 G41/G42 程序段之后连续有两个及两个以上的非轴移动指令程序段时，预定的补偿运动就不能实现，从而会产生过切或欠切现象。

(6) 建立刀具半径补偿程序段（即 G41/G42 所在程序段）之前，要选择合适的刀具位置，使所选择的间隙要比可能使用的最大刀具的半径（即最大刀具补偿半径）还要大。即保证有足够的导入（也称“切入”）运动距离。否则系统会发出“♯41”号警告（即“刀具半径干涉”或“CRC 干涉”信息）。

(7) 有时由于空间的限制，造成编程取数困难，也可在 G41/G42 程序段之后有非补偿平面内的轴移动程序段，但不能连续有两个。否则不能进行正确补偿。

(8) 所使用的刀具半径补偿值必须小于程序中所有内凹圆弧的半径，否则在程序运行到该圆弧指令所在程序段之前，系统同样会发出“♯41”号警告，并无条件停止运行。

(9) 在使用刀具半径补偿过程中不可以切换补偿平面（如从 G17 切换到 G18 平面）。

(10) 与 (6) 一样，取消刀具半径偏置使用导出（切出）运动，其运动距离应该比刀具的半径补偿值大，至少相等。

(11) 使用完毕，应立即取消，以便准确控制刀具（的刀位点），防止撞刀。

(12) 半径补偿值可以为负值。

如图 3-3-15 所示，使用刀具半径补偿指令加工外轮廓（即按外轮廓编程）时，若机床中的刀具半径补偿值为正，刀具沿工件外轮廓运行，G41（或 G42）保持不变；若刀具半径参数值为负，刀具将沿编程轨迹内侧运行，指令 G41 与 G42 互换。

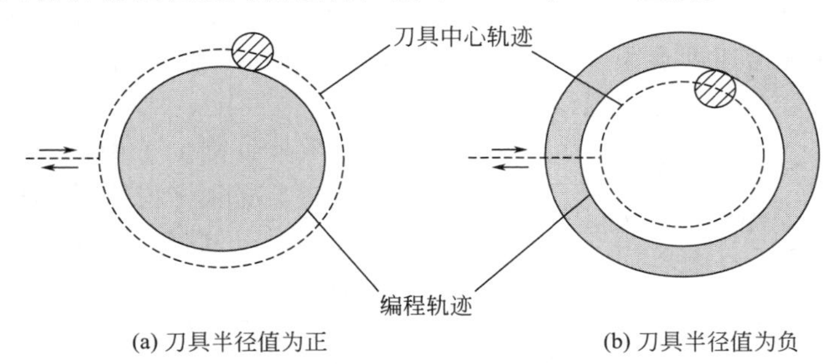

图 3-3-15　刀具半径补偿值对刀具运动的影响

图 3-3-15 (a) 所示虚线为机床中刀具半径参数值为正时刀具中心轨迹；

图 3-3-15 (b) 所示虚线为机床中刀具半径参数值为负值刀具中心轨迹，此时 G41、G42 指令互换：G41 变为 G42，或者 G42 变为 G41。

用此方法可加工凹、凸配合形状零件（冲压模具的凸凹模）或相同（相似）形状的内、外轮廓（如薄壁件），且它们之间的间隙（厚度）可通过调节半径参数值大小来控制。

四、进给路线

（1）铣削外轮廓的进给路线　为避免因切削力变化在加工表面产生刻痕，当铣削外轮廓平面时，应尽量避免图 3-3-15 铣刀沿零件外轮廓的法向切入、切出的进退刀路线，而应沿切削起始点延伸线［见图 3-3-14（a）］或切线方向（见图 3-3-16）逐渐切入、切离工件。

（2）铣削内轮廓的进给路线　铣削封闭的内轮廓表面时，为避免沿轮廓曲线的法向切入、切出，刀具可以沿一过渡圆弧切入和切出工件轮廓，见图 3-3-17。图中 $R1$ 为零件圆弧轮廓半径，$R2$ 为过渡圆弧半径，$R2$ 应尽可能接近 $R1$（如小 0.1 或 0.2）或等于 $R1$，以便为刀具直径 R 的选择留有尽可能大的选择范围。即所使用的刀具半径偏置值满足 $R<R2<R1$。

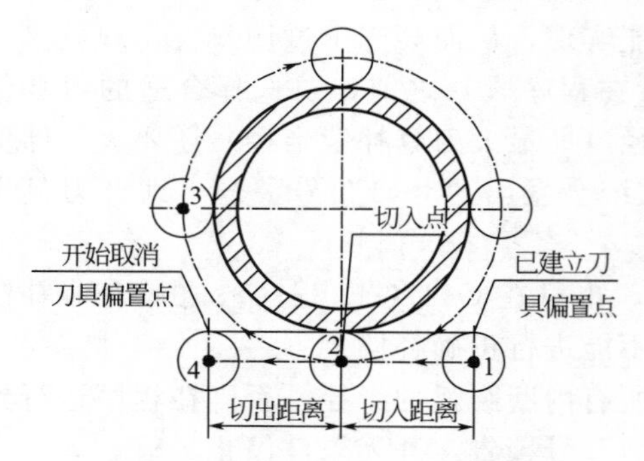

图 3-3-16　铣削外轮廓的进给路线

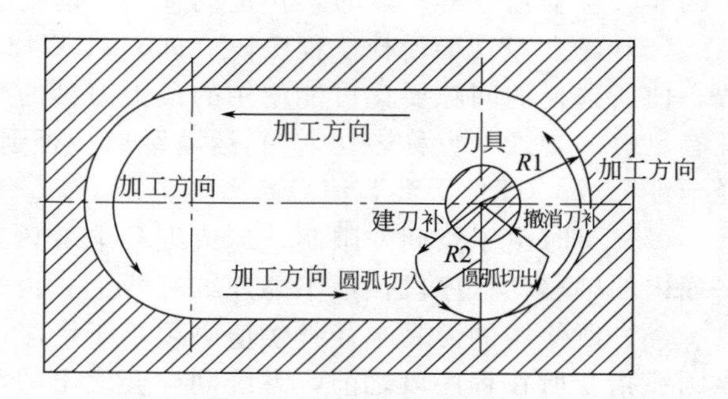

图 3-3-17　铣削内轮廓的进给路线

为简化编程计算，通常取切入和切出过渡圆弧的圆心角为 90°，即 1/4 整圆。在批量加工时，可适当减小圆心角，以提高生产率。因此，在批量生产中，多花一点时间进行几个点的坐标的计算是非常有价值的。

五、在刀具偏置状态下，圆弧插补进给速率调整

数控加工程序中给定的进给速度是刀具刀位点的进给速度，当刀具做直线插补时，切削点的进给速度与刀位点相同。而当刀具做圆弧插补（即铣削内外圆弧轮廓）时，由于刀具需要偏置，切削点的进给速度会发生变化，如图 3-3-18 所示。这会影响工件的表面质量，还会影响刀具的使用寿命，甚至会导致非常严重的后果。

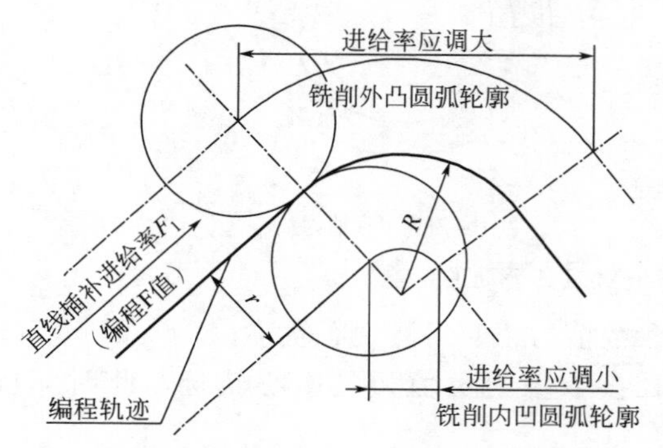

图 3-3-18　精加工时圆弧插补进给率调整方法

在数控铣削加工中，当曲面的表面质量要求较高时，必须考虑零件图样中的每个半径尺寸，分别予以调整，以便在铣削过程中保持铣刀切削点的进给速率不变。（注：车刀在车削过程一般不需要考虑这个问题，因为车刀刀尖半径很小，平均为 0.8mm，等距的刀具运动路径与编程路径非常接近。）

圆弧铣削插补进给率调整的基本规则是：外凸圆弧调大，内凹圆弧调小。

计算公式：

外凸圆弧：
$$F_O=F_l\frac{R+r}{R} \tag{3-1}$$

内凹圆弧：
$$F_I=F_l\frac{R-r}{R} \tag{3-2}$$

式中　F_O——外凸圆弧插补进给率（Out——刀具在圆弧外侧或外面）；

F_I——内凹圆弧插补进给率（In——刀具在圆弧内侧或里面）；

F_l——直线插补进给速率；

R——圆弧半径；

r——刀具半径。

当加工内凹圆弧时，若 r 与 R 非常接近时，进给速度会变得非常大，致使切削速度增大（甚至严重超出刀具所允许的切削速度）。这将导致切削温度升高，加剧刀具磨损，刀具耐用度变小。刀具磨损后，若未及时更换，则将导致切削力变大，从而间接引发刀具破损等严重事故。

因此编程时不仅要保证走刀路线正确，还要保证切削用量正确——数控程序中包含数控加工工艺方案和工艺参数以及加工中的一切注意事项。

数控编程与加工不仅仅是学习数控编程与加工，而且能培养做事的方法、周密的思维和细致的计划。

对于粗加工和半精加工，由于留有加工余量，圆弧的实际加工半径发生了变化。假定其所留的单边加工余量为 Δ，则外圆弧的实际加工半径变为（$R+\Delta$），内圆弧的实际加工半径变为（$R-\Delta$）。分别代入式（3-1）与式（3-2），得到其计算公式如下：

外凸圆弧：
$$F_O=F_l\frac{R+\Delta+r}{R+\Delta}=F_l\frac{R+r'}{R+\Delta} \tag{3-3}$$

内凹圆弧：
$$F_I=F_l\frac{R-\Delta-r}{R-\Delta}=F_l\frac{R-r'}{R-\Delta} \tag{3-4}$$

式中　Δ——（粗加工或半精）加工所留的单边加工余量，$\Delta=r'-r$；

r'——刀具半径偏置值，$r'=r+\Delta$。

式（3-3）和式（3-4）同样适用于精加工，只不过精加工时，单边加工余量 $\Delta=0$。当 Δ/R 的值很小时，可以不予考虑；否则，应当予以考虑。

提示：在自动编程时，CAM 软件会自动进行圆弧插补进给率调整，从而保持切削点的进给速度始终为后置处理（编程）前设定的进给速度。

因此要在数控机床上修改自动编程所得到的程序（工件一般较复杂）中的 F 值要非常慎重，可能的话，最好采用调整进给倍率旋钮的办法。否则，则最好利用 CAM 软件重新编程。这一点也说明，要很好地使用自动编程软件进行编程与加工，须先掌握好直接编程（俗称手工编程）。

六、加工中心换刀指令

（1）指令功能　换刀指令可以使加工中心选择正确的刀具并实现自动换刀，完成零件的加工。

（2）指令格式

G28 G91 Z0 M05；仅使加工中心从当前点返回 Z 轴原点，并且主轴停止转动。

T ×× M06；T ××：确认所选刀具准备就绪；M06：主轴定位，并将已确认处在换刀位置的刀具 T ××换到机床主轴上。

（3）注意事项

① 研究、学习 G28 指令的编程格式。

② 换刀后的程序段要改为 G90 模式。

③ T ×× M06 与 M06 T ××有时具有不同的含义。如 T01 M06 是将 1 号刀换到主轴上；而 M06 T01 是先完成换刀，然后 1 号刀准备换刀。加工中心的换刀方式有两种，任意位置换刀和固定位置换刀。任意位置换刀的，如图 1-1-6 机械手换刀装置所示，刀具在刀库中的位置是变化的，数控系统会记忆各编号刀具的位置。这种刀库的容量往往较大，完成换刀后，要为下次的换刀做好准备。而图 1-1-5 所示无机械手自动换刀装置，刀具在刀库中的位置往往是固定的。这时 T ×× M06 与 M06 T ××往往具有相同的含义。具体情况要查阅所用机床配带的机床说明书。

④ 有些加工中心，刀具不能用手直接安装到刀库中，而需要先安装到主轴上，再通过换刀指令安装到刀库中。其实对任何加工中心，这样操作都是安全的。

⑤ 刀库对刀具的重量与外形尺寸都有限制，确保刀具重量不超出规定值且在刀库中不与其它刀具相干涉，还要保证换到主轴上时也不会与夹具及工件干涉。

⑥ 在上海宇龙数控加工仿真软件中，T ×× M06 与 M06 T ××没有区别（无论立式还是卧式）。

七、如何将数控铣床加工程序转化为加工中心程序

数控铣床与加工中心的区别主要在于加工中心有刀库和换刀机械手，可以自动换刀，而在数控铣床上，只能在运行程序前或在程序无条件暂停（M00）后手动换刀。因此只要在数控铣削程序的开始部分（主轴启动前）加入上述换刀程序段（两段），再在数控铣削程序的 M00 指令后加入换刀程序段，即可将数控铣床加工程序转化为加工中心程序。

其次是修改 T 指令。数控铣床需要操作者手动换刀，因此在数控铣程序中编写的 T 指令的唯一意义就是提示操作者确认本次加工所使用的刀具。而在任意位置换刀的加工中心程序中，T 指令是为下次换刀做准备，即在本次换刀完成后即可令下次将要换到主轴上的刀具移动到换刀位置，以减少辅助时间。

【任务实施】

1. 资讯——工艺性分析

（1）结构工艺性分析

① 仔细阅读标题栏：零件材料为优质碳素结构钢，是常见加工材料。

② 零件形状分析：零件外形不太复杂，尺寸不大，有内外相同的加工轮廓三个，均为曲线 *ABCDEF* 的等距线。

③ 从制造观点分析零件结构的合理性及其在本企业数控加工的工艺性：零件轮廓形状复杂且有薄壁结构，适合数控铣削加工。

④ 分析结构的标准化与系列化程度：零件加工无需特殊刀具，但由于最外层的轮廓余量较多，最好采用直径较大的铣刀进行加工，以便缩短工时。

⑤ 分析零件非数控加工工序在本企业或外协加工的可能性：零件已经部分加工完毕（外形）。

⑥ 仔细阅读图样上其它非图形的技术要求：零件加工表面粗糙度要求均为 $Ra3.2\mu m$。

⑦ 尺寸标注方法分析：尺寸为对称注法，编程原点应选择在工件上表面中心。

（2）精度分析：轮廓尺寸精度 $14^{+0.05}_{+0.03}$ 较高，为 IT8，4±0.1 为 JS14，壁厚 1 未注公差尺寸，形位公差等级均未注明，在数控机床或加工中心上加工可行。

（3）图样完整性与正确性审查：图样正确、完整。

（4）零件毛坯及其材料分析：毛坯尺寸 80×80×20，已加工至规定尺寸。材料为优质碳素结构钢，无热处理要求，是常见加工材料。

2. 决策——制定工艺方案

由于加工表面粗糙度均为 $Ra3.2\mu m$，所以每个表面均需粗精加工两次，这样同时也能满足 IT8 的尺寸精度要求。

要遵循先内后外的原则：通常，金属材料的受压强度要大于受拉强度。因此，先选用 ϕ12 键槽铣刀铣削形成宽度为 $14^{+0.05}_{+0.03}$ 槽的两个相似轮廓，最后再铣削最外层轮廓。铣削最外轮廓时，为提高加工效率，可选用直径较大的铣刀，如 ϕ20 立铣刀。

要遵循先粗后精的原则：划分两个加工阶段，使粗精加工分开，并尽可能采用顺铣方式，延长刀具寿命，以便充分保证加工质量。

有内轮廓还有外轮廓，刀具直径选择不仅考虑内凹轮廓最小圆弧轮廓半径（$R19=R12+7$），还需考虑两轮廓最小间距 $14^{+0.05}_{+0.03}$ 及加工方案——粗精铣两次，粗加工要留余量。故加工两较小内轮廓可选用直径为 ϕ12 铣刀；最外轮廓刀具直径不受限制（无内凹圆弧和障碍），但要能快速切除余料，又要防止薄壁变形。最好选用直径较大的硬质合金刀具，精加工时采用高速切削。

定位装夹的确定。工件的定位要遵守六点定位原则。在选择定位基准时，要全面考虑工件的加工情况，保证工件定位准确，装卸方便，能迅速完成工件的定位和夹紧，保证各项加工精度，应尽量选择工件上的设计基准为定位基准。此零件宜采用底面及两侧面作为安装定位基准。采用几块等厚垫块将零件垫起（保证上表面水平而不影响槽深），适合用平口钳装夹，使零件上表面高出平口钳 5mm 以上即可。

3. 计划——编制工艺文件

这是正确、高效编程的基础和重要保障。

（1）编制工艺过程卡片（见表 3-3-1）和刀具卡片（见表 3-3-2）。

确定加工所用各种工艺参数。切削用量决定切削状态，其好坏直接影响加工的效率和经济性，这主要取决于编程人员的经验，工件的材料及形状，机床、刀具、工件的刚性，加工精度、表面质量要求和冷却系统等。具体参数见表 3-3-1。

表 3-3-1　数控加工工序卡片

单位		产品代号	零件名称		材料	
工序号	程序编号	夹具名称	夹具号	使用设备	45	
10	O3300　O3301	平口钳		FANUC-0iM		
工步号	工步内容	刀具		切削用量		
		T 码	类型及规格	主轴转速/(r/mm)	进给速度/(mm/min)	切削厚度/mm
1	粗铣两较小轮廓	T01	ϕ12mm 硬质合金键槽铣刀	1600	↓160 →320	3.8
2	粗铣最外侧轮廓	T02	ϕ20mm 硬质合金立铣刀	954	382	3.8
3	精铣两较小轮廓	T01	ϕ12mm 硬质合金键槽铣刀	2300	↓160 →460	↓0.2，→0.5
4	精铣最外侧轮廓	T02	ϕ20mm 硬质合金立铣刀	1432	572	↓0.2，→0.5

表 3-3-2 刀具卡片

产品型号			零件号		程序编号		制表
工步号	刀具						
	T码	刀具类型	直径/mm	长度	半径补偿值(推荐)		
1	T01	硬质合金键槽铣刀	$\phi12$	H01 实测	D01=－0.5 D02=0.5 D03=－1.0 D04=1.0		
2	T02	硬质合金立铣刀	$\phi20$	H02 实测	D05=18.5 D06=18.0		

（2）建立工件坐标系，确定加工坐标原点在工件上表面中心（见图 3-3-19）。

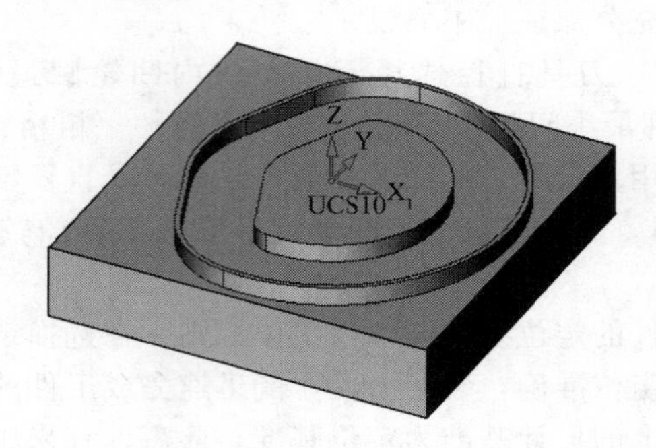

图 3-3-19 工件坐标系的设置

（3）绘制走刀路线图，如图 3-3-20 与图 3-3-21 所示。采用手工绘制草图或利用 CAD 软件绘图，并选用切向切入、切出的方式。

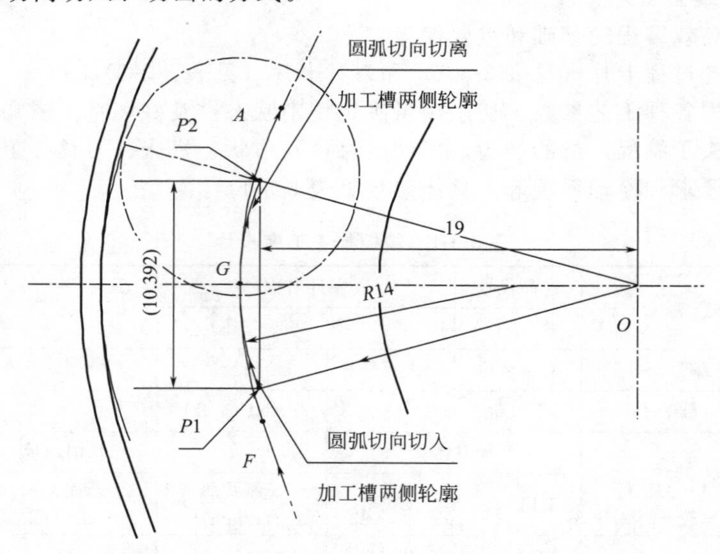

图 3-3-20 加工槽两侧轮廓走刀路线图（切向切入、切出）

这需要在编程前仔细计划好走刀路线，一般借助于 CAD 软件，需要花费一定时间，但加工质量和效率会大大提高，参见图 3-3-20。图中选取了 G(X－20，Y0) 作为轮廓的加工起点，便于切向切入、切出。

如图 3-3-20 所示的走刀路线为：快速定位到 O 点→$P1$ 点（加入半径补偿）→下刀→沿

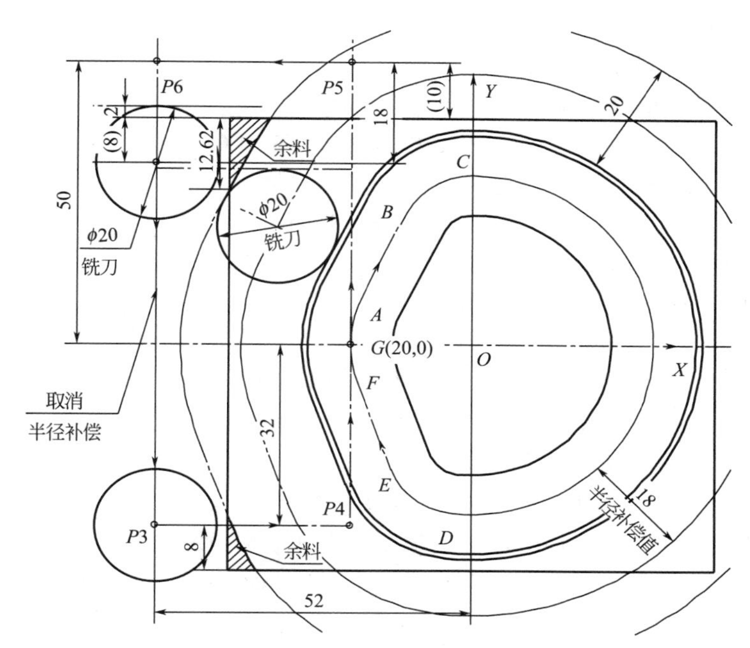

图 3-3-21　加工外侧轮廓走刀路线图（参考）

$R14$ 圆弧切入到 G 点→子程序（→A→B→C→D→E→F→G）→沿 $R14$ 圆弧切出到 $P2$ 点→抬刀→取消半径补偿快速定位到 O 点。

加工外侧轮廓时，也可采用图 3-3-20 所示的走刀路线，但由于左侧上下两角会留有余料（见图 3-3-21），因此可以选择其更好的进退刀路线，以便切除外轮廓加工后的余料。走刀路线（见图 3-3-21）为：快速定位到 $P3$→下刀→$P4$ 点（加入半径补偿）→沿切线切入到 G 点→子程序（→A→B→C→D→E→F→G）→沿切线切出到 $P5$ 点→$P6$ 点（刀具已离开工件）→取消半径补偿快点定位到 $P3$ 点→抬刀。

其中，$P5$ 点 Ymin＝40＋2-铣刀半径 10＋偏置值 18＝50，余料采用不对称顺铣，式中，“＋2”的含义是精铣时在半径补偿状态下铣刀端面刃伸出毛坯边缘 2mm。粗铣时偏置值 18.5，因此端面刃伸出毛坯边缘 1.5mm。

（4）编制坐标卡片。进行数学处理，形成坐标卡片（见表 3-3-3）。此处，基点 $ABCDEF$ 点的坐标零件图中已经给出，因此略。走刀路线中的其余各点（$P1$～$P6$）坐标可以在走刀路线图中据标注尺寸直接获得（也通过 CAD 软件的查询点坐标获得）。

表 3-3-3　坐标卡片

点	X	Y	点	X	Y
两小轮廓			外侧大轮廓		
O	0	0	$P3$	－52	－32
$P1$	－19	－5.196	$P4$	－20	－32
G	－21	0	G	－20	0
A～F	略	略	A～F	略	略
G			G		
$P2$	－19	5.196	$P5$	－20	50
O			$P6$	－52	52
			$P3$		

4. 实施——编写零件加工程序

应遵循一致性原则（要具有编程风格）。

O3300（主程序，垂直下刀）；

N010（T01 ϕ12 硬质合金键槽铣刀 H01 D01＝－0.5 D02＝0.5 D03＝－1.0 D04＝1.0）；

N020（T02 ϕ20 硬质合金立铣刀 H02）；

N030（T02 D05＝18.5 D06＝18 D07＝－18.5）；

N040（粗铣内侧轮廓）；

N050 G17 G40 G49 G69 G80 G94；

N060 G28 G91 Z0 M05；（机床仅 *Z* 轴回参考点，之后主轴停转）

N070 T01 M06；（N50、N60 为加工中心换刀指令）

N080 G00 G54 G90 X0 Y0 M03 S1600 T02；（转为 G90 模式快速定位至 *O*；对于任意位置换刀机床，T02 移动到换刀位置，准备换刀）

N090 G01 G43 Z5. H01 F2000；（刀具长度补偿，G01 便于使用进给倍率旋钮控制下刀速度。换刀后必须正确使用 G43 H ____指令，否则危险！）

N100 G00 G41 X－19.0 Y－5.196 D01；（加入半径补偿至 *P*1，D01＝－0.5，本程序段也可改为“G00 G42 X－20. Y－5.0”，D02；D02＝0.5）

N110 G01 Z－3.8 F160 M08；（*Z* 轴下刀，同时切削液打开。为非补偿平面内的轴移动程序段，最多只能有一个）

N120 G02 X－20.0 Y0 R14.0 F320；（圆弧切向切入至 *G*）

N130 M98 P3301；（调用子程序 O3301 一次，并回到 *G*）

N140 G02 X－19.0 Y5.196 R14.0；（圆弧切向切出至 *P*2）

N150 G00 Z5.；（*Z* 轴抬刀，为非补偿平面内的轴移动程序段，最多只能有一个）

N160 G40 X0 Y0 M09；（取消半径补偿至 *O*）

N170（粗铣中间轮廓）；

N180 G00 G41 X－19.0 Y－5.196 D02；（加入半径补偿至 *P*1，D02＝0.5，本程序段也可改为“G00 G42 X－20. Y－5.0 D01；”，D01＝－0.5）

N190 G01 Z－3.8 F160 M08；（*Z* 轴下刀，同时切削液打开。为非补偿平面内的轴移动程序段，最多只能有一个）

N200 G02 X－20.0 Y0 R14.0 F320；（圆弧切向切入至 *G*）

N210 M98 P3301；（调用子程序 O3301 一次，并回到 *G*）

N220 G02 X－19.0 Y5.196 R14.0；（圆弧切向切出至 *P*2）

N230 G00 Z5.；（*Z* 轴抬刀，为非补偿平面内的轴移动程序段，最多只能有一个）

N240 G40 X0 Y0 M09；（取消半径补偿至 *O*）

N250（粗铣外侧轮廓）；

N260 G28 G91 Z0 M05；

N270 T02 M06；

N280 G00 G54 G90 X－52.0 Y－32.0 M03 S954 T01；（转为 G90 模式快速定位至 *P*3；对于任意位置换刀机床，T02 移动到换刀位置，准备换刀）

N290 G01 G43 Z5. H02 F2000；（刀具长度补偿，G01 便于使用进给倍率旋钮控制下刀）

N300 Z－3.8；

N310 G01 G41 X－20.0 D05 F382；（D05＝18.5，加入半径补偿至 *P*4，本程序段也可

改为 G00 G42 X－20. Y－5.0 D07 (D07＝－18.5))；

N320 Y0；(切向切入至 G)

N330 M98 P3301；(调用子程序 O3301 一次，并回到 G)

N340 G01 Y50.0；(直线切向切出至 $P5$，准备切除余料)

N350 X－52.0；(至 $P6$，切除余料)

N360 G00 G40 Y－32.0 M09；(取消半径补偿至 $P3$)

N370 G0 Z200.；(Z 轴抬刀至 200mm 高，为测量做准备)

N380 M05；(主轴停转，本程序段也可以省略)

N390 M00 (检验，修正 D03、D04、D06 及 H01、H02，并参照精度要求修正相应磨耗值)；

N400 (精铣内侧轮廓)；

N410 G28 G91 Z0 M05；

N420 T01 M06；

N430 G00 G54 G90 X0 Y0 M03 S2300 T02；

N440 G01 G43 Z5. H01 F2000；

N450 G00 G41 X－19.0 Y－5.196 D03；(D03＝－1.0；本程序段可改为“G00 G42 X－19.0 Y－5.196 D04”，D04＝1.0 效果相同)

N460 G01 Z－4.0 F160 M08；

N470 G02 X－20.0 Y0 R14.0 F320；

N480 M98 P3301；

N490 G02 X－19.0 Y5.196 R14.0；

N500 G00 Z5.；

N510 G40 X0 Y0 M09；

N520 (精铣中间轮廓)；

N530 G00 G41 X－19.0 Y－5.196 D04；(D04＝1.0)

N540 G01 Z－4.0 F160 M08；

N550 G02 X－20.0 Y0 R14.0 F320；

N560 M98 P3301；

N570 G02 X－19.0 Y5.196 R14.0；

N580 G00 Z5.；

N590 G40 X0 Y0 M09；

N600 (精铣外侧轮廓)；

N610 G28 G91 Z0 M05；

N620 T02 M06；

N630 G00 G54 G90 X－52.0 Y－32.0 M03 S1432 T01；

N640 G01 G43 Z5. H02 F2000；

N650 Z－4.0；

N660 G01 G41 X－20.0 D06 F572；(D06＝18.0)

N670 Y0；

N680 M98 P3301；

N690 G01 Y50.0；

N700 X－52.0；

```
N710 G00 G40 Y－32.0 M09；
N720 G0 Z200.；
N730 M05；
N740 M30；
%

O3301（G→A→B→C→D→E→F→G）；
N8010 G02 X－17.916 Y8.889 R20.0；
N8020 G01 X－10.750 Y23.333；
N8030 G02 X0 Y30.0 R12.0；
N8040 G02 X－3.288 Y－29.819 R－30.0；
N8050 G02 X－13.242 Y－22.015 R12.0；
N8060 G01 X－18.782 Y－6.872；
N8070 G02 X－20. Y0 R20.0；
N8080 M99；
%
```

上述主程序 O3300 中还有很多相同的程序段，还可以做成子程序，形成子程序 2 级嵌套，其中子程序 O3301 不变，为最末级。程序变为一个主程序 5 个或 4 个子程序。以下参考程序为一个主程序（O3310）与 4 个子程序（O3301，O3302，O3303，O3304）——仅供参考。

```
O3310（主程序）；
N010（T01  ϕ12 硬质合金键槽铣刀 H01）；
N020（T02  ϕ20 硬质合金立铣刀 H02）；
N030（D01＝－0.5  D02＝0.5  D03＝－1.0  D04＝1.0  D05＝18.5 D06＝18）；
N040（粗铣内侧轮廓）；
N050 G17 G40 G49 G69 G80 G94；
N060 G28 G91 Z0 M05；
N070 T01 M06；
N080 G00 G54 G90 X0 Y0 M03 S1600 T02；
N090 G01 G43 Z5. H01 F2000；
N100 D01 M98 P3302；（D01＝－0.5）
N110（粗铣中间轮廓）；
N120 D02 M98 P3302；（D02＝0.5）
N130（粗铣外侧轮廓）；
N140 G28 G91 Z0 M05；
N150 T02 M06；
N160 G00 G54 G90 X－52.0 Y－32.0 M03 S954 T01；
N170 G01 G43 Z5. H02 F2000；
N180 Z－3.8；
N190 D05 F382 M98 P3303；（D05＝18.5）；
N200 G0 Z200.；
```

N210 M05；

N220 M00；（检验，修正 D03、D04、D06 及 H01、H02，并参照精度要求修正相应磨耗值）

N230（精铣内侧两轮廓）；

N240 G28 G91 Z0 M05；

N250 T01 M06；

N260 G00 G54 G90 X0 Y0 M03 S2300 T02；

N270 G01 G43 Z5. H01 F2000；

N280 D03 M98 P3304；（D03＝－1.0）

N290（精铣中间轮廓）；

N300 D04 M98 P3304；（D04＝1.）

N310（精铣外侧轮廓）；

N320 G28 G91 Z0 M05；

N330 T02 M06；

N340 G00 G54 G90 X－52.0 Y－32.0 M03 S1432 T01；

N350 G01 G43 Z5. H02 F2000；

N360 Z－4.0；

N370 D06 F572 M98 P3303；（D06＝18.0）

N380 G0 Z200.；

N390 M30；

%

O3301（*G*→*A*→*B*→*C*→*D*→*E*→*F*→*G*）；

N8010 G02 X－17.916 Y8.889 R20.0；

N8020 G01 X－10.750 Y23.333；

N8030 G02 X0 Y30.0 R12.0；

N8040 G02 X－3.288 Y－29.819 R－30.0；

N8050 G02 X－13.242 Y－22.015 R12.0；

N8060 G01 X－18.782 Y－6.872；

N8070 G02 X－20. Y0 R20.0；

N8080 M99；

%

O3302（粗铣削内侧两轮廓）；

N410 G00 G41 X－19.0 Y－5.196；

N420 G01 Z－3.8 F160 M08；

N430 G02 X－20.0 Y0 R14.0 F320；

N440 M98 P3301；

N450 G02 X－19.0 Y5.196 R14.0；

N460 G00 Z5.；

N470 G40 X0 Y0 M09；

```
N480 M99;
%

O3303（铣削外轮廓）;
N510 G01 G41 X-20.0;
N520 Y0;
N530 M98 P3301;
N540 G01 Y50.0;
N550 X-52.0;
N560 G00 G40 Y-32.0 M09;
N570 M99;
%

O3304（精铣削内侧两轮廓）;
N610 G00 G41 X-19.0 Y-5.196;
N620 G01 Z-4.0 F160 M08;
N630 G02 X-20.0 Y0 R14.0 F460;
N640 M98 P3301;
N650 G02 X-19.0 Y5.196 R14.0;
N660 G00 Z5.;
N670 G40 X0 Y0 M09;
N680 M99;
%
```

程序段的总数量由82(74＋8) 变为70(39＋8＋8＋7＋8)，最大的优点是主程序的程序段的数量大大缩减，阅读更加简洁方便。

5. 检查控制——程序检验（仿真软件等）

6. 评定反馈——在数控机床上试切并加工出工件

标准调试操作步骤如下。

(1) 安装刀具。

(2) 安装夹具。

(3) 安装工件。

(4) 设置刀具偏置：必须按照编程时所确定的工件坐标系G54及H和D来设定。毛坯已经进行了预加工，外形尺寸已经达到要求。为不伤及毛坯表面，下面介绍在加工中心上借助对刀工具的对刀方法。

① *X*、*Y*向对刀（采用光电式寻边器对刀）。

a. 将寻边器装在主轴上并校正。

b. 沿*X*（或*Y*）方向缓慢移动测头直到测头接近工件的对刀表面。

c. 改用手轮（或步进）操作方式。使用手轮×100(0.1mm) 档，使其接触到工件被测轮廓，指示灯亮，然后反向移动，使指示灯灭。

d. 逐级降低手轮倍率至×10(0.01mm)，×1(0.001mm)，重复上面c项操作，最后指示灯亮。

e. 进行面板操作，把操作得到的偏置量输入零点偏置中。

② 采用 Z 轴设定器完成 Z 向对刀。

使用 Z 轴设定器时，主刀法的操作步骤如下。

a. 校准（机械式）。以研磨过的圆棒平压 Z 轴设定器的研磨面并与外圆的研磨面保持在同一平面，同时调整侧面的表盘，使指针调到零。

b. 将工件表面或夹具表面擦拭干净，将 Z 轴对刀器吸附在已经装夹好的工件或夹具平面上。

c. 将刀具装在主轴上，快速移动工作台和主轴，让刀具端面靠近 Z 轴对刀器上表面。

d. 改用步进或手轮微调操作，让刀具端面慢慢接触到 Z 轴对刀器上表面，直到 Z 轴对刀器发光或指针指示到零位。

e. 记下机械坐标系中的 Z 值数据。

f. 对于当前刀具（通常首先对主刀），工件（或夹具）平面在机床坐标系中的 Z 坐标值为此数据值再减去 Z 轴对刀器的高度。

g. 若工件坐标系 Z 坐标零点设定在工件或夹具的对刀平面上，则此值即为工件坐标系 Z 坐标零点在机床坐标系中的位置，也就是 Z 坐标零点偏置值——输入到 G54 的 Z 偏置中（主刀法）。

h. 再按主刀法的要求，将相对坐标设为 0 后，再重复步骤 c、d 对另一把刀，并将相对坐标值（有正负号）输入到相应的 H 寄存器中。需要特别强调的是主刀的 H 寄存器一定要设为零。

对于接触对刀法（见图 3-2-10），步骤 d 中当 Z 轴对刀器指针到达设定时的零位或发光时，记下机械坐标系的 Z 值减去 Z 轴设定器的高度即为该刀具的长度补偿值（负值）。用上述方法分别测量两把刀的长度补偿值，并分别输入到对应的刀具长度补偿寄存器 H 中（由于上表面无余量，所以 G54 中 Z 值设为 0）。

（5）检查程序。

（6）重新安装工件。

（7）试切。

（8）调整安装。

（9）开始生产。

（10）保存程序。

【任务总结】

（1）刀具半径补偿的使用注意事项非常重要，要真正理解。理解偏置方式 G41、G42 与所适用的 D 指令所存储的偏置值之间的关系，真正理解刀具偏置的使用方法，懂得刀具半径补偿的注意事项。

（2）使用同一子程序加工相似轮廓，要选好子程序的起点。本例中 G 点是最佳点之一，其它较好的起点还有 $R30$ 圆弧的三个象限点。当然还有其它切入点，如快速定位到 O 点→A 点（加入半径补偿）→下刀→子程序（→B→C→D→E→F→A）→抬刀→取消半径补偿回到 O 点。该路线编程简单，但由于法向切入，刀具在加工表面停留，会在零件表面留下刀痕，加工质量不好，因此一般不建议采用这种法向切入、切出方法。当然若图样要求不高，加工能满足要求时也可采用。

（3）轮廓加工前刀具切入到 G 点及加工完成后从 G 点切离工件（即加入与取消刀具半

径补偿）的方式还有其它路径。图 3-3-22 是一种仅能铣削最小轮廓的走刀路线：沿直线切向切入到 G 点，开始轮廓加工，轮廓加工完毕后又从 G 点沿直线切削切出。但直线段应较小（见图中的标注尺寸 4），否则会导致中间轮廓过切。安排刀具路线的原则是保证刀具不能过切工件。该路线不能加工薄壁内侧轮廓（中间轮廓）。圆弧切向切入、切出是普遍适用的轮廓铣削路径，其切入点还可选定 A 点、F 点等。但 G 点等象限点是最好的切入点，三个轮廓的编程都较方便。

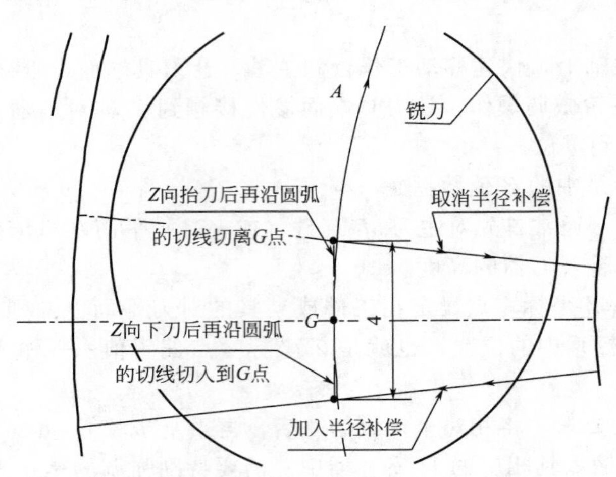

图 3-3-22　仅能铣削最小轮廓的走刀路线

（4）余料的切除方法有多种。可以研究确定更短的刀具路径。要真正理解半径指令 G41、G42、G40 及 D 指令对刀具运动的影响，确保刀具运动路径适当——不过切，也不残留余料。

（5）利用 CAD 软件会更好地提高编程效率。不仅可以预见余料的大小和位置，帮助确定刀具路径，还可以查询、计算运动路径上各点的坐标。但应当注意，要直接查询点的 X、Y 坐标值，先要将工件坐标系与绘图软件的坐标系原点重合，否则将得到错误的坐标数据。

【任务评价】

评分标准

序号	考核项目	考核内容	配分	评分标准(分值)	小计
1	资讯	工艺性分析的透彻性	5	据工艺方案得分判定，计算公式如下： 得分＝0.5×工艺方案得分	
2	决策	数控加工工艺方案制定的合理性	10	据工艺文件内容判定 1. 工步顺序正确(5 分) 2. 刀具材质选择正确(3 分) 3. 工件坐标系原点设置适当(2 分)	
3	计划	数控加工工艺文件编制的完整性、正确性、统一性	20	1. 工艺文件齐全，填写完整、统一(4 分) 2. 工艺过程卡片中切削用量适当(6 分) 3. 刀具卡片中刀具代号、规格正确(2 分) 4. 走刀路线的制定适当(3 分) 5. 坐标卡片填写正确(5 分)	
4	实施 编程	编制零件加工程序及程序检验	20	1. 各成员编制的加工程序具有一致性(5 分) 2. 加工程序无语法错误(10 分) 3. 加工程序无逻辑错误(5 分)	

续表

序号	考核项目	考核内容	配分	评分标准(分值)	小计
5	加工操作	1. 加工操作正确性 2. 安全生产	30	1. 刀具安装方法正确(2分) 2. 选用合适的量具(2分) 3. 测量毛坯实际尺寸,并正确安装工件(3分) 4. 能正确进行工件偏置设置,并能根据刀具卡片进行刀具偏置设置,操作正确(5分) 5. 输入程序后进行程序检查(2分) 6. 正确进行试切(10分) 7. 试切后能正确调整相应偏置数值(2分) 8. 加工操作过程未发生撞刀等安全事故(4分)	
6	质量分析与评价	1. 工件检验 2. 团队合作 3. 运用基本理论知识进行分析	15	1. 正确选用量、检具进行加工尺寸检查(分别在机床和检验工作台上进行)并合格(9分) 2. 加工表面粗糙度合格(1分) 3. 能团队合作(3分) 4. 正确运用理论知识进行加工质量分析,并修正、保存程序(2分)	
合计			100	得分合计	

【思考与练习】

1. 任务思考:

(1) 如果将 T01 改为 $\phi12$ 立铣刀,则应如何修改程序?

提示:采用坡走刀或螺旋下刀(参见项目五),下刀的斜角不能太大,一般取 2°～5°,以免伤刀。直接编程多采用坡走刀。

(2) 铣削加工中多使用右旋铣刀且主轴正转。因此,三个轮廓中的外轮廓与内侧小轮廓是顺铣的加工方式,而中间轮廓则是逆铣方式。若中间轮廓的表面粗糙度达不到要求,在不改变子程序的前提下,如何变为顺铣方式?

(3) 加工外轮廓或内轮廓后,若尺寸超差,应如何调整?

(4) 本任务是否可采用试切法对刀?即对刀试切法对刀是否会在零件上留下不必要的刀痕?

2. 采用环切或行切时行距如何确定?

3. 寄存器中刀具半径补偿值是否总是与真实的刀具半径一致?

4. 刀具半径值由正值变为负值时,加工轮廓如何变化?G41、G42 如何变化?如何始终保持顺铣?

5. 程序 T03　M06 与 M06　T03 一样吗?

6. G28 Z…运动(立式加工中心)能否取消刀具长度补偿?

7. 如何将刀具安装到加工中心的刀库中?

8. 项目三任务 1 的毛坯尺寸为改为 105×105×45,试确定工艺方案并编程与加工。

9. 项目三任务 2 的毛坯尺寸为改为 105×105×45,试确定工艺方案并编程与加工。

10. 请选用合适的刀具加工如图 3-3-23 所示内外相似轮廓,试编制程序并加工。材料为硬铝,毛坯尺寸 80×80×20,未注公差尺寸允许误差±0.07。

11. 加工如图 3-3-24 所示的零件,材料为 45 钢,毛坯尺寸 80×80×20。

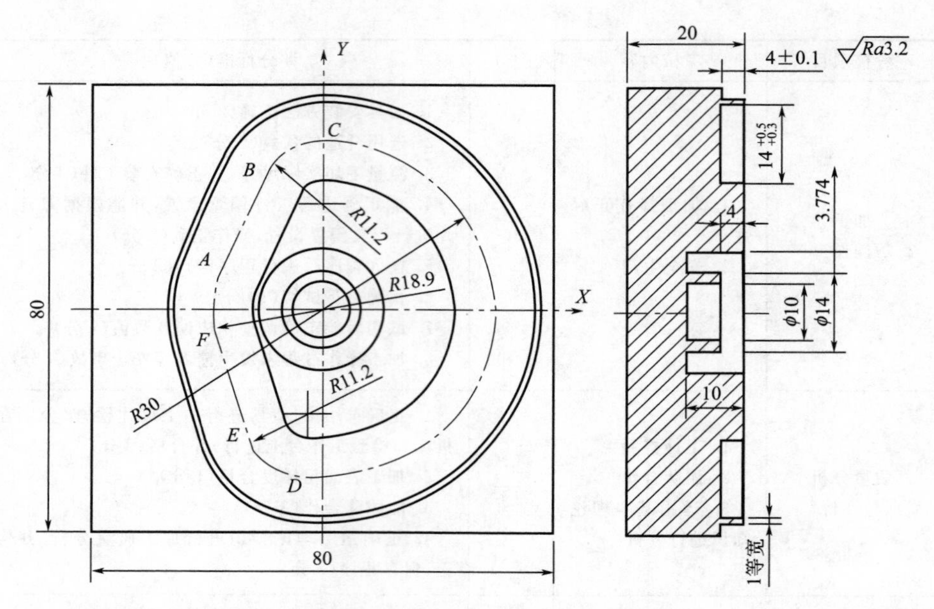

A(−17.242 7.7741) B(−10.218 23.387) C(0.30) D(−3.99 −29.734)
E(−13.237 −21.821) F(−18.118 −5.379)
坐标原点在工件对称中心

图 3-3-23 内外相似轮廓零件 1

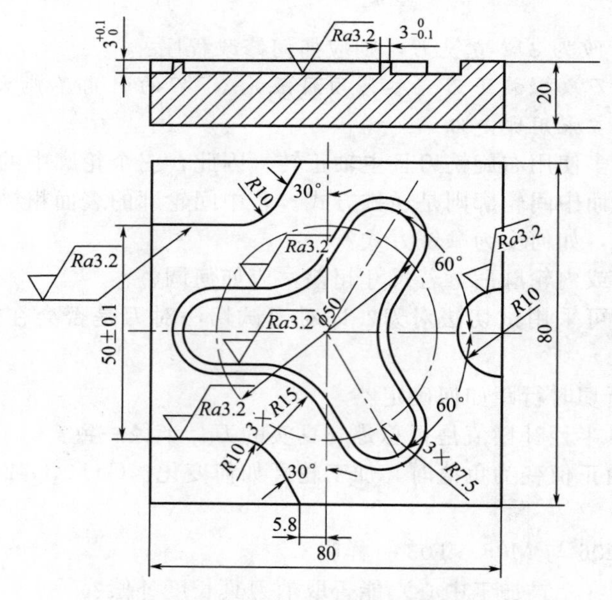

图 3-3-24 内外相似轮廓零件 2

项目四 孔加工

【项目需求】

孔加工是数控铣床、加工中心经常遇到的加工方式。常用的工艺方法有钻孔、扩孔、铰孔、镗孔、攻螺纹、铣孔及铣削螺纹。其中钻孔、扩孔、铰孔、镗孔、攻螺纹所获得的孔的尺寸是由所使用的刀具尺寸决定的，因此这些工艺方法所使用的刀具称为定尺寸刀具。而对于精度不太高的孔，尤其是大直径的孔和内外螺纹，则常常使用铣孔、铣削螺纹的方法。

【项目工作场景】

一体化教室：配有 FANUC0i MD 系统的立式数控铣床、立式加工中心至少各一台及机床说明书，刀柄、刀具、量具、精密平口钳、垫铁一套等工具及工具橱、数控仿真室、多媒体教学设备。

【方案设计】

任务 1 定尺寸刀具加工孔，学习固定循环指令。

任务 2 铣孔，学习用铣刀铣削孔。

任务 3 铣削普通螺纹，学习用螺纹铣削加工（镗削螺纹本质上仍是定尺寸刀具加工孔）。

【相关知识和技能】

技能目标

① 能根据孔的结构、尺寸正确选择加工方法、刀具直径及切削用量；

② 会根据现有生产条件制定正确、适当的孔加工工艺方案并编制孔加工零件的加工工艺；

③ 能适当运用固定循环指令编程，并完成零件加工；

④ 能正确选择铣孔、铣螺纹的走刀路线，掌握数控铣床铣孔、铣螺纹的编程技巧；

⑤ 能运用倒角刀加工 45°孔口倒角。

知识目标

① 了解孔的类型及加工方法；

② 了解麻花钻、铰刀、镗刀等定尺寸刀具的结构特点及孔加工工艺安排；

③ 懂得固定循环指令的编程格式及各指令适应的工艺类型；

④ 了解铣孔与镗孔的区别；

⑤了解铣孔、铣螺纹工艺特点及工艺参数选择。

任务1 利用定尺寸刀具加工孔

【学习目标】

技能目标

① 能熟练安装、找正平口钳，熟练装夹工件、刀具；
② 熟练运用数控铣床多刀加工时的对刀方法的主刀法；
③ 会孔加工工艺方法的选择并编制孔零件的加工工艺；
④ 能适当运用固定循环指令编程，并完成零件的孔加工；
⑤ 养成良好的编程习惯，以形成自己的编程风格。

知识目标

① 了解孔的类型及加工方法；
② 了解麻花钻、铰刀、镗刀等定尺寸刀具的结构特点及孔加工工艺安排；
③ 懂得固定循环指令的编程格式及各指令适应的工艺类型。

【任务描述】

如图 4-1-1 所示零件材料 HT200GB 9439—1998，毛坯尺寸为 100×100×40（六面体各表面已经加工完毕并合格），轮廓 70×70-4×*R*10 已经粗加工完毕，留下 0.5mm 余量，高度尺寸 10 留有 0.2mm 余量，未注孔口倒角 1×45°。试编制该零件的加工程序。

【任务分析】

零件上要加工 70×70，*R*10 平面轮廓与 33 个孔，其中 25 个直径为 4mm 的均匀分布的盲孔，其余均为通孔，4 个直径为 12mm 的孔和 4 个直径为 6mm 的孔。各类孔的位置尺寸均采用对称标注。

【知识准备】

一、FANUC 0i 数控系统的孔加工固定循环指令

（一）总体介绍

在数控加工中，一些典型的加工工序，如钻孔，一般需要快速接近工件、慢速钻孔、快速回退等固定的动作。数控系统的生产厂家已将这些典型的、固定的几个连续动作，用一条 G 指令来代表，这样，只须用单一程序段的指令程序即可完成加工，这样的指令称为固定循环指令，它可以有效地缩短程序代码，节省存储空间，简化编程。本节介绍 FANUC 0i-MD 数控系统的孔循环指令，以在 G17 平面内加工孔为例。

孔加工循环指令为模态指令，一旦定义了某个孔加工循环指令，在接着的所有孔位置数据（G17 平面为 *XY*）的位置均将采用该孔加工循环指令进行加工，直到 G80 取消孔加工循环为止。

1. FANUC 0iMD 的孔加工固定循环指令

指令有 13 个，见表 4-1-1。

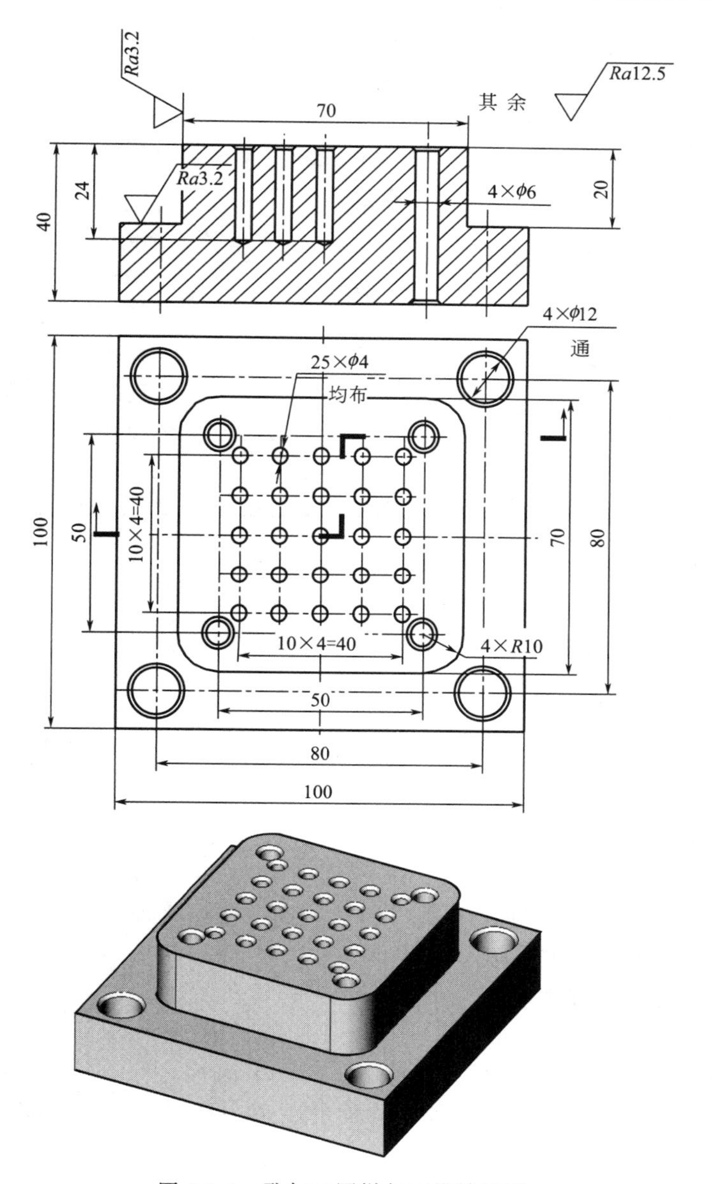

图 4-1-1　孔加工图样与三维效果图

表 4-1-1　FANUC 0i 的孔加工固定循环

G代码	加工运动（Z 轴负向）	孔底动作	返回运动（Z 轴正向）	名称	应用举例
G73	分次，切削进给	—	快速定位进给	高速深孔钻削循环	通常用于长系列钻头
G74	切削进给	暂停-主轴正转	切削进给	左螺纹攻丝	攻左旋螺纹
G76	切削进给	主轴定向，让刀	快速定位进给	精镗循环	主要用于孔的精加工
G80	—	—	—	固定循环取消	—
G81	切削进给	—	快速定位进给	普通钻孔循环	钻孔（通，浅）、中心孔、粗镗孔
G82	切削进给（较低的主轴转速）	暂停	快速定位进给	钻削或粗镗削	中心钻、点钻、打锥沉孔等孔底光滑的孔加工；粗镗孔

续表

G代码	加工运动（Z轴负向）	孔底动作	返回运动（Z轴正向）	名称	应用举例
G83	分次，切削进给	—	快速定位进给	深孔排屑钻削循环	通常用于长系列钻头
G84	切削进给	暂停-主轴反转	切削进给	右螺纹攻丝	攻右旋螺纹
G85	切削进给	—	切削进给	镗削	镗孔、铰孔
G86	切削进给	主轴停	快速定位进给	镗削循环（不能钻孔）	粗加工孔或需要额外加工操作的孔
G87	切削进给（Z轴正向）	主轴正转	快速定位进给（不能用G99）	反镗削循环	特殊的加工和安装要求
G88	切削进给	暂停-主轴停	手动	镗削循环	仅限于特殊刀具且在孔底需要手动干涉的镗削，如浮动镗
G89	切削进给	暂停（区别于G85）	切削进给	镗削循环	—

2. 固定循环的动作

固定循环一般由以下六个动作组成（如图4-1-2所示）。

（1）$A \to B$ 刀具快进至孔位坐标（X，Y），即循环初始点 B。

（2）$B \to R$ 刀具沿Z向快进至加工表面附近的 R 点平面。

（3）$R \to E$ 加工动作（如：钻、扩、铰、攻螺纹、镗等）。

（4）E 点孔底动作（如：进给暂停、刀具偏移、主轴准停、主轴反转等）。

（5）$E \to R$ 返回到 R 点平面。

（6）$R \to B$ 返回到初始点 B。

说明如下。

初始平面：初始点所在的与 Z 轴垂直的平面称为初始平面，即执行固定循环指令前刀具刀位点所在的与 Z 轴垂直的平面。它是为安全下刀而规定的一个平面。初始平面到零件表面的距离可以任意设定在一个安全的高度上。通常设置工件最高上表面上方50mm的高度上。

R 平面：又叫做 R 参考平面、安全平面、R 点平面等名称，这个平面是刀具下刀时由快进转为工进的高度平面，距工件孔加工表面的距离主要考虑工件表面 Z 向尺寸的变化来确定，一般可取2～5mm。

孔底平面：加工盲孔时孔底平面就是孔底的 Z 轴高度；加工通孔时一般刀具还要伸出工件底平面一段距离，主要是要保证全部孔深都加工到尺寸；钻削加工时还应考虑钻头对孔深的影响。

钻孔定位平面由平面选择代码G17、G18或G19指定，分别对应钻孔轴 Z、Y 或 X 及它们的平行轴（如 W、V、U 辅助轴）。必须记住，只有在取消固定循环以后才能切换钻孔轴。

固定循环的坐标数值形式可以采用绝对坐标（G90）或相对坐标（G91）表示。采用绝对坐标和相对坐标编程时，孔加工循环指令中的值有所不同。如图4-1-3所示，其中图4-1-3（a）是采用G90的表示，其中图4-1-3（b）是采用G91的表示。

3. 固定循环指令格式

固定循环指令的一般格式如下（以G17平面为例）：

G17 G91（/G90） G99（/G98）G_ X_ Y_ Z_ R_ P_ Q_ F_ K_ ；

其中：

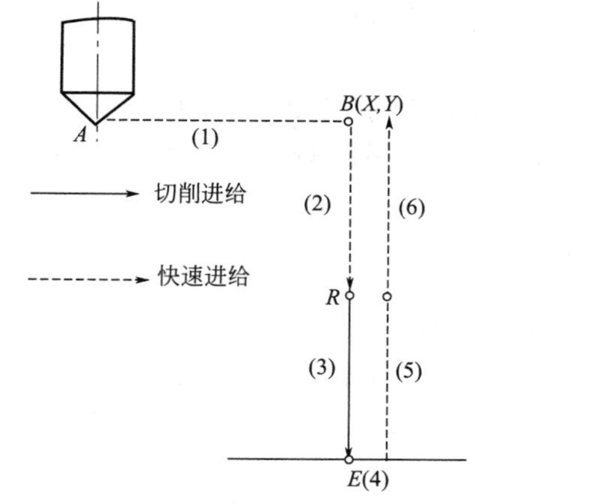

图 4-1-2　固定循环动作

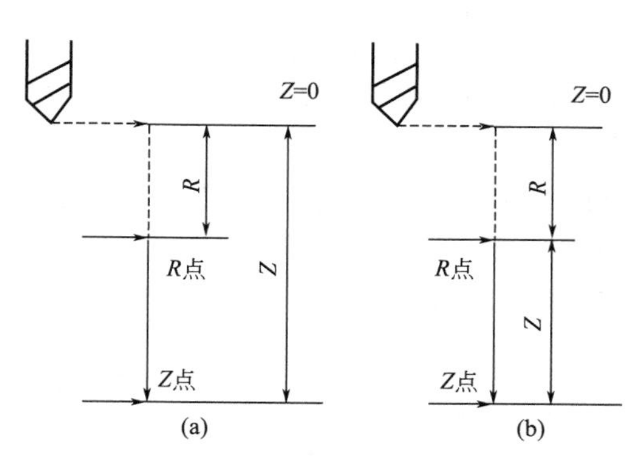

图 4-1-3　G90、G91 对应的 Z 和 R 值

(1) 第一个 G 指令：G98 指令使刀具返回初始点，G99 指令使刀具返回 R 点平面，如图 4-1-4（a）与（b）所示。

G98、G99 决定加工结束后返回的位置，当使用 G99 指令时，如果在台阶面上加工孔，从低面向高面加工时会产生碰撞现象；加工中间有障碍的孔，也要使用 G98 以防止撞刀。这必须引起注意，参见图 4-1-4（c）。

(2) 第二个 G 指令：G 为各种孔加工循环方式指令，见表 4-1-1。

(3) X、Y 为孔位坐标，可为绝对或增量坐标方式，由 G90 或 G91 决定。

(4) Z 为孔底坐标，增量坐标方式时为孔底相对于 R 点平面的增量值。

(5) R 为 R 点平面的 Z 坐标（一般距零件表面 2mm～5mm），增量坐标方式时为 R 点平面相对于 B 点的增量值。

(6) P 用来指定刀具在孔底的暂停时间，单位毫秒（1s＝1000ms）。

(7) Q 在 G73 和 G83 中为每次的钻削深度，在 G76 和 G87 中为镗刀的偏移量，它始终是增量值。

(8) F 指定孔加工切削进给时的进给速度。

(9) K（或 L）是固定循环的次数，范围是 0～9999，默认值为 K1（L1）。K1 或 L1 可以省略。当 K0（或 L0）时，不执行孔加工。

K 主要用于 FANUC 16/18/21 系统。

孔加工方式的指令以及 Z、R、Q、P 等指令都是模态的，只是在取消孔加工方式时才被清除，因此在开始时指定了这些指令，在后面连续的加工中不必重新指定。如果仅仅是某

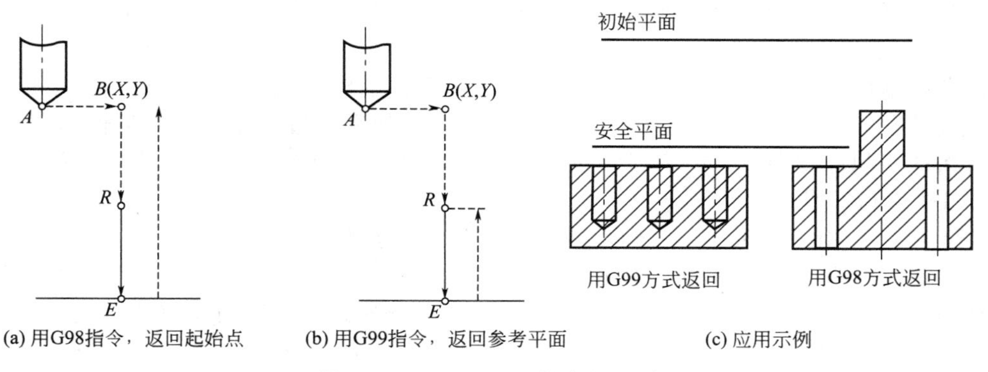

图 4-1-4　G98、G99 指令的区别

个孔加工数据发生变化（孔深有变化），仅修改要变化的数据即可。

4. 固定循环指令的取消

取消孔加工时使用指令 G80，而如果中间出现了任何 01 组的 G 代码（G00，G01，G02，G03…），则孔加工的方式也会自动取消。因此用 01 组的 G 代码取消固定循环的效果与用 G80 时完全一样的。

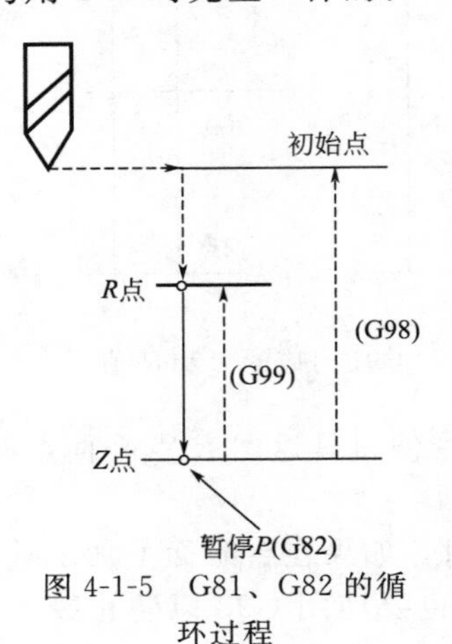

图 4-1-5　G81、G82 的循环过程

（二）钻孔循环

1. G81（钻削循环，见图 4-1-5）

钻孔循环指令 G81 为主轴正转，刀具以进给速度向下运动钻孔，到达孔底位置后，快速退回（无孔底动作）。G81 钻孔加工循环指令格式为：

G81 X_　Y_　Z_　R_　F_　K_　；

其中，X、Y 为坐标值定义孔的位置；Z 值为定义孔的深度；R 值为参考平面位置；F 为加工进给速度；K 为指令执行重复次数，使用 G91 增量坐标 X、Y 编程时，K 参数可一次指定多个孔的加工。

2. G82（钻削循环，粗镗削循环）

钻孔指令 G82 与 G81 格式类似，唯一的区别是 G82 在孔底加进给暂停动作，即当钻头加工到孔底位置时，刀具不做进给运动，而是保持旋转状态，使孔的表面更光滑，该指令一般用于扩孔和沉头孔加工。G82 钻孔加工循环指令格式为：

G82 X_　Y_　Z_　R_　P_　F_　K_　；

P_ 为在孔底位置的暂停时间，单位为 ms。

G81、G82 的循环过程如图 4-1-5 所示，其中虚线表示快进，实线表示切削进给，箭头表示刀具移动方向。

3. G73（高速钻深孔循环）

孔深与孔径之比超过 5～10 的孔，称为深孔。加工深孔时排屑较困难，但如不及时将切屑排出，则切屑可能堵塞在钻头排屑槽里，不仅影响加工精度，还会扭断钻头；而且切削时会产生大量高温切屑，如不采取有效措施确保钻头的冷却和润滑，将使钻头的磨损加剧。G73 与 G81 的主要区别是：由于是深孔加工，采用间歇进给（分多次进给），有利于排屑。每次进给深度为 Q，直到孔底位置为止。

G73 的循环过程如图 4-1-6（a）所示。G73 高速钻深孔循环指令格式为：

G73 X_　Y_　Z_　R_　Q_　F_　K_　；

P 为暂停时间，ms；Q 为每次进给的深度，为正值。

4. G83（深孔钻削循环）

深孔钻削循环指令 G83 与 G73 功能一样，用于钻削深孔，采用间歇进给，不仅可以高效地完成钻孔，而且能较容易地排出切屑，并保证冷却和润滑。在使用时可根据实际情况，确定每次的切削深度和退刀距离或快进转化为切削进给的位置。与 G73 格式一样。循环过程如图 4-1-6（b）所示。

G83 与 G73 用于钻深孔，它们都考虑了排屑和散热情况，以保证冷却和润滑。G83 每次钻削一定深度后都返回 R 点（退出孔外），然后再进给，所以它的排屑和散热情况比 G73 好。在 G73 中，d 为退刀距离；在 G83 中 d 位置为每次退刀后，再次进给时由快进转换为切削进给的位置，它距离前一次进给结束位置的距离为 d（mm）。

G83 与 G73 两者的主要区别在于回退动作。G73 的回退距离是一个固定值（这个固定

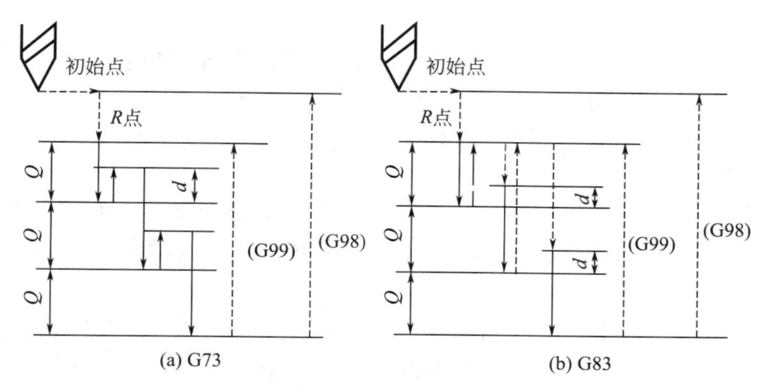

图 4-1-6　G73 与 G83 指令动作

值由数控系统参数设定)；G83 是回退到一个固定位置，随着钻孔深度的增加，回退距离也随之增加，因此引起增加工时。由于回退的作用是为了排出切屑，所以 G83 适用于排量大的场合。G83 循环中，从回退高度到再次加工，进给速度先是以高速下降，到达距工件一段距离时，自动改为 F 速度进给，这个距离的值也是由数控系统设定的。

（三）镗孔循环

镗孔是常用的加工方法，其加工范围很广，可进行粗、精加工。镗孔的优点是能修正上一工序所造成的轴线歪曲、偏斜等缺陷。所以镗孔特别适合孔距要求很准的孔系加工，如箱体加工等。尤其适合于大直径孔的加工。

1. G85（镗孔加工循环）

镗孔加工循环指令 G85 循环过程如图 4-1-7（a）所示，主轴正转，刀具以进给速度向下运动镗孔，到达孔底位置后，立即以进给速度退出（没有孔底动作）。镗孔加工循环 G85 指令的格式为：

G85 X_　Y_　Z_　R_　F_　K_　；

其中，X、Y 为坐标值定义孔的位置；Z_ 为孔底位置；R 值为参考平面位置；F_ 为加工进给速度；K_ 为指令执行重复次数。

2. G86（镗孔循环）

镗孔循环指令 G86 与 G85 的区别是：G86 在到达孔底位置后，主轴停止转动，并快速退回，循环过程如图 4-1-7（b）所示。镗孔循环 G86 指令的格式（与 G85 类似）为：

G86 X_　Y_　Z_　R_　F_　K_　；

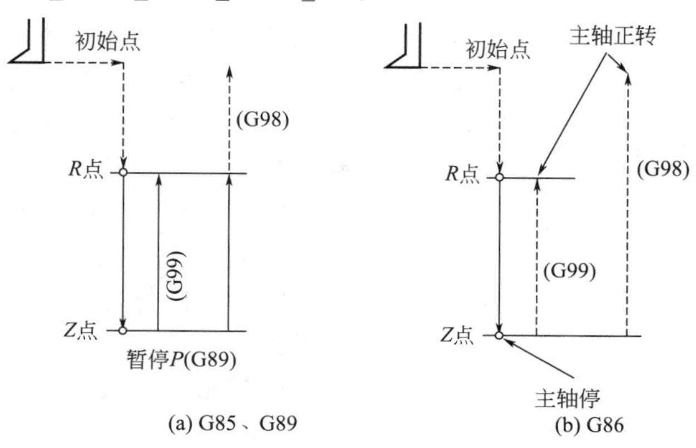

图 4-1-7　G85、G86、G89 的循环过程

3. G89（镗孔循环）

镗孔循环指令 G89 与 G85 的区别是：G89 在到达孔底位置后，加进给暂停。循环过程如图 4-1-7（a）所示。镗孔循环 G89 指令的格式为：

G89 X_ Y_ Z_ R_ P_ F_ K_ ；

P 为暂停时间（ms）。

G88 与 G89 的区别是到达孔底位置主轴停止转动后，需要操作者切换到手动模式并手动操作使刀具安全退出工件（加工孔）后，再转换为自动运行模式，并按循环启动键继续运行程序。

4. G76（精镗循环）

精镗循环指令 G76 与 G85 的区别是：G76 在孔底有 3 个动作：进给暂停、主轴定向停止（又称准停）、刀具沿刀尖所指的反方向偏移 Q 值（图 4-1-8 中位移量 δ，让刀），然后快速退出。这样保证刀具不划伤孔的表面。精镗循环指令 G76 的指令格式为：

G76 X_ Y_ Z_ R_ Q_ P_ F_ K_ ；

P_为暂停时间（ms），Q_为偏移值。加工过程说明（参见图 4-1-9）如下。

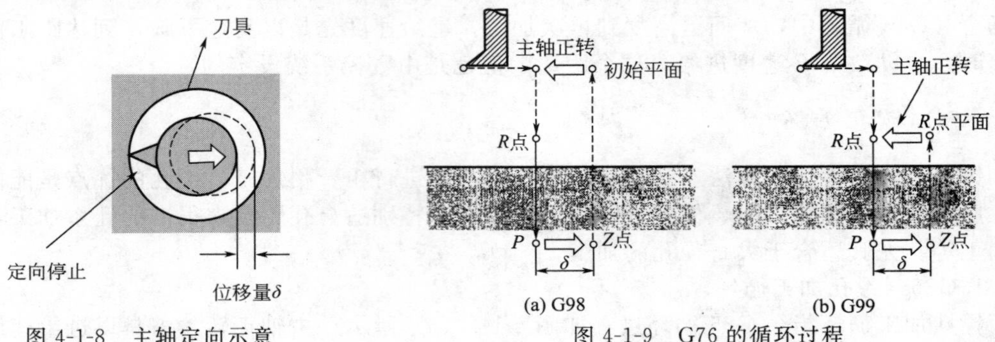

图 4-1-8 主轴定向示意

图 4-1-9 G76 的循环过程

（1）加工开始刀具先以 G00 移动到指定加工孔的位置（X，Y）；

（2）以 G00 下降到设定的 R 点（不做主轴定向）；

（3）以 G01 下降至孔底 Z 点，暂停 P 时间后以主轴定位停止钻头；

（4）位移镗刀偏心量 δ 距离（Q=δ）；

（5）以 G00 向上升到起始点（G98）或 R 点（G99）高度；

（6）启动主轴旋转。

5. G87（反镗削循环）

反镗削循环也称背镗循环指令 G87，与上述镗削指令的不同之处是反镗削循环由孔底向孔顶镗削，此时刀杆受拉力，可防止震动。当刀杆较长时使用该指令可提高孔的加工精度。

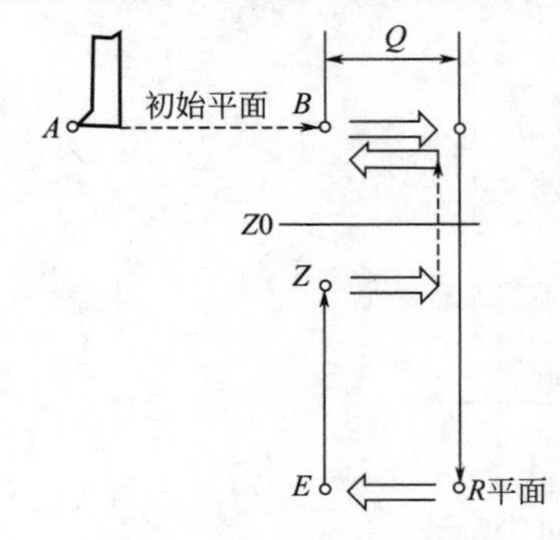

图 4-1-10 G87 循环过程

反镗削循环的过程如图 4-1-10 所示，刀具在 XY 平面定位于 B 点后主轴停止转动并定位，然后刀具沿刀尖反方向偏移 Q 距离，再快速运动到 R 平面，之后再沿刀尖所指方向偏移回 E 点，主轴正转，刀具向上进给到 Z 向深度，主轴又停转并定位，刀具沿刀尖所指的反方向偏移 Q 值，快退至初始平面后，再沿刀尖所指方向偏移到 B 点（孔的中心），主轴正转，本加工循环结束，继续执行下一段程序。

反镗削循环 G87 的指令格式为：

G98 G87 X_ Y_ Z_ R_ Q_ F_ K_ ；

Q 为偏移值，通常为正值。

由于 R 点在孔底，这种加工方式，返回高度选择只能用 G98。

（四）攻螺纹循环

1. G84（右旋攻螺纹循环）

右旋攻螺纹循环指令 G84 循环过程如图 4-1-11 所示，攻螺纹进给时主轴正转，到孔底后主轴反转退出。与 G82 格式类似，右旋攻螺纹循环指令 G84 指令格式为：

G84 X_　Y_　Z_　R_　P_　F_　K_　；

与钻孔加工不同的是攻螺纹结束后的返回过程不是快速运动而是以进给速度反转退出。F 值根据主轴转速和螺距计算。

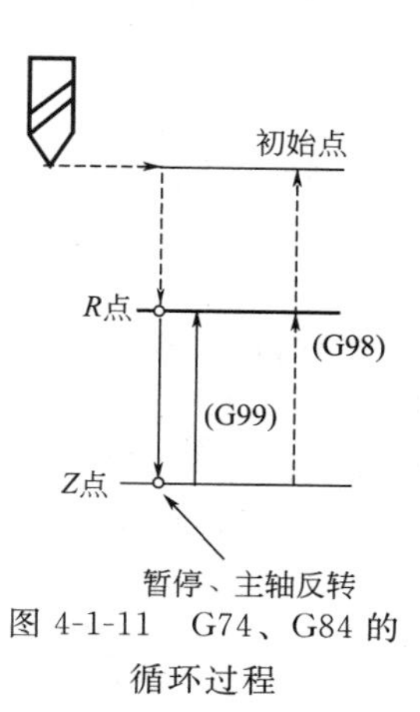

图 4-1-11　G74、G84 的循环过程

2. G74（左旋攻螺纹循环如图 4-1-11 所示）

左旋攻螺纹循环指令 G74 与 G84 的区别是：进给时主轴反转，退出时为正转。指令格式与 G84 格式相同。

二、孔的加工方法与工艺方案的选择

内孔表面加工方法有钻孔、扩孔、铰孔、镗孔、拉孔、磨孔和光整加工。图 4-1-12 是常用的孔加工方案。应根据被加工孔的加工要求、尺寸、具体生产条件、批量的大小及毛坯上有无预制孔等情况确定合理的工艺方案，具体如下。

① 加工精度为 IT9 级的孔，当孔径小于 10mm 时，可采用钻-铰方案；当孔径为 10～30mm 时，可采用钻-扩方案；当孔径大于 30mm 时，可采用钻-镗方案。工件材料为淬火钢以外的各种金属。

② 加工精度为 IT8 级的孔，当孔径小于 20mm 时，可采用钻-铰方案；当孔径大于 20mm 时，可采用钻-扩-铰方案，此方案适用于加工淬火钢以外的各种金属，但孔径应在 20～80mm 之间，此外也可采用最终工序为精镗或拉削的方案。淬火钢可采用磨削加工。

③ 加工精度为 IT7 级的孔，当孔径于小于 12mm 时，可采用钻-粗铰-精铰方案；当孔

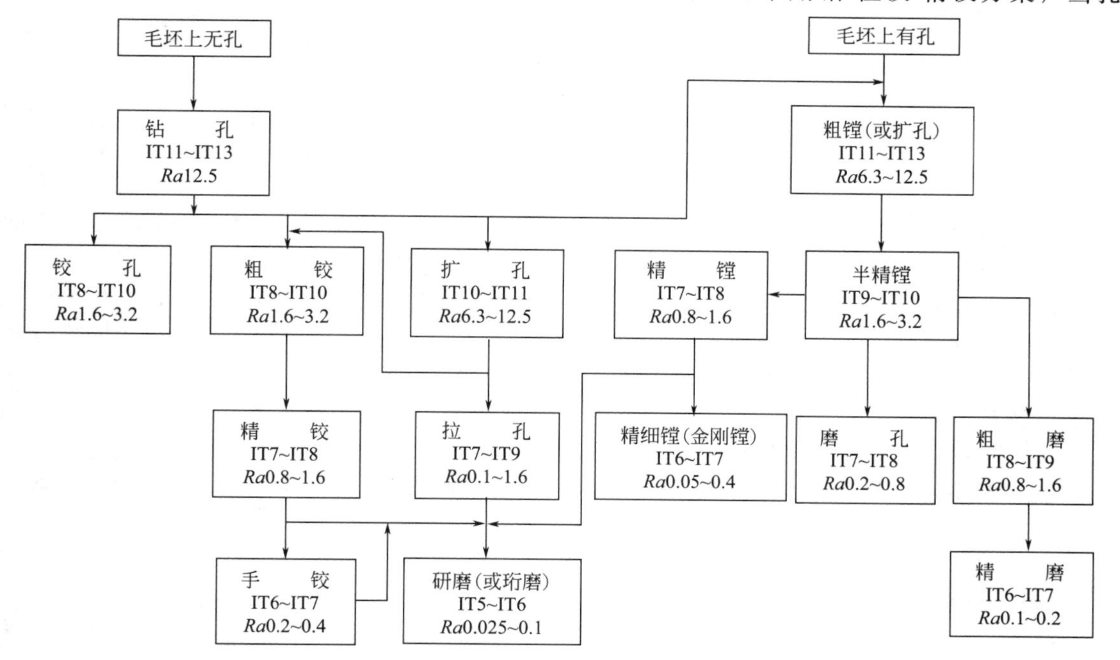

图 4-1-12　在普通机床上常用的孔加工方案

径在 12～60mm 范围时，可采用钻-扩-粗铰-精铰方案或钻-扩-拉方案。若为毛坯上已铸出或锻出孔，可采用粗镗-半精镗-精镗方案或粗镗-半精镗-磨孔方案。最终工序为铰孔适用于未淬火钢或铸铁，对有色金属铰出的孔表面粗糙度较大，常用精细镗孔替代铰孔。最终工序为拉孔的方案适用于大批大量生产，工件材料为未淬火钢、铸铁和有色金属。最终工序为磨孔的方案适用于加工除硬度低、韧性大的有色金属以外的淬火钢、未淬火钢及铸铁。

④ 加工精度为 IT6 级的孔，最终工序采用手铰、精细镗、研磨或珩磨等均能达到，视具体情况选择。韧性较大的有色金属不宜采用珩磨，可采用研磨或精细镗。研磨对大、小直径孔均适用，而珩磨只适用于大直径孔的加工。

⑤ 在数控铣床（加工中心）尺寸较大的孔除采用镗削的方法外，还可采用铣削的加工方法（见本项目任务 2）。对需要后续加工的孔要留出适当的加工余量。

⑥ 对于螺纹孔，须先计算出底孔尺寸并加工合格，之后才可以加工螺纹。螺纹的加工方法有攻螺纹、镗削螺纹和铣螺纹。铣螺纹的加工方法（见本项目任务 3）也适应于外螺纹。

三、常见定尺寸刀具

孔的加工工艺方法中，钻孔、扩孔、铰孔、镗孔、攻螺纹所获得的孔的尺寸是由所使用的刀具尺寸决定的，因此这些工艺方法所使用的刀具称为定尺寸刀具。

1. 中心钻

又称定心钻，主要用于中心孔，分为 A 型、B 型、C 型，直径在 1～10mm 之间。由于麻花钻的钻尖处的横刃为负前角，钻孔时容易偏斜，进而导致钻出的孔成椭圆状。为保证孔的位置精度和形状精度，钻孔前一般要先钻中心孔，即在准确位置钻一个小窝（冲眼），窝的最大直径要大于钻孔用的麻花钻的横刃长度，一般 2～5mm 深即可。中心钻有多种形式（见图 4-1-13）。

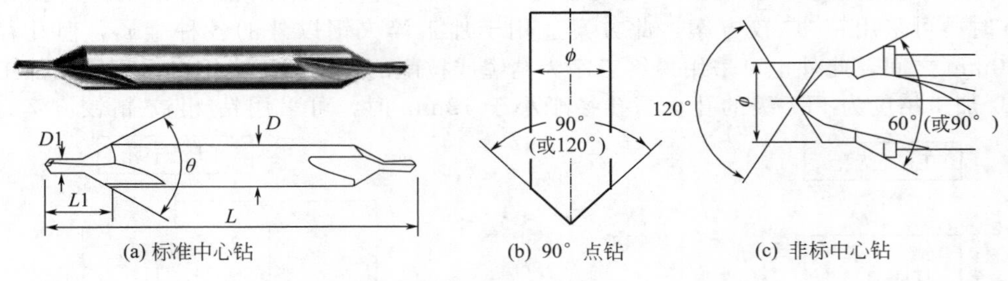

图 4-1-13　中心钻（又称定心钻）

中心钻的另一个作用是孔口倒角。倒角的角度一般为 120°或 90°。对于一些尺寸较小的孔，可选用中心钻在钻中心孔的同时进行孔口倒角。孔口倒角是加工或装配的需要——可以消除钻孔引起的毛边、毛刺，使得丝锥很容易地导入孔中，或是便于装配。孔口倒角是机械加工的通用技术要求，除非图样中特别要求不进行倒角，一般都要倒角。孔口倒角的精度要求一般都不高。当未注明倒角大小时，要尽可能小，如 $C0.5$。

请注意：中心钻使用时，一般只用到小于柄部直径 D 的部分，而整个直径从来用不到。因此用于倒角时要选用适当的中心钻，并进行计算确定钻孔深度。由于中心钻的柄部尺寸 D 有限，对于尺寸较大的孔，则应采用倒角刀进行孔口倒角，方法有两种：轴向下刀（类似中心钻倒角）和圆周铣削（见本项目任务 2）。

2. 麻花钻

属标准刀具，有直柄和锥柄之分，为整体式刀具（参见图 4-1-14），材料多为高速钢，价格低廉；现在生产中也开始使用硬质合金钻，加工效率大大提高，但价格昂贵。麻花钻还可以改造加工为阶梯钻而成为复合刀具，用于钻阶梯孔及孔口倒角。

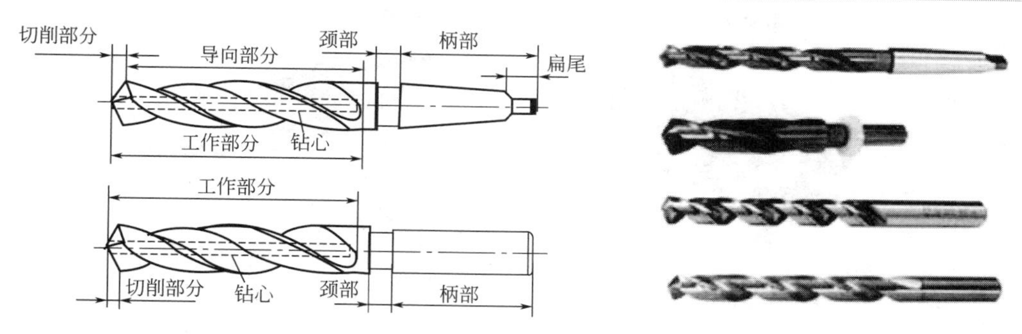

图 4-1-14　标准麻花钻的结构与外形图（直柄与锥柄）

3. 扩孔钻

扩孔钻有标准刀具，也可以自行制作或订购，参见图 4-1-15。

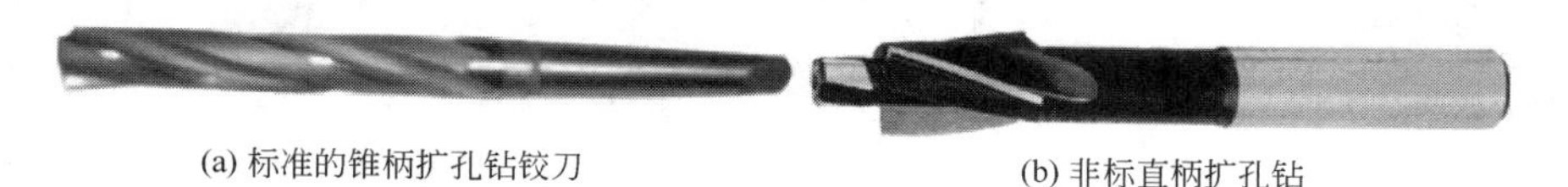

(a) 标准的锥柄扩孔钻铰刀　　(b) 非标直柄扩孔钻

图 4-1-15　扩孔钻示例

4. 丝锥

丝锥分机用丝锥和手用丝锥两大类，按排屑槽形状不同分直槽丝锥和螺旋槽丝锥，参见表 4-1-2。根据加工不同用途的螺纹还可分为多种形式。常见丝锥的直径为 M4～M20。

表 4-1-2　丝锥不同排屑槽形状及特点

排屑槽形状	特点	用途
螺旋槽丝锥	● 螺旋槽 ● 可攻丝至盲孔的最底部 ● 切屑不会残留 ● 有良好的切入性 ● 切入底孔容易	● 切屑呈连续卷曲状的材料 ● 盲孔 ● 内壁带轴向切槽的孔
直槽丝锥	● 直槽 ● 刃部强度大 ● 修磨容易 ● 切屑锥长度选择容易	● 高硬度材料加工 ● 切屑呈粉末状的材料 ● 攻丝深度较小的通孔和盲孔 ● 易引起刀具磨损的材料

5. 铰刀

铰刀有标准刀具，也可以自行制作或订购，如图 4-1-16 所示。

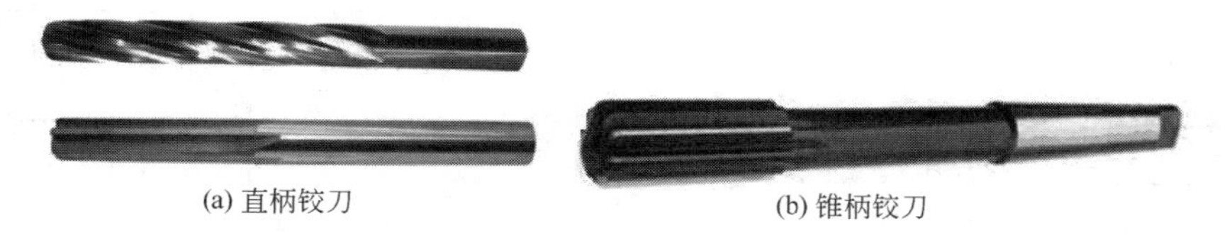

(a) 直柄铰刀　　(b) 锥柄铰刀

图 4-1-16　铰刀

6. 镗刀（图 4-1-17）

镗刀属通用或专用刀具，可以购买或自制。可以实现微调的模块化的精镗刀价格较高。

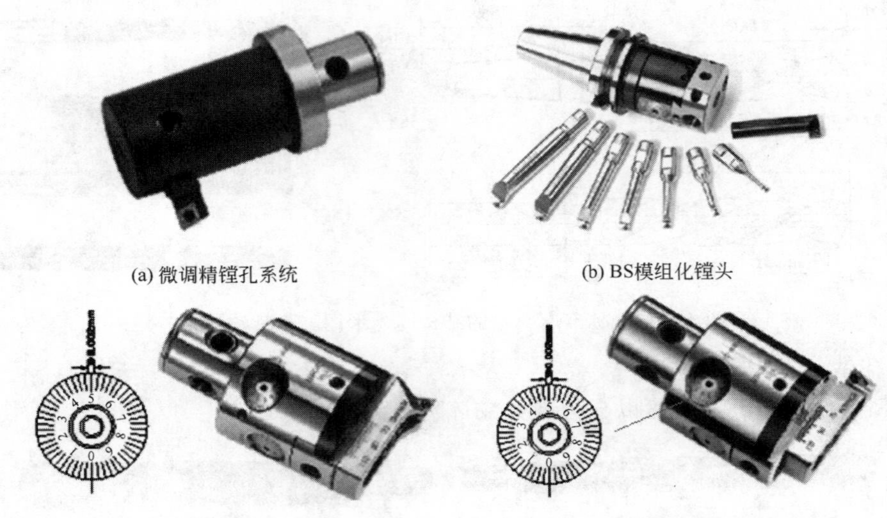

图 4-1-17　镗刀示例

四、标准麻花钻的钻尖高度 h

标准麻花钻的顶角 $2\phi=118°$，$\phi=59°$其钻尖高度（见图 4-1-18）：

$$
\begin{aligned}
h &= \text{半径}/\tan\phi \\
&= d/(2\tan\phi) \\
&= d/(2\tan 59°) \\
&= 0.300d
\end{aligned}
$$

五、孔加工 Z 向编程尺寸的确定

（1）钻盲孔时，为保证孔的有效深度，编程尺寸应增加一个钻尖高度 h；

（2）为保证螺纹的有效长度，攻螺纹时丝锥的 Z 向编程尺寸应增加丝锥的收尾量，因此钻螺纹底孔时，编程尺寸应再增加，增加量应大于螺纹收尾量。

（3）钻通孔时，麻花钻的钻尖完全伸出工件底面后，一般还要继续前进 1～2mm，因此，用标准麻花钻加工通孔时，编程尺寸＝图样尺寸＋$0.3d$＋2mm，其中 d 为麻花钻直径（mm）。将 $0.3d$＋2mm 称作超越量（见图 4-1-18），即

$$\text{钻孔超越量}=0.3d+2\text{mm}$$

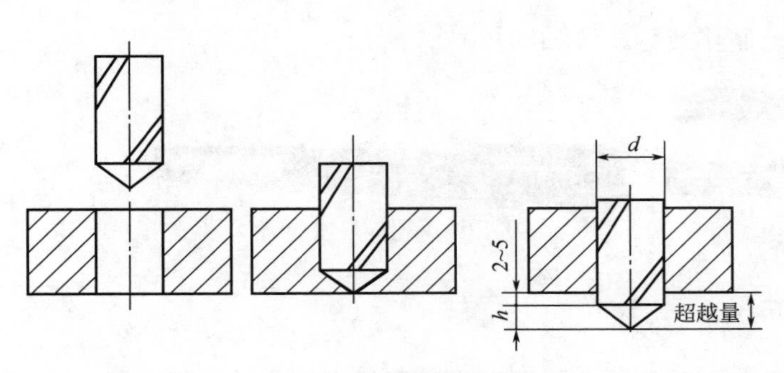

图 4-1-18　钻通孔时的超越量

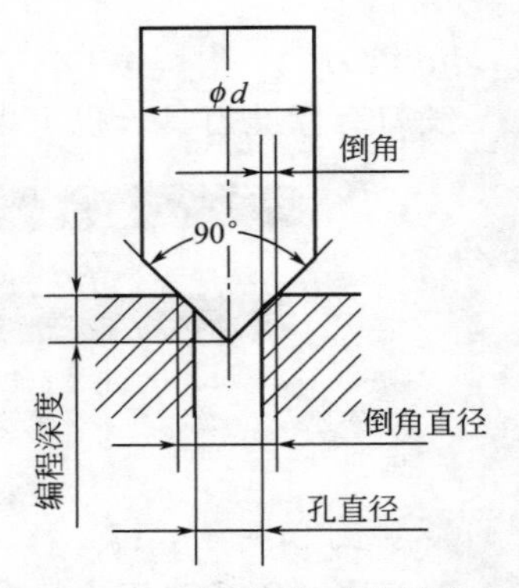

图 4-1-19　90°点钻的 Z 向编程尺寸

（4） 90°点钻及倒角刀的编程尺寸（轴向进给倒角，见图 4-1-19）：

编程深度＝倒角直径÷2＝(孔直径＋2×倒角)÷2

通过控制轴向编程深度而控制倒角尺寸。

【任务实施】

1. 资讯：明确任务/获取信息——工艺性分析

零件材料为 HT200，需要加工零件上的 33 个孔和 70×70-4×R10 平面轮廓半精加工。分析零件图样，该零件孔加工中，有通孔（ϕ12、ϕ6）、盲孔（ϕ4），浅孔（ϕ20）与深孔（ϕ6、ϕ4），表面粗糙度均为 Ra12.5，所有尺寸公差均未注——未注公差尺寸，精度要求不高。

2. 决策：做出决定——制定数控加工工艺方案

由于麻花钻有负前角的横刃，为保证孔的位置精度，在数控铣床（加工中心）钻孔前，一般应先使用中心钻钻中心孔。故选择刀具为：T01 中心钻 ϕ3、麻花钻（T02ϕ4、T03ϕ6、T04ϕ20,）、T05 铣刀 ϕ30 和 T06 的 90°倒角刀。零件精度要求不高，除铣刀外，其它刀具材料均选高速钢材质。

（1） 先面后孔 先半精铣轮廓 70×70-4×R10，再加工孔 4×ϕ12 等 33 个孔。

（2） 工艺路线的确定 先铣削外轮廓 70×70-4×R10，再钻中心孔，之后再钻孔。钻孔按先小孔后大孔的加工原则（保持零件的刚性），即先加工 25 个 ϕ4 孔，再加工 4 个 ϕ6 孔，最后加工 4 个 ϕ12 孔，最后完成孔口倒角。各刀具切削用量可查阅附录 3 数控铣床、加工中心切削用量参考资料并计算确定。

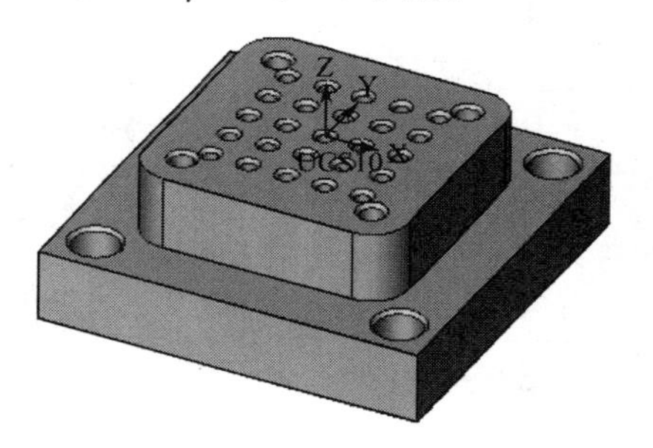

图 4-1-20 建立工作坐标系

（3） 确定工件坐标系原点 由于图样尺寸采用对称标注，遵循基准统一的原则，将工件坐标原点定在零件上表面中心位置处，见图 4-1-20。

3. 计划：制定计划——编制工艺文件

（1） 编制工艺过程卡片和刀具明细表（分别见表 4-1-3 和见表 4-1-4）。

表 4-1-3 数控加工工艺过程卡片

单位			产品代号		零件名称	材料
工序号	程序编号	夹具名称	夹具号		使用设备	HT200
10	O4100				FANUC-0M	
工步号	工步内容	刀具		切削用量		
		T 码	类型规格	主轴转速 /(r/mm)	进给速度 /(mm/min)	切削深度 /mm
1	铣轮廓及台阶 70×70-4×R10	T05	ϕ30,YG 或 YW	764	448	a_p＝0.2 a_e＝0.5
2	钻中心孔	T01	中心钻 ϕ3,HSS	1493	104.5	
3	钻孔	T02	钻头 ϕ4,HSS	1120	89.6	
4	钻孔	T03	钻头 ϕ6,HSS	746	74.7	

续表

工步号	工步内容	刀具		切削用量		
		T码	类型规格	主轴转速/(r/mm)	进给速度/(mm/min)	切削深度/mm
5	钻孔	T04	钻头 ϕ12,HSS	373	52.3	
6	ϕ12孔口倒角 ϕ6孔口倒角 ϕ4孔口倒角	T06	90°倒角刀,ϕ16.5,高速钢	346 562 900	70 85 90	

表 4-1-4 数控加工刀具卡片

产品型号		零件号		程序编号	O4100	制表
工步号	刀具					
	T码	刀具类型		直径/mm	长度	补偿地址
1	T05	立铣刀,YG或YW		ϕ30	实测	H05 D01=15.0
2	T01	标准中心钻,HSS		ϕ3	实测	H01
3	T02	麻花钻,HSS		ϕ4	实测	H02
4	T03	麻花钻,HSS		ϕ6	实测	H03
5	T04	麻花钻		ϕ12	实测	H04
6	T06	90°倒角刀,HSS		ϕ16.5	实测	H06

（2）绘制走刀路线图见图 4-1-21。

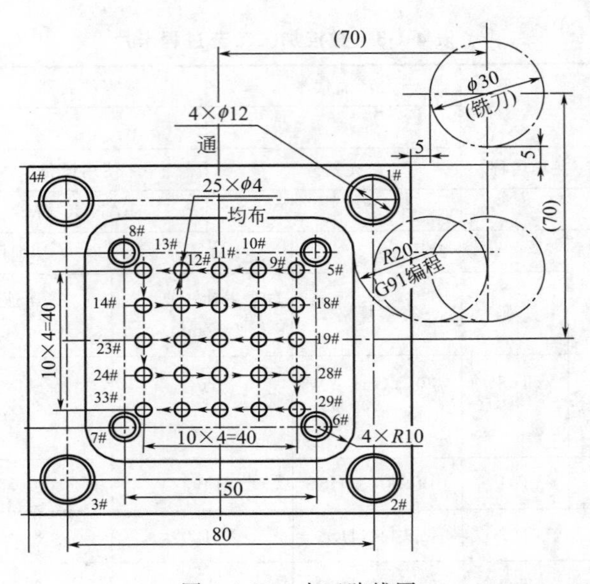

图 4-1-21 走刀路线图

4. 实施：实施计划——编写零件加工程序

参考程序如下：

```
O4100；
N1 (D01＝15.0)
N2 (T01φ3 中心钻 H01)；
N3 (T02φ4 麻花钻 H02)；
N4 (T03φ6 麻花钻 H03)；
N5 (T04φ12 麻花钻 H04)；
N6 (T05φ30 高速钢立铣刀 H05＝0)；
N7 (T06φ16.5 倒角刀 高速钢 H06)；
N8 (半精铣外轮廓 70×70，R10)；
N9 G17 G40 G49 G69 G80 G94；
N10 G28 G91 Z0 M05；
N11 T05 M06；
N12 G00 G54 G90 X70.0 Y70.0 M03 S208 T01；
N13 G01 G43 Z50. H05 F2000；
N14 G00 Z－20.0；
N15 G00 G41 X35.0 D01；(D01＝15.0)
N16 G01 Y－25.0 F130；
N17 G02 X25.0 Y－35.0 R10.0；
N18 G01 G90 X－25.0；
N19 G02 X－35.0 Y－25.0 R10.0；
N20 G01 Y25.0；
N21 G02 X－25.0 Y35.0 R10.0；
N22 G01 X25.0；
N23 G02 X35.0 Y25.0 R10.0；
N24 G03 G91 X20.0 Y－20.0 R20.0；(巧用 G91，省去计算，但刀具未切离工件)
N25 G01 G90 X70.0；(切离工件)
N26 G00 G40 X70.0 Y70.0；(改 G00 取消半径补偿节省时间)
N27 G00 Z300.0；
N28 M01；
N29 (钻中心孔)；
N30 G28 G91 Z0 M05；
N31 T01 M06；
N32 G00 G54 G90 X70.0 Y70.0 M03 S1493 T02；
N33 G43 Z50.0 H01 F2000；
N34 G98 G82 X40. Y40.0 Z－25.0 R－15.0 P100 F74.7；(开始钻 4×φ12 中心孔)
N35 Y－40.0；
N36 X－40.0；
N37 Y40.0；
N38 G99 X25.0 Y25.0 Z－3.0 R5.0 P100；(开始钻 4×φ6 中心孔)
N39 Y－25.0；
N40 X－25.0；
```

```
N41 Y25.0;
N42 G99 X20.0 Y20.0;(开始钻 25×φ4 中心孔)
N43 G91 X-10.0 K4;
N44 Y-10.0;
N45 X10.0 K4;
N46 Y-10.0;
N47 X-10.0 K4;
N48 Y-10.0;
N49 X10.0 K4;
N50 Y-10.0;
N51 G98 X-10.0 K4;
N52 G80 G00 G90 Z200.0;
N53 M01;
N54 (钻 25×φ4 孔);
N55 G28 G91 Z0 M05;
N56 T02 M06;
N57 G00 G54 G90 X20.0 Y20.0 M03 S1120 T03;
N58 G01 G43 Z50. H02 F2000;
N59 G99 G83 Z-25.2 R5. Q8.0 F56;
N60 G91 X-10.0 K4;
N61 Y-10.0;
N62 X10.0 K4;
N63 Y-10.0;
N64 X-10.0 K4;
N65 Y-10.0;
N66 X10.0 K4;
N67 Y-10.0;
N68 G98 X-10.0 K4;
N69 G80 G00 G90 Z200.0;
N70 M01;
N71 (钻 4×φ6 孔);
N72 G28 G91 Z0 M05;
N73 T03 M06;
N74 G00 G54 G90 X25. Y25.0 M03 S746 T04;
N75 G01 G43 Z50. H03 F2000;
N76 G99 G83 Z-43.8 R5.0 Q10.0 F37;
N77 Y-25.0;
N78 X-25.0;
N79 G98 Y25.0;
N80 M01;
N81 (钻 φ12 孔);
N82 G28 G91 Z0 M05;
N83 T04 M06;
```

```
N84 G00 G54 G90 X40.0 Y40.0 M03 S373 T06;
N85 G01 G43 Z50. H01 F2000;
N86 G98 G81 Z-45.6 R-15.0 F18.7;
N87 Y-40.0;
N88 X-40.0;
N89 Y40.0;
N90 G00 Z200.;
N91 G28 G91 Z0 M05;
N92 T06 M06;(倒角刀)
N93 G00 G54 G90 X40.0 Y40.0 M03 S346 T05;(为开始下一件加工做准备)
N94 G01 G43 Z50. H06 F2000;
N95 G98 G82 Z-27.0 R-15.0 P360 F70;
N96 Y-40.0;
N97 X-40.0;
N98 Y40.0;
N99 G99 X-25. Y25.0 Z-4.0 R5.0 P250 S562 F85;
N100 Y-25.0;
N101 X25.0;
N102 G98 Y25.0;
N103 G99 X20.0 Y20.0 Z-2.5 R5.0 P300 S900 F90;
N104 G91 X-10.0 K4;
N105 Y-10.0;
N106 X10.0 K4;
N107 Y-10.0;
N108 X-10.0 K4;
N109 Y-10.0;
N110 X10.0 K4;
N111 Y-10.0;
N112 G98 X-10.0 K4;
N113 G80 G00 G90 Z200.0;
N114 M30;
```

以上程序中的重复程序段（孔位数据）可以用子程序代替。这样更便于阅读。参考程序如下：

```
O4110;(主程序)
N1 (D01=15.0)
N2 (T01φ3 中心钻 H01);
N3 (T02φ4 麻花钻 H02);
N4 (T03φ6 麻花钻 H03);
N5 (T04φ12 麻花钻 H04);
N6 (T05φ30 高速钢立铣刀 H05=0);
N7 (T06φ16.5 倒角刀 高速钢 H06);
N8 (半精铣外轮廓 70×70, R10);
N9 G17 G40 G49 G69 G80 G94;
```

```
N10 G28 G91 Z0 M05;
N11 T05 M06;
N12 G00 G54 G90 X70.0 Y70.0 M03 S208 T01;
N13 G01 G43 Z50. H05 F2000;
N14 G00 Z－20.0;
N15 G00 G41 X35.0 D01;(D01＝15.0)
N16 G01 Y－25.0 F130;
N17 G02 X25.0 Y－35.0 R10.0;
N18 G01 G90 X－25.0;
N19 G02 X－35.0 Y－25.0 R10.0;
N20 G01 Y25.0;
N21 G02 X－25.0 Y35.0 R10.0;
N22 G01 X25.0;
N23 G02 X35.0 Y25.0 R10.0;
N24 G03 G91 X20.0 Y－20.0 R20.0;(巧用 G91，省去计算，但刀具未切离工件)
N25 G01 G90 X70.0;(切离工件)
N26 G00 G40 X70.0 Y70.0;(改 G00 取消半径补偿节省时间)
N27 G00 Z300.;
N28 M01;
N29 G28 G91 Z0 M05;
N30 T01 M06;(中心钻)
N31 G00 G54 G90 X70.0 Y70.0 M03 S1493 T02;
N32 G43 Z50.0 H01 F2000;
N33 G98 G82 X40.0 Y40.0 Z－25.0 R－15.0 P100 F74.7 K0;(K0 时，本程序段不进行加工)
N34 M98 P4112;(钻 4×φ12 中心孔)
N35 G99 X25.0 Y25.0 Z－3.0 R5.0 P100 K0;(准备钻 4×φ6 中心孔)
N36 M98 P4106;(钻 4×φ6 中心孔)
N37 M98 P4104;(开始 25×φ4 中心孔)
N38 G80 G00 G90 Z200.0;
N39 M01;
N40 G28 G91 Z0 M05;
N41 T02 M06;(φ4 麻花钻);
N42 G00 G54 G90 X20.0 Y20.0 M03 S1120 T03;
N43 G01 G43 Z50. H02 F2000;
N44 G99 G83 Z－25.2 R5. Q8.0 F56 K0;
N45 M98 P4104;(钻 25×φ4 孔)
N46 G80 G00 G90 Z200.0;
N47 M01;
N48 G28 G91 Z0 M05;
N49 T03 M06;(φ6 麻花钻);
N50 G00 G54 G90 X25. Y25.0 M03 S746 T04;
N51 G01 G43 Z50. H03 F2000;
```

```
O4112;(4×φ12 孔位数据)
N101 X40.0 Y40.0
N102 Y－40.0;
N103 X－40.0;
N104 Y40.0;
N105 M99;
O4106;(4×φ6 孔位数据)
N201 G99 X25.0 Y25.0;
N202 Y－25.0;
N203 X－25.0;
N204 G98 Y25.0;
N205 M99;
O4104;(25×φ4 孔位数据)
N301 G99 X20.0 Y20.0;;
N302 G91 X－10.0 K4;
N303 Y－10.0;
```

```
N52 G99 G83 Z－43.8 R5.0 Q10.0 F37 K0；
N53 M98 P4106；（钻 4×φ6 孔）
N54 G80 G00 G90 Z200.0；
N55 M01；
N56（钻 φ12 孔）；
N57 G28 G91 Z0 M05；
N58 T04 M06；
N59 G00 G54 G90 X40.0 Y40.0 M03 S373 T06；
N60 G01 G43 Z50. H01 F2000；
N61 G98 G81 Z－45.6 R－15.0 F18.7 K0；
N62 M98 P4112；（钻 4×φ12 孔）
N63 G80 G00 Z200.；
N64 G28 G91 Z0 M05；
N65 T06 M06；（倒角刀）
N66 G00 G54 G90 X40.0 Y40.0 M03 S346 T05；（为开始下一件加工做准备）
N67 G01 G43 Z50. H06 F2000；
N68 G98 G82 Z－27.0 R－15.0 P360 F70 K0；
N69 M98 P4112；（4×φ12 孔口倒角 C1）
N70 G99 X－25. Y25.0 Z－4.0 R5.0 P250 S562 F85 K0；
N71 M98 P4106；（4×φ6 孔口倒角 C1）
N72 G99 X20.0 Y20.0 Z－2.5 R5.0 P300 S900 F90 K0；
N73 M98 P4104；（25×φ4 孔口倒角 C0.5）
N74 G80 G00 G90 Z200.0；
N75 M30；
```

```
N304 X10.0 K4；
N305 Y－10.0；
N306 X－10.0 K4；
N307 Y－10.0；
N308 X10.0 K4；
N309 Y－10.0；
N10 G98 X－10.0 K4；
N311 M99；
```

5. 检查：检查控制——程序检验

填写程序单和输入程序后，必须对程序的内容进行检查、校验，具体方法为首先检查指令代码是否错漏，其次检查刀具半径、长度补偿地址号，再验算数据是否计算有误，正负号等是否正确，然后可以用模拟显示来检验程序的路径。

6. 评估：评定反馈

建议按照本书推荐的 10 个标准调试步骤进行操作。

① 安装刀具、刀柄及有关刀具方面的测量调整工作。按刀具表（表 4-1-3）中的规定，将所需各种刀具装于各自的刀柄中，然后装在相应的刀位上。

② 安装夹具。

③ 安装工件。

④ 设置刀具偏置。

T01、T02 T03、T04 、T05 和 T06 的刀具补偿分别为 H01、H02、H03、H04、H05 和 H06。对刀时，以 T05 为基准刀（长度最长），由于零件上表面为 *Z* 向零点，则 H05 中刀具长度补偿值设置为零。若 T01 刀具长度与 T05 相比为短 20，则 H01＝－20。同样处理其它刀具。

⑤ 检查程序。

⑥ 重新安装工件。

⑦ 试切。当刀具、夹具、毛坯程序等一切都已准备就绪后，即可进行工件的试切削工作。首先将机床锁住，空运行程序，检查程序中可能出现的错误。其次可利用机床 *Z* 坐标锁住的功能，检查刀具在 *X*、*Y* 平面内走刀轨迹的情况。有时为了便于观察，可利用跳跃任

选程序段功能，使刀具在贴近工件表面处走刀，进一步检查刀具的轨迹，以便发现走刀轨迹的错误或是否会发生碰撞。一般试切工件时，多采用单段运行，将G00快速移动速度调慢，以便发生程序错误时引起碰撞事故能紧急停车。在试切工件进行中，同时观察屏幕上显示的程序、坐标位置和图形显示等，以便确认各程序段的正确性。

首件试切完毕后，应对其进行全面的检测，必要时进行适当的修改程序或调整机床，直到加工件全部合格后，程序编制工作才算结束，并应将已经验证的程序及有关资料进行妥善保存，便于以后的查询和总结。

⑧ 调整安装。

⑨ 开始生产。

⑩ 保存程序。

【任务总结】

（1）固定循环指令有13个，除了G80还12个，分成三大类：钻孔循环（4个）、攻丝循环（2个）和镗孔循环（6个）。铰孔可以采用G81（粗铰）和G85（精铰）。

（2）务必合理选用G98和G99，在提高生产率的同时确保安全。

（3）固定循环的讲解是以G17平面的孔加工为例的。事实上，孔加工也可以在G18或G19平面内进行。

【任务考评】

评分标准

序号	考核项目	考核内容	配分	评分标准(分值)	小计
1	资讯	工艺性分析的透彻性	5	据工艺方案得分判定，计算公式如下： 得分＝0.5×工艺方案得分	
2	决策	数控加工工艺方案制定的合理性	10	据工艺文件内容判定 1. 工步顺序正确(5分) 2. 刀具材质选择正确(3分) 3. 工件坐标系原点设置适当(2分)	
3	计划	数控加工工艺文件编制的完整性、正确性、统一性	20	1. 工艺文件齐全，填写完整、统一(4分) 2. 工艺过程卡片中切削用量适当(6分) 3. 刀具卡片中刀具代号、规格正确(2分) 4. 走刀路线的制定适当(3分) 5. 坐标卡片填写正确(5分)	
4	实施编程	编制零件加工程序及程序检验	20	1. 各成员编制的加工程序具有一致性(5分) 2. 加工程序无语法错误(10分) 3. 加工程序无逻辑错误(5分)	
5	加工操作	1. 加工操作正确性 2. 安全生产	30	1. 刀具安装方法正确(2分) 2. 选用合适的量具(2分) 3. 测量毛坯实际尺寸，并正确安装工件(3分) 4. 能正确进行工件偏置设置，并能根据刀具卡片进行刀具偏置设置，操作正确(5分) 5. 输入程序后进行程序检查(2分) 6. 正确进行试切(10分) 7. 试切后能正确调整相应偏置数值(2分) 8. 加工操作过程未发生撞刀等安全事故(4分)	

续表

序号	考核项目	考核内容	配分	评分标准(分值)	小计
6	质量分析与评价	1. 工件检验 2. 团队合作 3. 运用基本理论知识进行分析	15	1. 正确选用量、检具进行加工尺寸检查(分别在机床和检验工作台上进行)并合格(9分) 2. 加工表面粗糙度合格(1分) 3. 能团队合作(3分) 4. 正确运用理论知识进行加工质量分析，并修正、保存程序(2分)	
合计			100	得分合计	

【思考与练习】

1. 本任务的参考程序是否遵循了刀具路线最短的原则？

2. 如何选择孔加工的加工方法？

3. 孔加工应注意哪些问题？

4. 麻花钻、丝锥、铰刀各有什么结构特点？

5. 钻孔、扩孔、铰孔、镗孔、攻丝的工艺特点是什么？如何确定其工艺参数？

6. 默写所有固定循环指令的编程格式后自查，直至达到熟练、准确，并能正确叙述各指令的刀具运动路线与动作。

7. 什么是初始平面和安全平面？如何指定返回点的平面？

8. 当孔的数量较多（有规律或无规律分布）时，如何简化程序？

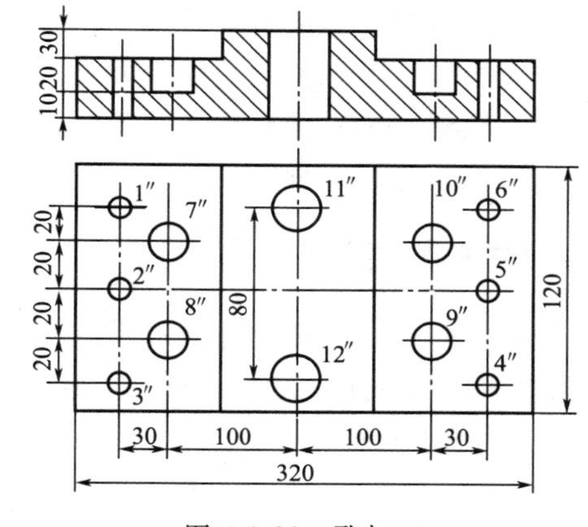

图 4-1-22　孔加工

9. 编制如图 4-1-22 所示零件的加工程序，零件

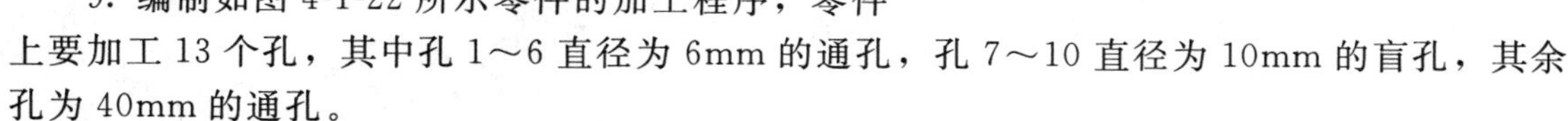
上要加工 13 个孔，其中孔 1～6 直径为 6mm 的通孔，孔 7～10 直径为 10mm 的盲孔，其余孔为 40mm 的通孔。

10. 若要在立式加工中心上完成图 4-1-23 所示零件的孔加工，需要借助什么工具？试编制相应的加工程序。

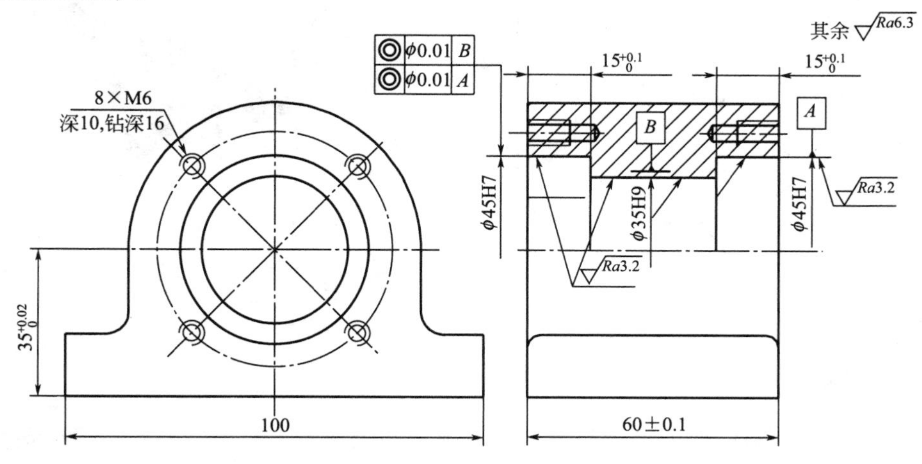

图 4-1-23　支座

任务2 铣 孔

【学习目标】

技能目标：

① 能根据孔的结构、尺寸正确选择加工方法、刀具直径及切削用量；

② 能正确选择铣孔的走刀路线，掌握数控铣床铣孔的编程技巧；

③ 能运用倒角刀加工45°孔口倒角；

④ 养成良好的编程习惯，以形成自己的编程风格。

知识目标：

① 了解铣孔与镗孔的区别；

② 了解铣孔工艺特点及工艺参数选择；

③ 会制定铣孔的走刀路线并能编制加工程序；

④ 理解坐标系偏移与局部坐标系概念，掌握坐标轴偏移指令G52；

⑤ 熟练应用子程序编程。

【任务描述】

完成图4-2-1所示零件的加工。毛坯尺寸，80×80×20（六个平面已加工完毕），材料为Q235-B・b GB 700—1998。试编程并加工出该零件，加工数量1件。

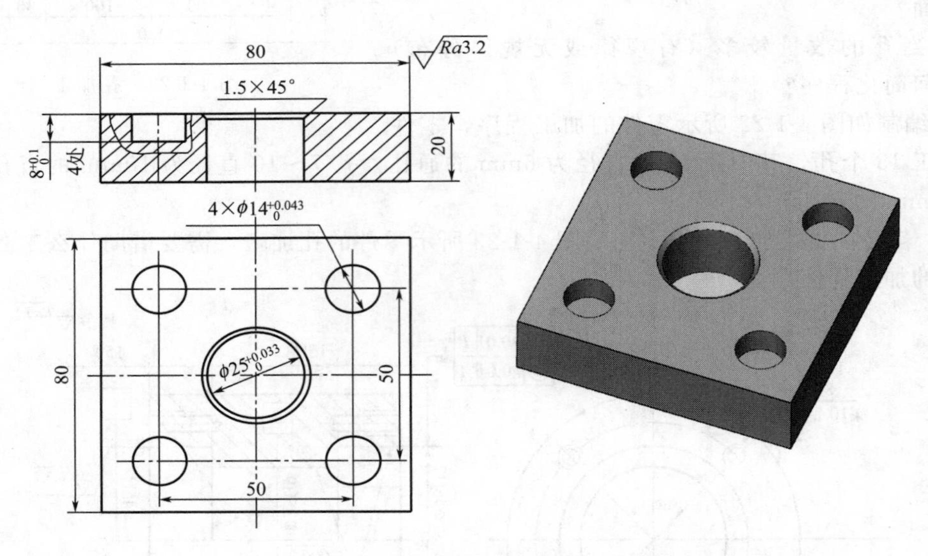

图4-2-1 铣孔图样与三维效果图

【任务分析】

在一些情况下，圆柱孔的尺寸很大，工作现场却无相应尺寸的镗刀；或螺纹孔的尺寸很大，我们无法攻螺纹。此时就应当选用铣孔或铣螺纹的方法来进行加工。

【知识准备】

一、铣孔与镗孔的区别

铣孔与镗孔都是孔加工的常用方法，较大直径的孔多用这两种方法来加工，但二者有区别。

镗孔（含螺纹镗削）是一种定尺寸刀具加工孔的方法，加工孔时其刀具回转中心与孔的中心线重合；刀具运动路线简单；而且一把镗刀所能加工的孔径是有限制的。

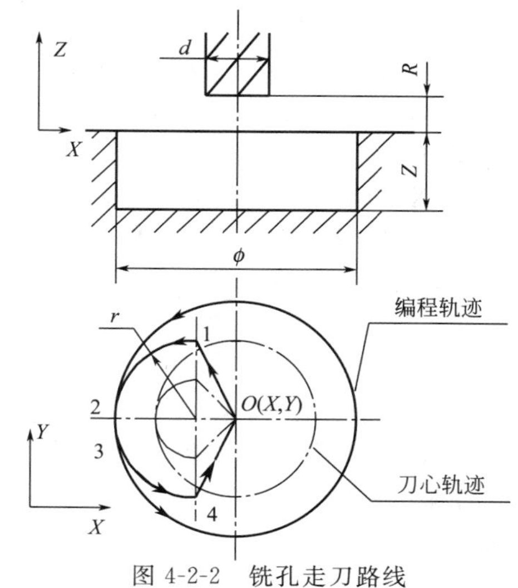

图 4-2-2　铣孔走刀路线

铣孔本质上是一种轮廓加工方法（特殊的轮廓——整圆），铣刀直径与所加工孔的直径无一一对应的关系，即某一直径的铣刀可以加工多种直径的孔。并且可以加工很大直径的孔。因此，用铣刀铣孔，可以减少孔加工刀具的规格和数量。刀具运动路径较镗孔复杂，见图 4-2-2。

对于高精度的孔一般需要采用镗孔的方法，并使用带微调装置的镗刀。

有的系统提供了这样的宏指令，如 ECS 和 NUM 系统就有这样的宏指令（类似固定循环）。对有用户宏功能的系统，如 FANUC 和 SIEMENS 系统，用户可以编制铣孔宏指令，或者用普通指令编制铣孔程序。

二、铣孔的走刀路线与编程

一般说来，铣孔的走刀路线见图 4-2-2，键槽铣刀的编程运动，可以分解为以下几步。

（1）快速定位到孔的中心。

（2）快速定位到 *R* 点（同固定循环）。

（3）切削进给至孔底。

（4）圆弧铣削一周，回到孔中心。为保证圆弧切入、切出，要拟定适当半径的过渡圆弧。若用刀具半径补偿，则须加启动偏置与取消偏置的直线段。此时，为方便编程，过渡圆弧最好用 1/4 整圆。

（5）从孔底快速退回到 *R* 点（以便于继续加工）。

（6）从孔底快速退回到初始平面。

图 4-2-2 中所用符号含义如下：

O——铣刀快速定位点（孔的中心）；

R——铣刀快速趋近点；

Z——孔底坐标；

d——铣刀直径；

ϕ——孔的直径；

r ——切入、切出圆弧半径。

铣孔子程序如下：

O××××；

N1 G90 G00 X _ Y _ ；　　　　孔位

N2 G43 H _ Z _ ；　　　　快速定位到安全高度

N3 Z R；　　　　趋近点

```
N4 G01 Z_ F_;                      切削进给至孔底
N5 G41 X (x1) Y (y1) D11;          加入半径补偿，D11=d/2
N6 G03 X (x2)   Y0 R (r);          切入
N7 I (ϕ/2);                        铣削一周
N8 X (x4) Y (y4) R (r);            圆弧切出
N9 G40 G01 X_ Y_;                  取消刀具半径补偿，回到孔的中心
N10 G00 G90 Z (R);                 回到R点
N11 Z_;                            回到初始平面
N12 M99;
```

·当然也可以用刀心编程，程序略。

为保证上述刀具运动路线将孔底铣平，取刀具直径最小值 $D\min \geqslant \phi/3$。

如果孔较深，需多次铣削时，为避免 Z 向进刀时产生运动停顿，可使用螺旋线插补进刀编程。

三、局部坐标系概念

如果工件在不同位置有相同（或相似）的形状或结构，可把这一部分形状或结构编写成子程序，主程序在适当的位置调用、运行，即可加工出相同的形状和结构，从而简化编程。而编写子程序时不可能用工件坐标系，必须重新建立一个子程序的坐标系，这种在工件坐标系中建立的子坐标系称为局部坐标系，如图 4-2-3 所示。

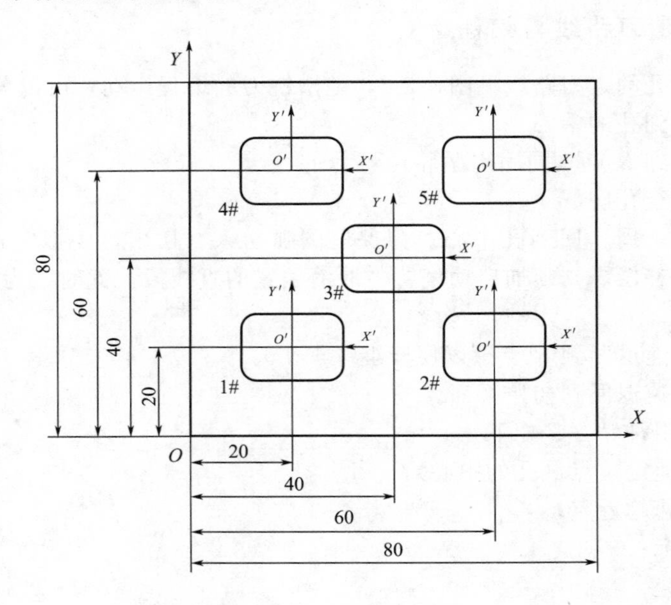

图 4-2-3　局部坐标系

四、坐标系（可编程的）偏移指令 G52

1. 指令功能

通过编程将工件坐标系原点偏移到需要的位置，如偏移到局部坐标系原点上，使工件坐标系与局部坐标系重合。

2. 指令格式

G54 … ；（或 G55～G59 之一）

G52 X _ Y _ Z _ ；坐标系偏移。

G52 X0 Y0 Z0；取消坐标系偏移

例：如图 4-2-3 所示，加工五个矩形槽，用子程序编程，方便快捷，工件坐标系 *XOY* 设置在左下角，而子程序坐标系，即局部坐标系则应设置在矩形槽中心，即 *X′O′Y′*，子程序中基点坐标是相对于局部坐标系 *X′O′Y′*（当前坐标系）而言，其坐标值计算方便、快捷，程序见表 4-2-1。

表 4-2-1　法那克系统示例程序

程序段号	程序内容	指令说明
N10	G0 G54 X0 Y0	刀具移动到工件坐标系原点 *O* 点处
N20	G52 X20 Y20 Z0	将工件坐标系偏移到 X20 Y20 处
N30	G00 X0 Y0	在局部坐标(当前坐标)系中,刀具移动到 X0 Y0 处,即 1＃槽几何中心点
N40	M98 P100	调用子程序 O100 加工 1＃槽
N50	G52 X60 Y20 Z0	将工件坐标系偏移到 X60 Y20 处
N60	G00 X0 Y0	在局部坐标(当前坐标)系中,刀具移动到 X0 Y0 处,即 2＃槽几何中心点
N70	M98 P100	调用子程序 O100 加工 2＃槽
…	…	……
N170	G52 X0 Y0 Z0	加工完毕,取消坐标系偏移
N180	G00 X0 Y0	刀具移动到工件坐标系原点 *O* 点处

3. 指令使用说明

（1）坐标系偏移指令要求为一个独立程序段。

（2）坐标系偏移指令可以对所有坐标轴零点进行偏移。

（3）后面的偏移指令取代先前的偏移指令（即都是在工件坐标系基础上进行偏移）。

（4）坐标系偏移指令有多种，如：可设定的偏移（G54～G59）、可编程的偏移（G92、G52）等。

（5）G52 是子坐标系，须在父坐标系（可设定的偏移 G54～G59）后使用；

（6）局部坐标系使用完毕一般要立刻用 G52 偏移回原来的工件坐标系（G54～G59 之一）。法那克系统说明书中常称 G52 指令为局部坐标系指令，其含义相同。

五、利用夹具上的固定点对刀方法 1（方法 2 见本项目的任务 3）

在加工中心上，当夹具安装在工作台上后，可将对刀点设在夹具上的固定点，并进行对刀工作。编程时利用的是工件坐标系，当零件毛坯装在夹具中后，可利用毛坯尺寸和装夹位置，确定工件坐标系原点相对于夹具上固定点的相对位置而快速对刀。

操作方法是使用MDI将刀具移动到夹具的 X、Y 零点上，将相对坐标设为零，再找出工件坐标系原点相对于夹具上这一固定点的相对坐标差并记录，并将这一相对坐标差，通过"＋输入"软键输入到程序中使用的G54（或G55～G59）中。用完后再恢复原来的偏置值。

【任务实施】

1. 资讯：明确任务/获取信息——工艺性分析

（1）结构工艺性分析

① 仔细阅读零件图样标题栏：零件材料为Q235。

② 零件形状分析：零件形状简单，尺寸不大。

③ 从制造观点分析零件结构的合理性及其在本企业数控加工的工艺性：零件结构在数控机床上易于加工。

④ 分析结构的标准化与系列化程度，孔 $4\times\phi14$ 为平底盲孔，需要用平底刀铣削；$\phi25$ 通孔也需要用铣刀加工，其孔口倒角需使用90°倒角刀（见图4-2-4）。

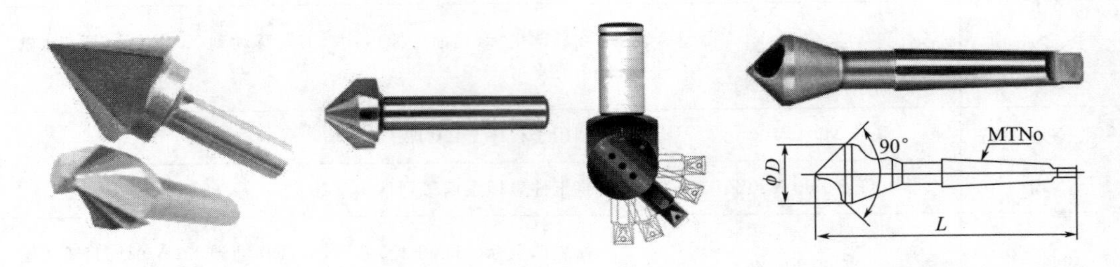

图4-2-4 倒角刀的结构形式示例

⑤ 分析零件非数控加工工序在本企业或外协加工的可能性，保持协调一致：在数控铣床或加工中心上能完成所要求的加工内容。

⑥ 仔细阅读图样上其它非图形标注的技术要求：表面粗糙度要求均为 $Ra3.2\mu m$，需要粗、精两次加工，无热处理要求。

⑦ 尺寸标注方法分析：尺寸标注方法为对称注法，编程原点应选择在工件上表面中心。

（2）精度分析：孔 $4\times\phi14$ 精度为IT9，$\phi25$ 孔为H8，形位公差均未注，在数控机床上加工可行。

（3）图样完整性与正确性审查：图样标注正确、完整、规范。

（4）零件毛坯及其材料分析：零件毛坯外形已经加工完毕，材料为常见加工材料。

2. 决策：做出决定——制定数控加工工艺方案

铣孔 $4\times\phi14$ 采用键槽铣刀，可垂直下刀；$\phi25$ 孔可采用立铣刀铣削，螺旋下刀；最好在铣削之前先钻孔，以便于切屑向下面排出并垂直下刀。

因此，通孔 $\phi25$ 采用 $\phi20$ 麻花钻钻孔，平底孔 $4\times\phi14$ 用平底刀铣削；$\phi25$ 孔孔口倒角1.5×45°，用倒角刀加工。小孔虽然未注明倒角，也应予以倒角，不大于 $C0.5$。

由于表面粗糙度要求均为 $Ra3.2$，因此各表面均需粗精加工两次，并且粗精加工分阶段进行。精铣孔之前完成倒角加工。

3. 计划：制定计划——编制工艺文件

编制工艺过程卡片（表4-2-2）和刀具卡片（表4-2-3），并建立工件坐标系进行数学处理，形成坐标卡片。必要时绘制走刀路线图。

表 4-2-2 数控加工工艺过程卡片

单位	(企业名称)			产品代号		零件名称		材料
工序号	程序编号		夹具名称	夹具号		使用设备		Q235-B·b
	O4200		平口钳					
工步号	工步内容		刀具			切削用量		
			T码	类型规格		主轴转速/(r/mm)	进给速度/(mm/min)	切削厚度/mm
1	钻 ϕ20 中心孔		T01	中心钻 ϕ5		1056	79.2	
2	钻 ϕ20 孔		T02	钻头 ϕ20		264	66	
3	粗铣 4×ϕ14 孔至 ϕ13,深度 7.9		T03	键槽铣刀 ϕ12		1333	↓267, →533	a_p=
4	粗铣 ϕ25 孔至 ϕ24		T04	立铣刀 ϕ20		800	↓320, →640	
5	ϕ25 孔口倒角 C1.5		T05	90°倒角刀		2240	672	$a_p=a_e=1.5$
6	4×ϕ14 孔倒角 C0.5 至 ϕ15		T05	90°倒角刀		2240	672	
7	精铣 4×ϕ14 孔,深 8.05		T03	键槽铣刀 ϕ12		2133	↓425, →850	
8	精铣 ϕ25 孔		T04	立铣刀 ϕ20		1280	→512	

表 4-2-3 数控加工刀具卡片

产品型号		零件号		程序编号		制表
工步号	刀具					
	T码	刀具类型	直径/mm		长度	半径补偿地址
1	T01	中心钻	ϕ5		实测 H01	
2	T02	锥柄麻花钻	ϕ20		实测 H02	
3,7	T03	硬质合金键槽铣刀	ϕ12		实测 H03	D01=6.5 D02=6.0
4,8	T04	硬质合金立铣刀	ϕ20		实测 H04	D03=10.5 D04=10.0
5,6	T05	高速钢倒角刀	ϕ20			

图 4-2-5 为所示的 ϕ25 孔口倒角的走刀路线图，为保证 45°斜倒角尺寸（1.5），带尖的倒角刀的 Z 值确定为 5，并采用半径补偿值 3.5，从而确定刀具最大切削直径为 2×（3.5+1.5）=10，以计算主轴转速。Z 值变化，则半径补偿值和切削直径相应变化。但最小半径补偿值要大于倒角尺寸，以保证倒角刀的切削刃能够倒角成功。

当使用平底倒角刀时，可参照图 4-2-5 确定刀位点，务必使用大于平底半径的刀具补偿值并相应确定适当的 Z 编程值，以确保倒角刀的切削刃切削倒角。

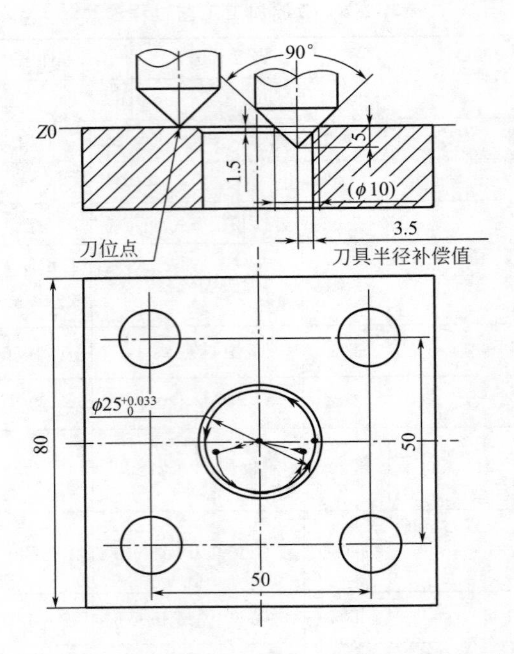

图 4-2-5 尖头倒角刀的对刀与半径补偿及走刀路线

4. 实施：实施计划——编写零件加工程序

参考程序如下：

O4200；（主程序）

N1（T01 中心钻 ϕ5）

N2（T02 锥柄麻花钻 ϕ20）

N3（T03 硬质合金键槽铣刀 ϕ10）

N4（T04 硬质合金立铣刀 ϕ20）

N5（T05ϕ16.5 倒角刀 高速钢 H06）

N6（D01＝6.5　D02＝6.0 D03＝10.5 D04＝10.0 D05＝3.5）

N7 G17 G40 G49 G50 G69 G80 G94；

N8 G28 G91 Z0 M05；

N9 T01 M06；

N10 G90 G54 G00 X0 Y0 M03 S1056；

N11 G01 G43 Z50. H01 F2000；

N12 G98 G82 Z－5. R5. P120 F60；（钻 ϕ20 中心孔）

N13 G80 G00 Z200.0；

N14 G28 G91 Z0 M05；

N15 T02 M06；

N16 G90 G54 G00 X0 Y0 M03 S264；

N17 G01 G43 Z50. H02 F2000 M08；

N18 G98 G81 Z－28. R5. F66；（钻 ϕ20 孔）

N19 G80 G00 Z200. M09；

```
N20 G28 G91 Z0 M05;
N21 T03 M06;
N22 G90 G54 G00 X0 Y0 M03 S1333;
N23 G01 G43 Z50. H03 F2000 M08;
N24 G52 X-25. Y25. ;
N25 D01 M98 P4201;
N26 G52 X25. Y25. ;
N27 D01 M98 P4201;
N28 G52 X25. Y-25. ;
N29 D01 M98 P4201;
N30 G52 X-25. Y-25. ;
N31 D01 M98 P4201;
N32 G52 X0 Y0;
N33 G00 Z100. M09;
N34 G28 G91 Z0 M05;
N35 T04 M06;
N36 G90 G54 G00 X0 Y0 M03 S800;
N37 G01 G43 Z50. H04 F2000;
N38 Z2.0;
N39 G01 Z-22.0 F320;
N40 D03 F640 M98 P4202;（铣削φ25孔）
N41 G00 Z350.0;（可以放到子程序O4202中，但不便于阅读）
N42 G28 G91 Z0 M05;
N43 T05 M06;（换为倒角刀）
N44 G90 G54 G00 X0 Y0 M03 S415;
N45 G01 G43 Z50. H05 F2000;
N46 Z-5.0;（开始φ25孔口倒角）
N47 D05 F200 M98 P4202;
N48 G00 Z50. ;（φ25孔口倒角结束）
N49 G99 G82 X-25.0 Y25.0 Z-7.5 R5. P300 F40;（开始4×φ14孔倒角）
N50 X25.0;
N51 Y-25.0;
N52 G98 X-25.0;
N53 G80 G00 Z300.0;
N54 M00;（检验孔尺寸，修调H03、D02、D04）
N55 G28 G91 Z0 M05;
N56 T03 M06;
N57 G90 G54 G00 X0 Y0 M03 S2133;
N58 G01 G43 Z50. H03 F2000 M08;（精铁4×φ14孔）
N59 G52 X-25. Y25. ;
```

```
O4201（子程序一：粗铣4×φ14）;
N110 G00 X0 Y0;
N120 G01 Z-7.7 F267;
N130 G01 G41 X-6.8 Y-0.2 F533;
N140 G03 X0 Y-7. R6.8 F25.38;
N150 G03 J7. F41;
N160 X6.8 Y-0.2 R6.8 F533;
N170 G01 G40 X0 Y0;
N180 G00 Z5. ;
N190 M99;
```

```
O4202;（铣削φ25孔）
N210 G01 G41 X-12.0 Y-0.5 M08;
N220 G03 X0 Y-12.5 R12.0;
N230 J12.5;
N240 X12.0 Y-0.50 R12.0;
N250 G00 G40 X0 Y0;
N260 M99;
```

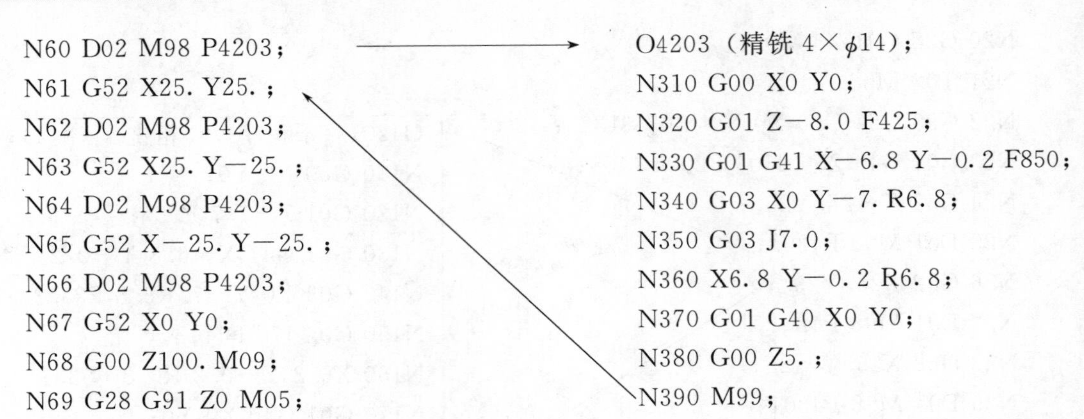

```
N60 D02 M98 P4203;
N61 G52 X25. Y25.;
N62 D02 M98 P4203;
N63 G52 X25. Y-25.;
N64 D02 M98 P4203;
N65 G52 X-25. Y-25.;
N66 D02 M98 P4203;
N67 G52 X0 Y0;
N68 G00 Z100. M09;
N69 G28 G91 Z0 M05;
```

```
O4203（精铣 4×φ14）;
N310 G00 X0 Y0;
N320 G01 Z-8.0 F425;
N330 G01 G41 X-6.8 Y-0.2 F850;
N340 G03 X0 Y-7. R6.8;
N350 G03 J7.0;
N360 X6.8 Y-0.2 R6.8;
N370 G01 G40 X0 Y0;
N380 G00 Z5.;
N390 M99;
```

```
N70 T04 M06;
N71 G90 G54 G00 X0 Y0 M03 S1280 T01;（为加工下一件做准备）
N72 G01 G43 Z50. H04 F2000;
N73 Z-22.0;
N74 D04 F512 M98 P4202;（精铣 φ25 孔）
N75 G00 Z350.0;
N76 M30;（检查工件尺寸，合格后方可卸下工件）
```

5. 检查：检查控制——程序检验

6. 评估：评定反馈——首件试切（在数控机床加工工件，进一步优化并保存程序）

推荐采用的操作步骤参见项目二任务 1。

【任务总结】

铣孔一般采用图 4-2-2 所示的走刀路线，即采用顺序的方法。当毛坯有预留孔且孔表面有硬皮时应采用逆铣的方法进行粗铣，精铣仍采用顺铣的方法。

铣削零件上多个相同的孔时，使用 G52 会大大简化编程。

【任务考评】

评分标准

序号	考核项目	考核内容	配分	评分标准(得分)	小计
1	资讯	工艺性分析的透彻性	5	据工艺方案得分判定，计算公式如下： 得分=0.5×工艺方案得分	
2	决策	数控加工工艺方案制定的合理性	10	据工艺文件内容判定 1. 工步顺序正确(5 分) 2. 刀具材质选择正确(3 分) 3. 工件坐标系原点设置适当(2 分)	
3	计划	数控加工工艺文件编制的完整性、正确性、统一性	20	1. 工艺文件齐全，填写完整、统一(4 分) 2. 工艺过程卡片中切削用量适当(6 分) 3. 刀具卡片中刀具代号、规格正确(2 分) 4. 走刀路线的制定适当(3 分) 5. 坐标卡片填写正确(5 分)	

续表

序号	考核项目	考核内容	配分	评分标准(得分)	小计
4	实施编程	编制零件加工程序及程序检验	20	1. 各成员编制的加工程序具有一致性(5分) 2. 加工程序无语法错误(10分) 3. 加工程序无逻辑错误(5分)	
5	加工操作	1. 加工操作正确性 2. 安全生产	30	1. 刀具安装方法正确(2分) 2. 选用合适的量具(2分) 3. 测量毛坯实际尺寸,并正确安装工件(3分) 4. 能正确进行工件偏置设置,并能根据刀具卡片进行刀具偏置设置,操作正确(5分) 5. 输入程序后进行程序检查(2分) 6. 正确进行试切(10分) 7. 试切后能正确调整相应偏置数值(2分) 8. 加工操作过程未发生撞刀等安全事故(4分)	
6	质量分析与评价	1. 工件检验 2. 团队合作 3. 运用基本理论知识进行分析	15	1. 正确选用量、检具进行加工尺寸检查(分别在机床和检验工作台上进行)并合格(9分) 2. 加工表面粗糙度合格(1分) 3. 能团队合作(3分) 4. 正确运用理论知识进行加工质量分析,并修正、保存程序(2分)	
合计			100	得分合计	

【思考与练习】

1. 铣孔有什么优点?

2. 不使用G52,试编制图4-2-1的孔加工程序。

3. 如何正确选择铣孔的走刀路线,请图示。

4. 平底的倒角刀如何对刀与编程?

5. 可编程的偏移指令G92、G52、G54～G59之间有什么关系或历史渊源?

6. 试编程并加工图4-2-6所示零件的5个槽。材料:硬铝,毛坯尺寸:80×80×20。

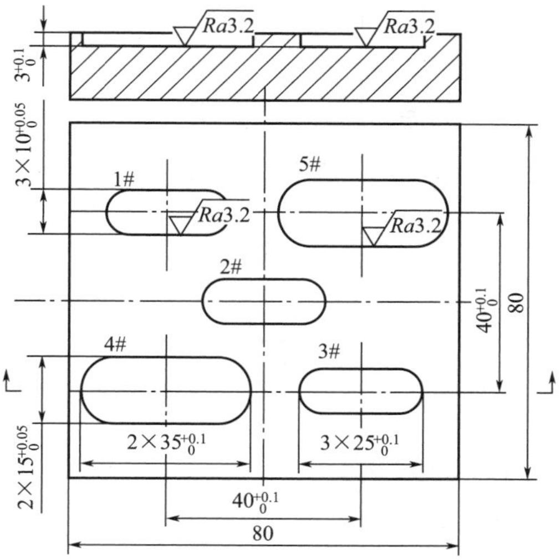

图4-2-6　键槽加工

任务3　铣削普通螺纹

【学习目标】

技能目标:

① 能根据孔的结构、尺寸正确选择加工方法、刀具直径及切削用量;

② 熟练掌握数控铣床(加工中心)铣螺纹的编程技巧;

③ 能正确选择铣螺纹的走刀路线；

④ 能运用加工中心换刀指令；

⑤ 养成良好的编程习惯，以形成自己的编程风格。

知识目标：

① 了解铣螺纹工艺特点及工艺参数选择；

② 掌握切螺纹及铣螺纹的走刀路线及编程；

③ 进一步熟练 G41、G42、G40 及 G04 指令及子程序的应用，会使用螺旋插补功能；

④ 通过利用 G52 对刀，加深理解坐标系偏移与局部坐标系概念，掌握坐标轴偏移指令。

【任务描述】

完成图 4-3-1 所示零件的加工。零件材料 45 GB 699—88，毛坯尺寸 80×80×35，未注倒角均为 2×45°。零件除螺纹外均已经加工完毕。试编制三处螺纹铣削程序并完螺纹加工。

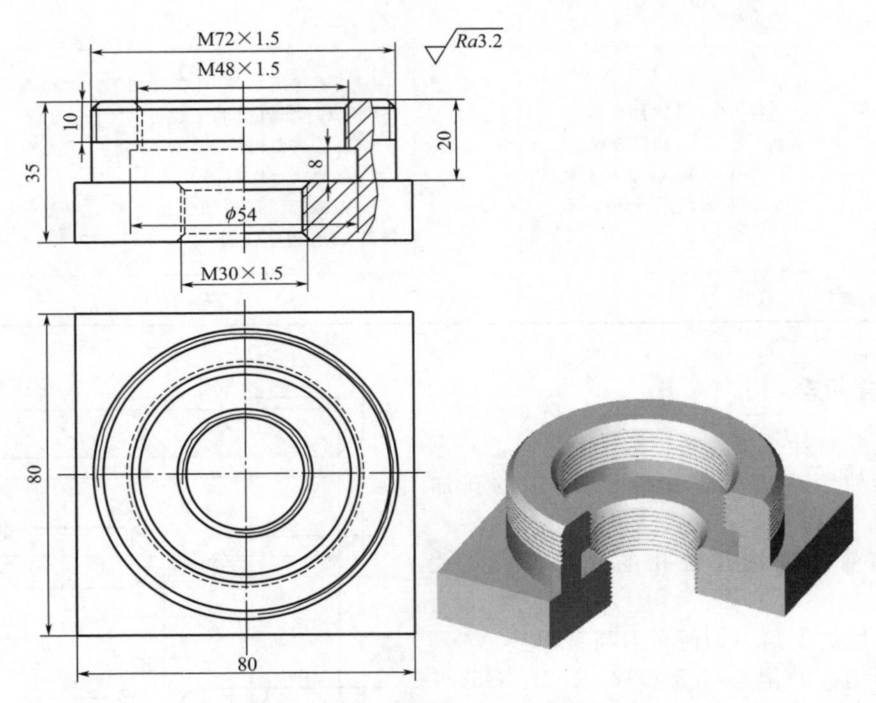

图 4-3-1 螺纹铣削图样与三维效果图

【任务分析】

零件上有三处单线螺纹，螺距均为 1.5mm。其中两处为内螺纹，另一处为外螺纹。虽然螺纹直径不同，但由于其螺距相同，在数控铣床（加工中心）上可以用同一把螺纹梳铣刀经过一次走刀完成加工。走刀路线的安排是关键问题。

【知识准备】

一、螺纹的切削加工（镗削）

当主轴上装有编码器时，可用系统提供的螺纹切削加工指令 G33 来加工等螺距螺纹。

刀具用单刃挑扣镗刀，如图 4-3-2 所示。

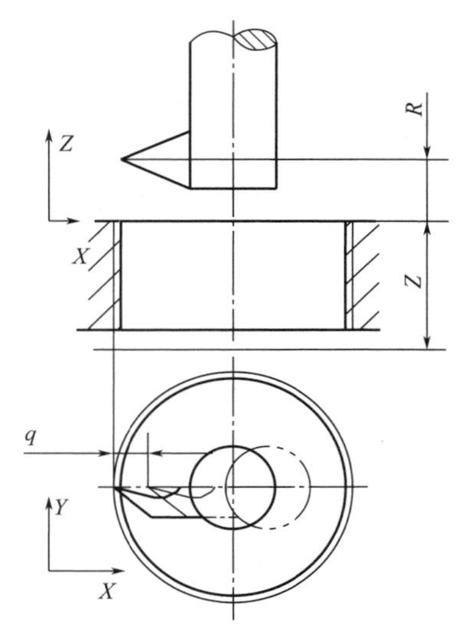

图 4-3-2　螺纹切削

要求主轴有定向功能。程序如下：

……

G00 X _ Y _；　　主轴定位在孔中心

G43 H _ Z _；　　安全高度

N10 G90 G33 Z _ F _ M03 S _　；加工螺纹，F 为螺纹导程

M19；　　主轴定向停止

G91 G00 X　q；　　主轴移动量 q

G90 Z（R）；　　回到 R 点

G91 X －q；　　主轴反向移动

M00；　　暂停，调整刀具

/M99 P10；　　跳转到 N10，重复加工

……

若加工完毕，则将/（选择跳段）功能搬到 ON，程序不再返回到 N10。

该方法所加工的螺纹尺寸与精度是由镗刀决定的，因此镗削螺纹本质上仍是用定尺寸刀具加工孔的镗孔方法，只不过是使用 G33 指令而不是固定循环指令，刀具是成型刀具且刀具的制作安装有特定要求。

二、螺纹的铣削加工

螺纹铣削加工方法本身具有一定的优势。目前螺纹铣刀的制造材料为硬质合金，加工的线速度可达 80～200m/min（国产刀具已达 40～80m/min），而高速钢丝锥的加工线速度为 10～30m/min，故螺纹铣刀适合高速切削，加工螺纹的表面质量也大幅提高。

高硬度材料和高温合金材料，如钛合金、镍基合金的螺纹加工一直是一个比较困难的问题，主要是因为高速钢丝锥加工上述工件材料的螺纹时，刀具寿命较短，而采用硬质合金螺纹铣刀对硬材加工则是效果比较理想的解决方案，可加工硬度为 58～62HRC。对高温合金材料的螺纹加工，螺纹铣刀同样显示出非常优异的加工性能和超乎预期的长寿命。

对于相同螺距、不同直径或旋向的螺纹孔，采用丝锥加工需要多把刀具才能完成，但若采用螺纹铣刀加工，使用一把刀具即可。而且只要螺纹牙型与螺距相同，外螺纹和内螺纹可以用一把螺纹铣刀完成加工，而无论直径和旋向如何变化，可以减少刀具数量。

相对攻螺纹，螺纹铣削具有较大的优势。即使在能够使用丝锥的场合，螺纹铣削的加工质量也比最好的攻螺纹加工质量好。这是由于铣削螺纹不会发生切屑堵塞。攻螺纹时若丝锥磨损，加工螺纹尺寸超差后则丝锥无法继续使用，只能报废；而使用螺纹铣刀时，可通过数控系统进行必要的刀具半径补偿调整，加工出非常精确的螺纹尺寸。对于小直径螺纹加工，特别是高硬度材料和高温材料，螺纹铣削的优势更明显。

螺纹铣削的原理是采用三轴联动的数控铣床或加工中心，在 XY 轴走 G02 或 G03 一圈（多采用顺铣）时，Z 轴同步移动一个螺距。

如图 4-3-3 所示，用梳形圆柱铣刀，对大直径小升角的普通或细牙螺纹，使用系统的螺旋（线圆弧）插补功能进行铣削加工。由于铣刀与螺纹有一定的干涉，为减少齿形误差，螺纹铣刀直径相对螺纹直径应足够小（建议所加工螺纹的直径应比螺纹铣刀的大 20%左右），以减少齿形误差。实践证明，这种方法是实用的。例如，铣削 M132×1.5 螺纹孔。

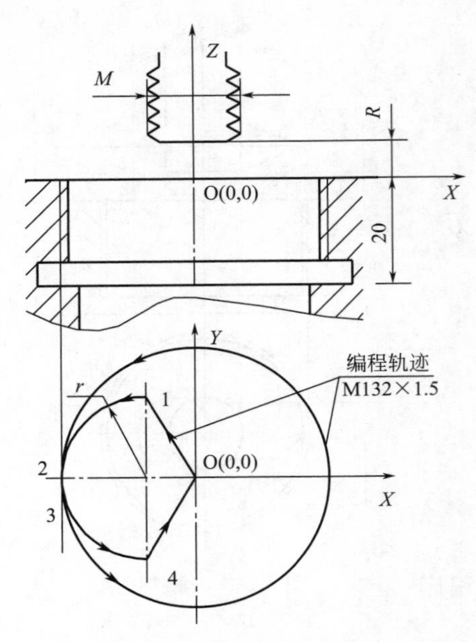

图 4-3-3 铣削内螺纹走刀路线

加工时，和铣孔的刀具运动相似，刀具先下到底，由下向上螺旋线铣削一周后退刀。不同的是，刀具切入、铣削一周、切出均应按螺纹导程移动（切入、切出的移动量要计算），如图 4-3-3 所示。

程序如下：

```
O××××；（铣削 M132×1.5 螺纹孔）
G00 G90 G54 X0 Y0；
G43 Z5.0 H02 S210 M3；
G01 Z－19.0 F1000；
G41 X－2.0 Y64.0 D22；（D22＝M/2）
G03 X－66.0 Y0 Z－18.625 J－64.0 F50；
Z－17.125 I66.0；
X－2.0 Y－64.0 Z－16.75 I 64.0 F200；
G40 G01 X0 Y0 F1000；
G00 G49 Z350.0 M05；
M30；
```

切入、切出 1/4 圆弧时，刀具 Z 向移动量为 1.5/4＝0.375。

在立式数控机床上，采用顺铣方式铣削螺纹时，刀具的运动与螺纹旋向的关系如表 4-3-1所示。

表 4-3-1 铣削螺纹时刀具的运动与螺纹旋向的关系

螺纹	旋向	刀具相对工件的运动	主轴旋转	刀具 Z 向进给
外螺纹	右旋	G02(顺铣)	M03	↓(向下)
	左旋	G02(顺铣)	M03	↑(向上)
	右旋	G03(逆铣)	M03	↑(向上)
	左旋	G03(逆铣)	M03	↓(向下)
内螺纹	右旋	G03(顺铣)	M03	↑(向上)
	左旋	G03(顺铣)	M03	↓(向下)
	右旋	G02(逆铣)	M03	↓(向下)
	左旋	G02(逆铣)	M03	↑(向上)

三、螺纹铣刀

螺纹铣刀有整体式和刀片式，整体式为圆柱形，参见图 4-3-3。刀片式又有单刃和多刃之分。图 4-3-4 为刀片式多刃螺纹铣刀，图（a）为单刃（单刀片）多齿螺纹铣刀，图（b）为双刃多齿。

单刃单牙螺纹铣刀在一次走刀中只能切削出一个螺旋线牙型，而且绕零件做整圆运动的次数必须不小于所需牙数（在通过轴线的剖面内测量的最多牙数）；加工多线螺纹时须多次走刀。单刃单牙螺纹铣刀可以理解为使用小直径的螺纹镗刀。因此加工效率低，在大批大量生产中较少使用。但是，其最大也是唯一的优点是它能够铣削任何与刀具相匹配的螺纹。

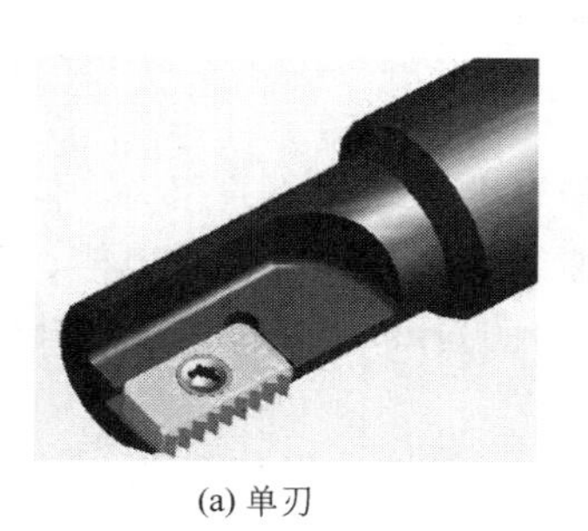

(a) 单刃

切削刃数量(Z) 1~2
切削刃直径(D_2) 13.6~16
刀盘的悬长(L_1) 26~36

(b) 双刃

(c) 五刃

图 4-3-4 螺纹铣刀（多齿）

四、普通螺纹铣削编程前的尺寸确定（或计算）与加工前的尺寸检查

（1）螺纹铣削编程前需要确定（或计算）的尺寸有：外螺纹的小径、内螺纹的大径。

（2）螺纹铣削加工前主要检查的尺寸有：外螺纹大径、内螺纹的小径（即底孔尺寸）。

（3）严格地说，应当根据螺纹的精度要求（公差代号）查阅《GB197—1981 普通螺纹公差与配合（直径 1～355）》来确定这些尺寸（内、外螺纹的大径和小径）。

而对于螺纹的小径，也可以参照以下公式计算确定。

外螺纹小径：$d_1=d-1.3P$

内螺纹小径：$D_1=D-1.0825P$

（4）在螺纹铣削加工前，对从其它工序移交来的待加工零件，应进行全面检验（各个尺寸、形位公差、粗糙度及其它技术要求），合格的零件可以继续加工，不合格的零件（含材料）则不加工，除非有回用单等文件能证明其可以进行加工。

五、利用夹具上的固定点对刀方法 2（方法 1 见本项目的任务 2）

在加工中心上，当夹具安装在工作台上后，可将对刀点设在夹具上的固定点，并进行对刀工作。编程时利用的是工件坐标系，当零件毛坯装在夹具中后，可利用毛坯尺寸和装夹位置，确定工件坐标系原点相对于夹具上固定点的相对位置而快速对刀。对刀的方法有两种：

一是将这一相对坐标差，通过“＋输入”软键输入到程序中使用的 G54（或 G55～G59）中，具体操作方法见本项目任务 2；

二是当程序中没有使用 G52 指令时，可将相对值用 G52 写入程序中。需要注意的是，G52 指令程序段要紧跟在 G54 指令所在程序段之后，程序运行 G52 程序段时，刀具不运动。

对于有圆孔的工件，且工件坐标系原点设置在圆孔中心线与工件上表面交点上，除使用寻边器在外轮廓对刀外，还可使用杠杆百分表（或千分表）找正孔来对刀。在钻夹头刀柄上夹上带有千分表的表杆后，安装在主轴上。手动移动工作台使千分表触点与工件已加工内孔 M48×1.5 底孔圆周表面相接触，手动回转主轴进行调整，使主轴中心线与内孔中心线相重合，并记录下此时机床的 X、Y 坐标值。Z 向对刀须使用刀具，操作方法不再赘述。

【任务实施】

1. 资讯：明确任务/获取信息——工艺性分析

（1）结构工艺性分析

① 仔细阅读零件图样标题栏：零件材料为 45 钢，属常见材料。

② 零件形状分析：零件外形简单，尺寸不大，但螺纹尺寸较大，尤其是内螺纹，无合适的丝锥可供选择。

③ 从制造观点分析零件结构的合理性及其在本企业数控加工的工艺性：零件结构在数控机床上易于加工。

④ 分析结构的标准化与系列化程度：三处螺纹直径较大且直径相差很大，但其螺距均为1.5mm，可以使用一把螺纹铣刀加工。查《GB 3—79 螺纹收尾、肩距、退刀槽、倒角》螺距1.5mm的螺纹肩距不大于4.5（一般）、6（长的）、3（短的）。因此M48×1.5与M72×1.5均便于加工。

⑤ 分析零件非数控加工工序在本企业或外协加工的可能性，保持协调一致：零件除螺纹外均已经加工完毕，螺纹是最终加工工序。

⑥ 仔细阅读图样上其它非图形的技术要求：表面粗糙度要求均为 $Ra3.2$，无热处理要求。

⑦ 尺寸标注方法分析。尺寸标注方法为对称注法，编程原点应选择在工件上表面中心。

（2）精度分析：所有螺纹均未标注公差等级与形位公差等级，在数控机床上易于实现加工。

（3）图样完整性与正确性审查：图样标注正确、完整、规范。

（4）零件毛坯及其材料分析：零件毛坯外形已经加工完毕并检验合格。

2. 决策：做出决定——制定数控加工工艺方案

三处螺距相同的螺纹只需使用一把螺纹梳铣刀（见图4-3-4）即可完成加工。

特别要注意螺纹铣刀的走刀路线，保证螺纹旋向、导程正确，并防止撞刀。

3. 计划：制定计划——编制工艺文件

假定螺纹梳铣刀（见图4-3-4）切削刃直径 $D_2=16$mm，切削刃长26mm，铣削均采用顺铣方式。取 $v_c=60$m/min，每齿进给量 $f_z=0.1$mm/r。

编制工艺过程卡片（表4-3-2）和刀具卡片（表4-3-3），绘制走刀路线图（见图4-3-5），并在零件上表面中心建立工件坐标系进行数学处理，坐标卡片略。

表 4-3-2 数控加工工艺过程卡片

单位	（企业名称）		产品代号		零件名称	材料
工序号	程序编号	夹具名称	夹具号	使用设备		45
	O4300					
工步号	工步内容	刀具		切削用量		
		T码	类型规格	主轴转速/(r/mm)	进给速度/(mm/min)	切削厚度/mm
1	铣削内螺纹M30×1.5	T01	螺纹铣刀	1193	111.35 切入92	0.812
2	铣削内螺纹M48×1.5	T01	螺纹铣刀	1193	159 切入152	0.812
3	铣削外螺纹M72×1.5	T01	螺纹铣刀	1193	286 切入284	0.812
					$f_z=0.1$	

表 4-3-3　数控加工刀具卡片

产品型号		零件号		程序编号		制表
工步号	刀具					
	T码	刀具类型	直径/mm		长度	补偿地址
1,2,3	T01	螺纹铣刀 双刃， 硬质合金	螺距 1.5,切削刃 直径 $\phi16$,长度 24		实测	H01 D21=8 D22=7.188

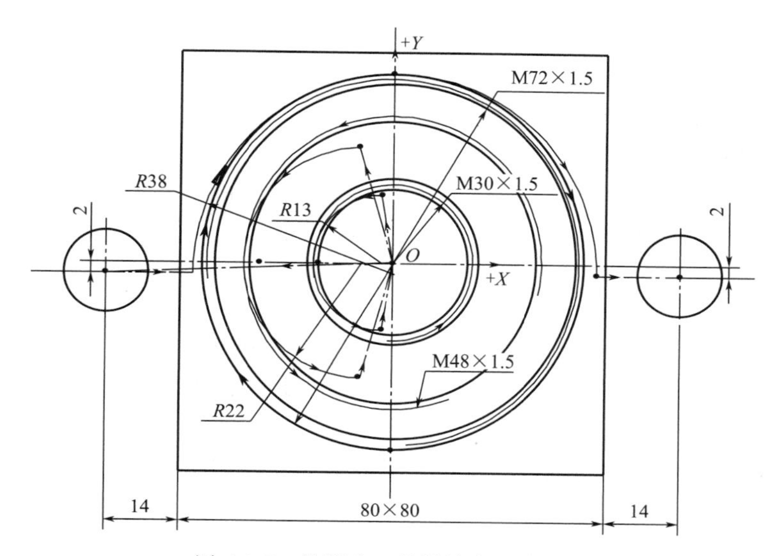

图 4-3-5　铣削内、外螺纹走刀路线图

查 GB 196—1981 可以得到以下数据。

M30×1.5 右旋内螺纹小径（底孔直径）$D_1=28.376$mm，中径 $D_2=29.026$mm。

M48×1.5 螺纹小径：$D_1=46.376$mm，中径 $D_2=47.026$mm。

M72×1.5 螺纹小径：$d_1=70.376$mm，中径 $d_2=71.026$mm。

为便于编程，外螺纹也采用公称直径编程，但铣削时，应以外螺纹小径计算偏置值。

螺纹铣削还要考虑刀具半径偏置值对于进给速度的影响，尤其是当螺纹铣刀直径接近内螺纹直径时，务必按照式（3-2）进行计算圆弧插补的编程进给速度，作适当调整，以免进给速率过大而导致刀具损坏。

4. 实施：实施计划——编写零件加工程序

参考程序如下：

```
O4300;
(D21=8)
(D22=8-[72-70.376]÷2=8-1.0825=8-0.812=7.188)
N1 G17 G40 G49 G50 G69 G80 G94 T01;
N2 G28 G91 Z0;
N3 T01 M06;
N4 G90 G54 G00 X0 Y0 M03 S1193;
```

N5 G01 G43 Z50. H01 F1000；

N6 Z－41.0；

N7 M08；

N8 G01 G41 X－2.0 Y13.0 D21；(D21＝8，开始铣削 M30×1.5)

N9 G03 X－15.0 Y0 R13.0 Z－40.625 F92；

N10 G91 I15. Z1.5 F111.35；

N11 G90 X－2.0 Y－13.0 Z－38.75；

N12 G01 G40 X0 Y0 F1000；

N13 Z－13.0；

N14 G01 G41 X－2.0 Y22.0 D21；(开始铣削 M48×1.5)

N15 G03 X－24.0 Y0 R22.0 Z－12.625 F152；

N16 G91 I24. Z1.5 F159；

N17 G90 X－2.0 Y－22.0 Z－10.75；

N18 G01 G40 X0 Y0 F1000；

N19 Z5.0；

N20 G00 X－54.0 Y－2.0；

N21 Z－8.5；

N22 G01 G41 X－38.0 D22；(D22＝7.188，少偏一个牙型高度)

N23 G02 X－36.0 Y0R38.0 Z－8.875 F2834；(开始铣削 M72×1.5)

N24 G91 I0. J－36.0 Z－1.5 F286；

N25 G90 X38.0 Y－2.0 R38.0 Z－10.75；

N26 G00 G40 X54.0；

N27 G00 Z350.0；(*Z* 向抬刀)

N28 X0 Y0；(便于测量和装夹工件)

N29 M30；

5. 检查：检查控制——程序检验

6. 评估：评定反馈——首件试切（在数控机床加工工件，进一步优化并保存程序）

推荐采用的操作步骤参见项目二任务 1。

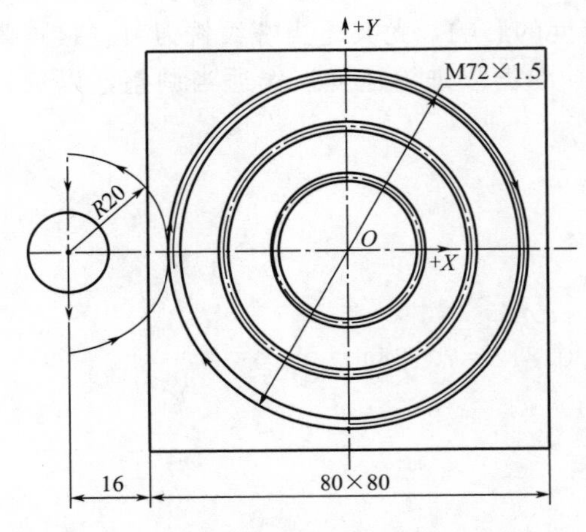

图 4-3-6 改进的铣削外螺纹走刀路线图

【任务总结】

(1) 铣削内螺纹，编程尺寸为螺纹大径，刀具半径偏置值为铣刀半径。

(2) 铣削外螺纹，若编程尺寸为螺纹小径，则刀具半径偏置值为铣刀半径；若编程尺寸为螺纹大径，则刀具半径偏置值为铣刀半径减去一个牙型高度，即少偏一个牙型高度。使用螺纹大径编程更为方便，优点一是编程取数方便，二是稍作修改即可加工公称直径相同而螺距不同的螺纹。

(3) 编程与加工前应当明确螺纹铣刀的直径、切削螺纹的最大长度、旋向和螺纹的导程。

（4）本例中，外螺纹切入、切出的走刀路线行程较长，还有更好的路径，见图 4-3-6。

【任务考评】

评分标准

序号	考核项目	考核内容	配分	评分标准(分值)	小计
1	资讯	工艺性分析的透彻性	5	据工艺方案得分判定,计算公式如下: 得分＝0.5×工艺方案得分	
2	决策	数控加工工艺方案制定的合理性	10	据工艺文件内容判定 1. 工步顺序正确(5分) 2. 刀具材质选择正确(3分) 3. 工件坐标系原点设置适当(2分)	
3	计划	数控加工工艺文件编制的完整性、正确性、统一性	20	1. 工艺文件齐全,填写完整、统一(4分) 2. 工艺过程卡片中切削用量适当(6分) 3. 刀具卡片中刀具代号、规格正确(2分) 4. 走刀路线的制定适当(3分) 5. 坐标卡片填写正确(5分)	
4	实施编程	编制零件加工程序及程序检验	20	1. 各成员编制的加工程序具有一致性(5分) 2. 加工程序无语法错误(10分) 3. 加工程序无逻辑错误(5分)	
5	加工操作	1. 加工操作正确性 2. 安全生产	30	1. 刀具安装方法正确(2分) 2. 选用合适的量具(2分) 3. 测量毛坯实际尺寸,并正确安装工件(3分) 4. 能正确进行工件偏置设置,并能根据刀具卡片进行刀具偏置设置,操作正确(5分) 5. 输入程序后进行程序检查(2分) 6. 正确进行试切(10分) 7. 试切后能正确调整相应偏置数值(2分) 8. 加工操作过程未发生撞刀等安全事故(4分)	
6	质量分析与评价	1. 工件检验 2. 团队合作 3. 运用基本理论知识进行分析	15	1. 正确选用量、检具进行加工尺寸检查(分别在机床和检验工作台上进行)并合格(9分) 2. 加工表面粗糙度合格(1分) 3. 能团队合作(3分) 4. 正确运用理论知识进行加工质量分析,并修正、保存程序(2分)	
合计			100	得分合计	

【思考与练习】

1. 简述利用夹具上的固定点对刀的两种方法。
2. 镗削螺纹与铣削螺纹的主要区别有哪些？

3. 完成图 4-3-7 所示零件的铣孔与铣螺纹（毛坯的六个平面已加工完毕，但所有的孔均未加工）。零件材料 45 号钢，M30×1.5 右旋内螺纹，底孔直径 $D_1=28.38$mm，螺纹直径 $D_0=30$mm，螺纹长度 $L=20$mm，螺距 $P=1.5$mm；螺纹梳铣刀直径 $D_2=19$mm，刀片长度大于 20mm。铣削采用顺铣方式。

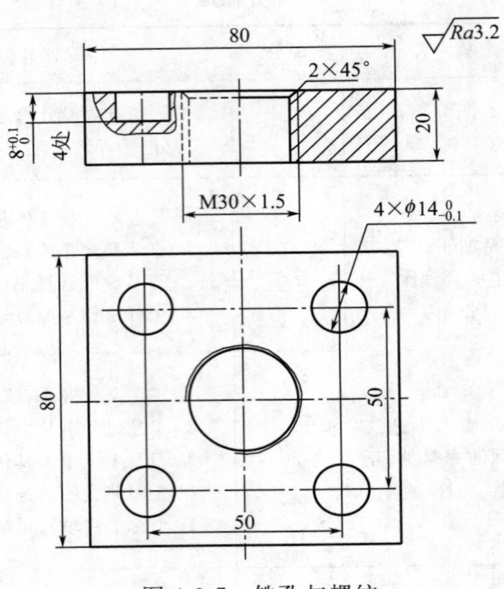

图 4-3-7 铣孔与螺纹

4. 在立式机床上一般采用顺铣方式铣削螺纹，刀具的运动与螺纹旋向有什么关系？

项目五
槽加工

【项目需求】

在数控铣削中，槽加工是常见加工任务，需要在一个封闭或开放的区域内去除材料。

槽的类型有窄槽与型腔。窄槽的形状较为简单，如键槽、直通槽、圆弧槽等，宽度较小，深度一般不大，选用适当直径和类型的铣刀沿窄槽的内轮廓铣削一周，即可去除所有多余的材料。而型腔通常轮廓形状较为复杂，宽度和深度较大，需要切除的材料较多，若铣刀沿型腔内轮廓铣削一周，仍会在槽底留有余料。型腔加工在模具加工中较为常见。

某些型腔的内部往往还有凸起的岛屿，编程与加工中要防止刀具干涉；对于深度较大的窄槽，为提高加工效率和加工质量，往往需要使用多把长度和形状不同的刀具来完成加工。因此，槽加工的编程相对复杂一些，尤其是粗加工，确定去除余料的走刀路线，往往需要借助 CAD 软件周密计划，这是编程的难点。

复杂的型腔和深度较大的窄槽往往需要借助 CAM 软件编制加工程序。

【项目工作场景】

一体化教室：配有 FANUC0i MD 系统的立式数控铣床、立式加工中心至少各一台及机床说明书，刀柄、刀具、量具、精密平口钳、垫铁一套等工具及工具橱、数控仿真室、多媒体教学设备。

【方案设计】

通过任务 1 铣削窄槽学习指令 G68、G69 和 G51、G50，进一步熟悉 G52，并选择合适的加工起点，采用圆弧切向进刀、切向退刀的方法；通过任务 2 铣削腔槽学习腔槽的加工方法与编程方法，尤其是余料的去除方法。为了尽快去除腔槽余料，便于试切程序的编制，粗加工与精加工采用了直径相同的铣刀。

【相关知识和技能】

掌握坐标系旋转指令 G68、G69、缩放（镜像）功能指令 G51、G50 及其使用；
能适当确定窄槽（键槽、圆弧槽、直通槽）与腔槽的加工方法与走刀路线；
能进行试切程序的编制；
能借助 CAD 软件确定腔槽粗加工时去除余料的走刀路线；
了解坡走铣与螺旋插补铣的下刀方法；
在刀具偏置状态下，会计算调整圆弧插补进给率。

任务1 铣削窄槽

【学习目标】

技能目标：

① 会利用坐标系旋转指令 G68、G69 和镜向加工指令 G51、G50 编程；

② 会圆弧切向进刀、切向退刀的方法并选择合适的加工起点；

③ 能选择合适的键槽铣刀并编制数控加工工艺文件；

④ 进行窄槽的编程与加工、尺寸测量并会尺寸精度控制。

⑤ 养成良好的编程习惯，以形成自己的编程风格

知识目标：

① 掌握坐标系旋转指令 G68、G69 及使用；

② 掌握镜像加工指令 G51、G50；

③ 掌握各种窄槽加工的走刀路线。

【任务描述】

加工图 5-1-1 所示零件的槽，表面粗糙度均为 $Ra3.2$，毛坯尺寸 100×100×20，材料为硬铝。各槽的深度见表 5-1-1。

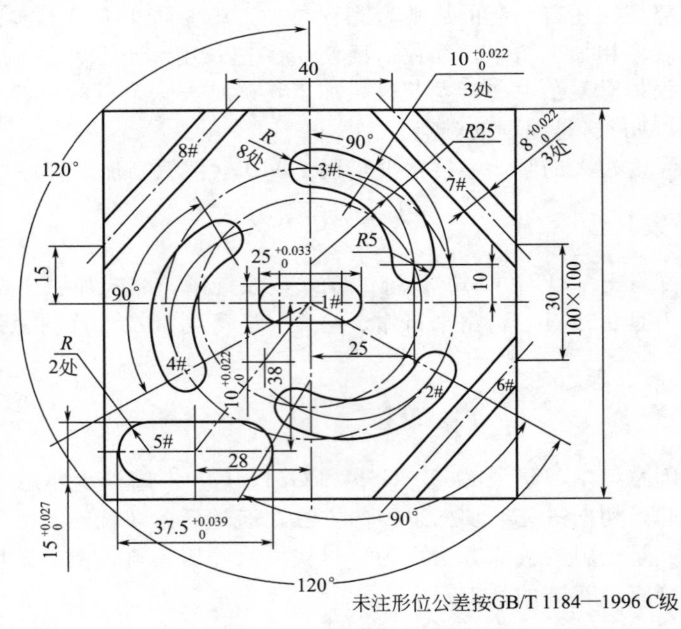

未注形位公差按GB/T 1184—1996 C级

图 5-1-1 窄槽加工图样

表 5-1-1 各槽的深度尺寸

槽号	深度	槽号	深度
1#	$6^{+0.03}_{0}$	5#	$3^{+0.03}_{0}$
2#	$5^{+0.03}_{0}$	6#	$4^{+0.03}_{0}$
3#		7#	
4#		8#	

【任务分析】

共需加工 8 个槽，可以分成三组。其中 1# 和 5# 为封闭键槽，其形状相似；2#、3#、4# 为圆弧槽，外形尺寸相同，成圆形阵列均匀分布（夹角 120°）；6#、7#、8# 槽开放——称作直通槽，成一定的对称关系。各槽的深度不大，长、宽比较大，均属窄槽，程序的编制是难点。每组槽只需要编写一个槽（如 1#、3#、7# 槽）的加工程序，则可利用比例缩放指令、旋转指令加工同组的其它槽。这会大大缩短编程工作量。

【知识准备】

一、比例缩放功能 G51、G50

1. 指令功能

比例缩放功能可以实现尺寸成比例或对称零件的零件的加工。因此它又称镜像功能。

2. 指令格式

① 各轴以相同比例缩放：

G51 X_　Y_　Z_　P_；

G50；　　　　取消比例缩放

其中，X_　Y_　Z_ 为比例缩放中心；P 为比例因子，比例值在 ±0.001～±9.999 或 ±0.0001～±9.99999 范围内。若不指定 P，可用 MDI 预先设定的比例因子。

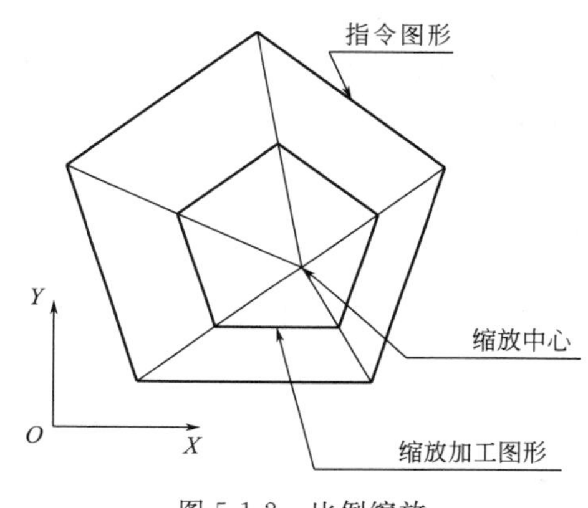

图 5-1-2　比例缩放

利用指令 G51 X_　Y_　Z_　P_；，刀具的下一个运动将按以 X_　Y_　Z_ 为比例缩放中心，由 P 指定的比例因子缩放，见图 5-1-2。

假设指令图形的加工程序为子程序 O5120，则加工缩放图形的程序为：

G51 X_　Y_　Z_　P_；　　　　指定缩放中心坐标与缩放比例

M98 P5120；　　　　加工缩放图形

② 各轴以不同比例缩放：

G51 X_　Y_　Z_ I_　J_　K_；

G50；　　　　取消缩放

其中，X_　Y_　Z_ 为比例缩放中心；I、J、K 分别为 *X*、*Y*、*Z* 轴的比例，比例值在 ±0.001～±9.999 或 ±0.0001～±9.99999 范围内。但倍率（I、J、K）中不可输入小数点。I100 表示缩小为 0.1 倍。

3. 缩放功能编程示例

如图 5-1-3 所示，原件编为子程序 O20，其它用镜像加工，参考程序如下：

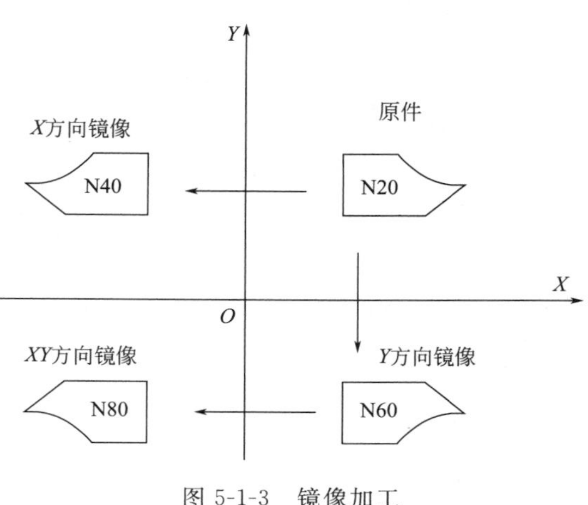

图 5-1-3　镜像加工

N10 G17；

N20 M98 P20；

N30 G51 X0 Y0 I－1000 J1000；（*X* 方向镜像）

N40 M98 P20；
N50 G51 X0 Y0　I1000 J－1000；（Y 方向镜像）
N60 M98 P20；
N70 G51 X0 Y0 I－1000 J－1000；（X、Y 方向均镜像）
N80 M98 P20；
N90 G50；
%

4. 缩放（镜像）指令使用说明

（1）使用镜像功能后，G02 和 G03，G41 和 G42 指令被互换。镜像点可以不是工件坐标系原点。

（2）在可编程镜像方式中，与返回参考点有关指令和改变坐标系指令（G54～G59）等有关代码不准指定。

（3）法那克系统还可通过机床面板实现镜像功能，如果指定可编程镜像功能，同时又用 CNC 外部开关或 CNC 设置生成镜像时，则可编程镜像功能首先执行。

（4）法那克系统用 G51.1 可指定镜像的对称点和对称轴，而用 G50.1 仅指定镜像对称轴，不指定对称点。具体使用方法参见机床手册。

（5）对圆弧插补，不同的缩放比例将不会产生椭圆。当用 R 编程时，圆弧的半径将取决于圆弧所在平面的比例较大者。如 G17 平面内的编程圆弧半径 R，由 I 和 J 中较大的值决定。

（6）刀具半径偏置 G41/G42 D 和刀具长度偏置 G43/G44 H 的偏置值不受比例缩放功能影响。

（7）固定循环指令 G76、G87 中的 X、Y 轴的让刀移动量及移动方向、G83 和 G73 的每次钻深量 Q 及存储的返回量不受比例缩放功能影响。

二、坐标系旋转指令 G68、G69

1. 指令功能

将坐标系旋转一个角度，使刀具在旋转后的坐标系中运行。

2. 指令格式

G17/G18/G68　α_ β_ R_
G19

在选定平面内以某点为旋转中心旋转 R 角度，α_ β_ 为相应的 X、Y、Z 中的两个绝对坐标，作为旋转中心，由 G17、G18、G19 决定

G69；　取消坐标系旋转

3. 指令使用说明

（1）G17、G18、G19 指定坐标系的旋转平面，可以在 G68 指令之前指定。立式铣床（加工中心）一般是指 G17 平面。

（2）法那克系统中没有指定“α_ β_”时，则 G68 程序段的刀具位置为旋转中心。

（3）式中 R 为旋转角度，在不同平面内旋转角度正方向的规定见图 5-1-4（从第三坐标值的正方向向负方向看，逆时针为正，顺时针为负）。一般采用绝对值指定，基准为指定平面的第一坐标轴，见图 5-1-4。当为增量时，在前一个旋转角度上增加该值。

（4）R 的单位为度（°），范围±360°，最小设定值为 0.001°。

（5）法那克系统中当程序未编制“R _”值时，则系统参数 5410 中的值被认为是旋转的角度。

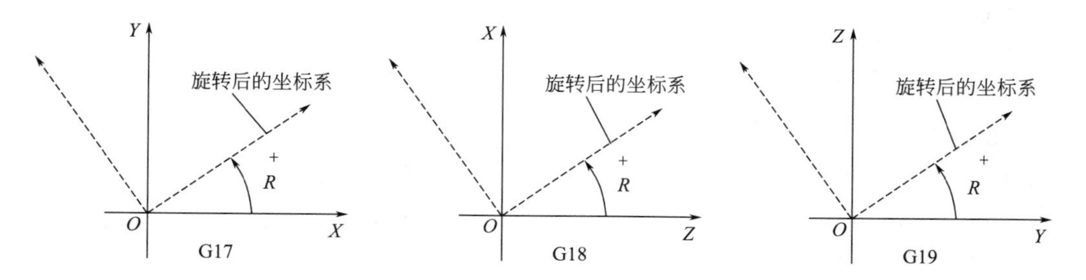

图 5-1-4　偏转角度 R 值的正负规定

（6）G68 模式下，不要有平面选择指令，即不要改变旋转平面。

（7）有刀具补偿的情况下，先旋转后补偿。

（8）有缩放功能的情况下，先缩放后旋转。

（9）法那克系统取消坐标系旋转指令 G69 可以编写在其它指令的程序段中。当 G69 指令与移动指令在同一程序段中指定时，增量移动指令不能使刀具到达指定位置。

【例 5-1】 加工如图 5-1-5 所示图形，*ABCDEA* 内部为实体，图形高度为 2mm

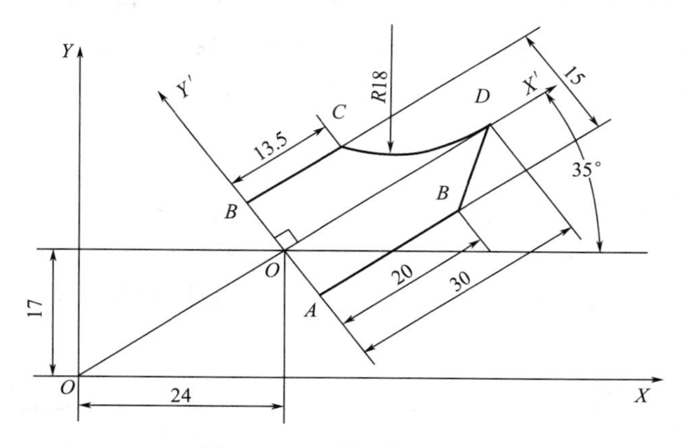

图 5-1-5　工件坐标系偏转

在工件坐标系 *XOY* 中，*A*、*B*、*C*、*D*、*E* 等基点坐标不易求解或求解比较麻烦。解决的办法是先使用 G52 指令将坐标系平移至点（X14　Y17），再用坐标轴旋转指令 G68 将工件坐标系旋转 35°至 *X′O′Y′*。在当前坐标系 *X′O′Y′* 中基点坐标便很容易求出，编程也方便，程序如下：

```
O5268（G52 G68）；
N5  G40 G50 G69 G80；
N10 G90 G54 G0 X0 Y0 Z50.0 M3 S1000 T01；
N15 G01 G43 Z5.0 H01 F2000；
N20 G52 X24.0 Y17.0；          坐标系偏移至 X24.0 Y17.0
N25 G68 X0 Y0 R35.0；          坐标系旋转绕 X24 Y17 逆时针旋转 35°
N30 G01 G41 Y－7.5 X0 D01；
N40 G01 Z－2.0 F50；
```

N50 Y7.5 F200；

N60 X13.5；

N70 G03 X30.0 Y0 R18.0；

N80 G01 X20.0 Y－7.5；

N90 X0；

N100 G00 Z200.0；

N115 G00 G40 X－14.0 Y－17.0；

N110 G69； 取消坐标系旋转

N115 G52 X0 Y0； 取消坐标系偏移

N120 G00 X0 Y0；

N125 M30；

三、键槽铣削的铣削路径

1. 圆弧切入、切出

借鉴铣孔的走刀路线（见图 5-1-6），用过渡圆滑沿切向切入、切出，如图 5-1-7 所示。这是铣削内轮廓的通用切入、切出方式。

2. 铣削方向的确定

与铣削孔的内轮廓（如图 5-1-6 所示）加工一样，顺铣时由于每个刀齿的切削厚度由厚变薄，不存在刀齿滑行，刀具磨损少，表面质量较高，故一般都采用顺铣方式。当铣刀沿槽轮廓逆时针方向铣削时，刀具旋转方向与工件进给方向一致，为顺铣，如图 1-3-9 所示。

3. 切入、切出点

如图 5-1-7 所示，铣削键槽轮廓时，刀具的切入点可以设在圆弧的象限点 A（4 个）或象限点 B（2 个），为便于编程，通常设在 A 点。当然通用的“圆弧切入切出方式”可以保证切入、切出点选择在轮廓的任意位置。通常除选在象限点 A 外，还选在直边上的任何方便计算的点。在 2D 轮廓铣削的自动编程中，常常选在直边上的任意点 C。其实，象限点 A（4 个）就在直边上。

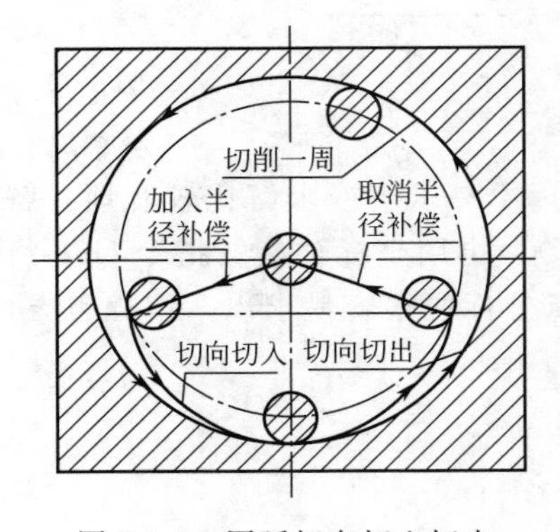

图 5-1-6 圆弧切向切入切出

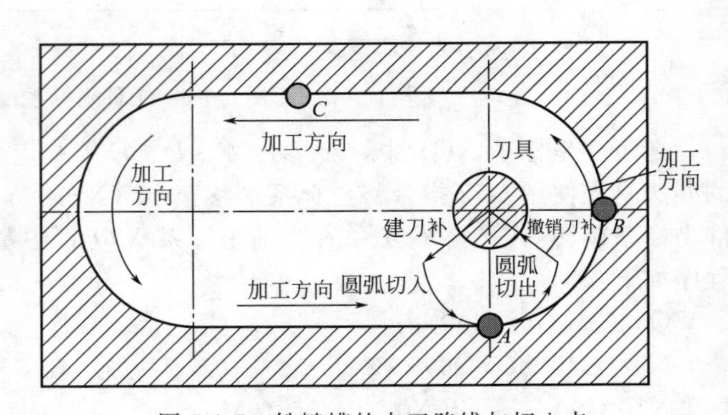

图 5-1-7 铣键槽的走刀路线与切入点

因此 A 是最常选用的切入、切出点。为了形成统一的编程风格以便于阅读，最好始终选定一个固定位置作为切入、切出点。

4. 铣削路径

铣削凹槽时可采用行切和环切相结合的方式进行铣削，以保证能完全切除槽中余量。

在本任务中，由于凹槽宽度较小，铣刀沿轮廓加工一圈即可把槽中余量全部切除，故不需采用行切方式切除槽中多余的余量。

其中每一个槽，根据尺寸精度、表面粗糙度要求，分为粗、精两道加工路线；粗加工时，留 0.3～0.5mm 左右精加工余量，再精加工至尺寸。

四、直通槽与圆弧槽的铣削路径

直通槽与圆弧槽的铣削路径的确定可以借鉴封闭键槽的铣削，铣削路径如图 5-1-8 所示。为了在铣削直通槽时能快速定位到铣削深度，做了改进，使刀具远离工件，见图 5-1-9。

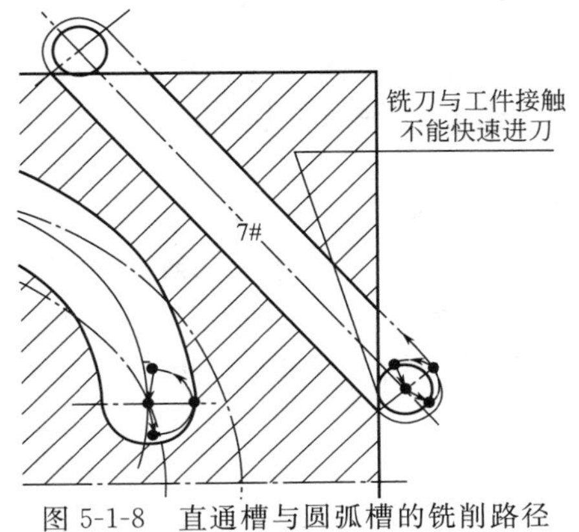

图 5-1-8　直通槽与圆弧槽的铣削路径

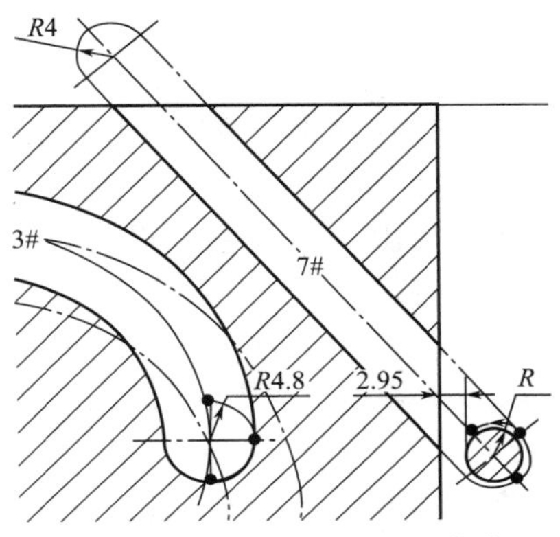

图 5-1-9　直通槽铣削路径的优化 1

当然，直通槽还可以有其它合适路径，如在沿切向切离一侧面后，沿法向直线移动取消半径补偿至槽中心线上，再沿法线加入半径补偿至另一侧面的延伸处开始轮廓铣削。见图 5-1-10，图中加入或取消半径补偿都可以使用 G00 指令。

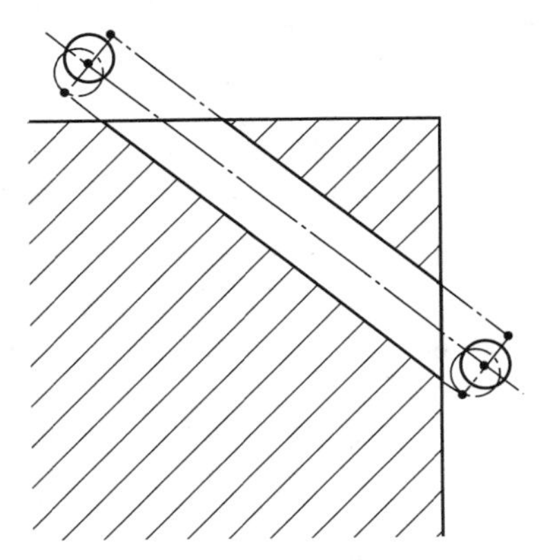
图 5-1-10　直通槽铣削路径的优化 2

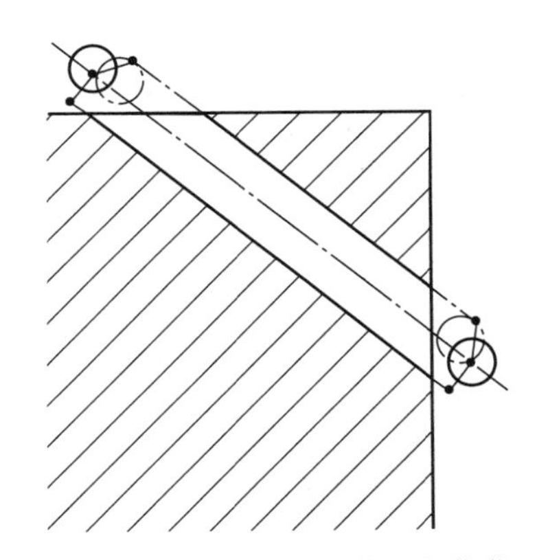
图 5-1-11　直通槽铣削路径的优化 3

当然，还可进一步优化，以缩短作业时间，见图 5-1-11。当刀具离开毛坯后可使用 G00 以缩短工时。虽然这需要多花费一点编程计算时间，但这对于大批大量生产是值得的。

从图 5-1-8～图 5-1-11，斜直通槽的编程点坐标计算都比较繁杂。可利用 CAD 软件作图并查询点坐标。这会大大节省计算时间。因此要研究学习绘图软件的知识并获得熟练应用技能。

从本质上讲，盲孔是一种特殊的槽。因此，铣削盲孔也应当算作槽加工，盲孔又称孔槽。其它槽的铣削借鉴了铣孔的走刀路线。

【任务实施】

1. 资讯：明确任务，获取信息——工艺性分析

共需加工 8 个槽，其中 1＃ 和 5＃ 为封闭键槽，2＃、3＃、4＃ 为圆弧槽，外形尺寸相同，成圆形阵列均布（夹角 120°）；6＃、7＃、8＃ 槽开口，成一定对称关系。各槽的深度不大，均属窄槽。所有槽的长度公差和宽度公差均为 IT8，槽深尺寸公差为 IT9，且所有表面粗糙度均为 *Ra*3.2，须（需）两次加工才能达到粗糙度要求。再仔细研究 5＃ 和 1＃ 槽，两者 *XY* 方向成 1.5，*Z* 向成 0.5 的比例。

2. 决策：做出决定——制定数控加工工艺方案

槽 2、3、4、5 用 $\phi8$ 高速钢键槽铣刀，槽 6、7、8 用 $\phi6$ 高速钢键槽铣刀，深度方向采用轴向下刀，键槽四周轮廓采用圆弧切入、切出。划分粗精铣两个加工阶段，各表面均留 0.3mm 的精加工余量，以保证加工精度和表面粗糙度要求。

程序中使用 G68 指令，调用 2＃ 槽程序加工 3＃、4＃ 槽，便于编程。

1＃、5＃ 槽，虽两种规格但 *XY* 尺寸成相同比例。可以通过平移坐标系原点至 5＃ 槽中心以 I1.5 J1.5 Z0.5 的比例，调用 1＃ 槽的加工程序进行加工。

7＃、8＃ 槽与 6＃ 槽分别关于 *Y* 轴、*X* 轴对称，因此使用镜像指令调用加工 6＃ 槽的程序完成加工。

工件坐标系原点设在工件上表面中心。

3. 计划：制定计划——编制工艺文件

编制工艺过程卡片（见表 5-1-2）和刀具卡片（表 5-1-3），绘制圆弧槽、直通槽的走刀路线图（见图 5-1-12），建立工件坐标系在工件上表面中心，进行数学处理，形成坐标卡片（见表 5-1-4）。

表 5-1-2 数控加工工艺过程卡片

<table>
<tr><td rowspan="2">单位</td><td colspan="2" rowspan="2">（企业名称）</td><td colspan="2">产品代号</td><td>零件名称</td><td rowspan="2">材料</td></tr>
<tr><td colspan="2"></td><td></td></tr>
<tr><td>工序号</td><td>程序编号</td><td>夹具名称</td><td colspan="2">夹具号</td><td>使用设备</td><td rowspan="2">硬铝</td></tr>
<tr><td></td><td>O5100</td><td></td><td colspan="2"></td><td></td></tr>
<tr><td rowspan="2">工步号</td><td rowspan="2">工步内容</td><td colspan="2">刀具</td><td colspan="3">切削用量</td></tr>
<tr><td>T码</td><td>类型规格</td><td>主轴转速
/(r/mm)</td><td>进给速度
/(mm/min)</td><td>切削厚度
/mm</td></tr>
<tr><td>1</td><td>粗铣槽 2、3、4、1、5，各表面精加工余量 0.3mm</td><td>T1</td><td>键槽铣刀
HSS，$\phi8$</td><td>2785</td><td>↓150
→300</td><td>a_p=5.7，4.7，2.7
a_e=8，1.4</td></tr>
<tr><td>2</td><td>粗铣槽 6、7、8，留 0.3mm 精加工余量</td><td>T2</td><td>键槽铣刀
HSS，$\phi6$</td><td>3500</td><td>→400</td><td>ap=3.7
a_e=6，1.4</td></tr>
<tr><td>3</td><td>精铣槽 6、7、8</td><td>T1</td><td>键槽铣刀
HSS，$\phi6$</td><td>3700</td><td>→370</td><td>$a_p=a_e=0.3$</td></tr>
<tr><td>4</td><td>精铣槽 2、3、4、1、5</td><td>T2</td><td>键槽铣刀
HSS，$\phi8$</td><td>3580</td><td>↓175
→350</td><td>$a_p=a_e=0.3$</td></tr>
</table>

表 5-1-3　数控加工刀具卡片

产品型号		零件号		程序编号		制表
工步号	刀具					
	T 码	刀具类型		直径/mm	长度	补偿地址
1,4	T1	HSS 键槽铣刀		8	H01	D1＝4.3 D2＝4.0
2,3	T2	HSS 键槽铣刀		6	H02	D3＝3.3 D4＝3.0

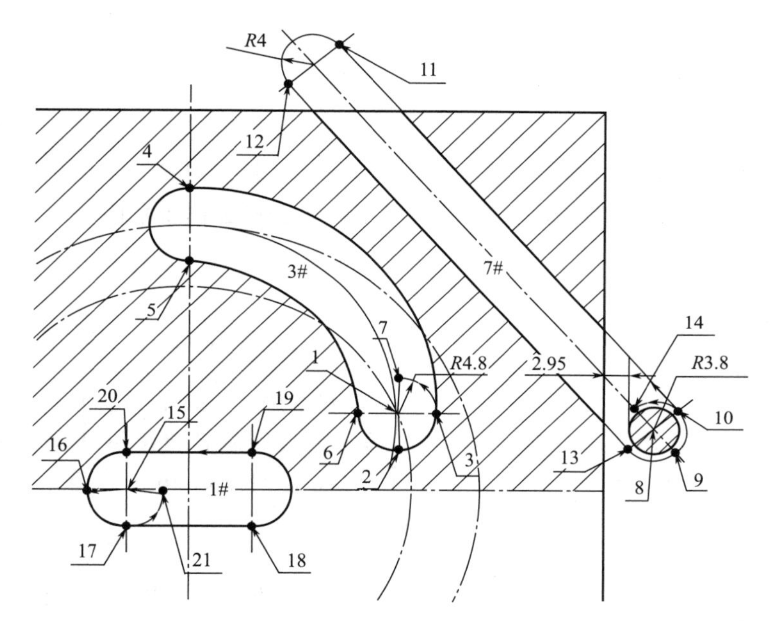

图 5-1-12　走刀路线图

表 5-1-4　坐标卡片

点	坐标	点	坐标
1	X25.0 Y10.0	13	X52.912 Y5.457
2	X25.2 Y5.2	10	
3	X30.0 Y10.0	14	X53.627 Y11.075
4	X0 Y40.0	8	
5	X0 Y30.0		
6	X20.0 Y10.0	15	X−7.5 Y0
3		16	X−12.0 Y−0.5
7	X25.2 Y14.8	17	X−7.5 Y−5.0
1		18	X7.5 Y−5.0
		19	X7.5 Y5.0
8	X55.949 Y8.060	20	X−7.5 Y5.0
9	X58.573 Y5.305	17	
10	X58.986 Y10.663	21	X−3.0 Y−0.5
11	X17.894 Y58.603	15	
12	X11.820 Y53.397		

4. 实施：实施计划——编写零件加工程序

为了便于更清晰地理解刀具运动与旋转指令、镜像指令、坐标系平移指令的关系，编程时，仅仅将 3＃、1＃和 7＃槽的轮廓铣削编程指令分别作为子程序 O5103、O5101 和 O5107。

主程序：

```
O5100；
N1（T01φ8 高速钢键槽铣刀 H01）；
N2（T02φ6 高速钢键槽铣刀 H02）；
N3（D01＝4.3  D02＝4  D03＝3.3  D04＝3.0）；
N4（粗铣槽 2、3、4）；
N5 G17 G40 G49 G69 G80 G94；
N6 G28 G91 Z0 M05；
N7 T01 M06；
N8 G00 G54 G90 X25.0 Y10.0 M03 S2785 T02；（移动刀具到下刀位置 P1）
N9 G01 G43 Z50. H01 F2000；（必须调用 H01，否则会出现危险！）
N10 Z5.0 M08；
N11 G01 Z－4.7 F150；
N12 D01 F300 M98 P5103；（粗铣＃3 槽）
N13 G00 Z5.0；
N14 G68 X0 Y0 R120.0；          （坐标系旋转 120°，仅仅如此，刀具没有移动）
N15 G00 X25.0 Y10.0；           （坐标系旋转后必须移动刀具到下刀位置 P15）
N16 G01 Z－4.7 F150；           （下刀，Z 向留 0.3mm 余量）
N17 D01 F300 M98 P5103；（粗铣＃4 槽）
N18 G00 Z5.0；
N19 G68 X0 Y0 R240.0；          （坐标系旋转 240°，或改为 G68 X0 Y0 R－120.0）
N20 G00 X25.0 Y10.0；           （坐标系旋转后必须移动刀具到下刀位置）
N21 G01 Z－4.7 F150；
N22 D01 F300 M98 P5103；（粗铣＃2 槽）
N23 G00 Z5.0；
N24 G69；                       （坐标系旋转使用完毕，必须立即取消）
N25（粗铣槽 1）；
N26 G00 X－7.5 Y0；（P15）
N27 G01 Z－5.7 F150；
N28 D01 F300 M98 P5101；（粗铣槽 1）
N29 G00 Z5.0；
N30（粗铣槽 5）；
N31 G52 X－28.0 Y－38.0；       （坐标系偏移，但刀具没有移动）
N32 G00 X－7.5 Y0；             （坐标系偏移后必须移动刀具到下刀位置）
N33 G51 X0 Y0 Z0 I1500 J1500 K500；（启用镜像缩放功能，但刀具未移动）
N34 G01 Z－5.7 F150；
N35 D01 F300 M98 P5101；（粗铣槽 5）
N36 G00 Z5.0 M09；
```

```
N37 G50;                                 (坐标系旋转使用完毕，必须立即取消)
N38 G52 X0 Y0;                           (坐标系偏移使用完毕，必须立即取消)
N39 M01;     (选择性暂停，便于检验工具调整 H01、H02 与 D02、D04，试切启用)
N40 G28 G91 Z0 M05;
N41 T02 M06;
N42 (粗铣槽 6);
N43 G00 G54 G90 X55.949 Y8.060 M03 S3500 T01;
N44 G01 G43 Z50. H02 F2000;
N45 Z5.0;
N46 Z-3.7 M08;
N47 D03 F400 M98 P5107; (粗铣槽 6)
N48 G00 Z5.0;
N49 (粗铣槽 7);
N50 G51 X0 Y0 Z0 I-1000 J1000 K1000;        (坐标系 X 轴镜像，而刀具没有移动)
N51 G00 G90 X55.949 Y8.060;                 (镜像后必须移动刀具到下刀位置)
N52 Z-3.7 M08;
N53 D03 F400 M98 P5107;                     (粗铣槽 7)
N54 G00 Z5.0;
N55 (粗铣槽 8);
N56 G51 X0 Y0 Z0 I1000 J-1000 K1000;        (坐标系 Y 轴镜像，而刀具没有移动)
N57 G00 G54 G90 X55.949 Y8.060;             (镜像后必须移动刀具到下刀位置)
N58 Z-3.7 M08;
N59 D03 F400 M98 P5107;                     (粗铣槽 8)
N60 G00 Z5.0;
N61 G50;                                    (镜像使用完毕，必须立即取消)
N62 (精铣槽 6);
N63 G00 G54 G90 X55.949 Y8.060 M03 S3700 T01;
N64 G01 G43 Z50. H02 F2000;
N65 Z5.0 M08;
N66 G01 Z-4.0;
N67 D04 F370 M98 P5107; (精铣槽 6)
N68 G00 Z5.0;
N69 (精铣槽 7);
N70 G51 X0 Y0 Z0 I-1000 J1000 K1000;
N71 G00 G54 G90 X55.949 Y8.060
N72 G01 Z-4.0 F180;
N73 D04 F370 M98 P5107; (精铣槽 7)
N74 G00 Z5.0;
N75 (精铣槽 8);
N76 G51 X0 Y0 Z0 I1000 J-1000 K1000;
N77 G00 G54 G90 X55.949 Y8.060
N78 G01 Z-4.0 F180;
```

```
N79 D04 F370 M98 P5107；（精铣槽 8）
N80 G00 Z5.0 M09；
N81 G50；（镜像使用完毕，必须立即取消）
N82 G28 G91 Z0 M05；
N83 T01 M06；
N84（精铣槽 2、3、4）；
N85 G17 G40 G49 G69 G80 G94；
N86 G28 G91 Z0 M05；
N87 T01 M06；
N88 G00 G54 G90 X25.0 Y10.0 M03 S2785 T02；
N89 G01 G43 Z50. H01 F2000；
N90 Z5.0 M08；
N91 G01 Z－5.0 F175；
N92 D02 F350 M98 P5103；（精铣槽 2）
N93 G00 Z5.0；
N94 G68 X0 Y0 R120.0；
N95 G00 X25.0 Y10.0；
N96 G01 Z－5.0 F175；
N97 D02 F350 M98 P5103；（精铣槽 3）
N98 G00 Z5.0；
N99 G68 X0 Y0 R240.0；
N100 G00 X25.0 Y10.0；
N101 G01 Z－5.0 F175；
N102 D02 F350 M98 P5103；（精铣槽 4）
N103 G00 Z5.0；
N104 G69；
N105（精铣槽 1）；
N106 G00 X－7.5 Y0；
N107 G01 Z－6.0 F175；
N108 D02 F350 M98 P5101；（精铣槽 1）
N109 G00 Z5.0；
N110（精铣槽 5）；
N111 G52 X－28.0 Y－38.0；
N112 G00 X－7.5 Y0；
N113 G51 X0 Y0 Z0 I1500 J1500 K500；
N114 G01 Z－6.0 F175；
N115 D02 F350 M98 P5101；（精铣槽 5）
N116 G00 Z5.0 M09；
N117 G50；
N118 G52 X0 Y0；
N119 G00 Z350.0；
N120 M30；
```

```
%
O5103（圆弧槽子程序——#3 槽，参见图 5-1-12）；
N201 G01 G41 X25.2 Y5.2；（P2）
N202 G03 X30.0 Y10.0 R4.8；（P3）
N203 X0 Y40.0 R30.0；（P4）
N204 X0 Y30.0 R5.0；（P5）
N205 G02 X20.0 Y10.0 R20.0；（P6）
N206 G03 X30.0 Y10.0 R5.0；（P3）
N207 X25.2 Y14.8 R4.8；（P7）
N208 G01 G40 X25.0 Y10.0；（P1）
N209 M99；
%
O5101（键槽子程序——#1 槽，参见图 5-1-12）；
N301 G01 G41 X-12.0 Y-0.5；（P16）
N302 G03 X-7.5 Y-5.0 R4.5；（P17）
N303 G01 X7.5；（P18）
N304 G03 Y5.0 R5.0；（P19）
N305 G01 X-7.5；（P20）
N306 G03 Y-5.0 R5.0 （P17）
N307 X-3.0 Y-0.5 R4.5；（P21）
N308 G01 G40 X-7.5 Y0；（P15）
N309 M99；
%
O5107（斜通槽子程序——#7 槽，参见图 5-1-12）；
N401 G01 G41 X58.573 Y5.305；（P8）
N402 G03 X58.986 Y10.663 R3.8；（P9）
N403 G01 X17.894 Y58.603；（P10）
N404 G03 X11.820 Y53.397 R4.0；（P11）
N405 G01 X52.912 Y5.457；（P12）
N406 G03 X58.986 Y10.663 R4.0；（P13）
N407 X53.627 Y11.075 R3.8；（P10）
N408 G01 G40 X55.949 Y8.060；（P14）
N409 M99；
%
```

主程序 O5100 中有多处重复的程序段。可以进一步编制子程序，形成子程序嵌套。因为多级嵌套难于阅读理解，通常最多使用 2 级嵌套。

5. 检查：检查控制——程序检验

进行仿真加工。

6. 评估：评定反馈——首件试切

在数控机床加工工件，进一步优化并保存程序，并在机床上加工出工件。

推荐采用的操作步骤参见项目二任务 1。

【任务总结】

(1) G68同G41、G42、G51、G52及固定循环指令一样，使用完毕应立即取消，取消的编程指令是G69。

(2) 使用G68、G51、G52指令后，刀具并未移动。因此在这些指令后，往往需要立即编写快速定位指令G00 X _ Y _，使刀具快速定位到下刀位置。

(3) 关于平面选择指令G17、G18、G19及其第三坐标轴的使用场合：

① G02、G03的判定与使用；

② G41、G42的判定与使用；

③ 固定循环指令中孔深加工数据的方向；

④ G68指令中旋转角度R的正负号的判定。

(4) 使用右旋铣刀并采用顺铣的方式，键槽轮廓铣削程序中使用G03，而不使用G02。直通槽与键槽类似，而圆弧槽则不同。

【任务评价】

评分标准

序号	考核项目	考核内容	配分	评分标准(得分)	小计
1	资讯	工艺性分析的透彻性	5	据工艺方案得分判定，计算公式如下： 得分＝0.5×工艺方案得分	
2	决策	数控加工工艺方案制定的合理性	10	据工艺文件内容判定 1. 工步顺序正确(5分) 2. 刀具材质选择正确(3分) 3. 工件坐标系原点设置适当(2分)	
3	计划	数控加工工艺文件编制的完整性、正确性、统一性	20	1. 工艺文件齐全，填写完整、统一(4分) 2. 工艺过程卡片中切削用量适当(6分) 3. 刀具卡片中刀具代号、规格正确(2分) 4. 走刀路线的制定适当(3分) 5. 坐标卡片填写正确(5分)	
4	实施编程	编制零件加工程序及程序检验	20	1. 各成员编制的加工程序具有一致性(5分) 2. 加工程序无语法错误(10分) 3. 加工程序无逻辑错误(5分)	
5	加工操作	1. 加工操作正确性 2. 安全生产	30	1. 刀具安装方法正确(2分) 2. 选用合适的量具(2分) 3. 测量毛坯实际尺寸，并正确安装工件(3分) 4. 能正确进行工件偏置设置，并能根据刀具卡片进行刀具偏置设置，操作正确(5分) 5. 输入程序后进行程序检查(2分) 6. 正确进行试切(10分) 7. 试切后能正确调整相应偏置数值(2分) 8. 加工操作过程未发生撞刀等安全事故(4分)	

续表

序号	考核项目	考核内容	配分	评分标准(得分)	小计
6	质量分析与评价	1. 工件检验 2. 团队合作 3. 运用基本理论知识进行分析	15	1. 正确选用量、检具进行加工尺寸检查(分别在机床和检验工作台上进行)并合格(9分) 2. 加工表面粗糙度合格(1分) 3. 能团队合作(3分) 4. 正确运用理论知识进行加工质量分析，并修正、保存程序(2分)	
合计			100	得分合计	

【思考与练习】

1. 能否对主程序 O5100 进行进一步简化，编写相应的粗、精加工子程序（即子程序二级嵌套）。

2. 请使用立铣刀编写图 5-1-1 零件的加工程序。

3. 如图 5-1-13 所示，毛坯尺寸：80×80×20，材料硬铝，槽的表面粗糙度均为 $Ra3.2$。试编制加工程序。

4. 试编制图 5-1-14 所示零件的槽加工程序。

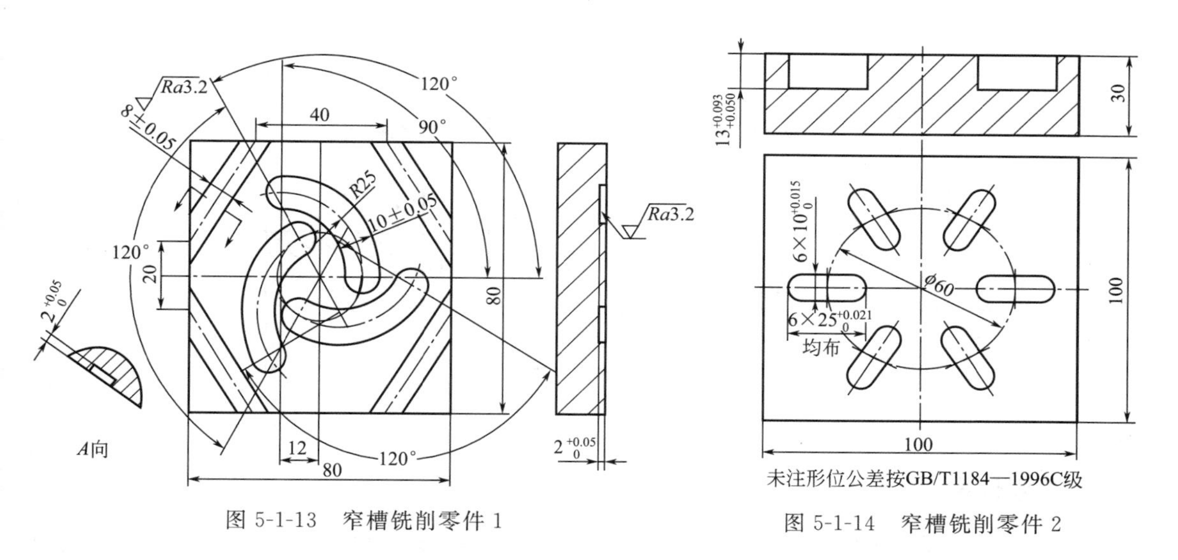

图 5-1-13　窄槽铣削零件 1　　图 5-1-14　窄槽铣削零件 2

任务 2　铣削型腔

【学习目标】

技能目标：

① 会制定型腔槽的加工工艺；

② 掌握型腔槽编程与加工、尺寸测量及精度控制方法；

③ 会编制去除型腔槽底余料的加工程序；

④ 在刀具偏置状态下，会适当调整圆弧插补进给速度；

⑤ 会选择刀具切入型腔加工时下刀方法；

⑥ 养成良好的编程习惯，以形成自己的编程风格。

知识目标：

① 了解型腔槽的加工方法；

② 懂得型腔槽铣削使用半径补偿的刀具路径制定方法；

③ 掌握槽底余料的去除方法；

④ 懂得在刀具偏置状态下，圆弧插补进给率调整计算方法；

⑤ 懂得坡走铣与螺旋插补铣的下刀方法；

⑥ 掌握首件试切与尺寸精度的控制方法。

【任务描述】

试在立式加工中心上完成如图 5-2-1 所示零件的槽加工。工件材料为 45 GB 699—1988，毛坯尺寸为 80×80×30。

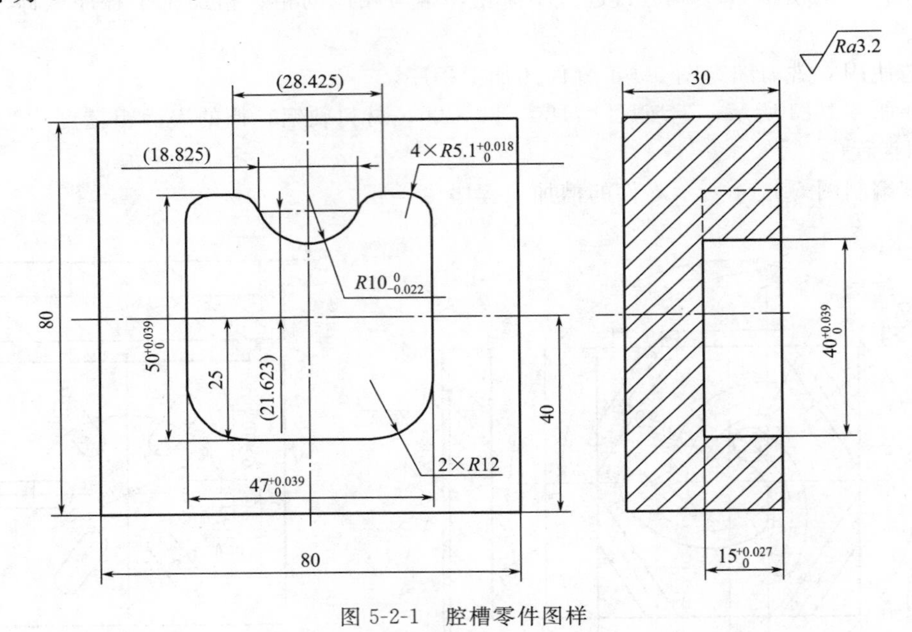

图 5-2-1 腔槽零件图样

【任务分析】

零件的毛坯外形已加工至图样尺寸，本任务只需加工槽。槽的宽、深度较大，轮廓有圆弧，适合采用数控铣床或加工中心加工。但由于加工余量较大，为了尽快去除余料，粗加工使用直径较大的铣刀，以便与精加工刀具直径相同，这样更便于试切程序的编制。

【知识准备】

一、型腔的铣削方法

铣削腔槽时，刀具的运动路线可借鉴平面的铣削方法，其与平面铣削的区别是四周有侧壁的限制，不仅要铣削槽底面，还要铣削侧壁，因此多采用行切和环切相结合的方式分层进行铣削，以保证能完全切除槽中的多余材料。

精度较高的型腔铣削一般采用粗加工、半精加工和精加工的工艺，其中粗加工方法的选择稍微复杂一点儿，一般采用刀具中心编程的方法，需要预先计划。走刀路线参照平面铣削路径（见图 3-1-7～图 3-1-9）。而半精加工和精加工则调用按照轮廓编写的子程序方法进行加工。在半精加工和精加工时，一般应先铣削型腔底面，再铣削侧壁。

粗加工时，侧壁留 0.2～0.5mm 精加工余量，槽底留 0.1～0.3mm 精加工余量。当槽深度较大时，粗加工及侧壁的半精加工和精加工均需分层进行，层的厚度一般不应超过铣刀直径，通常小于铣刀的半径。精度较高时，可根据铣刀直径适当减小步距，以减小切削力，防止断刀和工件残余应力引起过大的变形。

除粗加工方法外，型腔铣削需要着重考虑的另一个问题是刀具的下刀方法。

刀具切入方法有三种：Z 轴下刀、坡走铣及螺旋插补铣。Z 轴下刀则必须使用键槽铣刀，立铣刀则应采用坡走铣及螺旋插补铣。坡走铣又称斜下刀，螺旋插补铣又称螺旋下刀，见图 5-2-2。

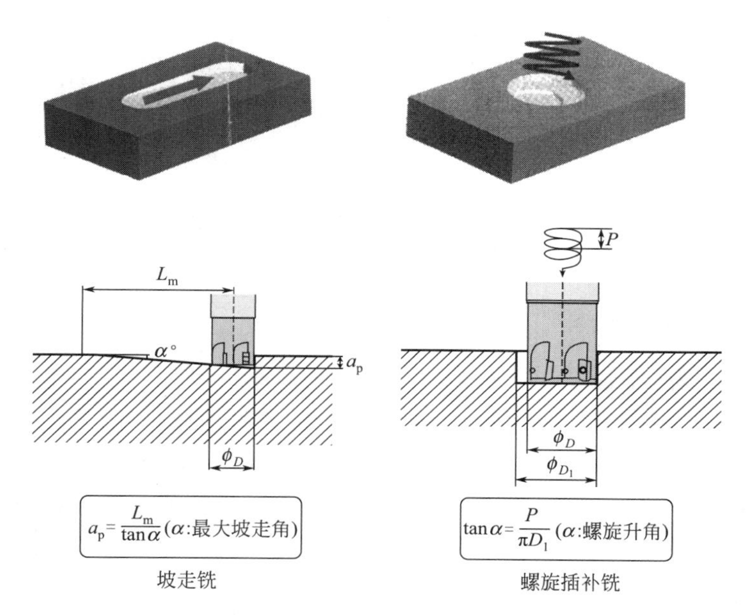

图 5-2-2　坡走铣与螺旋插补铣

坡走铣的坡走角一般取 3°～10°，而螺旋插补铣的螺旋升角取 2°～5°。选取的原则是铣刀直径越大，角度应越小。并根据试切效果进行适当调整。

二、槽底余料的去除

腔槽如果槽底余料较小时，可通过手动方式去除，但是加工质量不高，粗糙度往往难以达到较高要求，因此手动去除一般适合单件小批生产，且精度不高的零件。

当余料较多或生产批量较大时，应以编程并采用自动运行的方式去除。编程前需要准确了解余料的具体形状尺寸、位置尺寸。这就需要利用 CAD 软件作图求得，并据此确定切除余料的走刀路线。余料切除一般采用刀心编程。

余料的计算一般从腔槽侧壁轮廓开始，先向内偏移一个刀具直径，求得精铣侧壁后的余料（大于粗铣侧壁的余料），见图 5-2-3。余料比较大，需要通过多次走刀才能切除。顺铣一周后还有余料，但余料已经较小，通过刀具直线插补运动即可切除，见图 5-2-4。

因此，槽底余料去除的走刀路线为：刀具快速定位到 1 点正上方→下刀至槽底→直线插补至 2 点→3 点→4 点→沿圆弧 $R22$ 插补至 5 点→直线插补至 6 点→3 点→继续铣削侧壁周

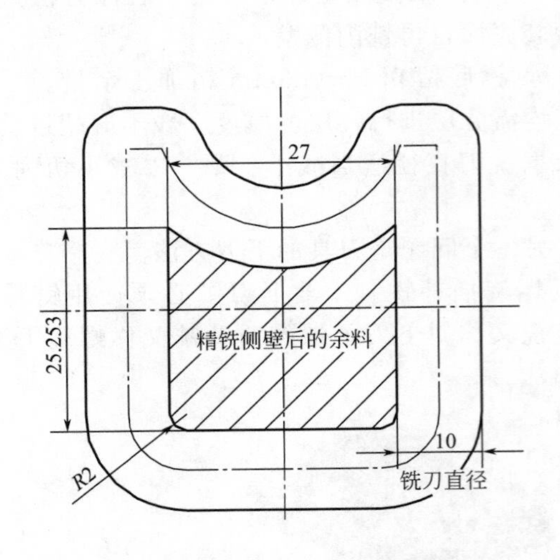

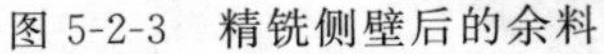
图 5-2-3 精铣侧壁后的余料

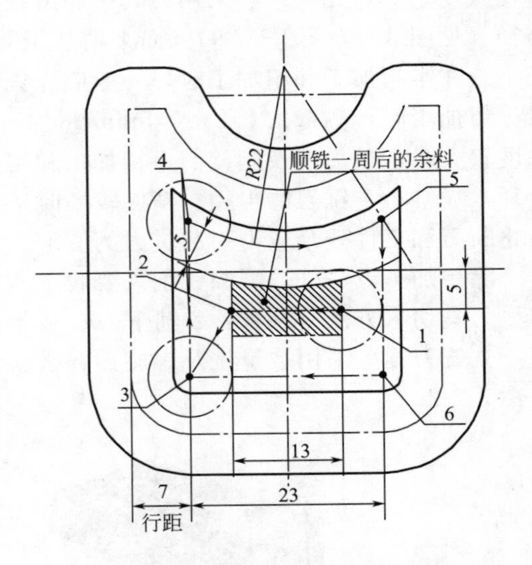

图 5-2-4 粗精铣时槽底余料的去除走刀路线

围的多余材料（可使用刀具半径补偿利用侧壁轮廓编程，以保证侧壁余量均匀，即可完成槽底平面加工。这是采用环切的走刀路线。

三、试切程序段的编写

（1）在试切程序段前使用跳过符“/”编写试切程序。

（2）因为首件必须试切，所以在试切程序段前要尽可能使用选择性暂停指令 M01 而不是无条件暂停指令 M00，而试切程序段的后部必须使用 M00。因此首件加工时，务必将机床操作面板上的 M01 开关打开，跳过功能开关选择关，以使程序暂停，便于测量、试切和调整相关偏置值。

【任务实施】

1. 资讯：明确任务，获取信息——工艺性分析

型腔轮廓的最小内凹圆弧半径为 5.1mm，这限制了所使用的铣刀半径不能大于 5.1mm。精加工可以使用直径最大为 ϕ10mm 铣刀。型腔的深度为 15mm，为提高加工效率和加工质量，粗加工应采用直径尽可能大的铣刀。因此，也选用 ϕ10mm 铣刀，也便于试切。但由于粗加工要留精加工余量 0.2～0.5mm，如此一来，受轮廓最小曲率半径 $R5.1$ 的限制，则编程前必须做相应的数学处理。

2. 决策：做出决定——制定数控加工工艺方案

加工工艺方案：粗、精加工均使用直径 ϕ10mm 的铣刀。工艺过程如下：

① 粗铣腔槽；

② 精铣槽底；

③ 精铣腔槽侧壁。精铣侧壁前试切削。

精铣槽底时应注意侧壁余量是否均匀，防止打刀、撞刀。

3. 计划：制定计划——编制工艺文件

（1）编制工艺过程卡片（见表 5-2-1）和刀具卡片（见表 5-2-2）。

表 5-2-1　数控加工工艺过程卡片

<table>
<tr><td rowspan="2">单位</td><td colspan="2" rowspan="2">（企业名称）</td><td>产品代号</td><td>零件名称</td><td rowspan="2">材料</td></tr>
<tr><td></td><td>腔槽</td></tr>
<tr><td>工序号</td><td>程序编号</td><td>夹具名称</td><td>夹具号</td><td>使用设备</td><td rowspan="2">45</td></tr>
<tr><td></td><td>O5200</td><td></td><td>平口钳</td><td>立式加工中心</td></tr>
</table>

<table>
<tr><td rowspan="2">工步号</td><td rowspan="2">工步内容</td><td colspan="2">刀具</td><td colspan="3">切削用量</td></tr>
<tr><td>T码</td><td>类型规格</td><td>主轴转速/(r/mm)</td><td>进给速度/(mm/min)</td><td>切削厚度/mm</td></tr>
<tr><td>1</td><td>粗铣腔槽，加工余量侧面 0.5mm，Z 向留 0.3mm，</td><td>T1</td><td>键槽铣刀
YT，$\phi10$</td><td>2000</td><td>↓150
↔600
R5.6：11.76</td><td>$a_p=5$</td></tr>
<tr><td>2</td><td>精铣槽底，
侧壁加工余量不小于 0.5mm</td><td>T2</td><td>键槽铣刀
YT，$\phi10$</td><td>3000</td><td>↓200
↔600
R5.6：11.76</td><td>$a_p=0.3$</td></tr>
<tr><td>3</td><td>精铣腔槽侧壁</td><td>T2</td><td>键槽铣刀
YT，$\phi10$</td><td>3000</td><td>600
R5.1：11.76</td><td>$a_p=4$
$a_e=0.5$
$a_{emax}=0.7$</td></tr>
</table>

表 5-2-2　数控加工刀具卡片

<table>
<tr><td>产品型号</td><td></td><td>零件号</td><td></td><td>程序编号</td><td>O5200，O5201
O5202</td><td>制表</td></tr>
<tr><td rowspan="2">工步号</td><td colspan="5">刀具</td><td></td></tr>
<tr><td>T码</td><td colspan="2">刀具类型</td><td>直径/mm</td><td>长度</td><td>补偿地址</td></tr>
<tr><td>1</td><td>T1</td><td colspan="2">YT 键槽铣刀 2 齿</td><td>$\phi10$</td><td>H01</td><td>D1＝5.5</td></tr>
<tr><td>2，3</td><td>T2</td><td colspan="2">YT 键槽铣刀 2 齿</td><td>$\phi10$</td><td>H02
试切</td><td>D2＝4.99
D3＝5.25</td></tr>
</table>

据式(3-4)，计算内凹轮廓的编程进给速度。

$R5.6$ 圆弧：$F_{\mathrm{I}}=F_{1}\dfrac{R-\Delta-r}{R-\Delta}=600\times\dfrac{5.6-0.5-5}{5.6-0.5}=11.76$

$R5.1$ 圆弧：$F_{\mathrm{I}}=F_{1}\dfrac{R-\Delta-r}{R-\Delta}=600\times\dfrac{5.6-0-5}{5.1}=11.76$

$R12$ 圆弧：

$$\begin{cases}\text{粗铣：}F_{\mathrm{I}}=F_{1}\dfrac{R-\Delta-r}{R-\Delta}=600\times\dfrac{12-5.5}{12-0.5}=339.13\\ \text{精铣：}F_{\mathrm{I}}=F_{1}\dfrac{R-r}{R}=600\times\dfrac{12-5.0}{12}=350\end{cases}$$

$R8$ 圆弧：

$$\begin{cases}\text{粗铣：}F_{\mathrm{I}}=F_{1}\dfrac{R-\Delta-r}{R-\Delta}=600\times\dfrac{8-5.5}{8-0.5}=200.0\\ \text{精铣：}F_{\mathrm{I}}=F_{1}\dfrac{R-r}{R}=600\times\dfrac{8-5.0}{8}=225\end{cases}$$

据式(3-3)，对外凸的圆弧 $R10$ 则应增大编程 F 值，计算如下。

$$粗铣时：F_O=F_1\frac{R+\Delta+r}{R+\Delta}=600\times\frac{10+0.5+5}{10+0.5}=914.29$$

$$精铣时：F_O=F_1\frac{R+r}{R}=600\times\frac{10+5.0}{10}=900$$

腔槽内轮廓各段的加工进给速度经过这样调整之后，会保证铣刀正常铣削，且加工表面的粗糙度一致。

(2) 绘制走刀路线图，参见图 5-2-5。粗加工时，侧壁留 0.5mm 精加工余量。由于使用 $\phi10$mm 铣刀进行粗加工并留下 0.5mm 的精加工余量，应设定刀具半径偏置值 D01＝5.5mm，而轮廓的最小内凹半径为 $R5.1$mm，因此会导致程序无法运行。为此，作 4 段 $R5.6$ 的圆弧用于粗铣腔槽侧壁及精铣底面，见图 5-2-6。这还有助于编写试切程序。

图 5-2-5 和图 5-2-6 中，编号带 A 的点为 4 段 $R5.6$ 与直线的切点，以区别于零件图样中 4 段 $R5.1$ 圆弧与直线的切点。

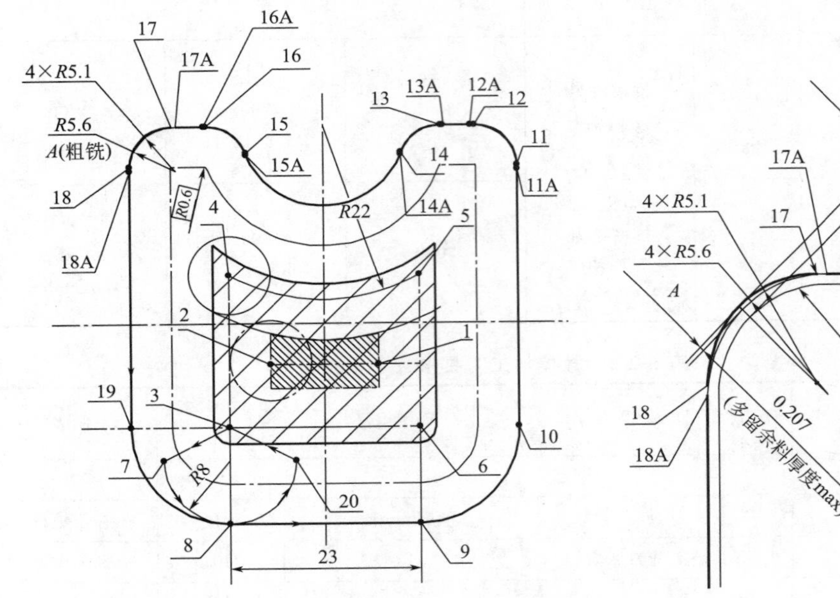

图 5-2-5 粗铣与精铣的走刀路线

说明：$R5.6$ 用于粗铣与底面精铣，$R5.1$ 用于精铣侧壁

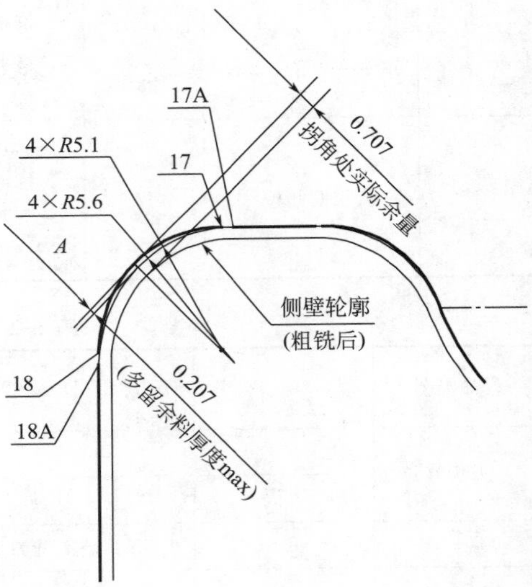

图 5-2-6 粗铣侧壁时内凹圆角

说明：$R5.1$ 改为 $R5.6$ 的局部放大图

腔槽的粗加工分层铣削的走刀路线为：刀具快速定位到 1 点正上方→第一次下刀→2 点→3 点→4 点→5 点→6 点→3 点→启动刀具半径补偿至 7 点→圆弧切入至 8 点（开始粗铣侧壁轮廓一周：→9 点→10 点→11A 点→12A 点→13A 点→14A 点→15A 点→16A 点→17A 点→18A 点→19 点→8 点）→圆弧切出至 20 点→取消刀具半径补偿至 3 点→抬刀→完成第一层铣削→快速定位到 1 点正上方→开始第二层铣削，依此类推，直至完成底面粗加工→3 点→抬刀。

试切槽底平面及精铣腔槽底面时，为防止刀具与侧壁相撞，仍要使用槽粗加工路线，即槽底平面的精加工的走刀路线与腔槽粗铣一层余料的路线基本相同：刀具快速定位到 1 点正上方→下刀至槽底→2 点→3 点→4 点→5 点→6 点→3 点→启动刀具半径补偿至 7 点→圆弧切入至 8 点（开始沿侧壁轮廓铣削一周，刀具半径偏置值仍采用 D01＝5.5mm，即粗铣侧壁周围槽底平面）→圆弧切出至 20 点→取消刀具半径补偿至 3 点→抬刀。

试切侧壁时，仍采用粗加工时沿侧壁铣削一周的走刀路线，并取刀具半径偏置值D3＝5.25mm。

（3）建立工件坐标系进行数学处理，形成坐标卡片（见表5-2-3）。利用CAD软件查找图5-2-5粗铣与精铣的走刀路线的各个点的坐标，填入坐标卡中。

表5-2-3　基点（节点）坐标卡

基点(节点)	坐标X Y	基点(节点)	坐标X Y
粗铣腔槽与精铣腔槽底面			
1	X6.5 Y－5.0		
2	X－6.5 Y－5.0		
3	X－11.5 Y－13.0		
4	X－11.5 Y6.245		
5	X11.5 Y6.245		
6	X11.5 Y－13.0	精铣腔槽侧壁	
3		3	
7	X－19.50 Y－17.0	7	
8	X－11.50 Y－25.0	8	
9	X11.5 Y－25.0	9	
10	X23.5 Y－13.0	10	
11A	X23.50 Y19.40	11	X23.5 Y19.9
12A	X17.90 Y25.0	12	X18.40 Y25.0
13A	X14.560 Y25.0	13	X14.213 Y25.0
14A	X9.333 Y21.410	14	X9.412 Y21.623
15A	X－9.333 Y21.410	15	X－9.412 Y21.623
16A	X－14.560 Y25.0	16	X－14.213 Y25.0
17A	X－17.90 Y25.0	17	X－18.40 Y25.0
18A	X－23.50 Y19.4	18	X－23.50 Y19.9
19	X－23.50 Y－13.0	19	
8		8	
20	X－3.500 Y－17.0	20	
3		3	

4.实施：实施计划——编写零件加工程序

首件试切，务必将M01开关选择开，跳过功能开关选择关，以使程序暂停，便于测量、试切和调整相关偏置值。参考程序如下：

O5200（腔槽加工）

N1（粗加工D01＝5.5）

N2（精加工D02＝4.99）

N3（试切D03＝5.25）

N4 G17 G40 G50 G69 G80；（粗铣腔槽）
N5 G28 G91 Z0 M05；
N6 T01 M06；
N7 G00 G54 G90 X6.50 Y－5.0 M03 S2000；
N8 G01 G43 Z50.0 H01 F2000；
N9 Z5.0 M09；
N10 G01 Z－5.0 F150；
N11 D01 M98 P5201；
N12 G01 Z－10.0 F150；
N13 D01 M98 P5201；
N14 G01 Z－14.7 F150；
N15 D01 M98 P5201；
N16 G00 Z50.0 M08；
N17 G28 Z100.0 M05；（经过 Z100.0 点，仅 Z 轴返回换刀点后主轴停，以清除刀具上的切削液）
N18 M01；（首件加工，M01 开关开，以暂停程序运行，检验工件尺寸）
N19 T02 M06；
N20；（精铣腔槽底面）
N21 G00 G54 G90 X6.50 Y－5.0 M03 S3000；
N22 G01 G43 Z50.0 H02 F2000；
N23 Z5.0；
N24 Z－10.0 M08；
/N25 Z－14.85；（试切程序段，首件加工时，跳过功能开关选择关；正式生产时，跳过功能开关选择开）
/N26 D03 M98 P5201；（试切程序段）
/N27 G00 Z5.0 M05；（试切程序段）
/N28 Z300；（试切程序段）
/N29 M00；（程序暂停，以便测量，并调整刀补 H02 或 G54 的 Z 偏置）
/N30 G00 G54 G90 X6.50 Y－5.0 M03 S3000；（重新启动主轴旋转并调用 G54 快速定位）
/N31 G43 Z－10.0 H02 M08；（调用新刀补 H02，并快速下刀，节约时间）
N32 G01 Z－15.0135 F200；（槽深度尺寸的中间值）
N33 D01 M98 P5201；
N34 G00 Z5.0；
N35 X－11.50 Y－13.0；
N36 G00 Z－4.0；
N37（精铣侧壁）；
/N38 D03 M98 P5201；（试切程序段，首件加工时，跳过功能开关选择关；正式生产时，跳过功能开关选择开）
/N39 G00 Z5.0 M05；
/N40 Z300；
/N41 M00；（测量，调整刀补 D02）
/N42 G00 G54 G90 X－11.50 Y－13.0 M03 S3000；
/N43 G00 G43 Z－4.0 H02；

```
N44 M98 P5202;
N45 G00 Z−8.0;
N46 M98 P5202;
N47 G00 Z−12.0;
N48 M98 P5202;
N49 G00 Z−15.0135;
N50 M98 P5202;
N51 G00 Z50.0 M09;
N52 G28 Z100.0 M05;
N53 M30;
```

```
O5201;(粗铣腔槽及精铣底面子程序，不含D指令)
N101 G01 G90 X−6.5 F600;(P2)
N102 X−11.5 Y−13.0;(P3)
N103 Y6.245;(P4)
N104 G03 X11.5 Y6.245 R22.0;(P5)
N105 G01 Y−13.0;(P6)
N106 X−11.50;(P3)
N107 G01 G41 X−19.50 Y−17.0;(P7)
N108 G03 X−11.50 Y−25.0 R8.0 F200;(P8)
N109 G01 X11.50 F600 (P9);
N110 G03 X23.50 Y−13.0 R12.0 F339;(P10)
N111 G01 Y19.40 F600 (P11A);
N112 G03 X17.90 Y25.0 R5.6 F11.76;(P12A)
N113 G01 X14.560 F600 (P13A);
N114 G03 X9.333 Y21.410 R5.6 F11.76;(P14A)
N115 G02 X−9.333 R10.0 F914;(P15A)
N116 G03 X−14.560 Y25.0 R5.6 F11.76;(P16A)
N117 G01 X−17.90 F600;(P17A)
N118 G03 X−23.50 Y19.40 R5.6 F11.76;(P18A)
N119 G01 Y−13.0 F600;(P19)
N120 G03 X−11.50 Y−25.0 R12.0 F339;(P8)
N121 X−3.50 Y−17.0 R8.0 F600;(P20)
N122 G01 G40 X−11.50 Y−13.0;(P3)
N123 G00 G91 Z5.;
N124 G90 X6.50 Y−5.0;
N125 M99;
```

```
O5202;(精铣腔槽侧壁子程序，含D02)
N201;(D02=5.01)
N202 G01 G41 X−19.50 Y−17.0 D02 F600;(P7)
N203 G03 X−11.50 Y−25.0 R8.0 F225;(P8)
N204 G01 X11.50 F600;(P9)
```

```
N205 G03 X23.50 Y－13.0 R12.0 F350；（P10）
N206 G01 Y19.90 F600；（P11）
N207 G03 X18.40 Y25.0 R5.1 F11.76；（P12）
N208 G01 X14.213 F600；（P13）
N209 G03 X9.412 Y21.623 R5.1 F11.76；（P14）
N210 G02 X－9.412 R10.0 F900；（P15）
N211 G03 X－14.213 Y25.0 R5.1 F11.76；（P16）
N212 G01 X－18.40 F600；（P17）
N213 G03 X－23.50 Y19.90 R5.1 F11.76；（P18）
N214 G01 Y－13.0 F600；（P19）
N215 G03 X－11.50 Y－25.0 R12.0 F350（P8）
N216 X－3.50 Y－17.0 R8.0 F600（P20）
N217 G01 G40 X－11.50 Y－13.0（P3）
N218 M99；
```

5. 检查：检查控制——程序检验

6. 评估：评定反馈——首件试切

在数控机床加工工件，进一步优化并保存程序。

推荐采用的操作步骤参见项目二任务 1。

7. 零件自动加工及精度控制

加工时先安装腔槽粗加工用键槽铣刀进行粗加工，后换精加工刀具进行精加工。

粗加工时，精加工余量由设置刀具半径补偿值控制。用 $\phi10$ 键槽铣刀粗铣时，机床中刀具半径补偿值 D01 输入 5.5mm，轮廓单边留 0.5mm 精加工余量（深度方向留 0.3mm 精加工余量，通常由程序控制）。

粗加工后，根据粗加工后测量结果修调精加工刀具的刀具半径补偿值和长度补偿磨耗值来先试切，以便在正式加工时准确控制轮廓尺寸和深度尺寸。修调的原则是尽可能使试切的背吃刀量和侧吃刀量与正式加工的相同或接近，不要相差太大。

首件试切的方法：如在粗加工后测量的槽深度尺寸 $15^{+0.027}_{0}$ 的实测值为 14.650，宽度尺寸 $47^{+0.039}_{0}$ 实测值为 45.900，则槽宽的单边加工余量为 1.10÷2＝0.550mm。为了在试切时切出一半的余量，应将精铣刀 T02 使用的试切 D03 半径补偿值设置为 5.275，H02 的磨耗值输入 0.175，运行试切程序段进行试切。

试切后，若测得槽宽度 $47^{+0.039}_{0}$ 实际尺寸为 46.420（理论计算应为 45.900＋0.550＝46.450），比图纸尺寸的中间值 47.020 小 0.60mm，单边小 0.30mm，则：

把 D02 的理论值 5.01 改为 5.275－0.30＝4.975 mm（或 46.420－46.450＋5.01＝4.980）。

同样深度尺寸也根据试切后的测量结果及深度尺寸的中间值 15.014 修调长度磨损。完成 D02 与 H02 的修调后，继续运行精加工程序进行精加工即可达到尺寸要求。

【任务总结】

（1）型腔铣削是在由它的边界线确定的一个封闭区域内去除材料，其内部可以全空或有孤岛。具有规则形状的型腔（如矩形或圆柱形）可以手工编程，而对于形状复杂的型腔，则一般需要使用计算机辅助编程。

精度较高的型腔铣削一般采用粗加工、半精加工和精加工的工艺，其中粗加工方法的选择稍微复杂一点儿，一般采用控制刀具中心的编程方法，需要预先计划。而半精加工和精加工时，一般应先铣削型腔底面，之后再铣削侧壁，并预防侧壁不均匀的余料损伤、损坏刀具。

（2）试切程序段的编写

① 在试切程序段前使用跳过符“/”编写试切程序。

② 因为首件必须试切，所以在试切程序段前要尽可能使用选择性暂停指令 M01 而不是无条件暂停指令 M00，而试切程序段的后部必须使用 M00。因此首件加工时，务必将机床操作面板上的 M01 开关打开，跳过功能开关选择关，以使程序暂停，便于测量、试切和调整相关偏置值。

③ 试切程序段后部，务必编写经过修正偏置值的程序指令（如 H，D 或 G54 等）及主轴启动选择指令 M03，并使刀具返回便于正式加工的适当位置。

【任务评价】

评分标准

序号	考核项目	考核内容	配分	评分标准(分值)	小计
1	资讯	工艺性分析的透彻性	5	据工艺方案得分判定，计算公式如下： 得分＝0.5×工艺方案得分	
2	决策	数控加工工艺方案制定的合理性	10	据工艺文件内容判定 1. 工步顺序正确(5 分) 2. 刀具材质选择正确(3 分) 3. 工件坐标系原点设置适当(2 分)	
3	计划	数控加工工艺文件编制的完整性、正确性、统一性	20	1. 工艺文件齐全，填写完整、统一(4 分) 2. 工艺过程卡片中切削用量适当(6 分) 3. 刀具卡片中刀具代号、规格正确(2 分) 4. 走刀路线的制定适当(3 分) 5. 坐标卡片填写正确(5 分)	
4	实施编程	编制零件加工程序及程序检验	20	1. 各成员编制的加工程序具有一致性(5 分) 2. 加工程序无语法错误(10 分) 3. 加工程序无逻辑错误(5 分)	
5	加工操作	1. 加工操作正确性 2. 安全生产	30	1. 刀具安装方法正确(2 分) 2. 选用合适的量具(2 分) 3. 测量毛坯实际尺寸，并正确安装工件(3 分) 4. 能正确进行工件偏置设置，并能根据刀具卡片进行刀具偏置设置，操作正确(5 分) 5. 输入程序后进行程序检查(2 分) 6. 正确进行试切(10 分) 7. 试切后能正确调整相应偏置数值(2 分) 8. 加工操作过程未发生撞刀等安全事故(4 分)	
6	质量分析与评价	1. 工件检验 2. 团队合作 3. 运用基本理论知识进行分析	15	1. 正确选用量、检具进行加工尺寸检查(分别在机床和检验工作台上进行)并合格(9 分) 2. 加工表面粗糙度合格(1 分) 3. 能团队合作(3 分) 4. 正确运用理论知识进行加工质量分析，并修正、保存程序(2 分)	
合计			100	得分合计	

【思考与练习】

1. G52、G68、G51 等指令有无使用顺序？
2. 试修改本任务的程序，以便采用 ϕ10mm 立铣刀加工。
3. 试对图 5-2-7 所示零件进行编程。已知材料为硬铝，毛坯尺寸为 80×80×20。

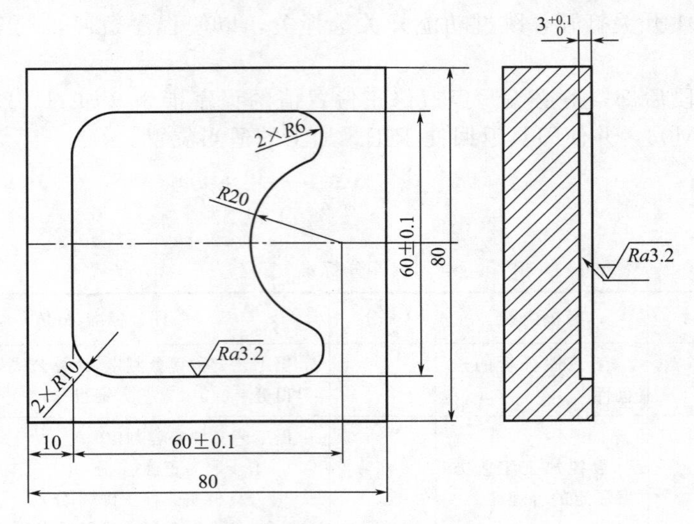

图 5-2-7 型腔铣削

4. 试对图 5-2-8 所示零件进行编程。已知材料为 45GB 699，毛坯尺寸为 80×80×20。

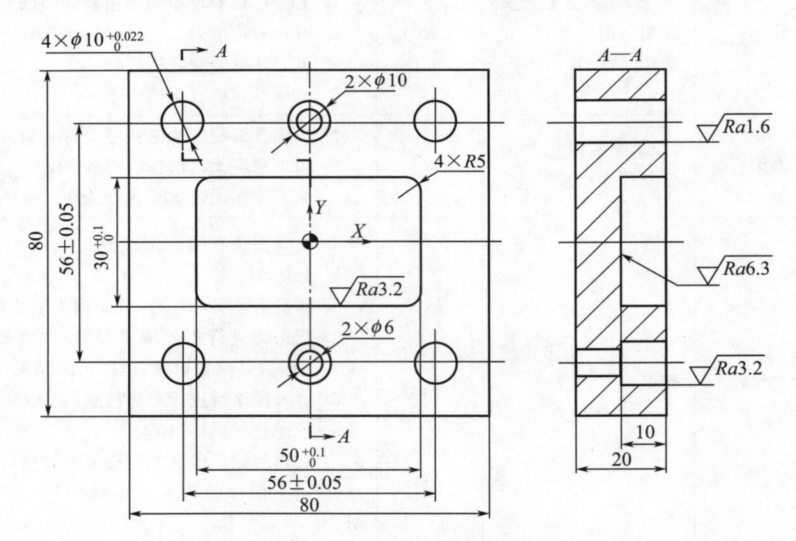

图 5-2-8 型腔与孔加工零件

项目六

空间曲面零件加工

【项目需求】

在数控铣床加工中经常遇到空间曲面的加工。目前，CAD/CAM 已经成为最流行的编程模式，尤其是在模具加工中。然而，若需要编制那些形状类似、尺寸变化有规律或几何要素具有的数学函数关系的零部件表面时，该编程工具也存在着一些缺陷和弊病，例如所编制的程序的可读性较差、程序冗繁、程序灵活性不够好（不具有柔性）等缺陷。因而，数控宏程序编程的出现，就显得很有必要。利用宏编程所编制出来的程序具有简短易懂、灵活方便、条理性较为清晰等方面的优点，而且不需要额外的设备和软件，还可充分发挥编程人员的加工经验。使用宏程序编程成为程序开发的一种新方式，并可作为其他编程方式的补充。

宏编程属于手工编程的范畴，提供更为高级的编程方式，即对于有函数表达式的空间曲面（如倒圆角、正弦或余弦曲线面等）及形状相似的某类零件等可以利用宏程序进行直接编程并加工。而对于较复杂的难以确定函数表达式的曲面则只能采用自动编程（CAM 软件编程）。因为宏编程并不能取代其它编程方式。

同样，CAD/CAM 编程系统没有也不可能代替宏编程。宏编程对专门的需求常有专门的解决办法。为了能够提高数控加工的工作效率，数控宏程序编程也越来越多地应用于数控加工过程之中。

所有数控系统的宏程序在编写方法上是一致的，只是在语法上有差异。本书仅学习 FANUC 系统的宏程序。

【项目工作场景】

一体化教室：配有 FANUC0i MD 系统的立式数控铣床、立式加工中心至少各一台及机床说明书，刀柄、刀具、量具精密平口钳、垫铁一套等工具及工具橱、数控仿真室、多媒体教学设备。

【方案设计】

通过一个方形零件顶面四周倒圆角的编程与加工，分别建立立铣刀与球头刀的数学模型，并编制相应的 FANUC 系统 B 类用户宏程序，又称用户宏程序 B。B 表明了是更高级的版本。由于在生产中仍有部分老数控机床在使用，“知识学习”中简略介绍了用户宏程序 A。

【相关知识和技能】

掌握 FANUC 系统的用户宏程序的调用、变量的表示方法与类型；

懂得B类用户宏程序的运算指令、控制指令及调用方法；
能分别对立铣刀和球头刀建立数学模型并编制宏程序（使用或不使用半径补偿）；
能运用系统变量设置刀具半径补偿。

任务 倒圆角

【学习目标】

技能目标

① 能建立适当的数学模型；
② 能熟练运用编程指令编制出适当的B类用户宏程序本体；
③ 会B类宏程序的编制与调用方法；
④ 能运用系统变量设置刀具半径补偿；
⑤ 养成良好的编程习惯，以形成自己的编程风格。

知识目标

① 懂得B类用户宏程序本体中变量的表示方法与类型；
② 懂得B类用户宏程序的运算指令、控制指令；
③ 懂得如何建立合适的数学模型，以便于编程；
④ 了解A类与B类宏程序的调用方法。

【任务描述】

试完成图6-1所示零件的圆角$R10$的加工，粗糙度$Ra3.2$。已知：零件材料为45GB-699—1988；除圆角外，其余各面已加工完毕（毛坯尺寸：100×100×30）。

【任务分析】

工件上表面四周倒圆角，圆角之间有交线——相贯线。需要利用宏程序功能进行编程、加工，且最好利用刀具半径补偿的编程方法。对FANUC系统，现在常用的是B类宏程序。

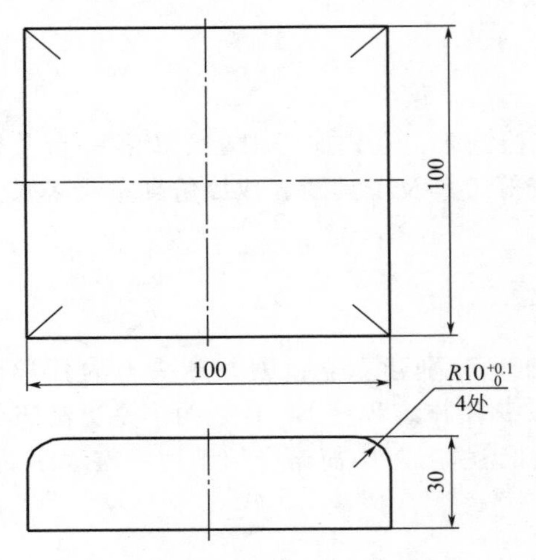

图6-1 倒圆角零件图

【知识准备】

一、用户宏程序功能概述

仅以FANUC 0i MD系统为讲授对象，西门子与其有较大不同。

前面讲述G01、G02、G03等是ISO代码指令编程，每个代码的功能是固定的，由系统生产厂家开发，使用者只需按规定编程即可。但有时，这些指令满足不了用户的需要，因此，系统提供了用户宏程序功能。这实际上是系统对用户的开放。

用户把实现某种功能的一组指令像子程序一样预先存入存储器中，用一个指令代表这个存储的功能，在程序中只要指定该指令就能实现这个功能，把这一组指令称为用户宏程序本体，简称宏程序。

把代表指令称为用户宏程序调用指令，简称宏指令。编程人员只要记住宏指令而不必记住宏程序。

如果是机床厂家提供的宏指令，则必须提供程序单。

用户宏程序与普通程序的区别在于：用户宏程序中，能使用变量，可以对变量赋值，变量可以运算，程序可以跳转（转移）。而普通程序中，只能指定常量，常量之间不能运算，程序只能顺序执行，不能跳转，因此功能是固定的，不能变化。

有了用户宏程序功能，机床用户自己可以改进数控机床的功能。

FANUC 系统提供两种用户宏功能，即用户宏程序功能 A 和用户宏程序功能 B。B 代表更高级的版本。用户购买数控机床时，宏功能是可选项。现在所有的 FANUC 控制器都提供可选的 B 版本。

二、用户宏程序功能 A

1. 宏程序 A 用户宏指令

是调用用户宏程序本体的指令。有以下 4 种调用方法。

(1) 子程序调用（M98）

M98　P__；

式中，P 后为调用的宏程序本体的程序号。

用上述指令，可以调用由 P 指定的宏程序本体。

(2) 宏程序模态调用（G66、G67）

G66　P__；

式中，P 为被调用的宏程序本体程序号。

用上述指令时，系统为宏程序模态调用方式，即其后的每个程序段每执行一次，便调用一次 P 指令的宏程序，并且在其后的各程序段中都可以指定自变量（重新赋值）。

取消宏程序模态调用指令：

G67；——取消宏程序的模态调用指令 G66。

(3) 用 T 代码调用（略）。

(4) 用 M 代码进行子程序的调用（略）。

2. 宏程序 A 变量的种类

根据变量号及变量的用途和符号的不同，变量可以分为公用变量和系统变量。

(1) 公用变量：#100～#149 和 #500～#531，由宏程序与主程序共用。

(2) 系统变量：其用途是固定的。

① 刀具偏置变量 #1～#99，#2001～#2200。

刀具偏置变量的系统变量 #1～#99 分别与刀具偏置号相对应，系统变量 #2001～#2200 与刀具偏置号 1～200 相对应。系统变量 #2000 的值为 0。

② 接口输入信号变量 #1000～#1015，#1032。

③ 接口输出信号变量 #1100～#1115，#1132，#1133。

④ 时钟信息 #3011，#3012。

⑤ 需要的零件数和已加工零件数 #3901，#3902。

⑥ 模态信息 #4001～#4120。

⑦ 位置信息 #5001～#5083。

在由用户宏指令调出的宏程序本体中，可给所用变量赋予的实际值称为自变量。

3. 宏程序 A 的运算与控制指令（G65）

指令格式：

G65　Hm　P#i　Q#j　R#k

其中，m为01～99，表示宏程序功能；#i为存储运算结果的变量号；#j为进行运算的变量号1，也可以是常数；#k为进行运算的变量号2，也可以是常数；意义为#1=#j⊙#k。

G65的应用及含义见表6-1。

表6-1　G65 Hm宏指令功能与含义

G65 Hm	功能	含义	G65 Hm	功能	含义
G65 H01	定义，置换	#i=#j	G65 H27	复合平方根1	$\#i=\sqrt{\#j^2+\#k^2}$
G65 H02	加算	#i=#j+#k	G65 H28	复合平方根2	$\#i=\sqrt{\#j^2-\#k^2}$
G65 H03	减算	#i=#j−#k	G65 H31	正弦	#i=#j× sin(#k)
G65 H04	乘算	#i=#j×#k	G65 H32	余弦	#i=#j×cos(#k)
G65 H05	除算	#i=#j÷#k	G65 H33	正切	#i=#j×tan(#k)
G65 H11	逻辑加(或)	#i=#j OR #k	G65 H34	反正切	#i=arctan(#j÷#k)
G65 H12	逻辑乘(与)	#i=#j AND #k	G65 H80	无条件转移	GOTO n
G65 H13	异或(非)	#i=#j XOR #k	G65 H81	条件转移1	IF #j=#k　GOTO n
G65 H21	开平方	$\#i=\sqrt{\#j}$	G65 H82	条件转移2	IF #j≠#k　GOTO n
G65 H22	绝对值	#i=|#j|	G65 H82	条件转移3	IF #j＞#k　GOTO n
G65 H23	剩余数	#i=#j-trunc(#j÷#k)×#k　trunc：小数部分舍去	G65 H84	条件转移4	IF #j＜#k　GOTO n
G65 H24	变成二进制	#i=BIN(#j)	G65 H85	条件转移5	IF #j≥#k　GOTO n
G65 H25	变成十进制	#i=BCD(#j)	G65 H86	条件转移6	IF #j≤#k　GOTO n
G65 H26	复合乘除运算	# i=(#i×#j)÷#k	G65 H99	P/S报警	报警号为500+n

三、用户宏程序功能B

（一）B类用户宏程序的调用指令（即：用户宏程序命令）

即调用方式，有以下6种。

1. 非模态调用（单一调用）(G65)

指令格式：G65 P（程序号）L（重复次数）＜自变量赋值＞；

书写时，G65必须写在＜自变量赋值＞之前，L最多可为9999次。

若要向用户宏程序本体传递数据时，由自变量赋值来指定，其值可以有符号和小数点，而与地址无关。自变量赋值有两种类型。

(1) 赋值Ⅰ　用字母后加数值进行赋值，除了G、L、N、O和P之外，其余的所有字母地址（共21个）都可以给自变量赋值。赋值不必按字母顺序进行，但使用I、J、K时，必须按顺序指定，不赋值的地址可以省略。地址与变量的对应关系见表6-2。

(2) 赋值Ⅱ　除了A、B、C之外，还用10组I、J、K对自变量进行赋值，同组的I、J、K必须按顺序赋值，不赋值的地址可以省略，共33个。地址与变量的对应关系见表6-2。

表 6-2　自变量赋值列表

自变量赋值Ⅰ	自变量赋值Ⅱ	用户宏程序本体中的变量	自变量赋值Ⅰ	自变量赋值Ⅱ	用户宏程序本体中的变量
A	A	#1	S	I_6	#19
B	B	#2	T	J_6	#20
C	C	#3	U	K_6	#21
I	I_1	#4	V	I_7	#22
J	J_1	#5	W	J_7	#23
K	K_1	#6	X	K_7	#24
D	I_2	#7	Y	I_8	#25
E	J_2	#8	Z	J_8	#26
F	K_2	#9		K_8	#27
	I_3	#10		I_9	#28
H	J_3	#11		J_9	#29
	K_3	#12		K_9	#30
M	I_4	#13		I_{10}	#31
	J_4	#14		J_{11}	#32
	K_4	#15		K_{11}	#33
	I_5	#16			
Q	J_5	#17			
R	K_5	#18			

注：表中 I、J、K 的下标，只在表中表示组号，实际指令时不标注下标。

说明：① 自变量赋值Ⅰ和Ⅱ可以同时存在，此时后者有效。

例：G65　A1.0　B2.0　I−3.0　I4.0　D5.0　P100；

　　　　|　　|　　|　　|　　|

　　　#1　#2　#4　#7　#7

可以看出，I4.0 和 D5.0 都对#7 赋值，此时，后面的 D5.0 有效，所以#7=5.0。

② 在自变量赋值Ⅱ中，I、J、K 的顺序须依次排列，不赋值的可以省略。

例：G65　J5.0　I4.0　P100；

　　　　|　　|

　　　#5　#7

2. 模态调用（G66、G67）

指令格式：

G66　P（程序号）L（重复次数）<自变量赋值>；

书写时 G65 必须写在<自变量赋值>之前。L 最多可为 9999 次。自变量赋值与非模态调用相同。

G67；取消宏程序模态调用方式。

G66、G67 应成对使用。自变量中可以使用小数点和符号。

模态调用的应用：在宏程序调用方式下，每执行一次移动指令，就调用一次前面所指定的宏程序。

3. 使用G代码的宏程序调用

在参数No. 220～229中设定G代码值，可以调用宏程序O9010～O9019。

G××＜自变量赋值＞

等同于G65 PΔΔΔΔ＜自变量赋值＞高级。

式中，××可以从01～255（65～67除外）中选取10个代码值。

4. 使用M代码的宏程序调用（略）。

5. 用M代码调用子程序（略）。

6. 用T代码调用子程序（略）。

（二）B类用户宏程序的M98(子程序调用)和G65(用户宏程序调用)之间的区别

（1）G65可以进行自变量赋值，而M98则不能。

（2）M98用于在执行完非M、P或L指令后转移到子程序，而G65只用于转移。

（3）若G98程序段中含有O、N、P、L以外的地址时，可以单程序段停止，而G65则不行。

（4）G65可以改变局部变量的层级，而M98则不能。

（5）G65（包含G66）调用嵌套可达四重，M98也可达四重。

（三）B类用户宏程序的多重调用

一个宏程序可以调用另一个宏程序，如同一个子程序调用另一个子程序一样。

多重调用包括模态调用和非模态调用两种，其重复调用次数不得超过4重。

在多重模态调用中，每执行一次移动指令，就调用一次指定的宏程序。若指定几个模态宏程序，每执行一次下一个宏程序的移动指令，就调用一次上一个宏程序。宏程序由后边的运动指令依次调用。

（四）B类用户宏程序本体

用户宏程序本体的格式与子程序相同。

在用户宏程序本体中，可以使用普通的NC指令，采用变量的NC指令、运算指令和控制指令。格式如下：

```
O××××；                              程序号
＃24＝＃2＋＃18＊cos［＃1］；          运算指令
G90 G00 X＃24；                       使用变量的NC指令
…
IF［＃20 GE ＃6］GOTO 9；              控制指令
…
M99；
```

用户宏程序调用指令赋予变量实际值。

（五）B类用户宏程序本体中的变量与引用

1. B类用户宏程序的变量类型

按变量号分为四类：空变量（0）、局部变量（变量号＜100）、公共变量（100≤变量号＜1000）和系统变量（变量号≥1000），见表6-3。

表 6-3 B 类用户宏程序变量类型与功能

变量	变量类型	功能
#0	空变量	该变量总是空,没有值能赋给该变量,属性为只读
#1～#33	局部变量	只能用在宏程序中被局部使用,不同宏程序中的同一变量具有不相同含义和数值。当断电时,局部变量被初始化为空。调用宏程序时,用局部变量传输自变量。没有被自变量传输的局部变量,初始状态为<空>,用户可以自由使用。局部变量的属性为可读写
#100～#199 #500～#531	公共变量	在不同的宏程序中的意义相同,并具有相同的数值。当断电时,变量#100～#199 初始化为空。变量#500～#999 的数据被保存,即使断电也不丢失
≥#1000	系统变量	用于读和写 CNC 运行时各种数据的变化,例如刀具的当前位置和补偿值。各个系统变量的应用方法是固定的。分只读、只写和可读写三类

编程中常用系统变量参阅附录 5 模态数据及附录 6 "偏置存储类型——铣削" 与程序中的刀具偏置设定。

2. B 类用户宏程序变量表示与引用

普通加工程序直接用数值指定 G 代码和移动距离；例如，GO1 和 X100.0。使用用户宏程序时，数值可以直接指定或用变量指定，即可以用变量代替数据。用户在允许范围内，可以给变量赋值。使用变量使得用户宏程序比普通子程序更灵活。

可以使用多个变量，每个变量用变量号定义。

(1) B 类用户宏程序变量的表示　变量用代码 # (变量符号) 和后面的变量号指定。

#i　(i=1、2、3、4…)

例如：#5，#100，#2001

变量号可以用表达式指定。此时，表达式必须封闭在括号中。

例如：# [#1+#2-12]

以下说明中的变量 #i 可以用 # [<表达式>] 来替换。

(2) B 类用户宏程序变量的引用　地址后接的数据可以用变量代替。

<地址>#i；或 <地址>-#i

例如：F#33，若 #33=1.5，则表示 F1.5。Z-#18，若 #18=20.0，则表示 Z-20.0。G#130，若 #130=3.0，则表示 G3。

当用变量时，变量值可用程序或用 MDI 面板上的操作改变。

(3) 关于 B 类用户宏程序的变量及其引用的特别规定

① 程序号 O、顺序号 N 和任选程序段跳转号 (/) 之后，不能使用变量。

例如，下面情况均为错误：

0#1；

/#2G00X100.0；

N#3Y200.0；

② 小数点的省略。当在程序中定义变量值或用表达式进行运算时，使用无小数点的数，被认为有小数点，小数点位于它的末尾，即整数的小数点可以省略。

例：当定义 #1=123；变量 #1 的实际值是 123.000。

当定义 X [#1+3]，当变量 #1=100 时，X [#1+3] 就是 X103.000

③ 变量号不能直接用变量代替。

例如：#5 中的 5 用 #2 代替，不能写成 # #2;，而应写成 # [#2]。

④ 变量值不能超过各地址的最大允许值。

例如：# 130=120 时，G#130 就超过了最大允许值，为不允许。

⑤ 变量用于地址数据时，该值被自动圆整为有效位数。

例如，在G21模式下，若＃24＝12.1246，X＃24被CNC圆整为X12.125。

即，被引用变量的值根据地址的最小设定单位自动地舍入。

⑥ 未赋值的变量：将未赋值变量的值状态叫做“空值”，用＜空＞表示。变量＃0与＃3100永远是空变量，它不能写入，但能读取。

a. 当引用未赋值的变量时，变量及地址都被忽略，见表6-4。

表6-4 未赋值的变量与空变量的引用

变量赋值情况	当＃1＝＜空＞(未赋值或＃1＝＃0)时	当＃1已赋值为0(即＃1＝0)时
示例	G90 X100 Y＃1 ＝ G90 X100	G90 X100 Y＃1 ＝ G90 X100 Y0

b. 替换与加乘运算。除了用＜空＞对局部变量和公共变量赋值的以外，其余情况下＜空＞与0相同，见表6-5。

表6-5 未赋值变量的替换与加乘运算

变量类型	表达式	当＃1为＜空＞时的运算结果	当＃1＝0时的运算结果
局部变量	＃2＝＃1	＃2＝＜空＞	＃2＝0
	＃2＝＃1*5	＃2＝0	＃2＝0
	＃2＝＃1＋＃1	＃2＝0	＃2＝0
公共变量	＃100＝＃1	＃100＝＜空＞	＃100＝0
	＃100＝＃1*5	＃100＝0	＃100＝0
	＃100＝＃1＋＃1	＃100＝0	＃100＝0
系统变量	＃2001＝＃1	＃2001＝0	＃2001＝0
	＃2001＝＃1*5	＃2001＝0	＃2001＝0
	＃2001＝＃1＋＃1	＃2001＝0	＃2001＝0

c. 比较运算。若是EQ和NE得情形，＜空＞不同于0；若是GE、GT、LE、LT，＜空＞和0被视为相同的值，见表6-6。

表6-6 比较运算中的＜空＞与0

条件表达式		＃1 EQ ＃0	＃1 NE 0	＃1 GE ＃0	＃1 GT 0	＃1 LE ＃0	＃1 LT 0
运算结果	＃1为＜空＞时	成立(真)	成立(真)	成立(真)	不成立(假)	成立(真)	不成立(假)
	＃1＝0时	不成立(假)	不成立(假)	成立(真)	不成立(假)	成立(真)	不成立(假)

3. B类用户宏程序的变量值的范围

局部变量和公共变量的值的有效范围为：$\pm10^{47}$或$\pm10^{29}$。系统变量由其含义决定，参见附录5与附录6。

如果计算结果超出有效范围，则发出报警（PS0111）。

（六）B类用户宏程序的算术和逻辑运算指令

表6-7中列出的运算可以在变量中执行。等号右边的表达式可包含常量和由函数或运算符组成的变量。表达式中的变量＃j和＃k可以用常数赋值。左边的变量也可以用表达式赋值。

表 6-7　算术和逻辑运算指令

功能	格式	备注
定义	#i=#j	将#j的值赋给#i
加法 减法 乘法 除法	#i=#j+#k; #i=#j-#k; #i=#j*#k; #i=#j/#k;	可以将其中的#j或#k替换为#i，即将#i原来的数值进行运算后重新赋值给#i 除法运算中，除数为零时，会发出报警(PS0112)
正弦 反正弦 余弦 反余弦 正切 反正切	#i=SIN[#j]; #i=ASIN[#j]; #i=COS[#j]; #i=ACOS[#j]; #i=TAN[#j]; #i=ATAN[#j]/[#k]	1. 角度单位为度，如90°30′应表示为90.5° 2. 反三角函数中#j的值要符合数学规定 3. 反余弦的计算值为0°～180°，而反正弦和两种反正切的计算值会因参数6004，#0的设定而不同，具体情形参阅FANUC用户书册 4. ATAN可以缩写为ATN
平方根 绝对值 舍入 上取整 下取整 余数 自然对数 指数函数 幂函数 小数点附加	#i=SQRT[#j]; #i=ABS[#j]; #i=ROUNG[#j]; #i=FIX[#j]; #i=FUP[#j]; #i=#jMOD#k; #i=LN[#j]; #i=EXP[#j]; #i=POW[#j,#k]; #i=ADP[#j];	开平方，可缩写为三字符SQR 求#j的绝对值 四舍五入，可缩写为三字符RND 小数点以下舍去，即只舍不入 小数点以下进位，即只入不舍 #j和#k取整后求余数，#j为负时，#i也为负 以e(e=2.71828……)为底的对数 以e(e=2.71828……)为底的指数 计算#j的#k次幂 在子程序中对不带小数点传递的自变量添加小数点，慎用
或 异或 与	#i=#jOR#k; #i=#jXOR#k; #i=#jAND#k;	逻辑运算一位一位地按二进制数执行
从BCD转为BIN 从BIN转为BCD	#i=BIN[#j]; #i=BCD[#j];	用于与PMC的信号交换

(1) 运算的优先顺序：函数，乘除运算（*、/、AND)，加减运算（+、-、OR、XOR)。

(2) 运算指令的缩写：除POW外，在表达式中指定函数时，只需书写最前面的两个字符，后面的可以省略。

(3) 括号的嵌套：括号用于改变运算的顺序，可五重嵌套（包括函数外面的括号），超出五层，系统会发出报警（PS0118)；在表达式中使用的括号为方括号 [ ]，注意圆括号 ( ) 用于注释。

(七) B类用户宏程序的控制指令

控制指令用于控制程序的走向。

1. 分支语句

(1) 无条件转移

指令格式：GOTO　n

无条件跳转到顺序号（段号）为n的程序段中。顺序号必须位于程序段的最前面。顺序号也可以用变量或<表达式>来代替。

(2) 条件转移

指令格式：IF　[<条件表达式>]　GOTO　n

当条件满足时，程序就跳转到同一程序中顺序号为n的程序段上继续执行。当条件不满足时，程序执行下一条语句。

2. 重复语句

指令格式：

```
WHILE  [＜条件表达式＞]  DO  m（m=1，2，3）
…
…
END  m
```

当条件满足时，从 DO m 到 ENDm 之间的程序就重复执行。

当条件不满足时，程序就执行 ENDm 下一条语句。

指令说明：

① WHILE [条件表达式] DO m 和 END m 必须成对使用；

② 同一识别号可以使用多次，但 DO m 和 END m 必须成对使用；

③ DO 的范围不能交叉；

④ DO 可以三重嵌套；

⑤ 从 DO m～END m 内部可以转移到外部，但不得从外部向内部转移；

⑥ 从 DO m～END m 内部可以调用用户宏程序或子程序。DO m～END m 可以在用户宏程序或子程序中嵌套三重；

⑦ 用跳转语句和重复语句编程时，一般重复语句执行的时间较短。

四、数学模型的建立与宏程序 B 示例

编制宏程序前往往需要建立数学模型。常见的数学模型有圆、椭圆、抛物线等。

【例 6-1】图 6-2 中，椭圆方程有两种形式：

椭圆的解析方程：

$$\frac{x^2}{a^2}+\frac{y^2}{b^2}=1$$

椭圆的参数方程：

$$x=a\cos\alpha$$

$$y=b\sin\alpha$$

其中，$0°\leqslant\alpha\leqslant360°$

当然，也可以利用解析方程将 x 做为自变量建立 y 的函数：

$$y=\frac{b}{a}\sqrt{a^2-x^2}\qquad（当\ x=a\sim-a\ 时）$$

$$y=-\frac{b}{a}\sqrt{a^2-x^2}\qquad（当\ x=-a\sim a\ 时）$$

由此可以看出，若数控加工一个完整的椭圆，相对而言，利用参数方程进行数控编程，表达式相对简单，会更方便一些。但要明确 α 角度的含义。当加工椭圆的一小段曲线时，应计算所对应的起始角与终止角。

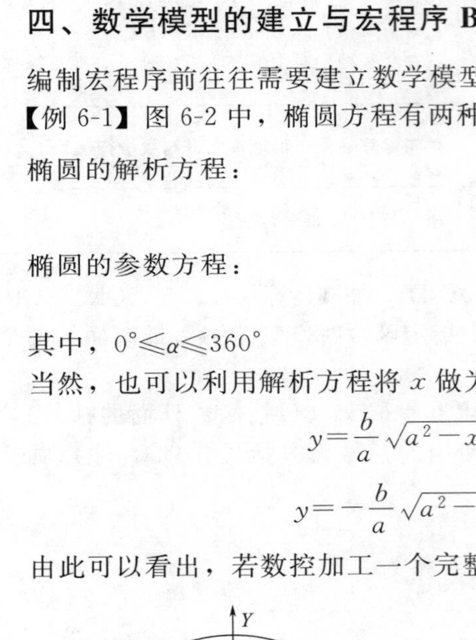

图 6-2 椭圆的参数方程中的参数 α

利用参数方程编写的椭圆（外轮廓，圆形毛坯 ϕ46mm）精加工参考程序：

```
O0001;
N2   #100=1;          角度步长
N4   #101=0;          初始角度
N6   #102=360;        终止角度
N8   #103=45;         长半轴
N10  #104=25;         短半轴
```

N12	#105=−10.0；	椭圆柱高度
N14	G90 G54 G00 X [#103+20] Y−2.0 Z100.0；	刀具运行到（65，−2，100）的位置
N16	S2000　M03；	
N18	G01 Z [#105] H01 F2000.0；	刀具在毛坯外部快速下刀至 Z−10mm
N20	G01 G42 X#103 D02 F500.0；	切削到点（45，−2，−10），准备切向切入
N22	#114=#101；	赋初始值
N24	#112=#103*COS [#114]；	计算 X 坐标值
N26	#113=#104*SIN [#114]；	计算 Y 坐标值
N28	G01 X#112　Y#113；	开始加工椭圆
N30	#114=#114+#100；	变量#114 增加一个角度步长
N32	IF [#114 LE #102] GOTO24；	条件判断#114 是否≤360°，满足则返回程序段 24，否则顺序执行 N34 程序段
N34	Y2.0；	沿切向切出
N36	G01 G40 X [#103+20] Y−2.0；	取消刀具补偿，回到（65，−2.0）
N38	G90 G00 Z100.0 M05；	快速抬刀
N40	M30；	程序结束

%

说明：

① 上述程序中，刀具沿轮廓切向切入、切出。最好不要刀具沿轮廓法向切入、切出工件，以避免刀具在工件表面留下刀痕。

② N24～N28 三个程序段可以合并为一个程序段 N24，如下：

N24　G01 X[#103*COS[#114]] Y[#104*SIN[#114]]

③ 若加工非完整椭圆及椭圆内轮廓，应注意进、退刀时防止与工件相碰。

④ 要注意半径补偿指令的位置。应避免在 G41 模式中再次使用 G41，或在 G42 模式中再次使用 G42。遵循的原则是使用完毕立即取消。

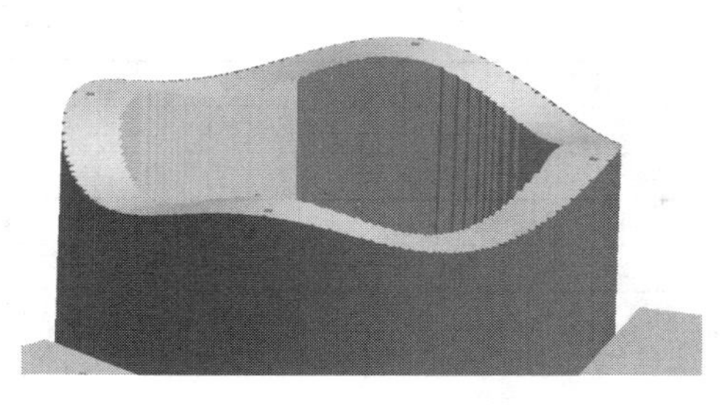

图 6-3　端面余弦曲面

【例 6-2】如图 6-3 所示，圆柱套筒内外直径要求分别为 $\phi43^{+0.05}_{0}$ 和 $\phi55^{+0.04}_{0}$ 并已经加工合格，现要在端面上加工一余弦曲面（四个周期，振幅为 2），试为其编程建立数学模型，并确定编程方法。

分析：编程最好采用一角度参数 t 建立数学模型（工件坐标系原点设在轮廓最高处端面中心）如下

$$X=R\cos t\quad (R=21.5\sim27.5)$$

$$Y=R\sin t\quad (R=21.5\sim27.5)$$

$$Z=-2+2\cos(4t)\qquad（以上各式中，0°\leqslant t\leqslant360°）$$

编程方法有两种：刀位点编程和刀具半径补偿编程。一般说来，后者能消除刀具磨损产生的加工误差，因此加工精度较高，而且当更换刀具时，只需改变刀具半径补偿值即可，因此编程也较为方便，所以比较常用。若使用立式铣床（或立式加工中心）加工，则按角度 t 等分为四段分别在 G18、G19 平面内编程即可（程序略）。

总之，建立数学模型的原则，既是要便于编程，又要保证加工精度。

【任务实施】

1. 资讯：工艺性分析，明确任务，获取信息

零材料为45钢，为常见 加工材料，毛坯尺寸为100×100×30，外形已加工至规定尺寸。虽结构简单，但需要使用数控铣床或加工中心才能完成圆角加工。倒圆角的尺寸$R10^{+0.1}_{0}$精度为IT11，数控机床容易保证，粗糙度为$Ra3.2\mu m$，应当粗、精加工两次。

2. 决策：做出决定——确定数控加工工艺方案

(1) 确定各表面加工方法：各表面均粗、精加工两次，粗加工可以使用平底刀或球头刀，而精加工则采用球头刀，以提高表面质量。

(2) 确定装夹方案和定位基准：采用平口钳与垫铁装夹，以底面和侧面定位，确保工件上表面水平，侧面与X轴平行或垂直。

(3) 确定加工顺序及走刀路线，先粗加工，后精加工，走刀路线参见图6-4～图6-7。

3. 计划：制定计划——编制工艺文件

(1) 编制工艺过程卡片（见表6-8）和刀具卡片（见表6-9）。

表6-8 数控加工工艺过程卡片

单位	（企业名称）		产品代号	零件名称	材料	
工序号	程序编号	夹具名称	夹具号	使用设备	45	
	06001 06002					
工步号	工步内容	刀具		切削用量		
		T码	类型规格	主轴转速/(r/mm)	进给速度/(mm/min)	切削厚度/mm
1	粗铣	T01	平底刀 $\phi20$	1000	500	≤1
2	精铣	T03	球头刀 $\phi10$	2000	300	1

表6-9 数控加工刀具卡片

产品型号		零件号		程序号		制表
工步号	刀具					
	T码	刀具类型	直径/mm		长度	半径补偿地址
1	T01	YT平底刀	$\phi20$		H01	D21计算
2	T03	YT球头刀	$\phi10$		H03	D21计算

(2) 建立工件坐标系，绘制走刀路线图（见图6-4、图6-5），进行数学处理，建立数学模型——画图求得编程计算公式。

要熟练运用机械制图的知识，较为准确、快速地绘制出刀具加工示意图，可以手工绘制，也可以利用CAD绘图工具（AutoCAD、CAXA等软件）。手工绘图要不失真，CAD绘图一般按1∶1的比例绘制。

① 粗铣（平底刀——刀位点编程）。见图6-4，并利用图6-4求得编程点的坐标卡片，见表6-10。

$$X_0=\frac{A}{2}-R+R\cos\alpha+\frac{D}{2}+\text{精加工余量}\ 0.3$$

$$Y_0=\frac{B}{2}-R+R\cos\alpha+\frac{D}{2}+\text{精加工余量}\ 0.3$$

$$Z_0=-R+R\sin\alpha$$

式中，$0°\leqslant\alpha\leqslant90°$。

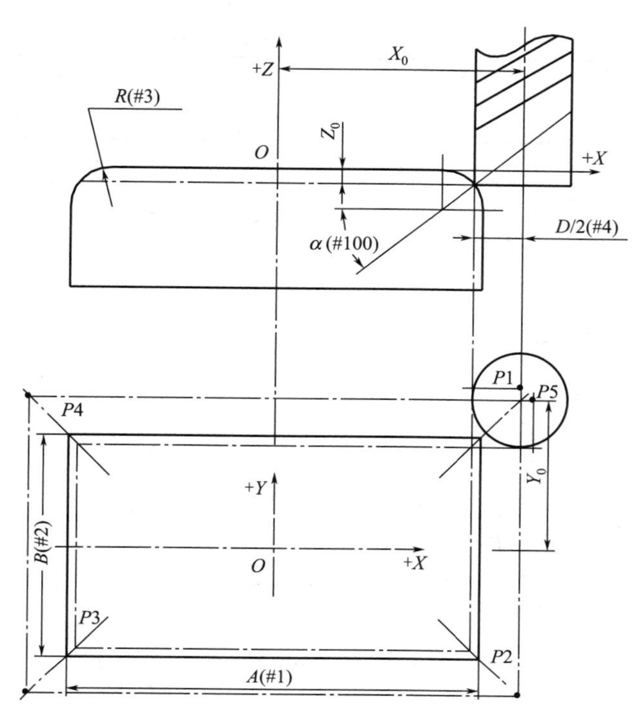

图 6-4　平底刀数学模型图（刀位点编程）

表 6-10　平底刀编程坐标卡片

点	$P1$	$P2$	$P3$	$P4$	$P5$
坐标	(X_0, Y_0+2)	$(X_0, -Y_0)$	$(-X_0, -Y_0)$	$(-X_0, Y_0)$	(X_0+2, Y_0)

② 精铣（球头刀——刀位点编程）见图 6-5。球头刀编程坐标卡片见表 6-11。

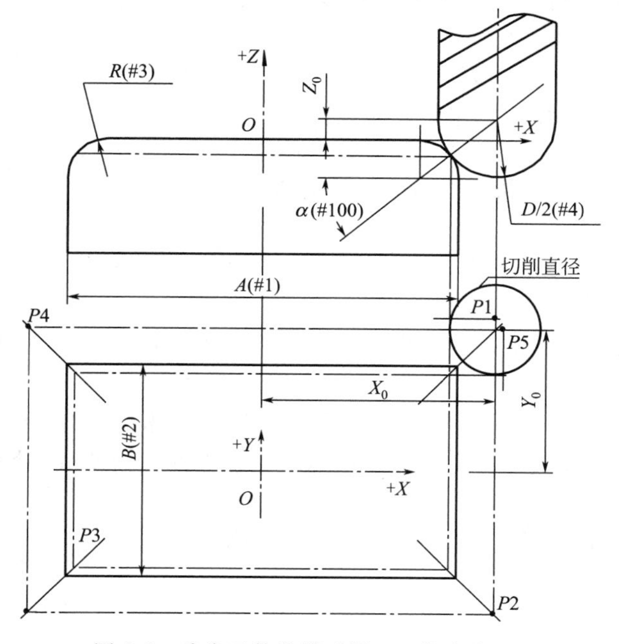

图 6-5　球头刀数学模型图（刀位点编程）

表 6-11 球头刀编程坐标卡片

点	$P1$	$P2$	$P3$	$P4$	$P5$
坐标	(X_0, Y_0+2)	$(X_0, -Y_0)$	$(-X_0, -Y_0)$	$(-X_0, Y_0)$	(X_0+2, Y_0)

$$X_0=\frac{A}{2}-R+\left(R+\frac{D}{2}\right)\times\cos\alpha$$

$$Y_0=\frac{B}{2}-R+\left(R+\frac{D}{2}\right)\times\cos\alpha$$

$$Z_0=-R+\left(R+\frac{D}{2}\right)\times\sin\alpha$$

其中，$0°\leqslant\alpha\leqslant 90°$。

4. 实施：实施计划——编写零件加工程序

分两种编程方法。

(1) 刀位点编程（不使用半径补偿，按照图 6-4 与图 6-5）。

```
O6001;（铣圆角程序，刀位点编程）
N5;（G54 工件坐标系原点建立在上表面中心）
N10 #1=100.0;（#1：长方形边长 A，mm）
N15 #2=100.0;（#2：长方形宽度 B，mm）
N20 #3=10.0;（#3：圆角半径 R，mm）
N25 #4=20.0;（#4：平底刀 T1 的直径 D，mm）
N30 ;（粗铣圆角，立铣刀 T1）
N35 G28 G91 Z0;
N40 M05;
N45 T1 M6;
N50 G40 G49 G50 G69 G80;
N55 G90 G54 G00 X100. Y100. M3 S1200;
N60 G01 G43 Z50. H01 F2000;
N65 #4=#4/2;（转换为刀具半径）
N70 #6=2;（#6：角度变量步距，设为 1°）
N75 G01 Z5.;
N80 #100=0;（#100 角度变量——参数变量，初始值设为 0°）
N85 #101=#1/2-#3* [1-COS [#100]] +#4+0.3;（环切轮廓坐标计算，X 方向留 0.3mm 的精加工余量）
N90 #102=#2/2-#3* [1-COS [#100]] +#4+0.3;（Y 方向留 0.3mm 的精加工余量）
N95 #103=-#3+#3*SIN [#100];（刀位点 Z 坐标计算）
N100 G00 X#101 Y [#102+2];（快速定位于工件外侧 2mm 处）
N105 Z#103;（下刀）
N110 G01 Y-#102 F500;（开始环切矩形一周）
N115 X-#101;
N120 Y#102;
N125 X [#101+2];（切向切出 2mm）
```

```
N130 #100=#100+#6;
N135 IF [#100LE90] GOTO 85;
N140 M01;
N145 ;(精铣圆角,T3 球头刀)
N150 G28 G91 Z0;
N155 M05;
N160 T3 M6;
N165 M01;(确认刀具及其直径)
N170 #5=10.0;(#5:球头刀 T3 直径为 10mm)
N175 G40 G49 G50 G69 G80;
N180 G90 G54 G00 X100. Y100. M3 S3000;
N185 G54 G90 G43 Z10. H03;
N190 #5=#5/2;(转换为刀具半径)
N195 #6=1;(#6 角度变量步距,设为 1°)
N200 G01 Z5. F2000;
N205 #100=0;(角度变量——参数变量,初始值设为 0°)
N210 #101=#1/2-#3+ [#3+#5] *COS [#100];(环切轮廓坐标计算)
N215 #102=#2/2-#3+ [#3+#5] *COS [#100];
N220 #103=-#3+ [#3+#5] *SIN [#100];
N225 G00 X#101 Y [#102+2];(快速定位在工件外部)
N230 G01 Z#103 F500;(下刀)
N235 Y-#102;(开始环切矩形一周)
N240 X-#101;
N245 Y#102;
N250 X [#101+1];(切向切出 1mm)
N255 #100=#100+#105;
N260 IF [#100LE90] GOTO 210;
N265 G28 G91 Z0;
N270 M05;
N275 M30;
%
```

对于程序 O6001，可以将平底刀和球头刀对方形外轮廓倒角的程序段分别作为宏程序本体，在主程序中使用宏指令 G65 或 G66（G67）调用。这样加工其它零件的倒圆角时也可以随时调用。注意调用时需对所使用的自变量（#1 长方形边长、#2 长方形宽度、#3 圆角半径、#4 平底刀 T1 的直径或#5 球头刀 T3 直径、#6 步距）进行赋值。参考程序见 O6100 与 O6101、O6102。

```
O6100;(铣工件的上表面外圆角主程序)
N305;(G54 工件坐标系原点建立在方形工件上表面中心)
N310 ;(粗铣圆角,立铣刀)
N315 G28 G91 Z0;
N320 M05;
N325 T1 M6;
```

N330 G40 G49 G50 G69 G80；
N335 G90 G54 G00 X＃1 Y＃2. M3 S1200；
N340 G01 G43 Z50. H01 F2000；
N345 G00 Z5.；
N350 G65 P6101 A100.0 B100.0 C10.0 I20.0 K2.0；（非模态调用O6101，并对其中的自变量进行赋值：长方形边长＃1＝100.0mm，长方形宽＃2＝100.0mm，圆角半径＃3＝10.0mm，平底刀直径＃4＝20.0mm，步距＃6＝2°，并可修改赋值不同直径的刀具以不同的步距加工不同尺寸的工件）
N355 G00 Z200.0；
N360 M01；
N365 ；（精铣圆角，球头刀）
N370 G28 G91 Z0；
N375 M05；
N380 T03 M6；
N385 G40 G49 G50 G69 G80；
N390 G90 G54 G00 X100. Y100. M3 S3000；
N395 G54 G90 G43 Z10. H03；
N400 G01 Z5.；
N405 G66 P6102 A100.0 B100.0 C10.0 J10.0 K1.0；（模态宏调用宏程序O6102）
N410 G67；（取消模态宏调用）
N415 G28 G91 Z0；
N420 M05；
N425 M30；

O6101；（平底刀粗铣方形工件上表面外圆角，精加工余量0.3mm）
N505 ＃5＝＃5/2；（转换为刀具半径，自变量有＃1、＃2、＃3、＃4和＃6）
N510 ＃100＝0；（角度变量——自变量初始值）
N515 ＃101＝＃1/2－＃3＊［1－COS［＃100］］＋＃5＋0.3；（环切轮廓坐标计算）
N520 ＃102＝＃2/2－＃3＊［1－COS［＃100］］＋＃5＋0.3；（*XY*方向均留0.3 m的精加工余量）
N525 ＃103＝－＃3＋＃3＊SIN［＃100］；
N530 G00 X＃101 Y［＃102＋2］；（快速定位）
N535 Z＃103；（刀具到达规定深度）
N540 G1 Y－＃102 F200；（开始环切矩形一周）
N545 X－＃101；
N550 Y＃102；
N555 X［＃101＋2］；（切向切出2mm）
N560 G00 Y［＃102＋2］；（返回开始切削的位置）
N565 ＃100＝＃100＋＃6；
N570 IF［＃100LE90］GOTO 515；
N575 M99；
%

```
O6102；（球头刀精铣方形工件上表面外圆角，粗加工所留加工余量 0.3mm）
N605 ＃4＝＃4/2；（转换为刀具半径，自变量有＃1、＃2、＃3、＃5 和＃6）
N610 ＃100＝0；（角度变量初始值 0°）
N615 ＃101＝＃1/2－＃3＋［＃3＋＃4］＊COS［＃100］；（环切轮廓坐标计算）
N620 ＃102＝＃2/2－＃3＋［＃3＋＃4］＊COS［＃100］；
N625 ＃103＝－＃3＋［＃3＋＃4］＊SIN［＃100］；
N630 G00 X＃101 Y［＃102＋2］；（快速定位在工件外部）
N635 G01 Z＃103 F200；（下刀）
N640 Y－＃102；（开始环切矩形一周）
N645 X－＃101；
N650 Y＃102；
N655 X［＃101＋1］；（沿 X 向切向切出 1mm）
N660 ＃100＝＃100＋＃6；
N665 IF［＃100LE90］GOTO 615；
N670 M99；
%
```

（2）使用刀具半径补偿编程（按照图 6-6 与图 6-7）。这种编程方法巧妙地运用了刀具半径补偿值调整的原则：

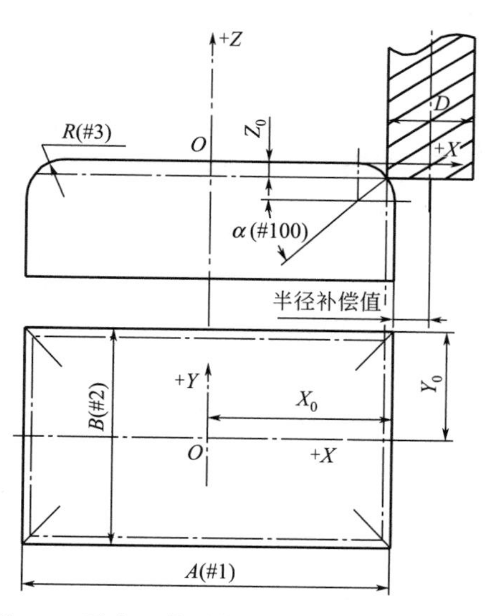

图 6-6　平底刀数学模型图（使用半径补偿）

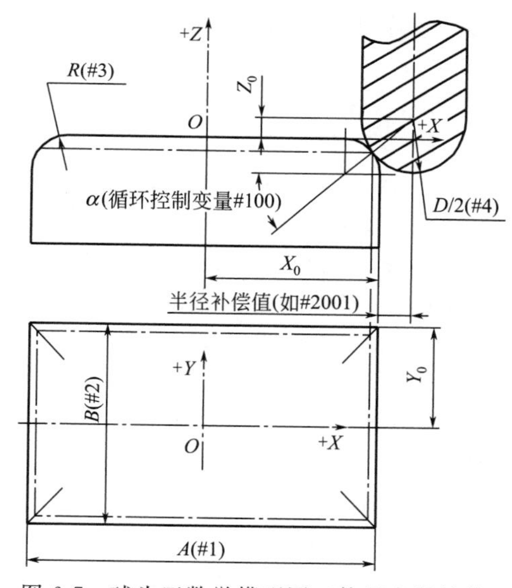

图 6-7　球头刀数学模型图（使用半径补偿）

刀具半径偏置的正增量使刀具移离加工轮廓；

刀具半径偏置的负增量使刀具移近加工轮廓。

即：刀具半径补偿的编程轮廓始终为零件在 G17 平面内的零件倒角前的轮廓尺寸，通过控制刀位点的 Z 坐标和改变刀具半径补偿值来实现加工。这样不仅加工精度高，而且编程方便——对各种函数曲线的平面轮廓（如椭圆）的内外倒角，均能非常容易地编制数控加工程序。

此种编程方法，刀具半径补偿值必然是一个变量。对于 FANUC 系统，不同的存储类型，须使用不同的系统变量，以改变刀具半径偏置值。

简单地说，FANUC控制器有三种存储类型，用来存储刀具长度和刀具半径偏置，分别是存储类型A、存储类型B和存储类型C，参见附录6。

如果编程中使用D21，那么对于200以下偏置量：存储类型A，则半径补偿变量用＃2021表示；存储类型B，则半径补偿变量用＃2021表示（且相应的磨损偏置变量＃2221＝0.000）；存储类型C，则半径补偿变量用＃2421表示（且相应的磨损偏置变量＃2621＝0.000）。

如果编程中使用D21，那么对于200以上偏置量：存储类型A，则半径补偿变量用＃10021表示；存储类型B，则半径补偿变量用＃10021表示（且相应的磨损偏置变量＃11021＝0.000）；存储类型C，则半径补偿变量用＃12021表示（且相应的磨损偏置变量＃13021＝0.000）。

当然，对于存储类型B和存储类型C也可以将D偏置的几何输入一个常量，同时对磨损输入一个半径补偿值的变量（注意，该值有正负号）。

在图中6-6中

$$Z_0=-R(1-\sin\alpha)$$

$$半径补偿值=\frac{D}{2}-R(1-\cos\alpha)$$

在图中6-7中

$$Z_0=-R+\left(R+\frac{D}{2}\right)\sin\alpha$$

$$半径补偿值=\frac{D}{2}\cos\alpha-R(1-\cos\alpha)$$

参考程序如下（以FANUC为例——半径偏置变量为＃2021＝D22）：

```
O6002；（铣圆角程序）
N1005；（G54 工件坐标系原点建立在上表面中心）
N1010 ＃1＝100.0；（A＃1：长方形边长，mm）
N1015 ＃2＝100.0；（B＃2：长方形宽度，mm）
N1020 ＃3＝10.0；（C＃3：圆角半径，mm）
N1025 ＃4＝20.0；（J＃4：平底刀直径．mm）
N1030；（粗铣圆角，立铣刀）
N1035 G28 G91 Z0 M05；
N1040 T1 M6；
N1045 G40 G49 G50 G69 G80；
N1050 G90 G54 G00 X＃1 Y＃2 M3 S1200；
N1055 G01 G43 Z50. H01 F2000；
N1060 ＃4＝＃4/2；（转换为刀具半径）
N1065 ＃6＝2；（角度变量步距，设为2°）
N1070 G00 Z5.；
N1075 ＃100＝0；（角度变量初始值0°）
N1080 ＃2021＝＃4－＃3＊［1－COS［＃100］］＋0.5；（计算半径补偿值并赋值到
                                    D21中；XY方向均留0.5mm的精加工余量）
N1085 Z［－＃3＋＃3＊SIN［＃100］］；（Z向下刀）
N1090 G0 G41 X［＃1/2］  D21；
N1095 G01 Y［－＃2/2］F180；（开始环切矩形一周）
N1100 X［－＃1/2］；
N1105 Y［＃2/2］；
```

```
N1110 X [#1/2+2]；(切向切出)
N1115 G00 G40 X[#1/2+#4+2] Y[#2/2+#4+2]；(快速定位并取消刀具半径补偿)
N1120 #100=#100+#6；
N1125 IF [#100LE90] GOTO 1080；
N1130 G00 Z100.0；
N1135 M01；
N1140 ；(使用球头刀精铣圆角)
N1145 G28 G91 Z0；
N1150 M05；
N1155 T03 M6；
N1160 M01；
N1165 #5=10.0 (#4：球头刀直径，mm)
N1170 G40 G49 G50 G69 G80；
N1175 G90 G54 G00 X#1 Y#2 M3 S3000；
N1180 G54 G90 G43 Z10. H03；
N1185 #5=#5/2；(转换为半径)
N1190 #6=1；(角度变量步距 1°)
N1195 G01 Z5.；
N1200 #100=0；(角度变量初始值为 0°)
N1205 #2021=#5*COS [#100] -#3* [1-COS [#100]]；(计算半径补偿值并
                                                        赋值到 D21 中)
N1210 G00 Z [-#3+ [#3+#5] *SIN [#100]] F200；(计算并下刀)
N1215 G0 G41 X [#1/2] D21；(加入半径补偿)
N1220 G01 Y [-#2/2] F600；(开始环切矩形一周)
N1225 X [-#1/2]；
N1230 Y [#2/2]；
N1235 X [#1/2+2]；(切向切出)
N1240 G00 G40 X [#1/2+#5+2] Y [#2/2+#5+2]；(快速定位于工件外部，并
                                                   取消半径补偿)
N1245 #100=#100+#6；
N1250 IF [#100LE90] GOTO 1205；
N1255 G28 G91 Z0；
N1260 M05；
N1265 M30；
%
```

将程序 O6002 中的条件转移语句改为循环语句，得程序 O6003。

```
O6003；(铣圆角程序)
N1305；(G54 工件坐标系原点建立在上表面中心)
N1310 #1=100.0；(A#1：长方形边长，mm)
N1315 #2=100.0；(B#2：长方形宽度，mm)
N1320 #3=10.0；(C#3：圆角半径，mm)
N1325 #4=20.0；(J#4：平底刀直径，mm)
```

```
N1330 ;（粗铣圆角，立铣刀）
N1335 G28 G91 Z0 M05；
N1340 T1 M6；
N1345 G40 G49 G50 G69 G80；
N1350 G90 G54 G00 X＃1 Y＃2 M3 S1200；
N1355 G01 G43 Z50. H01 F2000；
N1360 ＃4＝＃4/2；（转换为刀具半径）
N1365 ＃6＝2；（角度变量步距，设为 2°）
N1370 G00 Z5. ；
N1375 ＃100＝0；（角度变量初始值 0°）
N1380 WHILE [＃100 LE 90] DO 01；
N1385 ＃2021＝＃4－＃3＊ [1－COS [＃100]] ＋0.5；（计算半径补偿值并赋值到
                                  D21 中；XY 方向均留 0.5mm 的精加工余量）
N1390 Z [－＃3＋＃3＊SIN [＃100]]；（Z 向下刀）
N1395 G0 G41 X [＃1/2]   D21；
N1400 G01 Y [－＃2/2] F180；（开始环切矩形一周）
N1405 X [－＃1/2]；
N1410 Y [＃2/2]；
N1415 X [＃1/2＋2]；（切向切出）
N1420 G00 G40 X[＃1/2＋＃4＋2] Y[＃2/2＋＃4＋2]；（快速定位并取消刀具半径补偿）
N1425 ＃100＝＃100＋＃6；
N1430 END 1
N1435 G00 Z100.0；
N1440 M01；
N1445 ；（使用球头刀精铣圆角）
N1450 G28 G91 Z0；
N1455 M05；
N1460 T03 M6；
N1465 M01；
N1470 ＃5＝10.0（＃4：球头刀直径，mm）
N1475 G40 G49 G50 G69 G80；
N1480 G90 G54 G00 X＃1 Y＃2 M3 S3000；
N1485 G54 G90 G43 Z10. H03；
N1490 ＃5＝＃5/2（转换为刀具半径）；
N1495 ＃6＝1（角度变量步距 1°）；
N200 G01 Z5. ；
N205 ＃100＝0；（角度变量初始值为 0°）
N210 WHILE [＃100 LE 90] DO 02；
N215 ＃2021＝＃5＊COS [＃100] －＃3＊ [1－COS [＃100]]；（计算半径补偿值并
                                                          赋值到 D21 中）
N220 G00 Z [－＃3＋ [＃3＋＃5] ＊SIN [＃100]] F200；（计算并下刀）
N225 G0 G41 X [＃1/2] D21；（加入半径补偿）
```

```
N230 G01 Y [－#2/2] F600；（开始环切矩形一周）
N235 X [－#1/2]；
N240 Y [#2/2]；
N245 X [#1/2＋2]；（切向切出）
N250 G00 G40 X [#1/2＋#5＋2] Y [#2/2＋#5＋2]；（快速定位于工件外部，并取消半径补偿）
N255 #100＝#100＋#6；
N260 END 2
N265 G28 G91 Z0；
N270 M05；
N275 M30；
%
```

5. 检查：检查控制——程序检验

6. 评估：评定反馈——首件试切

（在数控机床加工工件，进一步优化并保存程序）。

推荐采用的操作步骤参见项目二任务 1。

【任务总结】

（1）通过程序 O6001 与 O6002 比较可以可以看出 O6002 采用半径补偿时编程轮廓固定，变量运算简单，在实际生产中多采用半径补偿的编程方法。

（2）条件转移语句与循序语句可以相互替代。

（3）球头刀对刀时所采用的刀位点与编程有关。直接编程一般以球头刀的球心为刀位点。而当采用自动编程时，一般以球头刀的旋转轴线与球面的交点（最低点）为刀位点。

【任务考评】

评分标准

序号	考核项目	考核内容	配分	评分标准(分值)	小计
1	资讯	工艺性分析的透彻性	5	据工艺方案得分判定，计算公式如下： 得分＝0.5×工艺方案得分	
2	决策	数控加工工艺方案制定的合理性	10	据工艺文件内容判定 1. 工步顺序正确(5 分) 2. 刀具材质选择正确(3 分) 3. 工件坐标系原点设置适当(2 分)	
3	计划	数控加工工艺文件编制的完整性、正确性、统一性	20	1. 工艺文件齐全，填写完整、统一(4 分) 2. 工艺过程卡片中切削用量适当(6 分) 3. 刀具卡片中刀具代号、规格正确(2 分) 4. 走刀路线的制定适当(3 分) 5. 坐标卡片填写正确(5 分)	
4	实施 编程	编制零件加工程序及程序检验	20	1. 各成员编制的加工程序具有一致性(5 分) 2. 加工程序无语法错误(10 分) 3. 加工程序无逻辑错误(5 分)	

续表

序号	考核项目	考核内容	配分	评分标准(分值)	小计
5	加工操作	1. 加工操作正确性 2. 安全生产	30	1. 刀具安装方法正确(2分) 2. 选用合适的量具(2分) 3. 测量毛坯实际尺寸,并正确安装工件(3分) 4. 能正确进行工件偏置设置,并能根据刀具卡片进行刀具偏置设置,操作正确(5分) 5. 输入程序后进行程序检查(2分) 6. 正确进行试切(10分) 7. 试切后能正确调整相应偏置数值(2分) 8. 加工操作过程未发生撞刀等安全事故(4分)	
6	质量分析与评价	1. 工件检验 2. 团队合作 3. 运用基本理论知识进行分析	15	1. 正确选用量、检具进行加工尺寸检查(分别在机床和检验工作台上进行)并合格(9分) 2. 加工表面粗糙度合格(1分) 3. 能团队合作(3分) 4. 正确运用理论知识进行加工质量分析,并修正、保存程序(2分)	
	合计		100	得分合计	

【思考与练习】

1. 数控铣削刀具半径补偿是否只可以在 XY 平面内?
2. B类用户宏程序常用的调用方法有哪几种?
3. 固定循环指令本质上是否是一些宏程序调用指令——宏指令?
4. 如何建立适当的数学模型?
5. 数控铣削加工时如何控制零件的尺寸精度?
6. 直接编程时,是否所有的空间曲面都需要使用变量编写加工程序?
7. 试完成图 6-8 所示零件的圆角 $R10$ 的加工,粗糙度 $Ra3.2$。

已知:零件材料为 45 钢;除圆角外,其余各面已加工完毕,毛坯尺寸 100×100×30。

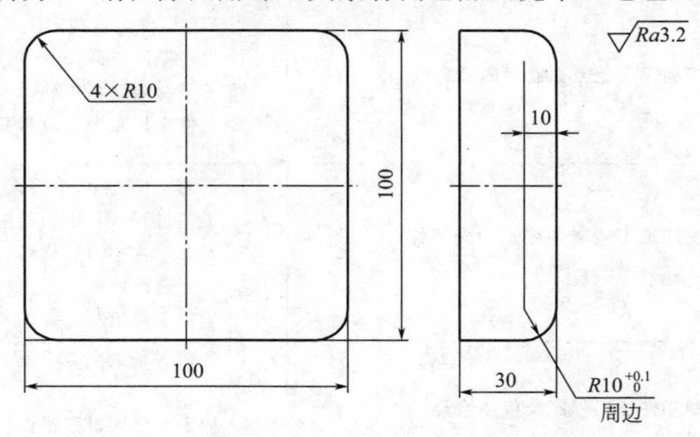

图 6-8 外轮廓圆角加工

8. 如图 6-9 所示零件，平面已加工完毕，在数控铣床上铣削椭圆孔及其孔口倒角，试编制铣削加工程序，粗糙度要求 $Ra3.2\mu m$。

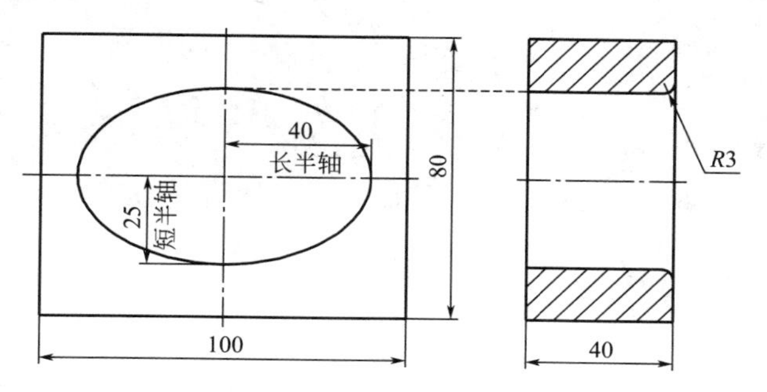

图 6-9　椭圆孔及孔口倒角加工

9. 如图 6-10 所示零件，平面已加工完，在数控铣床上铣削凹形曲面槽，表面粗糙度 $Ra6.3\mu m$，刀具为 $\phi16$ 的球头铣刀，试编制铣削程序。

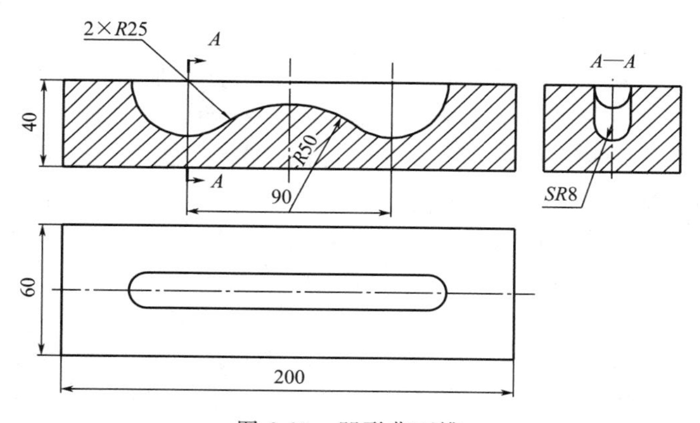

图 6-10　凹形曲面槽

项目七 复杂零件加工

【项目需求】

1. 零件翻转加工

在铣削加工中，常常遇到毛坯各表面均留有加工余量的零件，如方形零件，则至少需要加工 6 个面。由于顶面和底面的铣削必须分开进行，因此在加工过程中需要两次或两次以上的装夹。对于一些结构比较特殊的零件（如有适当尺寸的台阶零件），其余表面的加工可以安排到加工顶面或底面的装夹中进行。采用这样的工艺方案后，工件的加工只需要二次装夹即可完成，即翻转一次，这就是翻转加工。

翻转加工可以减少装夹时的定位误差，从而较好地保证零件各表面的位置精度。同时由于减少了装夹次数，降低了辅助时间，提高了生产效率。

2. 锥度铣刀

锥度铣刀常用于在数控铣床或加工中心上加工带拔模角的平面及模具零件等，还可用于解决用户加工带锥度的深沟槽，以及锥度孔的加工（扩孔）问题，甚至用来铰孔。

【项目工作场景】

一体化教室：配有 FANUC0i MD 系统的立式数控铣床、立式加工中心至少各一台及机床说明书，刀柄、刀具、量具、精密平口钳、垫铁一套等工具及工具橱、数控仿真室、多媒体教学设备。

【方案设计】

通过一个结构较为复杂零件的编程与加工实例，展示翻转加工的工艺设计与编程的完整过程，强调工艺方案的确定与工艺文件的编制在数控铣削中的重要性——决定作用。并进一步提升综合运用编程指令编程的能力、利用精密平口钳进行零件翻转的装夹技巧及锥形平底铣刀的编程计算。

【相关知识和技能】

会复杂零件数控铣削工艺方案的确定与工艺文件的适当、正确编制；

掌握零件翻转加工时工件的装夹与编程技巧；

懂得锥度铣刀的应用场合、有效切削直径的计算及其编程方法；

会点钻（中心钻）的选用与编程；

懂得加工误差的来源及对策，并懂得立铣刀、可转位铣刀与孔加工的常见问题及对策。

任务 复杂零件的翻转加工

【学习目标】

技能目标

① 能对复杂零件确定适当的工艺方案，并编制适当（即够用，满足编程需要）、正确的工艺文件；

② 懂得零件翻转加工时利用平口钳固定点设定的工件坐标系（编程与装夹）的方法；

③ 会平底锥度铣刀、90°中心钻的编程前计算；

④ 为加工出合格的零件，会编制试切程序；会首件试切；

⑤ 能针对加工误差产生的原因，提出解决方法；

⑥ 养成良好的编程习惯，以形成自己的编程风格。

知识目标

① 懂得锥形平底铣刀半径补偿值的计算方法；

② 懂得加工误差的来源及对策。

【任务描述】

如图 7-1 所示零件，已知毛坯尺寸 95×70×14.5，材料硬铝 6061。试完成零件的编程与加工。

【任务分析】

毛坯尺寸大，各表面均有加工余量；形状复杂，有平面加工、外轮廓及带 5°角（拔模

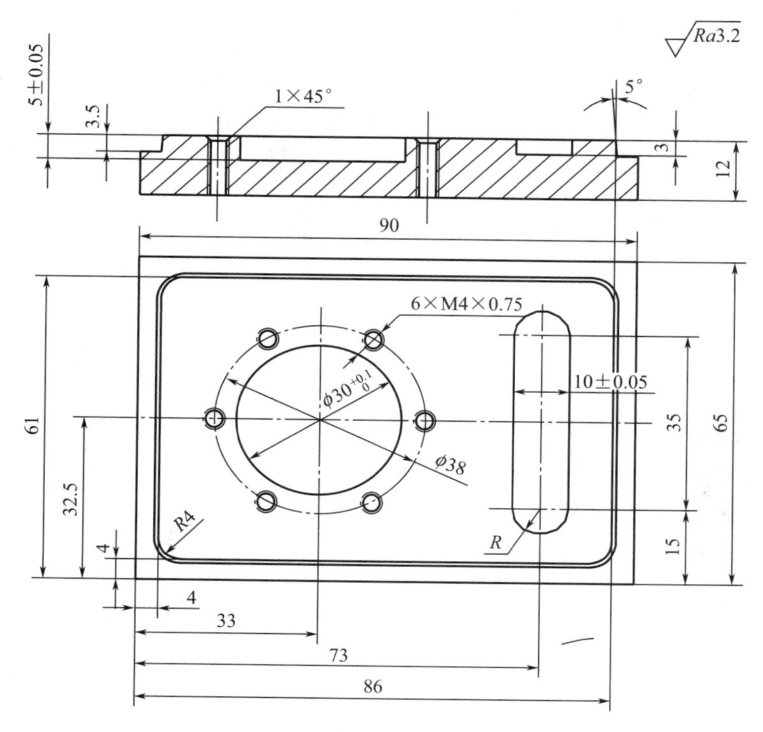

图 7-1 盖板

角）的台阶外轮廓加工、槽加工（圆形槽及键槽的加工）、孔加工（钻、孔口倒角及攻螺纹）。零件各表面都需加工，需要翻转装夹，要综合运用所学知识。

【知识准备】

一、翻转加工

六面体的加工往往需要多次装夹。为减少加工时的定位误差，对于有台阶的六面体等零件，应尽可能采用翻转装夹，即采用两次装夹。

二、锥形铣刀的种类

如图 7-2 所示，有三种，分别是平底锥铣刀、球头锥铣刀和过渡半径的平底锥铣刀（锥形牛鼻刀），材料为高速钢或硬质合金。由于锥铣刀的刚性要比同规格的立铣刀要好，所以切削效率要高。本书仅讲述编程计算最简单的平底锥铣刀。另外两种可参阅《数控编程技术——高效编程方法和应用指南》（见参考书目）。

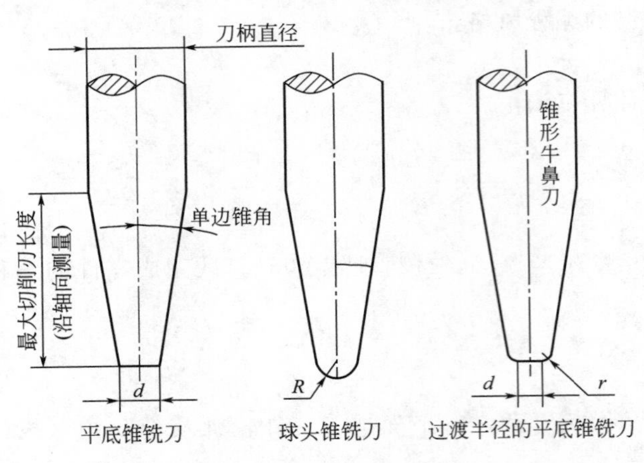

图 7-2 锥形铣刀的种类

通常，锥度铣刀的单边锥度的范围从 0.5°～45°，有些可达 65°。在一些行业，特定锥度的锥铣刀多于其它的一般锥铣刀。

三、平底锥铣刀的有效切削直径计算

平底锥铣刀（外形图见图 7-3）又叫方头锥面铣刀，端面切削刃有两种类型：到中心和不到中心。在两轴加工中可以铣削零件侧面（外轮廓或内轮廓）。其中，带有斜度轮廓的尺寸标注通常也有两种情况：要么在刀具铣削部分的底部（刀具头部），要么在刀具铣削部分的顶端。前一种情况编程工作通常很容易。

利用锥度计算公式可以求得有效切削直径 D（见图 7-4）。

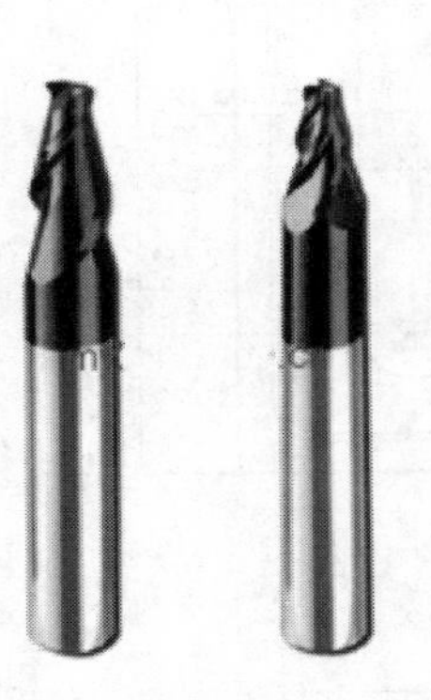
图 7-3 平底锥铣刀外形图

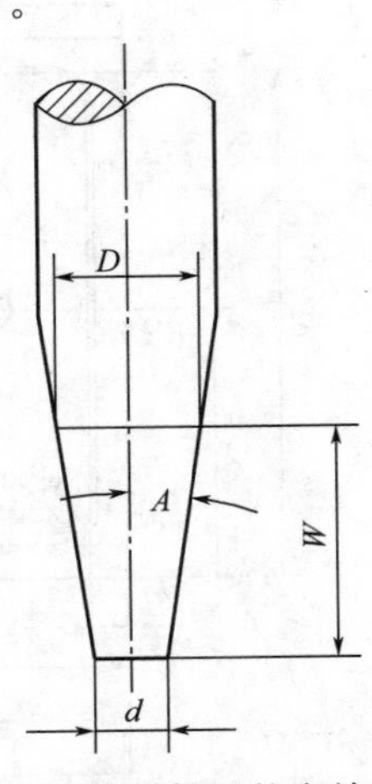

图 7-4 锥形铣刀的有效直径

$$D=d+2\tan A\times W \tag{7-1}$$

式中　D——有效切削直径，锥度部分最大的实际切削直径；

W——切削深度，从刀具顶端量起，一般由工件尺寸和加工工艺决定；

d——平底端直径，测量或在供应商提供的刀具样本中查找；

A——单边锥角，在刀具供应商提供的刀具样本中查找。

从式（7-1）可以看出，对于某一锥度铣刀，切削深度 W 越大，则有效切削直径 D 越大。有效切削直径 D 决定了最大的切削速度和进给速度。

锥度铣刀在加工时，在有效切削直径处切除的材料比刀具端部多，锥度越大，差距就越大。因此，在粗加工或半精加工时会在端部留下一些未切除的材料——由于刀具或工件变形导致的欠切。这个必须加以考虑。如果工件加工余量很大而不能在一次走刀中切除，那么在两次或多次走刀时，可能会用到多个切削半径偏置值。类似图 7-1 盖板台阶侧面轮廓的标注形式，则多个切削半径偏置值的确定要以 D 为基础来确定。

常见锥形铣刀的直径为 0.5～20，长度 40～100。

四、加工误差产生的来源及减少加工误差的措施

1. 加工误差与加工精度的概念

在机械加工过程中，由于各种因素的影响，加工出来的零件不可能与理想的要求完全符合，总会产生一些偏差，这种偏差就是加工误差。加工精度是指零件加工后的实际几何参数与理想几何参数的符合程度。加工误差和加工精度是从不同角度来评定零件的几何参数的。在实际生产中，都是通过控制加工误差来保证加工精度的。加工精度越高，允许的加工误差越小；反之，加工误差越小，加工精度就越高。要保证加工精度，必须通过分析影响加工误差的各种因素，找出减小加工误差的措施。

2. 加工误差的来源（参见图 7-5）

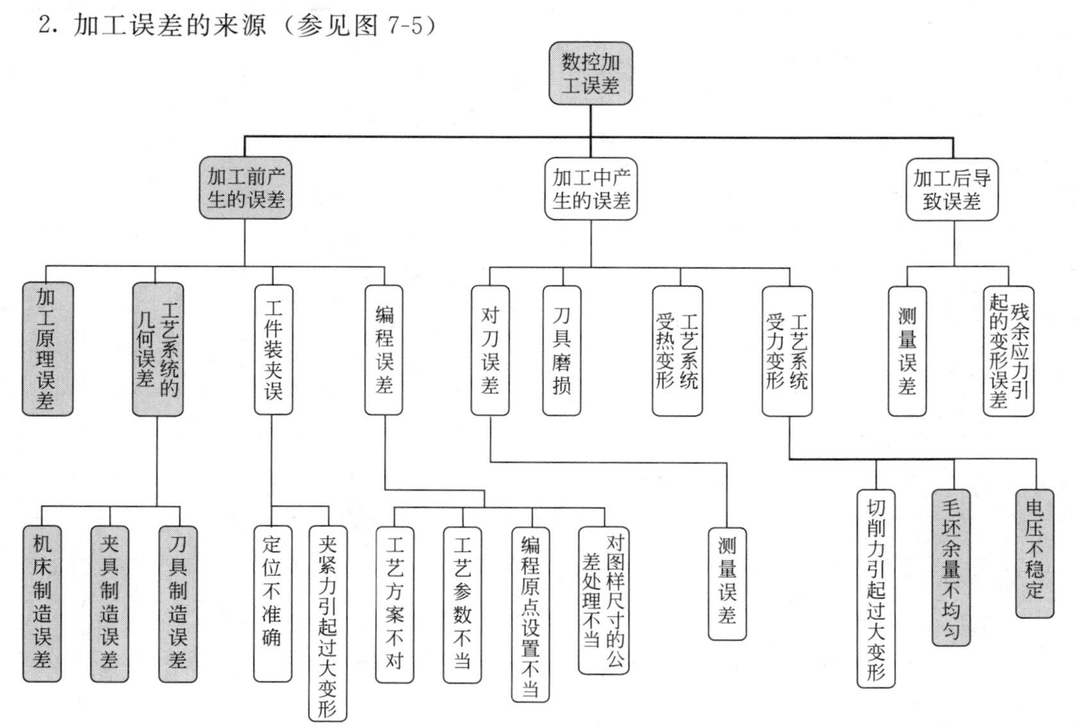

图 7-5　数控加工误差的来源

图 7-5 中所列影响加工误差的因素还可归纳为以下六类：人、机、料、法、环、检测。“人”即操作者；“机”就是指数控加工工艺系统，而不单单指机床；“料”即毛坯，其材料的性能及余量是否均匀都会对加工误差产生影响；“法”是指工艺方法（含加工顺序、工艺参数等）；“环”指环境因素，如环境温度、供电电网的电压等；“检测”指工件的检验，测量方法的不当、测量工具的精度、测量时读数的偏差以及环境温度的变化都会导致测量误差。由于测量误差的存在，当某一加工尺寸的测量值为允许的极值时，通常不能判定其合格，而需要用更高精度的量具再测量，以确定其是否合格。因此，加工时最好以尺寸中间值为目标。

3. 减小加工误差的措施

引起加工误差的因素很多，有些通常很难消除或消除的效果非常有限，如图 7-5 中带阴影的部分，除非予以更换或更改。例如，采用近似的加工方法所产生的原理误差很难消除，除非改变加工原理方法；工艺系统的几何误差也很难消除，除非我们去更换或修理、调整机床、夹具或刀具。图 7-5 中不带阴影的因素，通常情况下，与加工相关的人员可以采取一些措施来改进，以便减小加工误差到允许的范围内。如，可以采取设辅助支承，采用合理的装夹方法等措施来减少工艺系统受力变形；采取合理设计零件结构，合理安排工艺过程来减少工件残余应力引起的变形；采取使机床预热达到热平衡后再开始加工、合理使用切削液、合理改变刀具及其几何参数、合理改进切削用量等措施来降低工艺系统的受热变形。

五、立铣刀和可转位铣刀的常见问题及对策

在加工中经常遇到的引起加工误差、影响加工精度的问题是刀具磨损或损坏。表 7-1 与表 7-2 分别列出了立铣刀与可转位铣刀的常见问题及对策。

表 7-1　立铣刀的常见问题及对策

解决方法 / 常见问题		刀具材料选择	切削条件							刀具形状			机床装夹				
							切削液（选择）										
		选用涂层刀具	切削速度	进给量	切削深度	切削方式（顺铣/逆铣）	增大切削液量	非水溶性切削液	干式或湿式	螺旋角	刃数	铣刀直径	减少刀具悬伸量	提高刀具安装精度	更换夹头	提高夹紧力	提高工件安装刚性
立铣刀折断				↓	↓						↓	↑	√		√	√	
切削刃损伤	切削刃磨损较快	√	↓	↑		顺		√				↑					
	崩刃		↓	↓	↓	顺			干				√		√		√
	切屑黏结严重	√					√		湿	↑							
加工精度	表面质量差		↑	↓	↓			√	湿					√			
	起伏			↓	↓					↓	↑	↑		√	√		
	侧面不平			↓	↓	逆		√		↑	↑	↑	√				
	毛刺及崩碎、剥落			↓	↓					↓							
	振动较大		↓	↑						↑	↓	↑	√		√	√	√
切屑处理	切屑排出不畅			↓	↓		√				↓						
其它		1. 刀刃磨损过大时，容易导致铣刀折断或加工面精度较差，此时需要对刀具进行重磨 2. 刀具悬伸量应尽可能短															

表 7-2　可转位铣刀的常见问题及对策

对策与检查要点 / 故障内容			选择刀具材料		切削条件					刀具形状								机床装夹			
			硬度更高的材料	韧性好的材料	切削速度	进给量	切削深度	改变铣刀直径与宽度	削液量	前角	主偏角	切削刃强度	齿数	增大容屑空间	检查副切削刃几何形状	检查端面跳动	提高刀具刚性	工件刀柄装夹	刀柄悬伸	动力机床间隙
刀尖的损伤	后刀面磨损大	切削条件不合适			↓				√											
刀尖的损伤	后刀面磨损大	切削刃几何形状不合适	√							↑		↓								
刀尖的损伤	前刀面磨损大	切削条件不合适			↓	↓	↓		√											
刀尖的损伤	前刀面磨损大	切削刃几何形状不合适	√							↑	↓	↓								
刀尖的损伤	切削刃破损	切削条件不合适				↓	↓													
刀尖的损伤	切削刃破损	切削刃几何形状不合适		√							↓	↑			√	√	√	√	√	√
刀尖的损伤	热冲击破损	切削条件不合适			↓	↓	↓		√											
刀尖的损伤	热冲击破损	切削刃几何形状不合适								↑		↓								
刀尖的损伤	积屑瘤黏结	切削条件不合适			↑	↑			√											
刀尖的损伤	积屑瘤黏结	切削刃几何形状不合适								↑		↓								
加工精度	表面粗糙度大	刀具磨损铣刀振摆大	√		↑	↓	↓		√			↓			修光刃	√				
加工精度	产生毛刺	切削条件不合适			↓	↓	↓	√												
加工精度	产生毛刺	切削刃几何形状不合适								↑	↑	↓			√					
加工精度	产生塌边	切削条件不合适				↓	↓													
加工精度	产生塌边	切削刃几何形状不合适								↑	↓	↓	↑		√		√			
加工精度	平面度平行度恶化	切削刃几何形状不合适				↓	↓			↑	↑		↓		√	√	√	√	√	√
其它	振动大	切削条件工艺不合适			↓	↓	↓	√		↑	↑	↓					√	√	√	√
其它	切屑缠绕堵塞	切削条件不合适			↑	↑↓		√	√				↓							
其它	切屑缠绕堵塞	切削刃几何形状不合适								↑			↓	√						

【任务实施】

1. 资讯：明确任务，获取信息——工艺性分析

(1) 结构工艺性分析

① 仔细阅读零件图样标题栏：零件材料为硬铝 6061，是常见的易加工材料。

② 零件形状分析：零件外形较为复杂，台阶处有 5°拔模角，还有圆槽、键槽与螺纹孔，但尺寸不大。

③ 从制造观点分析零件结构的合理性及其在本企业数控加工的工艺性：零件结构在数控机床上易于加工。

④ 分析结构的标准化与系列化程度：无需专用刀具，平面铣削采用面铣刀；四周最大轮廓与键槽加工可采用键槽铣刀；带拔模角的台阶需要选用锥形平底铣刀；螺纹孔需要用点钻（中心钻）进行钻中心孔并孔口倒角，然后钻孔、攻螺纹即可保证加工精度。

⑤ 分析零件非数控加工工序在本企业或外协加工的可能性，保持协调一致：螺纹孔的攻螺纹可以编程加工，也可以手工进行，无需外协加工

⑥ 仔细阅读图样上其它非图形的技术要求：本零件的所有表面粗糙度要求 $Ra \leqslant 3.2\mu m$，粗、精加工两次即可保证加工要求。

⑦ 尺寸标注方法分析：尺寸标注方法为非对称注，X、Y 轴的编程原点应选择在零件最大轮廓的左下角，使工艺基准与设计基准重合，避免基准不重合误差。

(2) 精度分析：尺寸 5 ± 0.05 与 10 ± 0.05 精度分别为 IT10 和 IT9，其余为未注公差尺寸，形位公差等级均未注，在数控机床上加工可以很容易地保证各项加工要求。

(3) 图样完整性与正确性审查：图样清晰、完整、正确。

(4) 零件毛坯及其材料分析：所用材料为铝板，毛坯表面平整，经测量毛坯尺寸为 $95\times70\times14$，各表面均留有加工余量，但余量不大，易于加工。

2. 决策：做出决定——确定数控加工工艺方案

(1) 确定各表面加工方法：底面与顶面采用 YG 类 $\phi100$mm 面铣刀铣削，底面铣削一次，顶面两次；外轮廓 9065 采用 YG 类 $\phi12$ 中心端面铣刀铣削；台阶轮廓采用 YG 类锥度铣刀，单边锥度 5°；螺纹孔采用钻中心孔并倒角，再钻孔、攻丝的加工方法。

(2) 确定装夹方案、定位基准及工件坐标系原点的设置：采用精密平口钳，铝板横向固定，并使用垫铁支承，并利用固定钳口上的挡块（参见图 2-1-8）巧妙设置工件坐标系原点，不仅节省了 X 轴和 Y 轴的对刀辅助时间，而且尽可能地消除了二次装夹产生的定位误差。第一次装夹见图 7-6，第二次装夹见图 7-7，顶面需铣削两次。

(3) 确定加工顺序及走刀路线：加工顺序参见表 7-3 数控加工工艺过程卡片，走刀路线参见图 7-8～图 7-10。

3. 计划：制定计划——编制工艺文件

编制工艺过程卡片（见表 7-3）和刀具卡片（见表 7-4），绘制走刀路线图（见图 7-8～图 7-11），并建立工件坐标系进行数学处理，形成坐标卡片（见表 7-5、表 7-6）。

铣削台阶面时，有效切削直径的计算据式（7-1）

$$D=d+2\tan AW=10+2\times\tan5°\times3.5=10.6124(\text{mm})$$

精铣台阶面时，刀具半径偏置值为 $D/2=5.3062$mm。

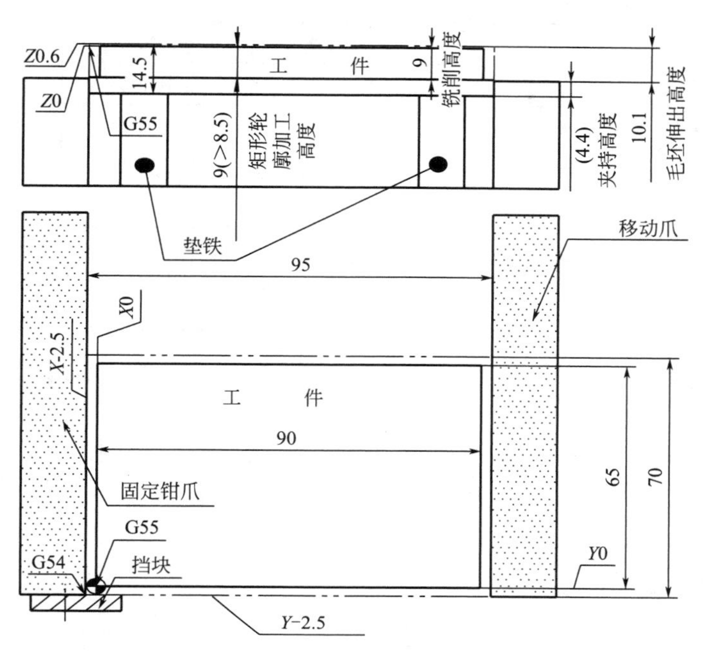

图 7-6　第一次装夹（使用 G55，铣削底面及矩形外轮廓 G55 的 XY 偏置值比 G54 均大 2.5mm）

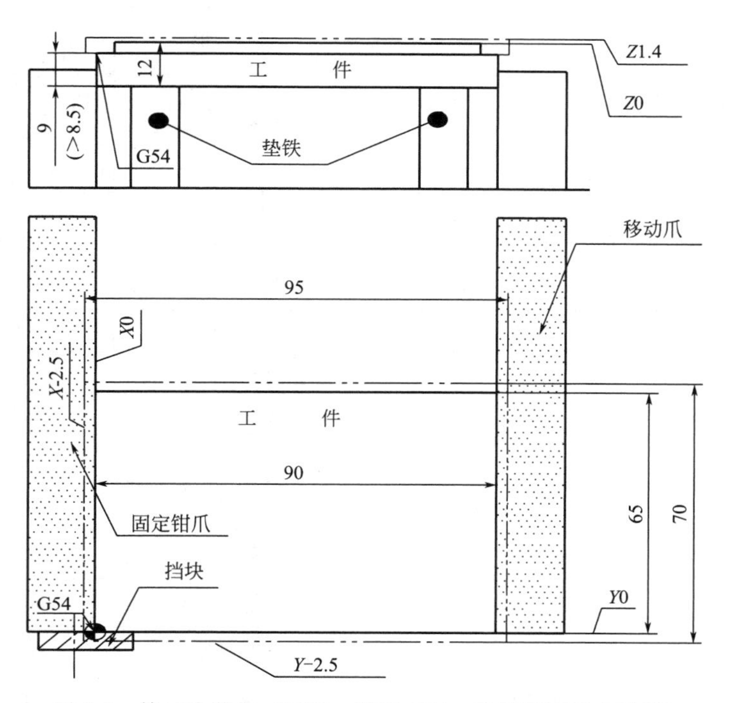

图 7-7　第二次装夹（翻转，使用 G54，铣削顶面及台阶等）

表 7-3　数控加工工艺过程卡片

单位	（企业名称）		产品代号	零件名称	材料	
				盖板		
工序号	程序编号	夹具名称	夹具号	使用设备	6061	
	O100	精密平口钳		加工中心		
工步号	工步内容	刀具		切削用量		
		T码	类型规格	主轴转速/(r/mm)	进给速度/(mm/min)	切削厚度/mm
	第一次装夹					
1	伸出高度≥9.4～10，铣削底面，采用最小切削深度（如0.7mm，则保证厚度≥13.3）	T01	ϕ100mm面铣刀	477	501	0.6
2	铣矩形外轮廓90×70，高度9（>8.5）mm	T02	ϕ12mm中心端面铣刀	1459	V-100 H-175	
	第二次装夹（翻转）					
3	铣削顶面（二次走刀）	T01	ϕ100mm面铣刀	477	501	1.3 0.6
4	铣削台阶轮廓	T03	ϕ14mm锥形平底铣刀，单边锥度5°	1750	200	
5	铣圆形槽	T02	ϕ12mm中心端面铣刀	1459	V-100 H-175	
6	铣削键槽	T04	ϕ8.0mm中心端面铣刀	2188	V-100 H-263	
7	钻中心孔并孔口倒角	T05	ϕ10mm中心钻（倒角径为ϕ5.2）	1693	135.0	
8	钻通孔	T06	ϕ3.2mm麻花钻	2487	174.0	
9	攻丝	T07	M4×0.75丝锥	796	597.0	

表 7-4　数控加工刀具卡片

产品型号		零件号		程序编号	O7000	制表
工步号	刀具					
	T码	刀具类型		直径/mm	长度	半径补偿地址
1,3	T01	面铣刀，YG		ϕ100	H01	
2,5	T02	中心端面铣刀，YG		ϕ12	H02	D11＝6.0
4	T03	锥度铣刀，YG		ϕ14，单边锥度5°	H03	D12＝5.3062
6	T04	中心端面铣刀，YG		ϕ8.0	H04	D13＝4.0
7	T05	90°中心钻，HSS		ϕ10（倒角径为ϕ5.2）	H05	
8	T06	麻花钻，HSS		ϕ3.2	H06	
9	T07	丝锥，HSS		M4×0.75	H07	

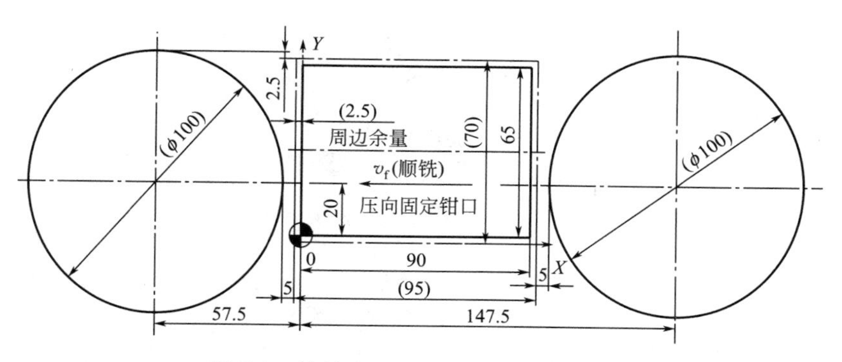

图 7-8 铣削毛坯上、下平面走刀路线图

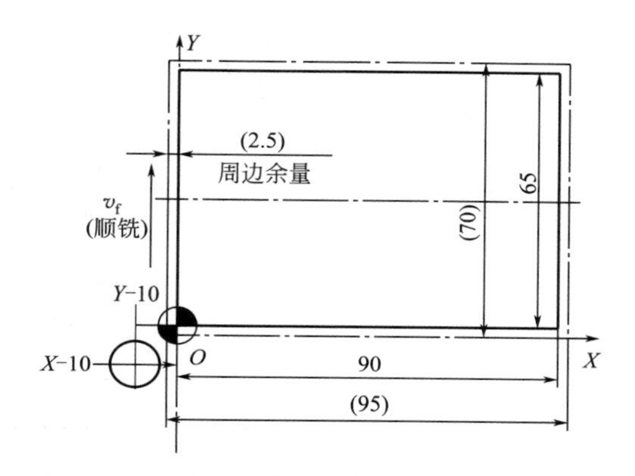

图 7-9 铣削毛坯四周轮廓走刀路线图

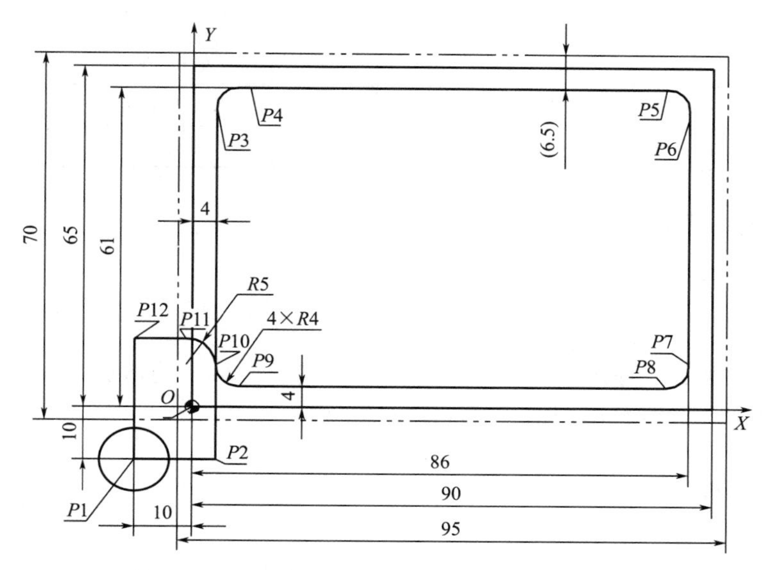

图 7-10 铣削台阶外轮廓（5°锥角）走刀路线图

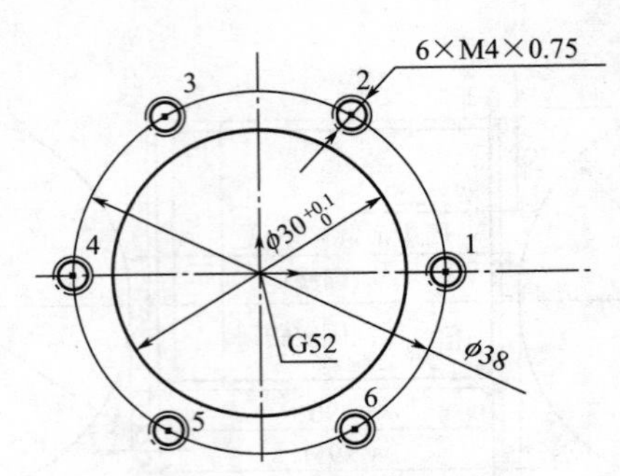

图 7-11 各螺孔加工顺序

表 7-5 翻转后铣削台阶 5°角外轮廓基点坐标卡片（点见图 7-10）

基点	坐标(x,y)	基点	坐标(x,y)
$P1$	X－10.0　Y－10.0	$P10$	X4.0　Y8.0
$P2$	X4.0　Y－10.0	$P11$	X－1.0　Y13.0
$P3$	X4.0　Y57.0	$P12$	X－10.0　Y13.0
$P4$	X8.0　Y61.0	$P1$	
$P5$	X82.0　Y61.0		
$P6$	X86.0　Y57.0		
$P7$	X86.0　Y8.0		
$P8$	X82.0　Y4.0		
$P9$	X8.0　Y4.0		

表 7-6 各螺纹孔中心的坐标（孔号参见图 7-11）

孔号	G54 XY＝子坐标系坐标＋X33 Y32.5	子坐标系（以 ϕ30 孔中心为原点）	孔号	G54 XY 标＝子坐标系坐标＋X33 Y32.5	子坐标系（以 ϕ30 孔中心为原点）
孔 1	X52.0 Y32.5	X19.0 Y0	孔 4	X14.0 Y32.5	X－19.0 Y0
孔 2	X42.5 Y48.954	X9.50 Y16.454	孔 5	X23.5 Y16.046	X－9.5 Y－16.454
孔 3	X23.5 Y48.954	X－9.5 Y16.454	孔 6	X42.5 Y16.046	X9.5 Y－16.454

4．实施：实施计划——编写零件加工程序

参考程序：

O7000；

N1；（D11＝6.0　D12＝5.3062　D13＝4.0）

N2；（第一次装夹，使用 G55，见图 7-6，XY 偏置比 G54 均增加 2.5mm）

N3；（T1－ϕ100mm 铣削平面-底面，a_p＝0.6mm）

N4 G21；

N5 G17 G40 G50 G80；

N6 G28 G91 Z0 M05；

N7 T01 M06；

N8 G90 G55 G00 X147.5 Y20.0 S477 M03 T02；（2 号刀做换刀准备，以节省时间）

N9 G43 Z10.0 H01 M08；

N10 Z0；

N11 G1 X－57.5 F501.0；
N12 G00 Z10.0 M09；
N13 G28 G91 Z0 M05；
N14 M01；（检验）
N15；（T2－ϕ12 中心端面铣刀）
N16；（铣外轮廓，D11＝6.000）
N17 T02 M06；
N18 G90 G55 G00　X－10.0　Y－10.0　S1495 M03 T01；
N19 G43 Z10.0 H02 M08；
N20 Z－9.0；
N21 G00 G41 X0 D11；
N22 G01 Y65.0 F175.0；
N23 X90.0；
N24 Y0；
N25 X－10.0；
N26 G00 G40 Y－10.0；
N27 Z10. M09；
N28 G28 G91 Z0 M05；
N29 M00；（检验，合格则翻转装夹，见图 7-7）
N30；（T1－ϕ100mm 铣削顶面两次，a_{p1}＝1.3，a_{p2}＝0.6mm）
N31 T01 M06；
N32 G90 G54 G00 X147.5 Y20.0 S477 M03 T03；
N33 G43 Z10.0 H01 M08；
N34 Z0.6；
N35 G1 X－57.5 F401.0；（第一次铣削）
N36 G00 Z5.0；
N37 G00 X147.5 Y20.0；
N38 Z0；
N39 G1 X－57.5 F501.0；（第二次铣削）
N40 G00 Z10.0 M09；
N41 G28 G91 Z0 M05；
N42 M01；（检验）
N43；（T3－ϕ14 锥形铣刀，单边锥角 5°）
N44；（铣外轮廓，D12＝5.3062）
N45 T03 M06；
N46 G90 G54 G00　X－10.0　Y－10.0　S1750 M03 T02；（$P1$）
N47 G43 Z10.0 H03 M08；
N48 Z－3.5；
N49 G41 G01 X4.0 D12；（$P2$）
N50 Y57.0 F200.0；（$P3$）
N51 G02 X8.0 Y61.0 I4.0 J0；（$P4$）
N52 G01 X82.0；（$P5$）

```
N53 G02 X86.0 Y57.0 I0 J-4.0；（P6）
N54 G01 Y8.0；（P7）
N55 G2 X82.0 Y4.0 I-4.0 J0；（P8）
N56 G01 X8.0；（P9）
N57 G02 X4.0 Y8.0 I0 J4.0；（P10）
N58 G91 G03 X-5.0 Y5.0 R5.0；（P11）
N59 G90 G00 X-10.0；（P12）
N60 G40 Y-10.0；（P1）
N61 Z10.0 M09；
N62 G28 G91 Z0 M05；
N63 M01；（检验）
N64；（铣削圆槽——D11=6.0）
N65 T02 M06；
N66 G90 G54 G00  X33.0 Y32.5 S1495 M03 T04；
N67 G43 Z5.0 H02 M08；
N68 G01 Z-5.0 F100；
N69 G41 X35.0 Y19.5 D11 F175.0；
N70 G03 X48.0 Y32.5 R13.0 F121.15；
N71 I-15.0 F128.33；
N72 X35.0 Y45.5 R13.0；
N73 G40 G01 X33.0 Y32.5；
N74 G00 Z10.0 M09；
N75 G28 Z10.0 M05；
N76 M01；
N77；（铣削键槽——D13=4.0）
N78；（T04：φ8.0mm，中心端面铣刀）
N79；（D13=4.000）
N80 T04 M06；
N81 G90 G54 G00 X73.0 Y50.0 S2188 M3 T05；
N82 G43 Z10.0 H04 M08；
N83 Z2.0；
N84 G01 Z-3.0 F100.0；
N85 Y15.0 F263.0；
N86；（精加工）
N87 G41 X73.5 Y10.5 D13；
N88 G03 X78.0 Y15.0 I0 J4.5 F29.22；
N89 G01 Y50.0 F263.0；
N90 G03 X68.0 I-5.0 J0 F52.6；
N91 G01 Y15.0 F263.0；
N92 G03 X78.0 I5.0 J0；
N93 X73.5 Y19.5 I-4.5 J0；
N94 G40 G01 X73.0 Y15.0；
```

N95 G00 Z10.0 M09；

N96 G28 Z10.0 M05；

N97 M01；

N98；（T05：90°ϕ10mm 中心钻——倒角直径为 5.2mm，参见图 7-12）

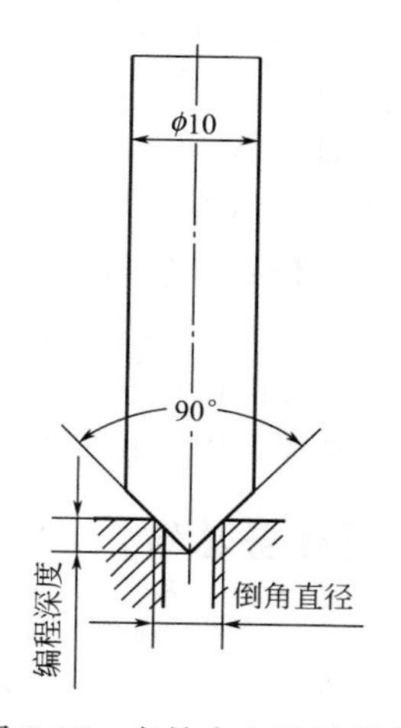

图 7-12　点钻中心孔及倒角

N99 T05 M06；

N100 G90 G54 G00 X52.0 Y32.5 S1693 M03 T06；（定位于孔 1 中心）

N101 G43 Z10.0 H05 M08；

N102 G99 G82 R2.0 Z－2.6 P80 F135.0；（钻孔 1 中心孔并倒角；$p>60/1693=0.03544$ 秒，取两倍或三倍确保倒角平整）

N103 X42.5 Y48.954；（钻孔 2 中心孔并倒角）

N104 X23.5；（钻孔 3）

N105 X14.0 Y32.5；（钻孔 4）

N106 X23.5 Y16.046；（钻孔 5）

N107 X42.5；（钻孔 6）

N108 G80 G00 Z10.0 M09；

N109 G28 Z10.0 M05；

N110 M01；

N111；（T05：ϕ3.2mm，钻通孔）

N112 T06 M06；

N113 G90 G54 G00 X52.0 Y32.5 S2487 M03 T07；（定位于孔 1 中心）

N114 G43 Z10.0 H06 M08；

N115 G99 G81 R2.0 Z－14.96 F174.0；（钻孔 1）

N116 X42.5 Y48.954（钻孔 2）

N117 X23.5；（钻孔 3）

N118 X14.0 Y32.5；（钻孔 4）

N119 X23.5 Y16.046；（钻孔 5）

N120 X42.5；（钻孔 6）

N121 G80 G00 Z10.0 M09；

N122 G28 Z10.0 M05；

N123 M01；

N124；（T07 －M40.75 攻丝－钻穿）

N125 T07 M06；

N126 G90 G54 G00 X52.0 Y32.0 S796 M03 T01；

N127 G43 Z10.0 H07 M08；

N128 G99 G84 R5.0 Z－17.0 F597.0；（导入空行程为 5，且丝锥有收尾）

N129 X42.5 Y48.954；

N130 X23.5；

N131 X14.0 Y32.5；

N132 X23.5 Y16.046；

N133 X42.5；

```
N134 G80 G00 Z10.0 M09;
N135 G28 Z10.0 M05;
N136 M01;
N137 M30;
```

5. 检查：检查控制——程序检验

6. 评估：评定反馈——首件试切

在数控机床加工工件，进一步优化并保存程序。

推荐采用的操作步骤参见项目二任务1。

【任务总结】

（1）CNC编程中最重要的工作是工艺方案的确定与工艺文件的编制。这是正确编程与加工的保证。多花费一些时间是值得的。

（2）计算是一种能力。快速地正确计算是编程的基本要求。

（3）魔鬼总存在于细节之中。在编程与加工中要时刻关注切削用量与刀具及毛坯材料的匹配。即便是曾经在生产中已经使用过的程序，再次使用时也要进行试切。因为工艺系统中的各个要素都可能发生变化。如，毛坯的批次改变可能导致毛坯尺寸的变化和工件材料性能的巨大变化，机床也可能更换或性能改变，刀具及其材质也可能变化。务必严格遵守试切的操作步骤予以验证。

（4）为了便于识别和使用程序，对重要事项尽可能在程序中作充分的注释。

（5）为了提高加工效率和质量，可以使用90°倒角刀编程而对底面四周、台阶轮廓、圆形槽和键槽等加工表面的棱边进行0.2～0.3×45°倒角，以去除棱边和毛刺。相应的倒角程序略，以便于程序阅读。

【任务评价】

评分标准

序号	考核项目	考核内容	配分	评分标准(分值)	小计
1	资讯	工艺性分析的透彻性	5	据工艺方案得分判定，计算公式如下： 得分＝0.5×工艺方案得分	
2	决策	数控加工工艺方案制定的合理性	10	据工艺文件内容判定 1. 工步顺序正确(5分) 2. 刀具材质选择正确(3分) 3. 工件坐标系原点设置适当(2分)	
3	计划	数控加工工艺文件编制的完整性、正确性、统一性	20	1. 工艺文件齐全，填写完整、统一(4分) 2. 工艺过程卡片中切削用量适当(6分) 3. 刀具卡片中刀具代号、规格正确(2分) 4. 走刀路线的制定适当(3分) 5. 坐标卡片填写正确(5分)	
4	实施编程	编制零件加工程序及程序检验	20	1. 各成员编制的加工程序具有一致性(5分) 2. 加工程序无语法错误(10分) 3. 加工程序无逻辑错误(5分)	

续表

序号	考核项目	考核内容	配分	评分标准(分值)	小计
5	加工操作	1. 加工操作正确性 2. 安全生产	30	1. 刀具安装方法正确(2分) 2. 选用合适的量具(2分) 3. 测量毛坯实际尺寸,并正确安装工件(3分) 4. 能正确进行工件偏置设置,并能根据刀具卡片进行刀具偏置设置,操作正确(5分) 5. 输入程序后进行程序检查(2分) 6. 正确进行试切(10分) 7. 试切后能正确调整相应偏置数值(2分) 8. 加工操作过程未发生撞刀等安全事故(4分)	
6	质量分析与评价	1. 工件检验 2. 团队合作 3. 运用基本理论知识进行分析	15	1. 正确选用量、检具进行加工尺寸检查(分别在机床和检验工作台上进行)并合格(9分) 2. 加工表面粗糙度合格(1分) 3. 能团队合作(3分) 4. 正确运用理论知识进行加工质量分析,并修正、保存程序(2分)	
合计			100	得分合计	

【思考与练习】

1. 加工误差产生的原因有哪些?
2. 数控加工工艺系统由哪几部分组成?
3. 数控加工常用工艺文件有哪些?
4. 数控铣削程序编制的步骤有哪些?
5. 任何人做任何事应当(或可以)遵循怎样的步骤?
6. 在数控铣削加工过程中如何控制零件的加工精度?
7. 需要反转加工的零件确定各表面加工顺序时主要考虑的事项是什么?
8. 如何做才算具有团队精神?团队成员的价值是如何体现的?
9. 请使用90°倒角刀编写本任务零件底面四周、5°角台阶轮廓、圆形槽和键槽等加工表面的棱边0.2×45°倒角的加工程序。

【综合训练题】

试编写零件的加工程序,共11题。

注:可根据自己的练习需要改变毛坯尺寸,以增加或简化编程难度。

综合训练题1:如图7-13所示,材料45 GB 699—1988,毛坯尺寸80×80×20。

综合训练题2:如图7-14所示,材料45GB 699—1988,毛坯尺寸80×80×20。

综合训练题3:如图7-15所示,材料45GB 699—1988,毛坯尺寸80×80×16。

综合训练题4:如图7-16所示,材料硬铝,毛坯尺寸80×80×20。

综合训练题5:如图7-17所示,材料硬铝,毛坯尺寸80×80×20。

综合训练题6:如图7-18所示,材料硬铝,毛坯尺寸80×80×20。

综合训练题7:如图7-19所示,材料硬铝,毛坯尺寸80×80×18。

综合训练题8:如图7-20所示,材料硬铝,毛坯尺寸100×100×8。

综合训练题9:如图7-21所示,材料硬铝,毛坯尺寸80×80×20。

综合训练题 10：如图 7-22 所示，材料硬铝，毛坯尺寸 80×80×30。

综合训练题 11：如图 7-23 所示，材料 45GB 699—1988，毛坯尺寸 150×100×40。

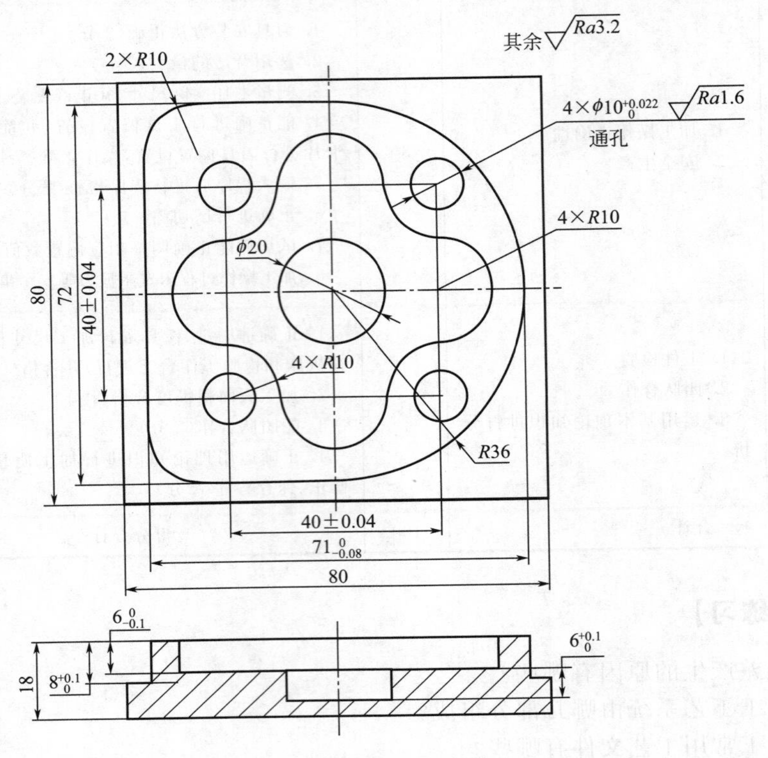

图 7-13 综合训练题 1

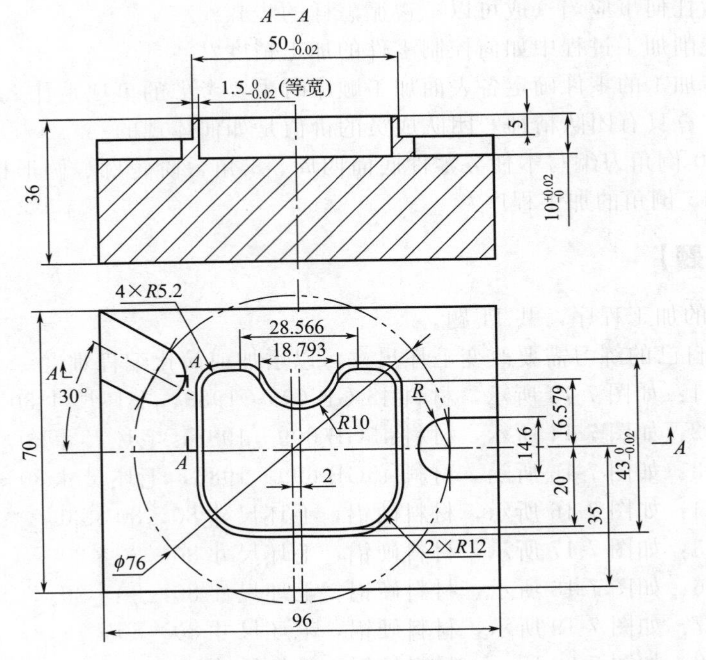

图 7-14 综合训练题 2

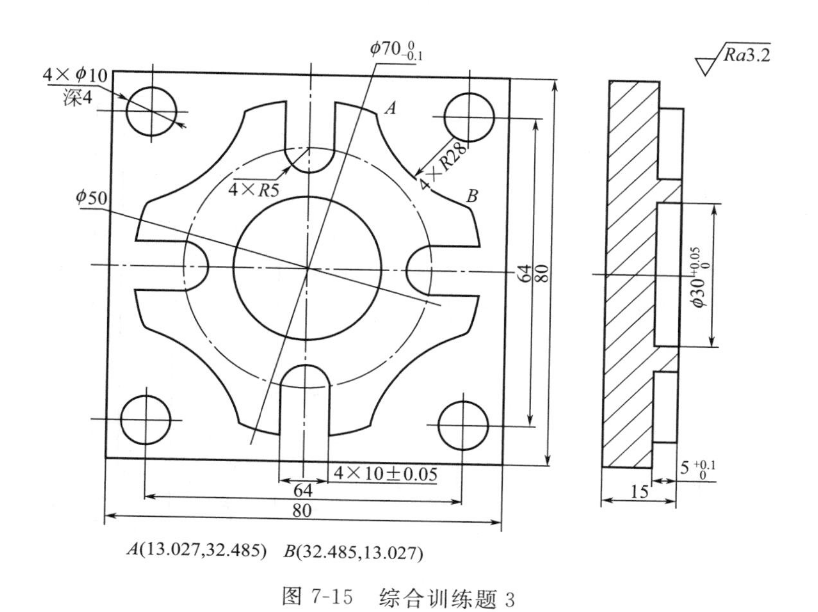

图 7-15 综合训练题 3

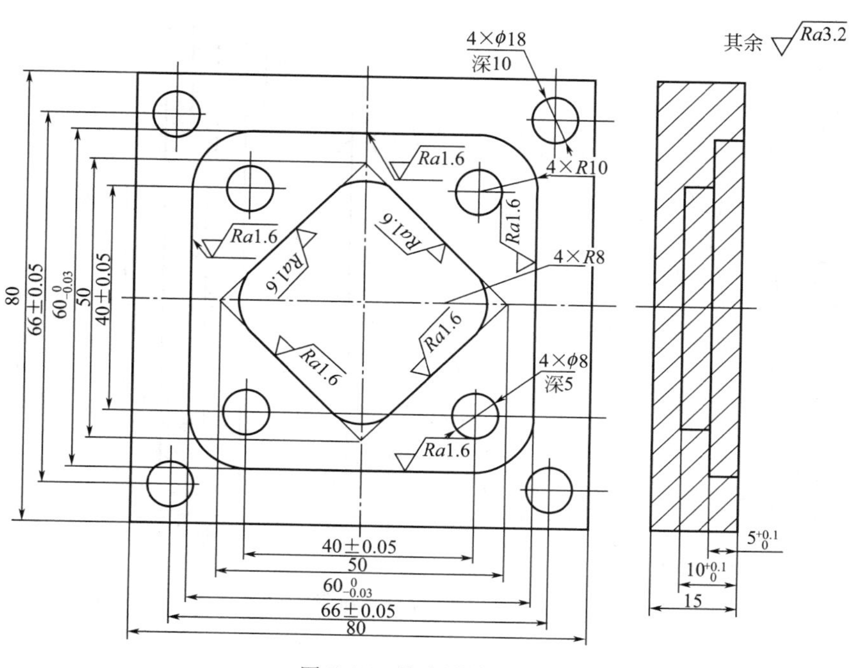

图 7-16 综合训练题 4

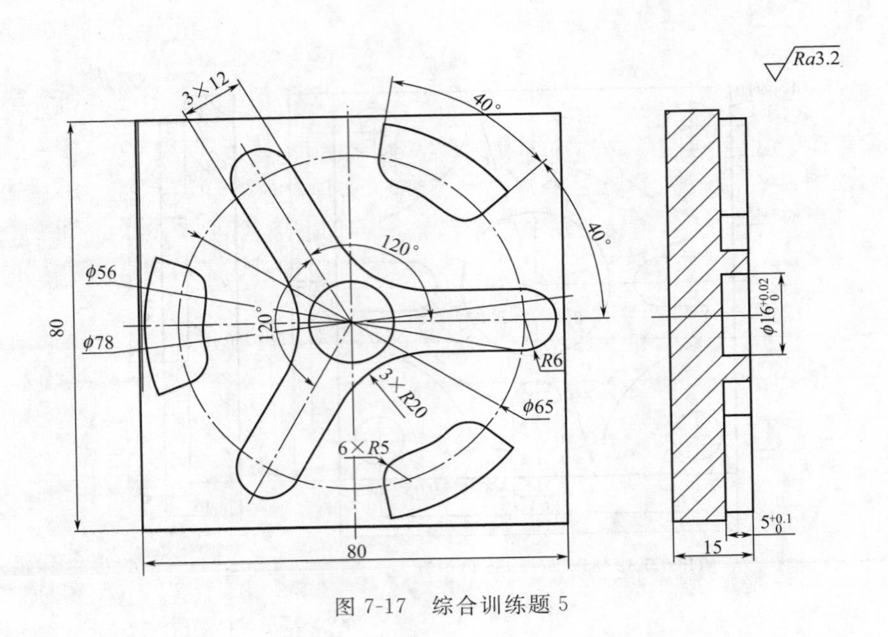

图 7-17 综合训练题 5

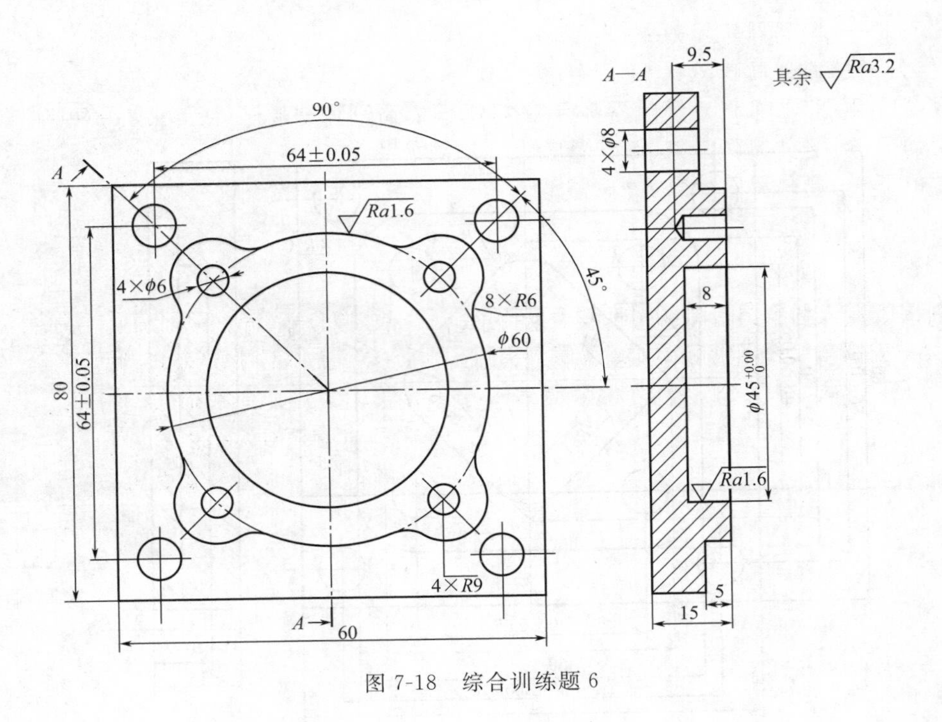

图 7-18 综合训练题 6

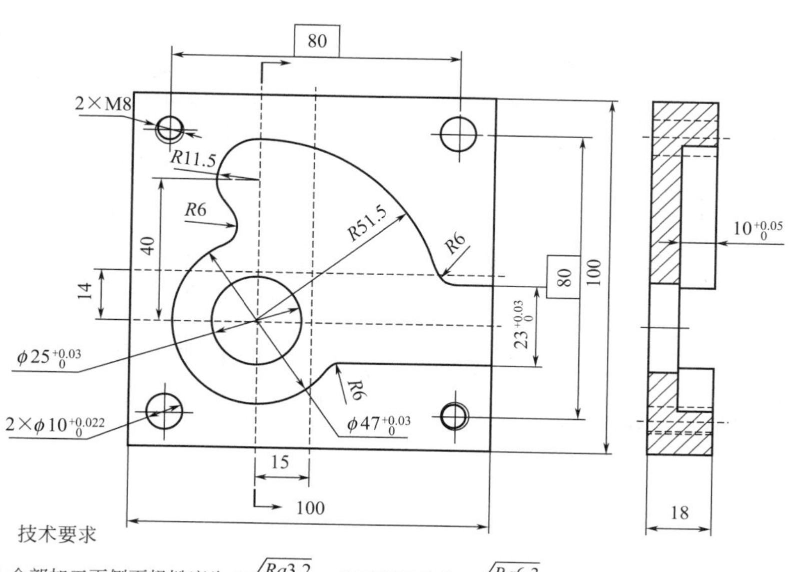

技术要求

1.全部加工面侧面粗糙度为 $Ra3.2$，底面粗糙度为 $Ra6.3$。
2.锐角倒钝。

图 7-19　综合训练题 7

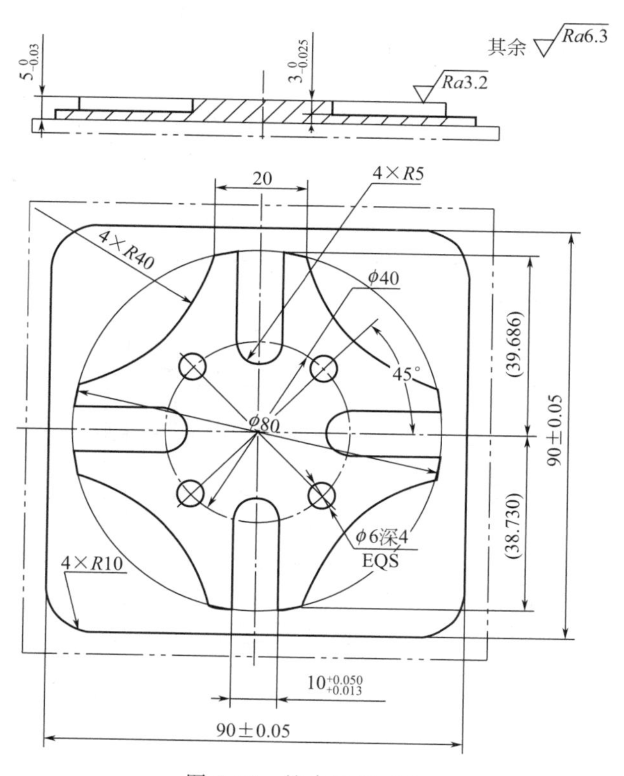

图 7-20　综合训练题 8

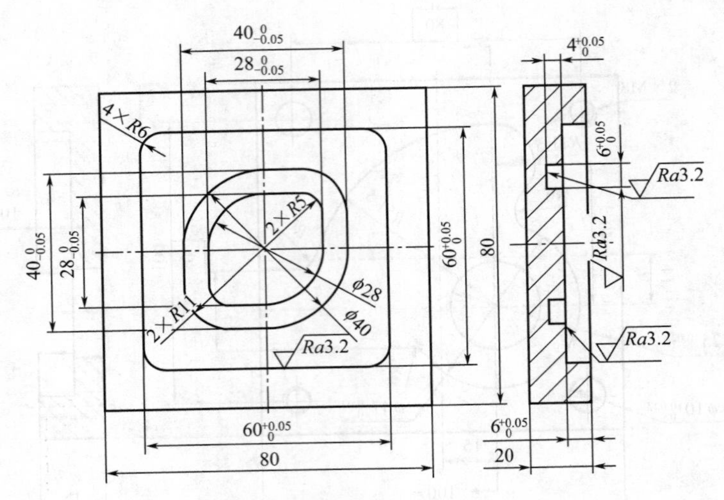

图 7-21 综合训练题 9

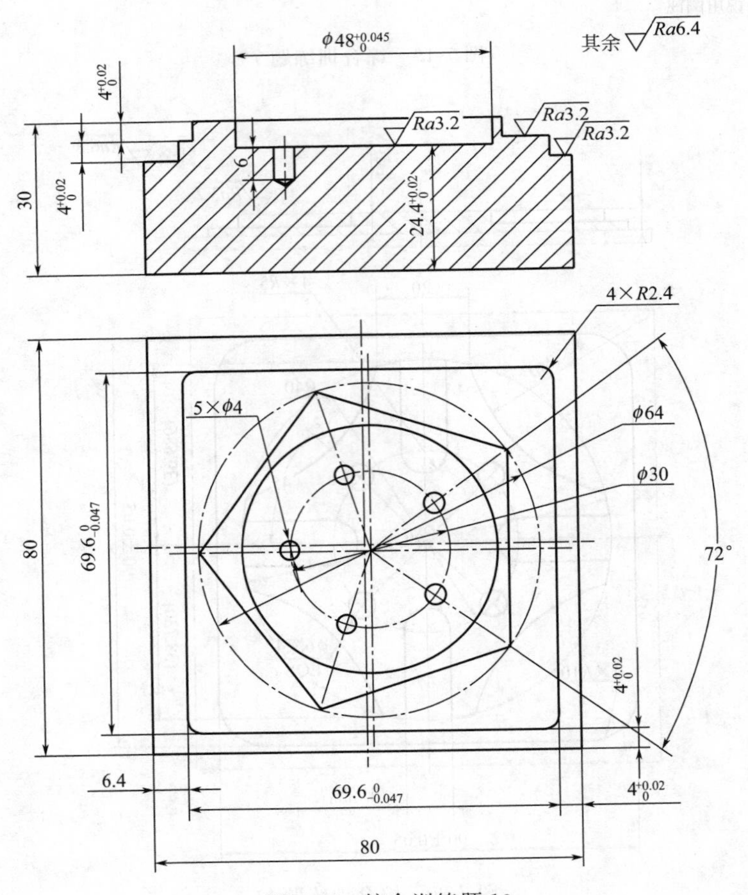

图 7-22 综合训练题 10

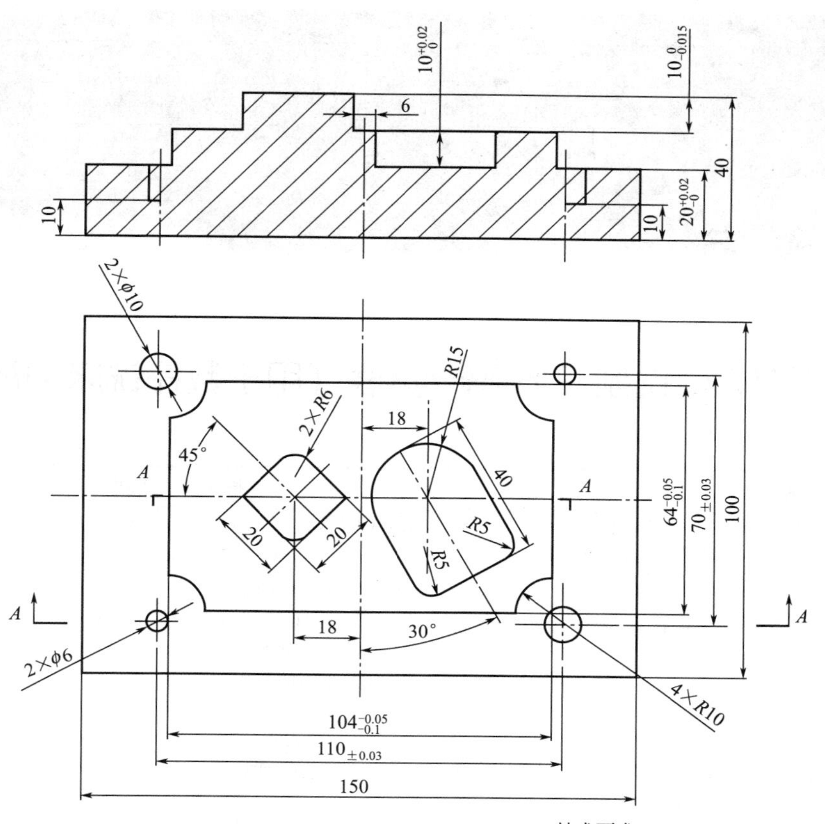

技术要求

未注公差的尺寸，允许误差±0.07

图 7-23　综合训练题 11

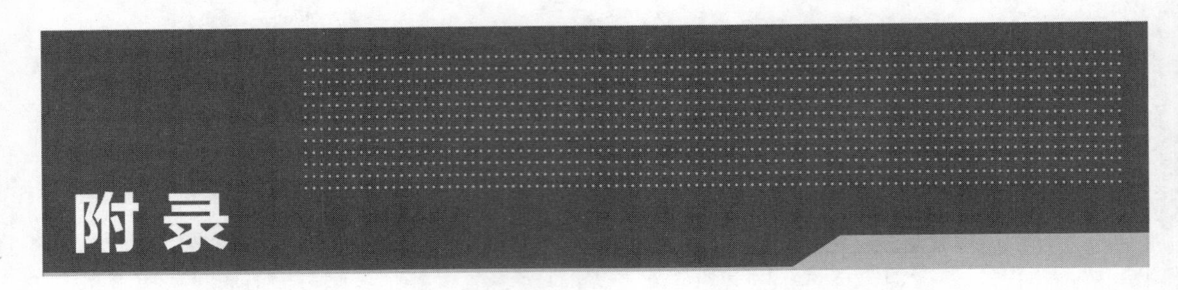

附录1 FANUC铣削G代码一览表（用于数控铣床和加工中心）

代码	组别	功 能	格式或说明	备注
G00	01	定位(快速移动)	G00 X __ Y __ Z __	
G01	01	直线插补(切削进给)	G01 X __ Y __ Z __ F __	★
G02	01	圆弧插补/螺旋插补 CW(顺时针方向)	*XY* 平面内的圆弧： G17 {G02 / G03} X __ Y __ {R __ / I __ J __}	
G03	01	圆弧插补/螺旋插补 CCW(逆时针方向)	*ZX* 平面的圆弧： G18 {G02 / G03} X __ Z __ {R __ / I __ K __} *YZ* 平面的圆弧： G19 {G02 / G03} Y __ Z __ {R __ / J __ K __}	
G04	00	刀具移动停止一定时间	G04 X __,单位 s;G04 P __(整数),单位 ms,编写为独立程序段	
G10	00	可编程数据设定(又称可编程参数输入)模式	G10 L __ P __ R __ (参见附录 6)	
G11	00	可编程数据设定模式取消	G11	
G15	17	极坐标模式取消	G15	
G16	17	极坐标模式	Gxx Gyy G16 开始极坐标指令 G00 IP __ 极坐标指令 Gxx:极坐标指令的平面选择(G17,G18,G19) Gyy:G90 指定工件坐标系的零点为极坐标的原点;G91 指定刀具当前位置作为极坐标的原点 IP:指定极坐标系选择平面的轴地址及其值 第 1 轴:极坐标半径(G17 用 X 指定) 第 2 轴:极角(G17 用 Y 指定)	
G17	02	选择 *XY* 平面;	Gnn(nn=17、18 或 19) 注:G02、G03、G16、G41、G42、固定循序指令、G68 等需要选定其中一个平面	★
G18	02	选择 *XZ* 平面;		
G19	02	选择 *YZ* 平面		
G20	06	英制输入	最小移动单位为 0.0001in	
G21	06	米制输入	最小移动单位为 0.001mm	
G22	04	存储行程检测功能开	G22	★
G23	04	存储行程检测功能关	G23	
G25	25	主轴转速波动检测功能开	G25	
G26	25	主轴转速波动检测功能关	G26	★

续表

代码	组别	功　能		格式或说明	备注
G27	00	返回机床原点检查		G27 G40 X __ Y __ Z __(若非原点则报警,停止运行)	
G28	00	返回机床原点——第一参考点(经过一个中间点)		G90(/G91)G28 X __ Y __ Z __ G28 后的 X __ Y __ Z __(中间点坐标)至少写一个	
G29	00	从参考点返回		G40 G80 G29 X __ Y __ Z __(经过 G28 的中间点)	
G30	00	返回机床零点(主要用于卧式加工中心返回第二参考点)		G30 P __ X __ Y __ Z __(P __可以是 P2、P3、P4)	
G31	00	跳越功能		G31 IP __ F __	
G33	06	螺纹切削		G33 Z __ F __;　F 指定螺纹 Z 向导程	
G40	07	刀具半径补偿取消		G00(/G01)G40 IP __;IP __指定补偿平面移动	★
G41	07	刀具半径补偿 左侧		G00/G00 G41 IP __ Dnn;IP __指定补偿平面移动	
G42	07	刀具半径补偿 右侧		G00/G00 G42 IP __ Dnn;IP __指定补偿平面移动	
G43	08	刀具长度偏置——正向(+)		{G43 / G44} Z __ Hnn　(G44 几乎处于休眠状态)	
G44	08	刀具长度偏置——负向(−)			
G45	00	刀具位置偏置 伸长		G00/G00 G45 IP __ Dnn;IP __指定补偿平面移动,现在已经很少使用,已被 G41 或 G42 替代,在 G41 或 G42 方式中不得使用 G45～G48	
G46	00	刀具位置偏置 缩小			
G47	00	刀具位置偏置 伸长 2 倍			
G48	00	刀具位置偏置 缩小 2 倍			
G49	08	刀具长度补偿取消		G49	★
G50	11	比例缩放取消		G50	★
G51	11	比例缩放	各轴以相同比例缩放	G51 X __ Y __ Z __ P __:缩放开始 X __ Y __ Z __:比例缩放中心坐标的绝对值指令 P __:缩放比例	
			各轴以不同比例缩放	G51 X __ Y __ Z __ I __ J __ K __:缩放开始 X __ Y __ Z __:比例缩放中心坐标的绝对值指令 I __ J __ K __:X、Y、Z 各轴对应的缩放比例	
G52	00	设定局部坐标系		G52 IP __:设定局部坐标系 G52 X0 Y0 Z0:取消局部坐标系 IP:指定局部坐标系原点	
G53	00	机械坐标系选择		G53 X __ Y __ Z __	
G54	14	工作坐标系偏置 1 选择		G54 X __ Y __ Z __	★
G54.1～G54.48	14	附加工件坐标系偏置选择		G54.1 Pn 或 G54 Pn Pn:指定附加坐标系(48 个) n:1～48	
G55	14	工作坐标系偏置 2 选择		G55 X __ Y __ Z __	
G56	14	工作坐标系偏置 3 选择		G56 X __ Y __ Z __	
G57	14	工作坐标系偏置 4 选择		G57 X __ Y __ Z __	
G58	14	工作坐标系偏置 5 选择		G58 X __ Y __ Z __	
G59	14	工作坐标系偏置 6 选择		G59 X __ Y __ Z __	
G60	00	单向定位		G60 X __ Y __	
G61	15	准确停止方式		G61	

续表

代码	组别	功能	格式或说明	备注
G62	15	自动拐角倍率方式	G62	
G63	15	攻丝方式	G63	
G64	15	切削方式	G64	★
G65	00	用户宏程序调用	G65 P__ L__ P:程序号;L:重复次数	
G66	12	用户宏程序模态调用	G66 P__ L__ P:程序号;L:重复次数	
G67	12	用户宏程序模态调用取消	G67	
G68	16	坐标系旋转	(G17/G18/G19)G68 a__ b__ R__:坐标系开始旋转 G17/G18/G19:平面选择,在其上包含旋转的形状 a__ b__:与指令坐标平面相应的 X、Y、Z 中的两个轴的绝对指令,在 G68 后面指定旋转中心 R__:角度位移,正值表示逆时针旋转。根据指令的 G 代码(G90 或 G91)确定绝对值或增量值 最小输入增量单位:0.001° 有效数据范围:−360.000 到 360.000	
G69	16	取消坐标系旋转	G69	★
G73	09	深孔钻循环(高速,又称啄钻)	G73 X__ Y__ Z__ R__ Q__ F__ K__通常用于深孔钻	
G74	09	左旋攻丝循环	G74 X__ Y__ Z__ R__ P__ F__ K__	
G76	09	精镗孔循环	G76 X__ Y__ Z__ R__ Q__ F__ K__ 加工高质量孔	
G80	09	固定循环取消	G80	★
G81	09	钻孔循环	G81 X__ Y__ Z__ R__ F__ K__通常用于钻孔(通孔)	
G82	09	点钻循环	G82 X__ Y__ Z__ R__ P__ F__ K__如钻中心孔、锪孔	
G83	09	深孔钻循环(标准,也称啄钻)	G83 X__ Y__ Z__ R__ Q__ F__ K__通常用于深孔钻	
G84	09	右旋攻丝循环	G84 X__ Y__ Z__ R__ F__ K__	
G85	09	镗孔循环	G85 X__ Y__ Z__ R__ F__ K__通常用于镗孔和铰孔	
G86	09	镗孔循环	G86 X__ Y__ Z__ R__ F__ K__用于粗加工和半精加工	
G87	09	背镗(反镗)循环	G87 X__ Y__ Z__ R__ P__ F__ K__ 用于特殊的加工	
G88	09	镗孔循环	G88 X__ Y__ Z__ R__ P__ F__ K__ 限于特殊刀具	
G89	09	镗削循环	G89 X__ Y__ Z__ R__ P__ F__ K__通常用于镗孔和铰孔	
G90	03	绝对坐标输入模式	G90	
G91	03	增量坐标输入模式	G91	★
G92	00	工作坐标系设定(刀具位置寄存)	G92 X__ Y__ Z__	

续表

代码	组别	功　能	格式或说明	备注
G94	05	每分钟进给	G94 F __(单位 mm/min)	
G95	05	每转进给	G95 F __(单位 mm/r)	
G98	10	固定循环返回初始高度(初始平面)	G98(＋固定循环指令)	★
G99	10	固定循环返回 R 点平面	G99(＋固定循环指令)	
G100～G255		三位数的 G 代码	使用多程序指令(G 码呼出),最多 10 个	

注：1. G 码<00>组为非模态指令，又称单步 G 代码。
2. 对于不同组的 G 码可在同一段中指定。
3. G20 和 G21 保持开机前的状态。
4. 说明栏中有★的 G 码为缺省值（开机默认）。
5. 当参数 MDL（No. 5431＃0）为“1”时，G60 变为 01 组 G 代码。

附录 2　FANUC 铣削 M 代码

附表 2-1　M 代码操作启动时间与操作持续时间的说明

项　目		说　明
操作启动时间(OST)	a	与移动指令同一程序段,同时启动
	b	与移动指令同一程序段,移动指令执行后再启动
操作持续时间(FDT)	a	操作一直持续,直到有取消或变更其它操作为止
	b	操作仅在该程序段有效,而随后的段落无效

附表 2-2　铣削 M 代码一览表

代码	作　用	标记	OST		FDT		备注	
			a	b	a	b	0MC	18MC
M00	无条件停止程序运行(又称强制程序暂停)	▼		√		√	○	○
M01	可选择程序暂停	▼		√		√	○	○
M02	程序运行结束(通常光标不进行复位和返回)	▼		√		√	○	○
M03	主轴正向转动开始	▼	√		√		○	○
M04	主轴反向转动开始	▼	√		√		○	○
M05	主轴停止转动	▼		√	√		○	○
M06	自动换刀(ATC)指令(M19＋M09＋M53)	▼		√		√	○	○
M07	冷却液喷雾开(机床选项)	▼	√		√		◎	◎
M08	冷却液开(冷却泵电机开启)	▼	√		√		○	○
M09	(冷却液、油雾)泵、吹气、有孔刀柄冲屑关闭	▼		√	√		○	○
M10	锁刀			√	√		○	○
M11	松刀			√	√		○	○
M12	底板冲屑开		√		√		○	○
M13	M03＋M8			√			○	○
M14	M04＋M8			√			○	○
M17	刀库门开						●	●
M18	刀库门关						●	●
M19	主轴定位	▼		√			○	○

续表

代码	作　用	标记	OST		FDT		备注	
			a	b	a	b	0MC	18MC
M20	加工行程限制			√			●	●
M21	加工行程限制解除，沿 X 轴镜像(FANUC)		√				●	●
M22	分割台启动Ⅰ，沿 Y 轴镜像(FANUC)		√		√		○	○
M23	分割台启动Ⅱ，取消镜像(两根轴都为 OFF)		√		√		◎	◎
M24	旋转台刹车锁住			√	√		◎	◎
M25	旋转台刹车解除			√	√		◎	◎
M29	刚性攻丝						○	○
M30	带复位和返回的程序结束(监视器光标返回程序开头)	▼		√		√	○	○
M48	进给速度倍率取消关——进给速度倍率开关有效	▼						
M49	进给速度倍率取消开——进给速度倍率开关无效	▼						
M50	吹气(M09 关)		√		√		◎	◎
M53	锥拔吹气开		√		√		○	○
M54	锥拔吹气关			√	√		○	○
M58	油孔刀柄开(M09 关)		√		√		◎	◎
M60	自动托盘交换(APC)	▼		√		√	●	●
M61	LOAD MONITOR 做主轴负载检测		√		√		●	◎
M62	LOAD MONITOR 解除主轴负载检测			√	√		●	◎
M63	LOAD MONITOR 做自动进给率调整		√		√		●	◎
M64	LOAD MONITOR 解除自动进给率调整			√	√		●	◎
M65	INDEX　反转指令			√			●	◎
M68	切屑排除器开		√		√		◎	◎
M69	切屑排除器关			√	√		◎	◎
M70	X 轴镜像开		√		√		○	○
M71	Y 轴镜像开		√		√		○	○
M72	X、Y 轴镜像关		√		√		○	○
M73	速率调整取消开		√		√		○	●
M74	速率调整取消关			√	√		○	●
M75	主轴速率调整取消开		√		√		○	●
M76	主轴速率调整取消关			√	√		○	○
M78	B 轴夹紧(非标准的)						◎	◎
M79	B 轴松开(非标准的)						◎	◎
M82	刀库右往主轴侧			√	√		○	○
M83	刀库左往主轴侧			√	√		○	○
M84	刀袋向下(FOR AMY TYPE)			√		√	○	○
M85	刀袋向上(FOR AMY TYPE)			√		√	○	○
M86	刀臂 CCW65°/刀臂返回(FOR AMY TYPE)			√		√	●	●
M87	刀库第一刀袋						●	●
M96	旋转刀库一格 CW			√		√	○	○
M97	旋转刀库一格 CCW			√		√	○	○
M98	子程序调用 (呼叫子程序)M98 Pxxnnnn 调用程序号为 Onnnn 的程序××次	▼		√	√		○	○
M99	子程序结束，回到主程序	▼		√	√		○	○

注：1. 许多 M 代码是非标准的。标记栏中有符号▼的为典型的 M 代码。
2. 有些功能是标准配置，有些是选择功能，而有些功能则不支持。
3. 对于不同的机床，标准配置、可选功能是不同的，请查阅机床说明书以获得细节和用法。
4. 当本表格与机床手册之间存在差异时，则必须以机床制造商列出的代码为准。
5. 备注栏中符号含义：○为标准配置　◎为选择功能　●为不支持。

附录3 数控铣床、加工中心切削用量参考资料

附表 3-1 铣削时的切削速度 v_c 参考值

加工材料		硬度/HB	切削速度 v_c/(m/min)	
			高速钢铣刀	硬质合金铣刀
低碳钢 中碳钢		125～175	24～42	75～150
		175～225	21～40	70～120
		225～275	18～36	60～115
		275～325	15～27	54～90
		325～375	9～21	45～75
		375～425	7.5～15	36～6
高碳钢		125～175	21～36	75～130
		175～225	18～33	68～120
		225～275	15～27	60～105
		275～325	12～21	53～90
		325～375	9～15	45～68
		375～425	6～12	36～54
合金钢		175～225	21～36	75～130
		225～275	15～30	60～120
		275～325	12～27	55～100
		325～375	7.5～18	37～80
		375～425	6～15	30～60
高速钢		200～250	12～23	45～8
灰铸铁		100～150	24～36	110～150
		150～190	21～30	68～120
		190～220	15～24	60～105
		220～260	9～18	45～90
		260～320	4.5～10	21～30
可锻铸铁		110～160	42～60	105～210
		160～200	24～36	83～120
		200～240	15～24	72～120
		240～280	9～21	42～6
铸钢	低碳	100～150	18～27	63～105
	中碳	100～160	18～27	68～105
		160～200	15～24	60～90
		200～225	12～21	53～75
	高碳	180～240	9～18	53～8
铝合金			180～300	360～600
钼合金			45～100	120～190
镁合金			180～270	150～600

附表 3-2 高速钢铣刀的每齿走刀量 f_z 参考值 mm/齿

加工材料	硬度/HB	立铣刀							平铣刀	成形铣刀	端面铣刀	三面刃铣刀
		切深 6.5mm			切深 1.25mm							
		铣刀直径/mm			铣刀直径/mm							
		10	20	25 以上	3	10	20	25 以上				
低碳钢	～150	0.05	0.1	0.15	0.025	0.075	0.15	0.2	0.12～0.2	0.1	0.15～0.3	0.12～0.2
	150～200	0.05	0.075	0.12	0.025	0.075	0.15	0.18	0.12～0.2	0.1	0.15～0.3	0.1～0.15
中高碳钢	120～180	0.05	0.1	0.15	0.025	0.075	0.15	0.2	0.12～0.2	0.1	0.15～0.3	0.12～0.2
	180～220	0.05	0.075	0.12	0.025	0.075	0.15	0.18	0.12～0.2	0.1	0.15～0.25	0.015～0.15
	220～300	0.025	0.025	0.05	0.01	0.075	0.075	0.075	0.07～0.15	0.075	0.1～0.2	0.05～0.12

续表

加工材料	硬度/HB	立铣刀							平铣刀	成形铣刀	端面铣刀	三面刃铣刀
		切深6.5mm 铣刀直径/mm			切深1.25mm 铣刀直径/mm							
		10	20	25以上	3	10	20	25以上				
合金钢含C<3%	125～170	0.05	0.1	0.12	0.025	0.1	0.15	0.2	0.12～0.2	0.1	0.15～0.3	0.12～0.2
	170～220	0.05	0.1	0.12	0.025	0.075	0.15	0.2	0.1～0.2	0.1	0.15～0.25	0.07～0.15
	220～280	0.025	0.05	0.075	0.012	0.05	0.075	0.1	0.07～0.12	0.075	0.12～0.2	0.07～0.15
	280～320	0.012	0.025	0.05	0.012	0.025	0.05	0.025	0.05～0.1	0.05	0.07～0.12	0.05～0.1
合金钢含C>3%	170～220	0.05	0.1	0.12	0.025	0.075	0.15	0.2	0.12～0.2	0.1	0.15～0.25	0.07～0.15
	220～280	0.05	0.05	0.075	0.012	0.05	0.075	0.1	0.07～0.15	0.075	0.12～0.2	0.07～0.12
	280～320	0.012	0.025	0.05	0.012	0.025	0.05	0.075	0.05～0.12	0.05	0.07～0.12	0.05～0.1
	320～380		0.025	0.025		0.025	0.05	0.05	0.05～0.1	0.05	0.05～0.1	0.05～0.1
工具钢	200～250	0.05	0.075	0.1	0.025	0.075	0.1	0.1	0.07～0.13	0.1	0.12～0.2	0.01～0.15
	250～300	0.025	0.05	0.075	0.012	0.05	0.075	0.075	0.05～0.1	0.075	0.01～0.12	0.05～0.1
灰铸铁	150～180	0.075	0.125	0.15	0.025	0.1	0.18	0.18	0.2～0.3	0.125	0.2～0.35	0.15～0.25
	180～220	0.05	0.1	0.125	0.025	0.075	0.15	0.15	0.15～0.25	0.1	0.15～0.3	0.12～0.2
	220～300	0.025	0.075	0.075	0.012	0.075	0.1	0.1	0.1～0.2	0.075	0.1～0.15	0.07～0.12
可锻铸铁	110～160	0.075	0.125	0.18	0.025	0.125	0.15	0.2	0.2～0.35	0.15	0.2～0.4	0.15～0.25
	160～200	0.05	0.1	0.125	0.025	0.075	0.15	0.2	0.2～0.3	0.125	0.2～0.35	0.15～1.25
	200～240	0.05	0.05	0.075	0.025	0.05	0.075	0.1	0.12～0.25	0.1	0.15～0.3	0.12～0.2
	240～300	0.0125	0.025	0.05	0.012	0.05	0.05	0.075	0.1～0.2	0.075	0.1～0.2	0.07～0.12
铸钢	100～180	0.075	0.1	0.15	0.025	0.075	0.15	0.2	0.12～0.2	0.1	0.15～0.3	0.15～0.2
	180～240	0.05	0.075	0.12	0.025	0.075	0.15	0.18	0.12～0.2	0.1	0.15～0.25	0.1～0.2
	240～300	0.025	0.05	0.075	0.012	0.05	0.075	0.1	0.07～0.15	0.075	0.1～0.2	0.07～0.15
锌合金		0.1	0.2	0.3	0.05	0.125	0.2	0.3	0.2～0.3	0.125	0.2～0.5	0.1～0.25
铜合金	80～100	0.075	0.2	0.25	0.025	0.1	0.2	0.25	0.2～0.35	0.125	0.25～0.4	0.15～0.3
	100～150	0.05～0.075	0.1～0.15	0.15～0.25	0.025～0.012	0.1～0.075	0.12～0.2	0.2～0.25	0.15～0.28	0.1	0.25～0.4	0.12～0.25
	150～250	0.05～0.075	0.1～0.15	0.15～0.25	0.025～0.012	0.1～0.075	0.12～0.2	0.2～0.25	0.1～0.2	0.075	0.2～0.3	0.4～0.48
铸铝合金		0.075	0.2	0.25	0.05	0.075	0.25	0.3	0.2～0.35	0.125	0.3～0.55	0.2～0.3
		0.075	0.15	0.2	0.05	0.075	0.25	0.25	0.15～0.25	0.125	0.25～0.4	0.15～0.25
冷拉可锻铝合金		0.075	0.2	0.25	0.05	0.075	0.25	0.3	0.2～0.35	0.125	0.3～0.5	0.2～0.3
镁合金		0.075	0.2	0.3	0.05	0.1	0.25	0.35	0.25～0.4	0.125	0.3～0.55	0.25～0.35
不锈钢		0.05～0.075	0.075～0.125	0.125	0.025	0.075～0.1	0.1～0.15	0.15～0.2	0.15～0.2	0.1	0.2～0.3	0.075～0.2
硬橡皮及塑料		0.075	0.2	0.25	0.05	0.1	0.25	0.35	0.15～0.35	0.15	0.25～0.5	0.125～0.35

附表3-3 硬质合金铣刀的每齿走刀量 f_z 参考值 mm/齿

加工材料	硬度/HB	端面铣刀	三面刃铣刀
低碳钢	～200	0.2～0.5	0.15～0.3
中高碳钢	120～180	0.2～0.5	0.15～0.3
	180～220	0.15～0.5	0.125～0.25
	220～300	0.125～0.25	0.075～0.2

续表

加工材料	硬度/HB	端面铣刀	三面刃铣刀
合金钢含C<3%	125～170 170～220 220～280 280～320	0.15～0.5 0.15～0.5 0.1～0.3 0.075～0.2	0.125～0.3 0.125～0.3 0.075～0.25 0.005～0.15
合金钢含C>3%	170～220 220～280 280～320 320～380	0.125～0.5 0.1～0.3 0.075～0.2 0.075～0.2	0.125～0.3 0.075～0.2 0.05～0.15 0.05～0.125
工具钢		0.15～0.2 0.1～0.2 0.1～0.2 0.015～0.2	0.125～0.3 0.075～0.15 0.05～0.125 0.05～0.125
灰铸铁	150～180 180～220 220～300	0.2～0.5 0.2～0.5 0.15～0.3	0.125～0.3 0.125～0.3 0.1～0.2
可锻铸铁	110～160 160～200 200～240 240～260	0.2～0.5 0.2～0.5 0.15～0.5 0.1～0.3	0.1～0.3 0.15～0.3 0.1～0.25 0.1～0.2
铸钢	100～180 180～240 240～300	0.2～0.5 0.15～0.5 0.125～0.3	0.15～0.3 0.1～0.25 0.075～0.2
锌合金		0.125～0.5	0.1～0.38
铜合金	100～150 150～250	0.2～0.5 0.15～0.35	0.15～0.3 0.1～0.25
铝合金、镁合金		0.2～0.5	0.15～0.3
不锈钢		0.15～0.38	0.125～0.3
塑料及硬橡皮		0.15～0.38	0.1～0.3

注：面铣刀的每齿走刀量 f_z 结合附表 3-13 合理选用。

附表 3-4　钻孔的走刀量 f 参考值

mm/r

钻头直径 D/mm	走刀量 f/(mm/r)
<3	0.025～0.05
3～6	0.05～0.1
6～12	0.1～0.18
12～25	0.15～0.38
大于 25	0.38～0.62

附表 3-5　钻孔与铰孔的切削速度 v 参考值

加工材料	硬度/HB	切削速度 v/(m/min)		
		高速钢麻花钻	高速钢铰刀	硬质合金铰刀
低碳钢	100～125 125～175 175～225	27 24 21	18 15 12	75 20 53
中高碳钢	125～175 175～225 225～275 275～325	22 20 15 12	15 12 9 7	72 60 53 36

续表

加工材料	硬度/HB	切削速度 v/(m/min)		
		高速钢麻花钻	高速钢铰刀	硬质合金铰刀
合金钢	175～225 225～275 275～325 325～375	18 15 12 10	12 9 7 6	54 48 30 22
高速钢	200～250	13	9	30
灰铸铁	100～140 140～190 190～220 220～260 260～320	33 27 21 15 9	21 18 13 9 6	80 54 45 36 27
可锻铸铁	110～160 160～200 200～240 240～280	42 25 20 12	27 16 13 7	72 51 42 33
球墨铸铁	140～190 190～225 225～260 260～300	30 21 17 12	18 15 10 7	60 50 33 25
铸钢	低碳 中碳 高碳	24 18～24 15	24 12～15 10	60 48～60 48
铝合金、镁合金		75～90	75～90	210～250
铜合金		20～48	18～48	60～108

附表 3-6 高速钢麻花钻加工铸铁的切削用量参考值

材料硬度 / 切削用量 / 钻头直径/mm	160～200HB		200～241HB		300～400HB	
	v /(m/min)	f /(mm/r)	v /(m/min)	f /(mm/r)	v /(m/min)	f /(mm/r)
1～6 6～12 12～22 22～50	16～24	0.07～0.12 0.12～0.2 0.2～0.4 0.4～0.8	10～18	0.05～0.1 0.1～0.18 0.18～0.25 0.25～0.4	5～12	0.03～0.08 0.08～0.15 0.15～0.2 0.2～0.3

注：采用硬质合金麻花钻加工铸铁时取 v=20～30m/min。

附表 3-7 高速钢麻花钻加工钢件的切削用量参考值

材料强度 / 切削用量 / 钻头直径/mm	σ_b=520～700MPa (钢 35、45)		σ_b=700～900MPa (钢 15Cr、20Cr)		σ_b=1000～1100MPa (合金钢)	
	v /(m/min)	f /(mm/r)	v /(m/min)	f /(mm/r)	v /(m/min)	f /(mm/r)
1～6 6～12 12～22 22～50	8～25	0.05～0.1 0.1～0.2 0.2～0.3 0.3～0.45	12～30	0.05～0.1 0.1～0.2 0.2～0.3 0.3～0.45	8～15	0.03～0.08 0.08～0.15 0.15～0.25 0.25～0.35

附表 3-8　高速钢麻花钻加工铝及铝合金的切削用量参考值

钻头直径/mm	v/(m/min)	f/(mm/r)		
		纯铝	铝合金(长切削)	铝合金(短切削)
3～8 8～25 25～50	20～50	0.03～0.2 0.06～0.5 0.15～0.8	0.05～0.25 0.1～0.6 0.2～1.0	0.03～0.1 0.05～0.15 0.08～0.36

附表 3-9　高速钢麻花钻加工铜合金的切削用量参考值

工件材料 / 切削用量 / 钻头直径	黄铜、青铜		硬青铜	
	v/(m/min)	f/(mm/r)	v/(m/min)	f/(mm/r)
3～8 8～25 25～50	60～90	0.06～0.15 0.15～0.3 0.3～0.75	25～45	0.05～0.15 0.12～0.25 0.25～0.5

附表 3-10　高速钢刀具扩孔、钻扩孔的切削用量参考值

工件材料 / 工艺类型 / 切削用量 / 扩孔钻直径/mm	铸　铁		钢、铸钢		铝、铜	
	扩通孔 v=10～18/(m/min)	锪沉孔 v=8～12/(m/min)	扩通孔 v=10～20/(m/min)	锪沉孔 v=8～14/(m/min)	扩通孔 v=30～40/(m/min)	锪沉孔 v=20～30/(m/min)
	f	f	f	f	f	f
10～15	0.15～0.2	0.15～0.2	0.12～0.2	0.08～0.1	0.15～0.2	0.15～0.2
15～25	0.2～0.25	0.15～0.3	0.2～0.3	0.1～0.15	0.2～0.25	0.15～0.2
25～40	0.25～0.3	0.15～0.3	0.3～0.4	0.15～0.2	0.25～0.3	0.15～0.2
40～60	0.3～0.4	0.15～0.3	0.4～0.5	0.15～0.2	0.3～0.4	0.15～0.2
60～100	0.4～0.6	0.15～0.3	0.5～0.6	0.15～0.2	0.4～0.6	0.15～0.2

注：采用硬质合金扩孔钻加工铸铁时 v=30～40m/min，加工钢时 v=35～60m/min。

附表 3-11　用高速钢铰刀铰孔的切削用量参考值

工件材料 / 切削用量 / 铰刀直径/mm	铸　铁		钢及合金钢		铝铜及其合金	
	v/(m/min)	f/(mm/r)	v/(m/min)	f/(mm/r)	v/(m/min)	f/(mm/r)
6～10	2～6	0.3～0.5	1.2～5	0.3～0.4	8～12	0.3～0.5
10～15	2～6	0.5～1	1.2～5	0.4～0.5	8～12	0.5～1
15～25	2～6	0.8～1.5	1.2～5	0.5～0.6	8～12	0.8～1.5
25～40	2～6	0.8～1.5	1.2～5	0.4～0.6	8～12	0.8～1.5
40～60	2～6	1.2～1.8	1.2～5	0.5～0.6	8～12	1.5～2

注：采用硬质合金铰刀铰铸铁时 v=8～10m/min，铰铝时 v=12～20m/min。

附表 3-12 镗孔切削用量参考值

工序 \ 刀具材料 \ 切削用量 \ 工件材料		铸铁		钢		铝及其合金	
		v /(m/min)	f /(mm/r)	v /(m/min)	f /(mm/r)	v /(m/min)	f /(mm/r)
粗镗	高速钢硬质合金	20～25 35～50	0.4～1.5	15～30 50～70	0.35～0.7	100～150 100～250	0.5～1.5
半精镗	高速钢硬质合金	20～35 50～70	0.15～0.45	15～50 95～135	0.15～0.45	100～200	0.2～0.5
精镗	高速钢硬质合金	70～90	D_1 级<0.08 D 级 0.12～0.15	100～135	0.12～0.15	150～400	0.06～0.1

注：当采用高精度的镗头镗孔时，由于余量较小，直径余量不大于 0.2mm，切削速度可提高一些，铸铁件为 100～150 m/min，钢件为 150～250 m/min，铝合金为 200～400 m/min，巴氏合金为 250～500 m/min。每转走刀量可在 f= 0.03～0.1mm 范围内。

附表 3-13 硬质合金端面铣刀的铣削用量参考值

加工材料	工序	铣削深度/mm	铣削速度 v_c/(m/min)	每齿走刀量 f_z/(mm/齿)
钢 σ_b=520～700MPa	粗 精	2～4 0.5～1	80～120 100～180	0.2～0.4 0.05～0.2
钢 σ_b=700～900MPa	粗 精	2～4 0.5～1	60～100 90～150	0.2～0.4 0.05～0.15
钢 σ_b=1000～1100MPa	粗 精	2～4 0.5～1	40～70 60～100	0.1～0.3 0.05～0.10
铸 铁	粗 精	2～5 0.5～1	50～80 80～130	0.2～0.4 0.05～0.2
铝及其合金	粗 精	2～5 0.5～1	300～700 500～1500	0.1～0.4 0.05～0.03

附表 3-14 攻丝切削用量参考值

加工材料	铸铁	钢及其合金	铝及其合金
切削速度 v/(m/min)	2.5～5	1.5～5	5～15

附表 3-15 硬质合金螺纹铣刀的铣削用量参考值

被加工材料	碳钢 ～750N/mm²		合金钢 ～30HRC		铸铁球墨铸铁		铝合金		铸造铝合金 <Si10%		铸造铝合金 ≥Si10%	
切削速度	40～80m/min		20～40m/min		40～70m/min		40～80m/min		60～140m/min		60～130m/min	
直径 /mm	转速 /(r/min)	每齿进给 /(mm/z)	转速 /(r/min)	每齿进给 /(mm/z)	转速 /(r/min)	每齿进给 /(mm/z)	转速 /(r/min)	每齿进给 /(mm/z)	转速 /(r/min)	每齿进给 /(mm/z)	转速 /(r/min)	每齿进给 /(mm/z)
M5	5300	0.01～0.11	2800	0.01～0.03	5300	0.03～0.10	5300	0.03～0.10	8400	0.03～0.13	7500	0.03～0.10
M6	4800	0.01～0.11	2400	0.01～0.03	4800	0.03～0.10	4800	0.03～0.10	8000	0.03～0.13	7200	0.03～0.10
M8	3850	0.01～0.11	1900	0.01～0.03	3850	0.03～0.10	3850	0.03～0.10	6400	0.03～0.13	5700	0.03～0.10
M10	3200	0.01～0.11	1600	0.01～0.03	3200	0.03～0.10	3200	0.03～0.10	5300	0.03～0.13	4800	0.03～0.10

续表

被加工材料	碳钢 ~750N/mm²		合金钢 ~30HRC		铸铁球墨铸铁		铝合金		铸造铝合金			
									<Si10%		≥Si10%	
切削速度	40~80m/min		20~40m/min		40~70m/min		40~80m/min		60~140m/min		60~130m/min	
直径/mm	转速/(r/min)	每齿进给/(mm/z)	转速/(r/min)	每齿进给/(mm/z)	转速/(r/min)	每齿进给/(mm/z)	转速/(r/min)	每齿进给/(mm/z)	转速/(r/min)	每齿进给/(mm/z)	转速/(r/min)	每齿进给/(mm/z)
M12	2400	0.01~0.11	1200	0.01~0.03	2400	0.03~0.10	2400	0.03~0.10	4000	0.03~0.13	3600	0.03~0.10
M16	1900	0.01~0.11	960	0.01~0.03	1900	0.03~0.10	1900	0.03~0.10	3200	0.03~0.13	2900	0.03~0.10
M20	1600	0.01~0.11	800	0.01~0.03	1600	0.03~0.10	1600	0.03~0.10	2650	0.03~0.13	2400	0.03~0.10

注：1. 此切削标准适合水溶性切削液。

2. 请根据工艺系统刚性适当调整参数。

3. 此切削标准基于涂层牌号 KTG303，当使用非涂层牌号 YK30F 时，请将切削速度调整为上表的 50%~70%，进给速度同比降低。

附录 4 公差数值表

附表 4-1 标准公差值（GB/T 1800.3—1998）

基本尺寸/mm		公差等级																			
		IT01	IT0	IT1	IT2	IT3	IT4	IT5	IT6	IT7	IT8	IT9	IT10	IT11	IT12	IT13	IT14	IT15	IT16	IT17	IT18
大于	至	μm													mm						
#	3	0.30	0.5	0.8	1.2	2	3	4	6	10	14	25	40	60	0.10	0.14	0.25	0.40	0.60	1.0	1.4
3	6	0.4	0.6	1	1.5	2.5	4	5	8	12	18	30	48	75	0.12	0.18	0.30	0.48	0.75	1.2	1.8
6	10	0.4	0.6	1	1.5	2.5	4	6	9	15	22	36	58	90	0.15	0.22	0.36	0.58	0.90	1.5	2.2
10	18	0.5	0.8	1.2	2	3	5	8	11	18	27	43	70	110	0.18	0.27	0.43	0.70	1.10	1.8	2.7
18	30	0.6	1	1.5	2.5	4	6	9	13	21	33	52	84	130	0.21	0.33	0.52	0.84	1.30	2.1	3.3
30	50	0.6	1	1.5	2.5	4	7	11	16	25	39	62	100	160	0.25	0.39	0.62	1.00	1.60	2.5	3.0
50	80	0.8	1.2	2	3	5	8	13	19	30	46	74	120	190	0.30	0.46	0.74	1.20	1.90	3.0	4.6
80	120	1	1.5	2.5	4	6	10	15	22	35	54	87	140	220	0.35	0.54	0.87	1.40	2.20	3.5	5.4
120	180	1.2	2	3.5	5	8	12	18	25	40	63	100	460	250	0.40	0.63	1.00	1.60	2.50	4.0	6.3
180	250	2	3	4.5	7	10	14	20	29	46	72	115	485	290	0.46	0.72	1.15	1.85	2.90	4.6	7.2
250	315	2.5	4	6	8	12	16	23	32	52	81	130	210	320	0.52	0.81	1.30	2.10	3.20	5.2	8.1
315	400	3	5	7	9	13	18	25	36	57	89	140	230	360	0.57	0.89	1.40	2.30	3.60	5.7	8.9
400	500	4	6	8	10	15	20	27	40	63	97	155	250	400	0.63	0.97	1.55	2.50	4.00	6.3	9.7

附表 4-2 线性尺寸的未注极限偏差的数值（GB/T 1804—2000） mm

公差等级	尺寸分段							
	0.5~3	>3~6	>6~30	>30~120	>120~400	>400~1000	>1000~2000	>2000~4000
f(精密级)	±0.05	±0.05	±0.1	±0.15	±0.2	±0.3	±0.5	#
m(中等级)	±0.1	±0.1	±0.2	±0.3	±0.5	±0.8	±1.2	±2
c(粗糙级)	±0.2	±0.3	±0.5	±0.8	±1.2	±2	±3	±4
v(最粗级)	#	±0.5	±1	±1.5	±2.5	±4	±6	±8

线性尺寸的一般公差（未注公差）是指在车间一般工艺条件下可保证的公差，是机床设备一般加工能力在正常维护和操作情况下，能达到的经济加工精度。主要用于低精度的非配合尺寸。采用未注公差的尺寸不用标注极限偏差或其它代号，线性尺寸的一般公差也称为线性尺寸的未注公差。

GB/T 1804—2000 对线性尺寸的一般公差规定了 4 个公差等级，即 f（精密级）、m（中等级）、c（粗糙级）和 v（最粗级）。国家标准对孔、轴与长度的极限偏差均采用与国际标准 ISO 2768—1：1989 一致的双向对称分布偏差。其极限偏差值全部采用对称偏差值，线性尺寸的未注极限偏差数值见附表 4-2。

采用未注公差的尺寸，在图样上只注基本尺寸，不注极限偏差，而是在图样上或技术文件用国家标准号和公差等级代号并在两者之间用一短画线隔开表示。例如，选用 m（中等级）时，则表示为 GB/T 1804—m。这表明图样上凡未注公差的线性尺寸（包含倒圆半径与倒角高度）均按 m（中等级）加工和检验。

采用未注公差的尺寸在车间正常生产能保证的条件下，主要由工艺装备和加工者自行控制，一般不检验。

国标同时也规定了倒圆半径与倒角高度尺寸的极限偏差的数值，如附表 4-3 所示。

附表 4-3 倒圆半径与倒角高度尺寸的未注极限偏差的数值 mm

公差等级	尺寸分段			
	0.5～3	3～6	6～30	＞30
f(精密级) m(中等级)	±0.2	±0.5	±1	±2
c(粗糙级) v(最粗级)	±0.4	±1	±2	±4

附表 4-4 表面粗糙度的表面特征、经济加工方法及应用举例 μm

表面微观特性		Ra	Rz	加工方法	应用举例
粗糙表面	可见刀痕	＞20～40	＞80～160	粗车、粗刨、粗铣、钻、毛锉、锯断	半成品粗加工过的表面，非配合的加工表面，如轴端面、倒角、钻孔、齿轮带轮侧面、键槽底面、垫圈接触面等
	微见刀痕	＞10～20	＞40～80		
半光表面	微见加工痕迹	＞5～10	＞20～40	车、刨、铣、镗、钻、粗铰	轴上不安装轴承、齿轮处的非配合表面，紧固件的自由装配表面，轴和孔的退刀槽等
	微见加工痕迹	＞2.5～10	＞10～20	车、刨、铣、镗、磨、拉、粗刮、滚压	半精加工表面，箱体、支架、盖面、套筒等和其它零件结合而无配合要求的表面，需要发兰的表面等
	看不清加工痕迹	＞1.25～2.5	＞6.3～10	车、刨、铣、镗、磨、拉、刮、压、铣齿	接近于精加工表面，箱体上安装轴承的镗孔表面，齿轮的工作面
光表面	可辨加工痕迹方向	＞0.63～1.25	＞3.2～6.3	车、镗、磨、拉、刮、精铰、磨齿、滚压	圆柱销、圆锥销、与滚动轴承配合的表面，卧式车床导轨面，内、外花键定心表面等
	微见加工痕迹方向	＞0.32～0.63	1.6～3.2	精铰、精镗、磨、刮、滚压	要求配合性质稳定的配合表面，工作时受交变应力的重要零件，较高精度车床的导轨面
	不可辨加工痕迹方向	＞0.16～0.32	＞0.8～1.6	精磨、珩磨、研磨、超精加工	精密机床主轴锥孔、顶尖圆锥面、发动机曲轴、凸轮轴工作表面、高精度齿轮齿面

续表

表面微观特性		*Ra*	*Rz*	加工方法	应用举例
极光表面	暗光泽面	＞0.08～0.16	＞0.4～0.8	精磨、研磨、普通抛光	精密机床主轴颈表面，一般量规工作表面，汽缸套内表面，活塞销表面等
	亮光泽面	＞0.04～0.08	＞0.2～0.4	超精磨、精抛光、镜面磨削	精密机床主轴颈表面，滚动轴承的滚珠，高压液压泵中柱塞
	镜状光泽面	＞0.01～0.04	＞0.05～0.2		
	镜面	≤0.01	≤0.05	镜面磨削、超精研磨	高精度量仪、量块的工作表面，光学仪器中的金属镜面

附表 4-5 直线度、平面度公差值

μm

主参数 *L* /mm	公差等级											
	1	2	3	4	5	6	7	8	9	10	11	12
≤10	0.2	0.4	0.8	1.2	2	3	5	8	12	20	30	60
＞10～16	0.25	0.5	1	1.5	2.5	4	6	10	15	25	40	80
＞16～25	0.3	0.6	1.2	2	3	5	8	12	20	30	50	100
＞25～40	0.4	0.8	1.5	2.5	4	6	10	15	25	40	60	120
＞40～63	0.5	1	2	3	5	8	12	20	30	50	80	150
＞63～100	0.6	1.2	2.5	4	6	10	15	25	40	60	100	200
＞100～160	0.8	1.5	3	5	8	12	20	30	50	80	120	250

附表 4-6 圆度、圆柱度公差值

μm

主参数 *d*(*D*) /mm	公差等级												
	0	1	2	3	4	5	6	7	8	9	10	11	12
≤3	0.1	0.2	0.3	0.5	0.8	1.2	2	3	4	6	10	14	25
＞3～6	0.1	0.2	0.4	0.6	1	1.5	2.5	4	5	8	12	18	30
＞6～10	0.12	0.25	0.4	0.6	1	1.5	2.5	4	6	9	15	22	36
＞10～18	0.15	0.25	0.5	0.8	1.2	2	3	5	8	11	18	27	43
＞18～30	0.2	0.3	0.6	1	1.5	2.5	4	6	9	13	21	33	52
＞30～50	0.25	0.4	0.6	1	1.5	2.5	4	7	11	16	25	39	62
＞50～80	0.3	0.5	0.8	0.2	2	3	5	8	13	19	30	46	74

附表 4-7 平行度、垂直度、倾斜度公差值

μm

主参数 *L*、*d*(*D*) /mm	公差等级											
	1	2	3	4	5	6	7	8	9	10	11	12
≤10	0.4	0.8	1.5	3	5	8	12	20	30	50	80	120
＞10～16	0.5	1	2	4	6	10	15	25	40	60	100	150
＞16～25	0.6	1.2	2.5	5	8	12	20	30	50	80	120	200
＞25～40	0.8	1.5	3	6	10	15	25	40	60	100	150	250
＞40～63	1	2	4	8	12	20	30	50	80	120	200	300
＞63～100	1.2	2.5	5	10	15	25	40	60	100	150	250	400
＞100～160	1.5	3	6	12	20	30	50	80	120	200	300	500

注：1. 一般情况下，形状公差、位置公差和尺寸公差三者之间应满足下列关系：

$$t_{形状} < t_{位置} < T_{尺寸}$$

2. 一般情况下，形状公差 $t_{形状}$ 与表面粗糙度 *Ra* 之间的关系为 *Ra*＝（0.2～0.3）$t_{形状}$，对于高精度及小尺寸零件，*Ra*＝（0.5～0.7）$t_{形状}$。

附表 4-8　同轴度、对称度、圆跳动和全跳动公差值　μm

主参数 $d(D)$、B、L/mm	公差等级											
	1	2	3	4	5	6	7	8	9	10	11	12
≤1	0.4	0.6	1.0	1.5	2.5	4	6	10	15	25	40	60
>1～3	0.4	0.6	1.0	1.5	2.5	4	6	10	20	40	60	120
>3～6	0.5	0.8	1.2	2	3	5	8	12	25	50	80	150
>6～10	0.6	1	1.5	2.5	4	6	10	15	30	60	100	200
>10～18	0.8	1.2	2	3	5	8	12	20	40	80	120	250
>18～30	1	1.5	2.5	4	6	10	15	25	50	100	150	300
>30～50	1.2	2	3	5	8	12	20	30	60	120	200	400
>50～120	1.5	2.5	4	6	10	15	25	40	80	150	250	500

注：形位公差项目的标准公差值摘自 GB/T-1184—1996。

附录 5　模态数据

宏程序中使用系统变量的最重要实例之一是关于处理模态数据的问题。这里的“模态”（modal）的意思是方式。如进给速度表示为 F300.0，其含义是指定的进给速度具有相同的方式，也意味着是不变化的，或者说是模态的，直到被另外的进给速度值所替代。同样，其它的程序字如主轴转速 S、偏置量 H 和 D、多数的 G 代码（即非 00 组的）和 M 代码及所有的轴数据（X、Y、Z 的位置）也是模态数据。

一、用于模态命令的系统变量

4000 系列的系统变量（适用于 FS-0/10/11/15/16/18/21）涵盖了宏程序中模态名的使用范围。基于控制模式的不同有两组系统变量。

（1）FANUC　0/16/18/21 模态信息　这些控制模式使用两组 4000 系列变量。

＃4001～＃4022　模态信息　（G 代码组）

＃4102～＃4130　模态信息　（B、D、F、H、M、N、O、S 和 T 代码）

（2）FANUC 10/11/15 模态信息　这些控制模式也使用两组 4000 系列变量，但范围更广。

＃4001～＃4130　模态信息　（G 代码组）

＃4202～＃4330　模态信息　（B、D、F、H、M、N、O、S 和 T 代码）

（3）预处理程序段和执行程序段

预处理程序段：这一组的模态信息都是已经激活的，该程序段也称为预读程序段。

执行程序段：执行当前程序段时才能激活这一组模态信息。对于 FANUC 的 FS-0、FS-16、FS-18 和 FS-21 等模式是不可用的。

二、模态 G 代码

除了轴命令外，所有剩下的模态命令中，G 代码在宏程序中使用最为广泛。对于所有 FANUC 控制器来说，第一个系统变量是＃4001，末两位数字（01）是指模态 G 代码的 01 组，依此类推。系统不支持 00 组。

1. FANUC　0/16/18/21 模态 G 代码信息

低级 CNC 控制器（仅对预处理程序段，对执行程序段不适用）的典型 G 代码模态信息见附表 5-1。

例如，当宏程序中包含了表达式＃1＝4001，而且变量已被定义，则存储在＃1 中的值可能是 0、1、2、3 或 33。这取决于 01 组中激活的 G 代码。

2. FANUC 10/11/15 模态 G 代码信息

高级 CNC 控制器的典型 G 代码模态信息见附表 5-2。

附表 5-1 低级 CNC 控制器的典型 G 代码模态信息

系统变量号	G 代码组	G 代码命令
#4001	01	G00 G01 G02 G03 G33 注:G31 属于 00 组
#4002	02	G17 G18 G19
#4003	03	G90 G91
#4004	04	G22 G23
#4005	05	G93 G94 G95
#4006	06	G20 G21
#4007	07	G40 G41 G42
#4008	08	G43 G44 G45
#4009	09	G73 G74 G76 G80 G81 G82 G83 G84 G85 G86 G87 G88 G89
#4010	10	G88 G89
#4011	11	G50 G51
#4012	12	G65 G66 G67
#4013	13	G96 G97
#4014	14	G54 G55 G56 G57 G58 G59
#4015	15	G61 G62 G63 G64
#4016	16	G68 G69
#4017	17	G15 G16
#4018	18	N/A
#4019	19	G40. 1 G41. 1 G42. 1
#4020	20	对 FS-M 和 FS-T 控制器的 N/A
#4021	21	N/A
#4022	22	G50. 1 G51. 1

附表 5-2 高级 CNC 控制器的典型 G 代码模态信息

系统变量号		G 代码组	G 代码命令
预处理程序段	执行程序段		
#4001	#4201	01	G00 G01 G02 G03 G33 注:G31 属于 00 组
#4002	#4202	02	G17 G18 G19
#4003	#4203	03	G90 G91
#4004	#4204	04	G22 G23
#4005	#4205	05	G93 G94 G95
#4006	#4206	06	G20 G21
#4007	#4207	07	G40 G41 G42
#4008	#4208	08	G43 G44 G45
#4009	#4209	09	G73 G74 G76 G80 G81 G82 G83 G84 G85 G86 G87 G88 G89
#4010	#4210	10	G88 G89
#4011	#4211	11	G50 G51
#4012	#4212	12	G65 G66 G67
#4013	#4213	13	G96 G97
#4014	#4214	14	G54 G55 G56 G57 G58 G59
#4015	#4215	15	G61 G62 G63 G64
#4016	#4216	16	G68 G69
#4017	#4217	17	G15 G16
#4018	#4218	18	G50. 1 G51. 1
#4019	#4219	19	G40. 1 G41. 1 G42. 1
#4020	#4220	20	对 FS-M 和 FS-T 控制器的 N/A
#4021	#4221	21	N/A
#4022	#4222	22	N/A
……	……	……	……

三、数据的保存与恢复

1. 保存模态数据

典型的保存当前G代码的方法是把所选择的系统变量转换为局部变量。当然也可以使用全局变量，但只限于比较特殊的应用场合。下面是保存当前模式01组（运动命名）的例子，其尺寸模式为03组：

＃31＝＃4001　保存当前运动命令模式　　01组（G00、G01、G02、G03或G33）

＃32＝＃4003　保存当前的尺寸模式　　03组（G90或G91）

＃33＝＃4006　保存当前的单位模式　　06组（G20或G21）

2. 恢复模态数据

应在宏程序结束之前进行恢复，通常是在宏程序的最后，M99之前。例如：

O0017（宏程序号）

＃31＝＃4001　保存当前运动命令模式

＃32＝＃4003　保存当前的尺寸模式

……

＜宏程序主体＞

……

G＃31 G＃32

M99

%

上面的示例中，在宏程序的开头＃31、＃32对当前的模式进行保存，然后宏程序按照自己的需要定义新的模式（改变G代码等）。在宏程序结束之前要恢复宏程序调用之前的模态数据。

这种逻辑方法也可用于其它模态代码。

四、其它模态数据

除G代码外，在宏程序中还有11种模态代码。同G代码一样，均不能被赋值（类似只读存储器）。其编号方法：每个系统变量的末两位数字与自变量赋值列表Ⅰ（见表6-2）相关。

1. FANUC　0/16/18/21其它模态信息

如同前面的G代码的列表，较低级的控制器只使用预处理程序段的系统变量。在宏程序中经常使用的其它模态信息见附表5-3。

2. FANUC　10/11/15模态信息

见附表5-4。

附表5-3　在宏程序中经常使用的其它模态信息及相应的系统变量

系统变量号	程序地址(代码字符)	系统变量号	程序地址(代码字符)
＃4102	B代码——分度轴位置	＃4114	N代码——顺序号
＃4107	D代码——刀具半径偏置号	＃4115	O代码——程序号
＃4108	E代码——进给速度值(如果可用)	＃4119	S代码——主轴转速值
＃4109	F代码——进给速度值	＃4120	T代码——刀具号
＃4111	H代码——刀具长度偏置号	＃4130	P代码——附加工件偏置号
＃4113	M代码——辅助功能		

附表 5-4　高级 FANUC 控制器的系统变量

系统变量号		程序地址(代码含义)
预处理程序段	执行程序段	
#4102	#4302	B 代码——分度轴位置
#4107	#4307	D 代码——刀具半径偏置号
#4108	#4308	E 代码——进给速度值(如果可用)
#4109	#4309	F 代码——进给速度值
#4111	#4311	H 代码——刀具长度偏置号
#4113	#4313	M 代码——辅助功能
#4114	#4314	N 代码——顺序号
#4115	#4315	O 代码——程序号
#4119	#4319	S 代码——主轴转速值
#4120	#4320	T 代码——刀具号
#4130	#4330	P 代码——附加工件偏置号

附录 6　“偏置存储类型——铣削”与程序中的刀具偏置设定

附表 6-1　FANUC 控制器三种存储类型的特性

存储类型	特　性
A 类	一个显示列,为刀具长度偏置和刀具半径偏置共用
B 类	两个显示列,分别为刀具长度偏置与刀具半径偏置的几何和磨损
C 类	四个显示列,两个存储刀具长度偏置(分别为几何和磨损),两个存储刀具半径偏置

一、存储类型 A

存储类型 A 是较早的存储类型，不仅在老式数控机床上存在，而且也应用于控制器特征受限制的新型机床，如 FANUC 0 系列控制器。刀具长度偏置和刀具半径偏置（含几何偏置与磨损偏置）位于同一个偏置列中，但应分别使用不同的偏置号，如附表 6-2 所示。

附表 6-2　偏置存储类型 A

偏置号	几何、磨损
01	0.000
02	0.000
03	0.000
04	0.000
05	0.000
…	…

注：几何偏置与磨损偏置位于同一列中，刀具长度偏置和刀具半径偏置必须用两个不同的偏置号。

刀具长度偏置和刀具半径偏置都要使用 H 地址，但要用两个不同的偏置号；少数控制模式允许用 H 表示长度偏置，用 D 表示刀具半径偏置，但两个偏置号不能相同。通常要查看 H 和 D 是否可用于同一个程序中。

实例：

刀具 T04 用 H04 表示刀具长度偏置，用 H54 表示半径偏置（仅可使用 H)。

G43 Z2.0 H04;　　偏置号 04 表示刀具长度——H 地址

G01 G41 X100.0 H54 F700　　偏置号 54 表示刀具长度——H 地址

刀具 T04 用 H04 表示刀具长度偏置，用 D54 表示半径偏置（H 和 D 都可以使用）。

G43 Z2.0 H04；　　偏置号 04 表示刀具长度——H 地址

G01 X100.0 D54 F700　　偏置号 54 表示刀具长度——D 地址

二、存储类型 B

存储类型 B（见附表 6-3）在存储类型 A 的基础上有很大改进，它把几何偏置和磨损偏置存储到单列中，但仍然没有把刀具长度偏置与刀具半径偏置的入口分开为单独的列。与 CNC 编程员相比，CNC 操作员是这种偏置存储类型的真正受益者。当刀具磨损或更换新刀后，可以单独修改磨损偏置而保持磨损偏置不变。

附表 6-3　偏置存储类型 B

偏置号	几何	磨损
01	0.000	0.000
02	0.000	0.000
03	0.000	0.000
04	0.000	0.000
05	0.000	0.000
…	…	…

注：几何偏置与磨损偏置分为两列，刀具长度偏置和刀具半径偏置必须用两个不同的偏置号。

编程结构与 A 类相同。

实例：

刀具 T04 用 H04 表示刀具长度偏置，用 H54 表示半径偏置（仅可使用 H)。

G43 Z2.0 H04；　　偏置号 04 表示刀具长度——H 地址

G01 G41X100.0 H54 F700　　偏置号 54 表示刀具长度——H 地址

刀具 T04 用 H04 表示刀具长度偏置，用 D54 表示半径偏置（H 和 D 都可以使用）。

G43 Z2.0 H04；　　偏置号 04 表示刀具长度——H 地址

G01 G41 X100.0 D54 F700　　偏置号 54 表示刀具长度——D 地址

三、存储类型 C

C 类是最新和最强大的偏置存储类型，它能提供极大的编程控制和灵活性。其刀具长度偏置和刀具半径偏置两者之间是相互独立的。通常控制系统屏幕总共有四列显示。如附表 6-4 所示。

存储类型 C 是当前所有现代 CNC 系统中普遍使用的类型，除了它之外，没有别的类型，所以，现在几乎没有必要称它为 C 类偏置。

附表 6-4　偏置存储类型 C

偏置号	H		D	
	几何	磨损	几何	磨损
01	0.000	0.000	0.000	0.000
02	0.000	0.000	0.000	0.000
03	0.000	0.000	0.000	0.000
04	0.000	0.000	0.000	0.000
05	0.000	0.000	0.000	0.000
…	…	…	…	…

注：刀具长度偏置和刀具半径偏置相互独立，可使用相同的偏置号；每种偏置又分为几何偏置与磨损偏置两列。

编程实例：

刀具 T04 用 H04 表示刀具长度偏置，用 D04 表示半径偏置（H 和 D 都可以使用）

G43 Z2.0 H04；　　偏置号 04 表示刀具长度——H 地址

G01 G41 X100.0 D04 F700　　偏置号 04 表示刀具长度——D 地址

在偏置存储类型 C 中，总是用 H 地址表示刀具长度偏置，用 D 地址表示刀具半径偏置，且两者具有相同的偏置号——两者独立。

实际的偏置号由编程员选择，但为了编程方便，大多是编程员选用相同的刀具号和刀具长度偏置号。三种存储类型均遵循这一原则。

四、刀具偏置的程序入口

FANUC 的 CNC 铣削控制系统支持 G10 命令，用户可以用该命令和 L 偏置组对刀具长度偏置值进行编程。根据控制系统提供的存储类型，L 组对应不同的号码。

1. 存储类型 A

偏置入口：几何偏置＋磨损偏置共用

程序入口：G10 L11 P __ R __　　程序段设置偏置量

2. 存储类型 B

偏置入口 1：独立的几何偏置

程序入口 1：G10 L10　P __ R __　　程序段设置偏置量

偏置入口 2：独立的磨损偏置

程序入口 2：G10 L11 P __ R __　　程序段设置偏置量

3. 存储类型 C

偏置入口 1：独立的几何偏置——用 H 地址表示

程序入口 1：G10 L10　P __ R __　　程序段设置偏置量

偏置入口 2：独立的几何偏置——用 D 地址表示

程序入口 2：G10 L12 P __ R __　　程序段设置偏置量

偏置入口 3：独立的磨损偏置——用 H 地址表示

程序入口 3：G10 L11　P __ R __　　程序段设置偏置量

偏置入口 4：独立的磨损偏置——用 D 地址表示

程序入口 4：G10 L13 P __ R __　　程序段设置偏置量

4. 地址含义

L 地址号是固定的偏置组号，由数控系统的生产厂家把它固定在特定的 FANUC 控制系统中。老式的 FANUC 控制器使用 L1 地址，而不是 L11 地址。为了兼容，所有新式的控制器都使用 L1 代替 L11。

P 地址是偏置寄存器号，由 CNC 系统使用。

R 值是指定偏置的真实值，用户把它存储到指定的偏置寄存器。绝对模式（G90）、增量模式（G91）对已编程的刀具长度和半径输入的作用相同。见 G10 偏置数据设置示例。

5. G10 偏置数据设置示例

【例 1】N50 程序段输入－452.0 到 5 号长度偏置寄存器。

N50　G90　G10　L10 P5　R－452.0

【例 2】如果偏置要减少 0.5mm，用刀具长度偏置 5，G10 程序段必须改用增量模式。

N60　G91　G10　L10　P5　R0.5

如果 N50 和 N60 顺序使用，H05 中的存储值是－451.5mm。

【例 3】对于存储类型 C，使用 G10 命令，L12（几何）和 L13（磨损）偏置组，可以把刀具半径偏置 D 的值从 CNC 程序中传递到指定的偏置存储器。

```
N70  G90  G10  L12  P7  R5.0
N80  G90  G10  L13  P7  R0.03
```

如果 N70 和 N80 顺序使用后，刀具的切削半径偏置值是 5.03mm。

【例 4】使用增量模式，可以增大或减小某个存储的偏置值。程序段 N80 将被更新，当前的磨损偏置量增加 0.01mm。

```
N90  G91  G10  L13  P7  R0.01
```

这将改变 D07 的磨损偏置寄存器的新设置为 0.04mm。如果 N70、N80 和 N90 顺序使用后，刀具的切削半径偏置值是 5.04mm。

用户要注意 G90 和 G91 模式的转换，为执行接下来的程序段，建议用完后立即恢复到合适的模式。

五、存储类型与宏程序

用刀具长度偏置或刀具半径偏置（或两者兼用）编写一个用户宏程序时，宏程序必须反映出每个偏置类型的不同之处，因此了解偏置类型很重要。也就是说，特定的宏程序对不同的机床控制系统而言将是不可移植的。除非该系统配置了某种多功能选项，该选项包括各种有效的偏置存储类型。

偏置存储类型决定刀具长度和刀具半径偏置的宏程序结构。

六、刀具偏置变量

1. FANUC 0 控制器

对于严格复杂的宏程序作业而言，FANUC 0 不是最合适的控制器（见附表 6-5）。

附表 6-5 铣削控制器 FS-0M 刀具偏置变量的典型数据

刀具偏置号	变量号	刀具偏置号	变量号
1	#2001	9	#2009
2	#2002	10	#2010
3	#2003	11	#2011
4	#2004	12	#2012
5	#2005	…	…
6	#2006		
7	#2007	199	#2199
8	#2008	200	#2200

2. 用于铣削的 FS 10/11/15/18/21

刀具偏置的系统变量不仅要依据存储类型（A、B 或 C）来区分，还要根据特定的控制系统实际可用的偏置号来区分。偏置号的级别通常分为 200 以下，或 200 以上。

（1）200 以下偏置量列表——存储类型 A（见附表 6-5，同 FS-0M）

（2）200 以下偏置量列表——存储类型 B（见附表 6-6）

（3）200 以下偏置量列表——存储类型 C（见附表 6-7）

（4）200 以上偏置量列表——存储类型 A（见附表 6-8）

（5）200 以上偏置量列表——存储类型 B（见附表 6-9）

（6）200 以上偏置量列表——存储类型 C（见附表 6-10）

附表 6-6　200 以下偏置量列表——存储类型 B

偏置号	几何偏置变量号	磨损偏置变量号	偏置号	几何偏置变量号	磨损偏置变量号
1	#2001	#2201	9	#2009	#2209
2	#2002	#2202	10	#2010	#2210
3	#2003	#2203	11	#2011	#2211
4	#2004	#2204	12	#2012	#2212
5	#2005	#2205	…	…	…
6	#2006	#2206	198	#2098	#2398
7	#2007	#2207	199	#2199	#2399
8	#2008	#2208	200	#2200	#2400

附表 6-7　200 以下偏置量列表——存储类型 C（参数 NO. 6000#3=1 时）

偏置号	H 偏置		D 偏置	
	几何偏置变量号	磨损偏置变量号	几何偏置变量号	磨损偏置变量号
1	#2001	#2201	#2401	#2601
2	#2002	#2202	#2402	#2602
3	#2003	#2203	#2403	#2603
4	#2004	#2204	#2404	#2604
…	…	…	…	…
9	#2009	#2209	#2409	#2609
10	#2010	#2210	#2410	#2610
11	#2011	#2211	#2411	#2611
…	…	…	…	…
198	#2198	#2398	#2598	#2798
199	#2199	#2399	#2599	#2799
200	#2200	#2400	#2600	#2800

附表 6-8　200 以上偏置量列表——存储类型 A

刀具偏置号	变量号	刀具偏置号	变量号
1	#10001	9	#10009
2	#10002	10	#10010
3	#10003	11	#10011
4	#10004	12	#10012
5	#10005	…	…
6	#10006		
7	#10007	998	#10998
8	#10008	999	#10999

附表 6-9　200 以上偏置量列表——存储类型 B

偏置号	几何偏置变量号	磨损偏置变量号
1	#10001	#11001
2	#10002	#11002
3	#10003	#11003
4	#10004	#11004
…	…	…
9	#10009	#11009
10	#10010	#11010
11	#10011	#11011
…	…	…
997	#10997	#11997
998	#10998	#11998
999	#10999	#11999

附表 6-10 200 以上偏置量列表——存储类型 C

偏置号	H 偏置		D 偏置	
	几何偏置变量号	磨损偏置变量号	几何偏置变量号	磨损偏置变量号
1	＃10001	＃11001	＃12001	＃13001
2	＃10002	＃11002	＃12002	＃13002
3	＃10003	＃11003	＃12003	＃13003
4	＃10004	＃11004	＃12004	＃13004
…	…	…	…	…
9	＃10009	＃11009	＃12009	＃13009
10	＃10010	＃11010	＃12010	＃13010
11	＃10011	＃11011	＃12011	＃13011
12	＃10012	＃11012	＃12012	＃13012
…	…	…	…	…
997	＃10997	＃11997	＃12997	＃13997
998	＃10998	＃11998	＃12998	＃13998
999	＃10999	＃11999	＃12999	＃13999

对于实际所使用机床的控制系统，其有效偏置号受到限制。典型的偏置号不低于 32。CNC 系统的有效偏置号有 64、99、200、400，大多是指定选项。编程人员要知道每个控制系统的最大偏置号，这一点很重要。有效的偏置号比机床拥有的刀具的最大刀具号还要大，这是一个简单的规则。

参考文献

[1] 蔡兰．数控机床加工工艺．第 2 版．北京：化学工业出版社，2005.
[2] 朱明松、王翔．数控铣床编程与操作项目教程．北京：机械工业出版社，2008.
[3] 彼得·斯密德．数控编程手册．北京：化学工业出版社，2005.
[4] 彼得·斯密德．数控编程技术——高效编程方法和应用指南．北京：化学工业出版社，2008.
[5] 孙德茂．数控机床铣削加工直接编程技术．北京：机械工业出版社，2007.
[6] 张君．数控机床编程与操作．北京：高等教育出版社，2009.
[7] 彼得·斯密德．FANUC 数控系统用户宏程序与编程技巧．北京：化学工业出版社，2008.
[8] 黄海，谢国明．数控铣床与加工中心实训教程．北京：国防工业出版社，2008.
[9] 徐宏海．数控加工工艺．第 2 版．北京：化学工业出版社，2008.